高电压技术

张 涛 编

科学出版社

北 京

内 容 简 介

本书共分 13 章，主要介绍电介质极化、电导和损耗特性；气体放电机理、击穿特性及提高击穿电压的方法；固体、液体和组合绝缘的电气性能；电气设备绝缘特性试验原理及方法；电气设备绝缘耐压试验原理及方法；波过程的基本理论及其在过电压分析中的应用；防雷装置及输电线路、发电厂、变电站的防雷保护；电力系统内部过电压及其防护措施和电力系统绝缘配合的基本方法等。

本书可作为普通高等学校本科、专科电气类专业高电压技术课程的教材，也可作为高等学校、成人教育等相关专业的教材，还可作为电力工程技术人员和技术工人的参考用书。

图书在版编目（CIP）数据

高电压技术/张涛编.—北京：科学出版社，2020.11
ISBN 978-7-03-066330-6

Ⅰ．①高…　Ⅱ．①张…　Ⅲ．①高电压－高等学校－教材　Ⅳ．①TM8

中国版本图书馆 CIP 数据核字（2020）第 196476 号

责任编辑：杜　权/责任校对：高　嵘
责任印制：彭　超/封面设计：苏　波

科 学 出 版 社 出版
北京东黄城根北街 16 号
邮政编码：100717
http://www.sciencep.com
武汉中科兴业印务有限公司印刷
科学出版社发行　各地新华书店经销
*
2020 年 11 月第　一　版　开本：787×1092　1/16
2020 年 11 月第一次印刷　印张：20 1/2
字数：460 000
定价：68.00 元
（如有印装质量问题，我社负责调换）

前 言 Foreword

　　"高电压技术"是电气工程及其自动化专业的一门专业必修课，具有理论性强、实践性强、跨学科多的特点，是学生掌握"高电压与绝缘技术"学科基础知识的主要渠道。学生通过学习这门课程，能掌握各种电介质的绝缘特性、电气设备绝缘试验的原理及方法、电力系统过电压及绝缘配合等方面基本知识和技能，正确处理电力系统中过电压与绝缘这一对矛盾。该课程培养学生理论联系实际、综合分析问题和解决问题的能力，使学生初步具备对高压电气设备进行常规绝缘试验、对结果进行分析及故障诊断的基本能力，为毕业后迅速适应电力行业相关工作打下良好基础。

　　在本书编写过程中编者力求做到突出基本物理概念，理论联系实际，内容通俗易懂，便于学生阅读和自学。全书围绕高电压绝缘、高电压试验技术、电力系统过电压与绝缘配合等问题展开阐述。全书共分 13 章：第 1 章介绍电介质的极化、电导与损耗；第 2、3 章介绍气体放电的理论与特性；第 4 章介绍固体、液体和组合绝缘的电气强度；第 5、6 章介绍电气设备绝缘试验原理及方法；第 7 章介绍线路和绕组中的波过程及其应用；第 8 章介绍雷电及防雷装置；第 9、10 章介绍输电线路、发电厂和变电站的防雷保护；第 11、12 章介绍电力系统暂时过电压和操作过电压；第 13 章介绍电力系统绝缘配合的相关知识。每章附有适量的习题，供学习时参考。

　　本书由三峡大学张涛编写，三峡大学李振华副教授为书稿校对做了大量工作。在编写过程中参考了国内外有关的教材和文献资料，在此向参考文献作者表示感谢！由于编者水平有限，书中难免有不妥之处，恳请读者批评指正。

编　者

2020 年 8 月 5 日于三峡大学

目 录 Contents

第1章

电介质的极化、电导与损耗

电介质在电气设备中是作为绝缘材料使用的，按其物质形态，可分为气体介质、液体介质和固体介质。在实际的电气设备中，绝缘材料往往是由多种不同的电介质组合而成，因而具有不同的电气特性。一般电气特性可以概括为极化特性、电导特性、损耗特性和击穿特性。表征这些电气特性的基本参数是相对介电常数 ε、电导率 σ、介质损耗因数 $\tan\delta$ 和击穿电场强度 E_b。本章主要介绍电介质的极化、电导与损耗特性。

1.1 电介质的极化

1.1.1 电介质物质结构的基本知识

物质的性质与其微观结构有直接的关系，为掌握电介质在电场中的现象和本质，必须了解其微观结构。电介质是指能在其中持久建立静电场的物质。

1. 形成分子和聚集态的各种键

分子由原子或离子组成；气体、液体和固体三种聚集态由原子、离子或分子组成。键代表质点间的结合方式，分子及三种聚集态的性质与键的形式密切相关。分子内相邻原子间的结合力称为化学键，化学键有离子键和共价键两大类。分子与分子间的结合力称为分子键。下面分别从电介质的角度讨论各类键的性质。

1）离子键

电负性相差很大的原子相遇，原子间发生电子转移，电负性小的原子失去电子而成为正离子；电负性大的原子获得电子而成为负离子。正、负离子由库仑力结合成分子，即正、负离子间形成离子键。离子键的键能很高，很多正、负离子借离子键结合起来，形成离子性固体，例如 NaCl 晶体。大多数无机介质都是靠离子键结合起来，如玻璃、云母等，其中排列不规则的称为无定形体；排列规则的称为微晶结构。

2）共价键

由电负性相同或相差不大的两个或几个原子通过共有电子对结合起来，达到稳定的电子层结构，称为共价键。共价键有非极性共价键和极性共价键。

非极性共价键的电子对称分布，分子正、负电荷中心重合。非极性共价键构成非极性分子，如 H_2 中 H—H 键、O_2 中 O=O 键等，极性共价键的电子分布不对称，分子的正、负电荷中心不重合，如图 1-1 所示的 H_2O 中的 H—O 键是极性键，且分子的正、负电荷中心不重合，因此，水分子是极性分子；CH_4 虽然含有极性共价键，但由于分子结构对称，造成分子对外不显极性，因此 CH₄ 是非极性分子。有机电介质都是由共价键结合而成，某些无机晶体如金刚石也是由共价键结合而成。

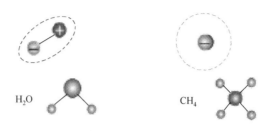

图 1-1 不同电介质的极性

3）分子键

分子以相互间的吸引力结合在一起，形成分子键。

2. 电介质的分类

一般无机材料以离子键结合；有机材料以分子键结合；分子内部以共价键结合。根据这些电荷在分子中的分布特性，可以把电介质分为三类：非极性电介质、极性电介质和离子性电介质。

1）非极性电介质

由非极性分子组成的电介质称为非极性电介质，如氮气、聚四氟乙烯等。有些电介质由于存在分子异构或支链，多少有些极性，称为弱极性电介质，如聚苯乙烯等。

2）极性电介质

极性电介质是由极性分子组成的电介质。如聚氯乙烯、有机玻璃、蓖麻油、胶木、纤维素等。

3）离子性电介质

离子性电介质只有固体形式，没有个别的分子。离子性电介质总体上分为晶体和无定形体两大类。晶体的排列规则，强度、硬度、熔点都较高；无定形体的排列不规则，弹性、塑性较好。例如：云母是晶体结构；石英是无定形体结构；电瓷的结构既有晶体，又有无定形体。

1.1.2 电介质的极化和相对介电常数

在外加电场作用下，电介质中的正、负电荷将沿着电场方向作有限的位移或者转向，形成电矩，这种现象称为电介质的极化。

如图 1-2（a）所示的平行板电容器，当两极板之间为真空时，在极板间施加直流电压 U，这时两极板上则分别充有正、负电荷，其电荷量为

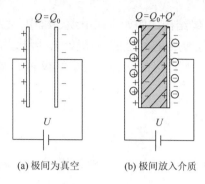

(a) 极间为真空　　　　(b) 极间放入介质

图 1-2　电介质的极化

$$Q_0 = C_0 U \tag{1-1}$$

式中：C_0 为真空电容器的电容量。

如果在此极板间填充其他电介质，如图 1-2（b）所示，这时在外加的直流电场作用下，电介质中的正、负电荷将沿电场方向作有限的位移或转向，从而使电介质表面出现与极板电荷相反极性的束缚电荷，即电介质发生了极化。因为外施的直流电压 U 不变，所以为保持极板间的电场强度不变，这时必须再从电源吸取一部分电荷 Q' 到极板上，以抵消束缚电荷的作用。由此可见，由于极板间电介质的加入，极板上的电荷量从 Q_0 增加到 Q。

$$Q = Q_0 + Q' = CU \tag{1-2}$$

式中：C 为加入电介质后两极板间的电容量。显然这时的电容量 C 比两极板间为真空时的电容量 C_0 增大了。C 与 C_0 的比值称为该电介质的相对介电常数。

$$\varepsilon_r = C / C_0 = \varepsilon / \varepsilon_0 \tag{1-3}$$

式中：ε 为填充介质的介电常数，真空的介电常数 ε_0 为 8.86×10^{-14} F/cm。

工程上一般采用相对介电常数，电介质的相对介电常数 ε_r 越大，电介质的极化特性越强，由其构成的电容器的电容量也越大，所以 ε_r 是表示电介质极化强度的一个物理参数。

真空的相对介电常数 $\varepsilon_r = 1$，各种气体电介质的 ε_r 都接近于 1，常见气体的相对介电常数如表 1-1 所示，而液体、固体电介质的 ε_r 一般在 2～10。

表 1-1　某些气体的相对介电常数 ε_r（20 ℃，101.33 kPa）

气体名称	He	H₂	O₂	N₂	CH₄	CO₂	C₂H₄	空气
ε_r	1.000 072	1.000 27	1.000 55	1.000 60	1.000 95	1.000 96	1.001 38	1.000 59

电介质的相对介电常数 ε_r 在工程上具有重要的使用意义，举例如下。

（1）在制造电容器时，应选择适当的电介质。为了使一定体积的电容器具有较大的电容量，应选择 ε_r 较大的电介质。

（2）在设计某些绝缘结构时，为了减小通过绝缘的电容电流及由极化引起的发热损耗，这时不宜选择 ε_r 太大的电介质。

（3）在交流及冲击电压作用下，由于多层串联电介质中的电场分布与成反比，所以可利用不同 ε_r 的电介质的组合来改善绝缘中的电场分布，使之尽可能趋于均匀，以充分利用电介质的绝缘强度，优化绝缘结构。例如，在电缆绝缘中，由于电场沿径向分布不均匀，靠近电缆芯线处的电场最强，远离芯线处的电场较弱，因此，可以利用不同介电常数的电介质作为电缆绝缘，可以使内层绝缘的 ε_r 大于外层绝缘的 ε_r，这样就可以使电缆芯线周围绝缘中的电场分布趋于均匀。

1.1.3 极化的基本形式

电介质的物质结构不同，其极化形式也不同。电介质极化的基本形式有以下几种。

1. 电子式极化

组成一切电介质的基本质点是原子、分子和离子。原子是由带正电荷的原子核和围绕核旋转的电子形成的"电子云"构成。当不存在外加电场时，围绕原子核旋转的电子云的负电荷的作用中心与原子核所带正电荷的作用中心相重合，如图 1-3（a）所示，由于其正、负电荷量相等，故此时电矩为零，对外不显示电极性。当外加一电场 E，在电场力的作用下将使电子的轨道相对于原子核产生位移，从而使原子中正、负电荷的作用中心不再重合，形成电矩，如图 1-3（b）所示。这个过程主要是由电子在电场作用下的位移所造成，故称为电子式极化。

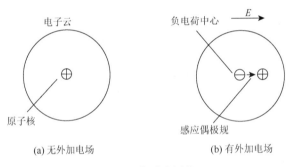

(a) 无外加电场   (b) 有外加电场

图 1-3 电子式极化

电子式极化具有如下特点。

（1）一切物质都是由原子构成，因此，电子式极化存在于所有电介质中。

（2）由于电子异常轻小，电子式极化所需时间极短，约 10^{-15} s，极化响应速度快，通常相当于紫外线的频率范围。它在各种频率的交变电场中均能发生，故 ε_r 不随频率而变化，同时温度对电子式极化的影响也极小。

（3）电子式极化具有弹性。在去掉外电场作用时，依靠正负电荷之间的吸引力，其作用中心即可重合而恢复成中性。

（4）电子式极化消耗的能量可以忽略不计，称为"无损极化"。

2. 离子式极化

在离子式结构的电介质中，无外加电场作用时，正、负离子杂乱无章地排列，正负电荷的作用相互抵消，对外不呈现电极性，如图 1-4（a）所示。当有外电场作用时，除了促使各个离子内部产生电子式极化之外，还将产生正、负离子的相对位移，使正、负离子按照电场的方向进行有序排列，形成极化，这种极化称为离子式极化，如图 1-4（b）所示。

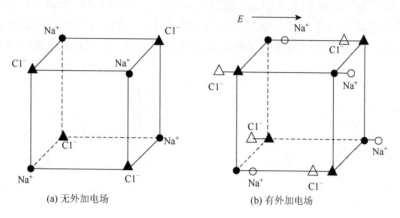

(a) 无外加电场　　　　　　　　　　　　(b) 有外加电场

图 1-4　离子式极化

形成离子式极化的时间也很短，约为 10^{-13} s；其极化响应速度通常在红外线频率范围，也可在所有频率范围内发生；离子式极化也是弹性的，消耗的能量也可忽略不计。因此离子式极化也属于无损极化。

3. 偶极子式极化

在极性分子结构的电介质中，即使没有外加电场的作用，分子中正、负电荷的作用中心已不重合，就其单个分子而言，已具有偶极矩，因此这种极性分子也叫偶极子。但由于分子不规则的热运动，使各极性分子偶极矩的排列没有秩序，从宏观而言，对外并不呈现电极性。当有外电场作用时，偶极子受到电场力的作用而转向电场的方向，因此，这种极化被称为偶极子式极化，或转向极化，如图 1-5 所示。

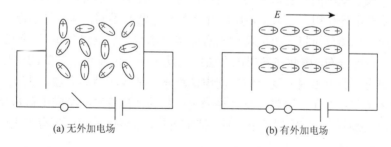

(a) 无外加电场　　　　　　　　　　　　(b) 有外加电场

图 1-5　偶极子式极化

偶极子式极化由于偶极子的结构尺寸远比电子或离子大，当转向时需要克服分子间的吸引力而消耗能量，因此属于有损极化，且极化时间较长，为 $10^{-6} \sim 10^{-2}$ s，通常认为其极化响应速度在微波以下。所以，在频率不高，甚至在工频交变电场中偶极子式极化的完成都有可能跟不上电场的变化，极性电介质的 ε_r 会随电源的频率而改变，频率增加，ε_r

减小，如图 1-6 所示，其中 ε_d 为初始值，ε_∞ 为随 f 变化的数值。

温度（T）对极性电介质的 ε_r 也有很大影响，其关系较为复杂，如图 1-7 所示。当温度升高时，由于分子间的联系力削弱，使极化加强；但同时由于分子的热运动加剧，又不利于偶极子沿电场方向进行有序排列，从而使极化减弱。所以极性电介质的 ε_r 最初随温度的升高而增大，当温度的升高使分子的热运动比较强烈时，ε_r 又随温度的升高而减小。

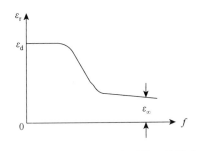

图 1-6　频率对极性电介质的 ε_r 的影响

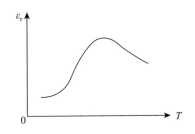

图 1-7　温度对极性电介质的 ε_r 的影响

4. 空间电荷极化

因为电介质中多少存在一些可迁徙的电子或离子，所以这些带电质点在电场作用下将发生移动，并聚积在电极附近的介质界面上，形成宏观的空间电荷，这种极化称为空间电荷极化。

空间电荷极化一般进行得比较缓慢，而且需要消耗能量，属于有损极化。在电场频率较低的交变电场中容易发生这种极化，而在高频电场中，由于带电质点来不及移动，这种极化难以发生。

在高电压工程中，许多设备的绝缘都是采用复合绝缘，如电缆、电容器、电机和变压器绕组等，在两层介质之间常夹有油层、胶层等形成夹层介质结构。对于不均匀的或含有杂质的介质，或者受潮的介质，事实上也可以等价为这种夹层介质来看待。

夹层介质在电场作用下，由于各层电介质的介电常数不同，其电导率也不同，当加上电压后各层间的电场分布将会出现从加压瞬时按介电常数呈反比分布，逐渐过渡到稳态时的按电导率呈反比分布，由此在各层电介质中出现了一个电压重新分配的过程，最终导致在各层介质的交界面上出现宏观上的空间电荷堆积，形成所谓的夹层极化。

夹层极化是多层电介质组成的复合绝缘中产生的一种特殊的空间电荷极化，其极化过程特别缓慢，所需时间由几秒到几十分钟，甚至更长，且极化过程伴随有较大的能量损耗，所以也属于有损极化。

以双层介质为例来说明夹层极化的形成过程。图 1-8（a）为双层介质的示意图，图 1-8（b）为双层介质的等值电路，C_1、C_2 分别为介质 I 和 II 的电容，G_1、G_2 分别为其电导。当突然加上直流电压 U 的初瞬（$t \to 0$ 时），电压由 0 很快上升到 U，电导几乎相当于开路，这时两层介质上的电压按电容呈反比分布，即

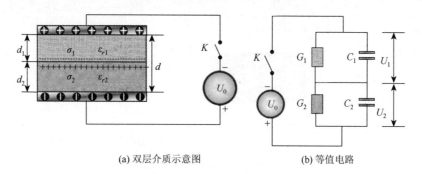

(a) 双层介质示意图   (b) 等值电路

图 1-8 双层介质的极化

$$\left.\frac{U_1}{U_2}\right|_{t\to 0} = \frac{C_2}{C_1} = \frac{2}{1} = 2 \tag{1-4}$$

当 $t\to\infty$ 时，电容相当于开路，电流全部从电导中流过，这时两层介质上的电压则按电导呈反比分布，即

$$\left.\frac{U_1}{U_2}\right|_{t\to\infty} = \frac{G_2}{G_1} = \frac{1}{2} \tag{1-5}$$

如果是均匀的单一介质，即 $C_1 = C_2$，$G_1 = G_2$，加上电压后不存在电荷重新分配的过程。

一般来说，$C_1 \neq C_2$，$G_1 \neq G_2$，所以，在两层介质之间有一个电压重新分配的过程。例如，设 $C_1 > C_2$，$G_1 < G_2$，则当 $t\to 0$ 时，$U_1 < U_2$，而当 $t\to\infty$ 时，$U_1 > U_2$。这样，在 $t > 0$ 后，随着时间 t 的增大，U_2 逐渐下降，而 U_1 逐渐升高（因为 $U_1 + U_2 = U$，U 为电源电压，是一定值）。在这种电压重新分配过程中，C_2 上瞬时获得的部分电荷将通过电导 G_2 放掉。为了保持介质上所加的电压仍为电源电压，所以 C_1 必须通过 G_2 从电源再吸收一部分电荷，这部分电荷称为吸收电荷。这就是夹层介质的分界面上电荷的重新分配过程，即夹层极化过程。应该指出，多层介质的吸收过程进行得非常缓慢，其时间常数为

$$\tau = (C_1 + C_2)/(G_1 + G_2) \tag{1-6}$$

因为介质的电导很小，所以时间常数 τ 很大。当绝缘受潮或劣化时，电导增大，τ 就会大大下降。利用这一特点，可采用吸收比测量的试验来检验绝缘是否受潮或严重劣化。

1.2 电介质的电导

1.2.1 电介质的吸收现象

如图 1-9（a）所示，当 S_2 处于断开状态，合上 S_1 直流电压 U 加在固体电介质时，通过介质中的电流将随时间而衰减，最终达到某一稳定值，其电流随时间的变化曲线如图 1-9（b）所示，这种现象称为吸收现象。

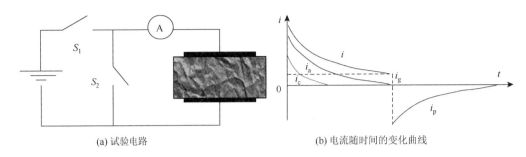

(a) 试验电路　　　　　　　　　　　(b) 电流随时间的变化曲线

图 1-9　直流电压下流过电介质的电流

吸收现象的产生是由电介质的极化所引起，无损极化产生电流 i_c，有损极化产生电流 i_a。显然，无损极化即刻完成，所以即刻衰减到零；而有损极化完成的时间较长，所以 i_a 较为缓慢地衰减到零，这部分电流称为吸收电流。不随时间变化的稳定电流 i_g 称为电介质的电导电流或泄漏电流。因此，通过电介质的电流由三部分组成，即

$$i = i_c + i_a + i_g \tag{1-7}$$

吸收电流是可逆的，即在图 1-9（a）的电路中，如打开 S_1，除去外加电压，并将 S_2 合上，使电介质两侧的极板短路，这时会有与吸收电流变化规律相同的电流 i_p 反向流过，如图 1-9（b）所示。

根据上述分析，可画出电介质的三支路并联等值电路，如图 1-10 所示。其中含有电阻 R 的支路代表电导电流支路，含有电容 C 的支路代表无损极化引起的瞬时充电电流支路，而含有电阻 r 和电容 ΔC 串联的支路则代表有损极化引起的吸收电流支路。

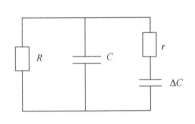

图 1-10　电介质的三支路并联等值电路

吸收现象在绝缘试验中对判断绝缘是否受潮很有用。因为当绝缘受潮时，其电导大大增加，电导电流也大大增加，而吸收电流的变化较小，且通过电导很快衰减。据此，工程上通过测量加上直流电压后 $t = 15\ \text{s}$ 和 $t = 60\ \text{s}$ 时流过介质的电流之比来反映吸收现象的强弱，此比值即为介质的吸收比 K：

$$K = I_{15s} / I_{60s} = R_{60s} / R_{15s} \tag{1-8}$$

良好的绝缘，一般 $K \geqslant 1.3$，当绝缘受潮或劣化时 K 值变小。此外，在对吸收现象较显著的绝缘试验中，如电缆、电容器等设备，要特别注意由吸收电流聚积起来的所谓"吸收电荷"对人身和设备安全的威胁。

1.2.2　电介质的电导

理想的绝缘应该是不导电的，但实际上绝对不导电的介质是不存在的，所有的绝缘材料都存在极弱的导电性。表示电导特性的物理量是电导率 γ，它的倒数是电阻率 ρ。电工绝缘材料的 ρ 一般为 $10^8 \sim 10^{20}\ \Omega\text{m}$；导体的 ρ 为 $10^{-8} \sim 10^{-4}\ \Omega\text{m}$；介于二者之间的为半导体，半导体的 ρ 为 $10^{-3} \sim 10^7\ \Omega\text{m}$。可见绝缘与导体只是相对而言，二者之间并无确切的界

线，而是人为的划分。

需要指出的是，电介质的电导与金属的电导有着本质的区别。气体电介质的电导是由电离出来的电子、正离子和负离子等在电场作用下移动而造成的；液体和固体电介质的电导是由于这些介质中所含杂质分子的化学分解或热离解形成的带电质点（主要是正、负离子）沿电场方向移动而造成的。因此，电介质的电导主要是离子式电导。

金属的电导是金属导体中自由电子在电场作用下的定向流动所造成的，所以是电子式电导。此外，电介质的电导随温度的升高近似于指数规律增加，或者说，其电导率随温度的上升而下降，这恰恰与金属导电的情况相反。这是因为，当温度升高时，电介质中导电的离子数将因热离解而增加；同时，温度升高，分子间的相互作用力减小，离子的热运动改变了原有受束缚的状态，从而有利于离子的迁移，所以使电介质的电导率增加。电介质的电导率与温度的关系如式（1-9）所示：

$$\gamma = Ae^{-(B/T)} \tag{1-9}$$

式中：A、B 为常数；T 为热力学温度。

在实际测试绝缘的电导特性时，常常用电阻来表示，称为绝缘电阻。由于介质中的吸收现象，在外加直流电压 U 作用下，介质中流过的电流 i 是随时间而衰减的，因此，介质的电阻 $R = U/i$ 则随时间增加，如图 1-11 所示，最后达到某一稳定值 $R = U/I$，I 称为介质的泄漏电流。

人们把电流达到稳定的泄漏电流 I 时的电阻值作为电介质的绝缘电阻。一般情况下，加在绝缘上的直流电压大约经过 60 s，泄漏电流即可达到稳定值，因此常用 R_{60s} 的值作为稳态绝缘电阻值 R_∞。固

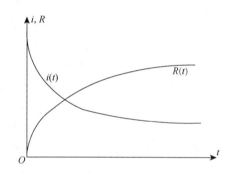

图 1-11　绝缘电阻随时间的变化

体电介质的泄漏电流，除了通过介质本身体积的泄漏电流 I_v 外，还包含有沿介质表面的泄漏电流 I_s，即 $I = I_v + I_s$。因此，所测介质的绝缘电阻 R 实际上是体积电阻 R_v 和表面电阻 R_s 相并联的等值电阻，即

$$R = \frac{R_v R_s}{R_v + R_s} \tag{1-10}$$

由于介质的表面电阻取决于其表面吸附的水分和脏污程度，受外界条件的影响较大，因此，为消除或减小介质表面状况对所测绝缘电阻的影响，一般应在测试之前首先对介质表面进行清洁处理，并在测量接线上采取一定的措施，以减小表面泄漏电流对测量的影响。

电介质的电导在工程实际中的意义如下。

（1）在绝缘预防性试验中，通过测量绝缘电阻和泄漏电流来反映绝缘的电导特性，以判断绝缘是否受潮或存在其他劣化现象。在测试过程中应消除或减小表面电导对测量结果的影响，同时还要注意测量时的温度。

（2）对于串联的多层电介质的绝缘结构，在直流电压下的稳态电压分布与各层介质的

电导成反比。因此设计用于直流的设备绝缘时要注意所用电介质的电导率的搭配，以便尽可能使材料得到合理使用。同时电介质的电导随温度的升高而增加，这对正确使用和分析绝缘状况有指导意义。

（3）表面电阻对绝缘电阻的影响使人们注意到应该合理地利用表面电阻。为了减小表面泄漏电流，应设法提高表面电阻，如对表面进行清洁、干燥处理或涂敷憎水性涂料等。为了减小某部分的电场强度时，则需减小这部分的表面电阻，如在高压套管法兰附近涂半导体釉，在高压电机定子绕组露出槽口的部分涂半导体漆等，都是为了减小该处的电场强度，以消除电晕。

1.3　电介质的损耗

1.3.1　电介质损耗的基本概念

任何电介质在电压作用下都会有能量损耗。一种是由电导引起的所谓电导损耗；另一种是由某种极化引起的所谓极化损耗。电介质的能量损耗简称介质损耗。同一介质在不同类型的电压作用下，其损耗也不同。

在直流电压下，由于介质中没有周期性的极化过程，而一次性极化所损耗的能量可以忽略不计，所以电介质中的损耗就只有电导引起的损耗，这时用电介质的电导率即可表达其损耗特性。因此，在直流电压下不需要再引入介质损耗这个概念。

在交流电压下，除了电导损耗外，还存在由于周期性反复进行的极化而引起的不可忽略的极化损耗，所以需要引入一个新的物理量来反映电介质的能量损耗特性。介质的能量损耗最终是引起介质的发热，致使温度升高，温度升高又使介质的电导增大，泄漏电流增加，损耗进一步增大，如此形成恶性循环。长期的高温作用会加速绝缘的老化过程，直至损坏绝缘。因此，介质的损耗特性对其绝缘性能影响极大。

由上述可见，绝缘在交流电压下的损耗远远大于在直流电压下的损耗，这也是绝缘在交流电压下比在直流电压下更容易劣化和损坏的重要原因之一。

1.3.2　介质损耗因数

如图 1-10 所示的电介质的三支路并联等值电路可以代表任何实际介质的等效电路，不但适用于直流电压，而且也适用于交流电压。电路中的电阻 R 及 r 是引起有功功率损耗的元件。R 代表电导引起的损耗，r 代表有损极化过程中引起的损耗。在交流电压作用下，介质等值电路中的电流（或电压）可以归并为有功和无功两个分量。因此，图 1-10 可进一步简化为电阻和电容两个元件并联或串联的等值电路，如图 1-12 及图 1-13 所示。

在等值电路所对应的相量图中，φ 为通过介质的电流与所加电压间的相位角，即电路的功率因数角，δ 为 φ 的余角，称为介质损耗角。

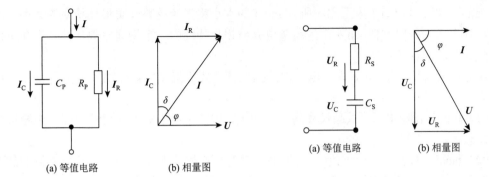

图 1-12　电介质的并联等值电路及相量图　　　图 1-13　电介质的串联等值电路及相量图

需要指出的是，上述两个等值电路的结构件参数各不相同，但这并不影响电路中的电压、电流及其相位关系，这是因为它们是根据等值条件建立起来的。

对于图 1-12 所示的并联等值电路

$$\tan\delta = \frac{I_R}{I_C} = \frac{U/R_p}{U\omega C_p} = \frac{1}{\omega C_p R_p} \tag{1-11}$$

电路中的功率损耗为

$$P = UI_R = UI_C\tan\delta = U^2\omega C_p\tan\delta \tag{1-12}$$

对于图 1-13 所示的串联等值电路

$$\tan\delta = \frac{U_R}{U_C} = \frac{IR_s}{1/\omega C_s} = \omega C_s R_s \tag{1-13}$$

电路中的功率损耗为

$$P = I^2 R_s = \left(\frac{U}{Z}\right)^2 R_s = \frac{U^2}{R_s^2 + \left(\frac{1}{\omega C_s}\right)^2} R_s = \frac{U^2\omega^2 C_s^2 R_s}{1+(\omega C_s R_s)^2} = \frac{U^2\omega C_s\tan\delta}{1+\tan^2\delta} \tag{1-14}$$

因为上述两种等值电路是描述同一介质的不同等值电路，所以其功率损耗应相等。比较式（1-12）和式（1-14）可得

$$C_p = \frac{C_s}{1+\tan^2\delta} \tag{1-15}$$

此式说明，对同一介质用不同的等值电路表示时，其等值电容是不相同的。所以，当用高压电桥测量绝缘的 $\tan\delta$ 时，电容量的计算公式则与采用哪一种等值电路有关。由于绝缘的 $\tan\delta$ 一般都很小，即 $\tan\delta \approx 0$，故 $C_p \approx C_s$，这时，损耗在两种等值电路中就可用同一公式表示为

$$P = U^2\omega C\tan\delta \tag{1-16}$$

由式（1-16）可见，介质损耗 P 与外加电压 U 的平方成正比，与电源的角频率 ω 成正比；而且与电容量成正比。所以，为了控制绝缘的损耗功率，减小其发热，延缓介质的老化，应避免绝缘长期在高于其额定电压或额定频率的电源下工作。通常，对于电气设备而言，额定工作电压及电源频率均为定值，由于绝缘结构一定，C 也一定，因此 P 最后取

决于 $\tan\delta$，即 P 与 $\tan\delta$ 成正比，所以 $\tan\delta$ 的大小将直接反映介质损耗功率的大小。因此，在高电压工程中常把 $\tan\delta$ 作为衡量电介质损耗特性的一个物理参数，称之为介质损耗因数或介质损耗角正切。

在此需要说明，用 $\tan\delta$ 表示电介质的损耗特性要比直接用损耗功率 P 方便得多，这是因为：

（1）P 值与试验电压、试品尺寸均密切相关，因此不便于对不同尺寸的同一绝缘材料进行比较。

（2）$\tan\delta = I_R/I_C$ 是一个比值，无量纲，它与材料的几何尺寸无关，只与材料的品质特性有关，因此，可以直接根据 $\tan\delta$ 的值对介质的损耗特性作出评价。

表 1-2 中列出了一些常用液体和固体电介质在工频电压下 20℃的 $\tan\delta$ 值。

表 1-2　液体和固体电介质在工频电压下 20℃的 $\tan\delta$ 值

电介质	$\tan\delta$/%	电介质	$\tan\delta$/%
变压器油	0.05～0.5	聚乙烯	0.01～0.02
蓖麻油	1～3	交联聚乙烯	0.02～0.05
沥青云母带	0.2～1	聚苯乙烯	0.01～0.03
电瓷	2～5	聚四氟乙烯	<0.02
油浸电缆纸	0.5～8	聚氯乙烯	5～10
环氧树脂	0.2～1	酚醛树脂	1～10

1.3.3　影响电介质损耗的因素

（1）不同的介质，其损耗特性也不同。气体电介质的损耗仅由电导引起，损耗极小（$\tan\delta < 10^{-8}$），所以常用气体（空气，N_2 等）作为标准电容介质。但当外加电压 U 超过气体的起始放电电压 U_0 时，将发生局部放电，这时气体的损耗将急剧增加，这在高压输电线上是常见的现象，称为电晕损耗。此外，当固体介质中含有气隙时，在一定的电场强度下，气隙中将产生局部放电使损耗急剧增加，导致固体绝缘逐渐劣化，因此，常采用干燥、浸油或充胶等措施来消除气隙。对固体介质和金属电极接触处的空气隙，经常采用短路的办法，使气隙内电场为零。例如，在 35 kV 纯瓷套管的内壁上涂半导体釉或喷铝，并通过弹性铜片与导电杆相连。液体和固体电介质的损耗特性比较复杂，因为不同的物质结构具有不同的极化特性，不同的极化特性自然会影响到介质的损耗特性。

（2）中性或弱极性介质的损耗主要由电导引起，$\tan\delta$ 较小。损耗与温度的关系和电导与温度的关系相似，即 $\tan\delta$ 随温度的升高也是按指数规律增大。例如变压器油在 20 ℃时的 $\tan\delta \leq 0.5\%$；70 ℃时 $\tan\delta \leq 2.5\%$。

（3）对于极性液体介质，因为偶极子转向极化引起的极化损耗较大，所以 $\tan\delta$ 较大，

而且 $\tan\delta$ 与温度、频率均有关，如图 1-14 所示。对图 1-14 的曲线可做如下解释，例如对曲线 1，当温度 $t<t_1$ 时，由于温度较低，电导损耗和极化损耗都很小。随着温度的升高，材料的黏滞性减小，有利于偶极子的转向极化，使极化损耗显著增大，同时电导损耗也随温度的升高而有所增大，所以在这一范围内 $\tan\delta$ 随温度的升高而增大。当 $t_1<t<t_2$ 时，随着温度的升高，分子的热运动加快，又妨碍了偶极子在电场作用下进行有规则的排列，因此，极化损耗随温度升高而减小。由于这一温度范围内极化损耗的减小要比电导损耗的增加更快，所以总的 $\tan\delta$ 曲线随温度的升高而减小。当 $t>t_2$ 时，由于电导损耗随温度的升高而急剧增加，极化损耗相对来说已不占主要部分，因此，$\tan\delta$ 重新又随温度的升高而增大。

　　$\text{Tan}\,\delta$ 与温度 t 的关系曲线在工程上具有重要的实用意义。例如配制绝缘材料时，应当选择配方的比例，使所配制的绝缘材料在其工作温度范围之内 $\tan\delta$ 的值最小（如图 1-14 中的 t_2 点），而避开 $\tan\delta$ 的最大值（如图 1-14 中的 t_1 点）。

　　固体极性介质如纸、纤维板和含有极性基的有机材料（聚氯乙烯、有机玻璃、酚醛树脂）等，其 $\tan\delta$ 值与温度、频率的关系和极性液体相似，且 $\tan\delta$ 值较大，高频下更为严重。

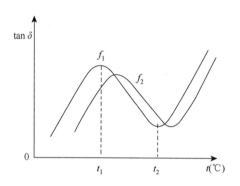

图 1-14　温度和频率对极性介质 $\tan\delta$ 的影响

　　（4）从图 1-14 可以看出，当 $f_2>f_1$ 即电源频率增高时 $\tan\delta$ 的极大值出现在较高的温度。这是因为电源频率增高时，偶极子的转向来不及充分进行。要使极化进行得充分，就必须减小黏滞性，也就是说要升高温度，使整个曲线往右移。

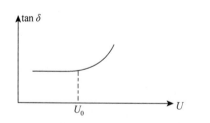

图 1-15　含有气隙的介质的 $\tan\delta$ 与电压的关系曲线

　　（5）电压对介质的 $\tan\delta$ 有直接的影响。当电压较低时，介质的损耗仅有电导损耗和一定的极化损耗，处于某一较为稳定的数值。当电压达到某一临界值后，会使介质中产生局部放电，导致损耗急剧增加。在不同电压下测量绝缘的 $\tan\delta$，作出的 $\tan\delta$ 与电压的关系曲线如图 1-15 所示。

　　由图 1-15 可见，当外加电压 U 超过某一电压 U_0 时 $\tan\delta$ 急剧上升。U_0 便是介质产生局部放电的起始电压。工程上常以此来判断介质中是否存在局部放电现象。

习　　题

1. 电介质极化有哪几种基本形式？哪些有损耗？
2. 极性液体介质的介电常数与温度之间存在什么关系？

3. 电介质电导与金属电导的本质区别是什么？

4. 为什么电气设备中绝缘电阻随温度升高而降低？

5. 某些电容量较大的设备经直流高压试验后，其接地放电时间要求长达 5～10 min，为什么？

第 2 章

气体放电理论

在高电压工程中所用的各种电介质通常称为绝缘介质或绝缘材料。绝缘材料的作用是将不同电位的导体以及导体与地之间分隔开来，从而保持各自的电位。因此，绝缘材料是电气设备结构中的重要组成部分。

气体电介质，特别是空气，是电气设备常用的绝缘材料，如架空输电线路各相导线之间、导线与地线之间、导线与杆塔之间的绝缘，高压电气设备的外绝缘都利用空气作为绝缘介质；在真空断路器中，压缩空气被用作绝缘媒质和灭弧媒质；在某些类型的高压电缆（充气电缆）和高压电容器中，特别是在现代的气体绝缘组合电气（gas insulated switchgear, GIS）中，采用压缩的高电气强度气体（如 SF_6）作为绝缘。

气体在正常状态下是良好的绝缘体，在一个立方厘米体积内仅含几千个带电质点，这些带电质点并不影响气体的绝缘。但在高电压（强场强）作用下，气体从带有少量带电质点（电子、负离子或正离子）会突然产生大量的带电质点，并在电场作用下逐步发展成各种形式的气体放电现象，从而失去绝缘能力。因此，研究气体在高电压（强场强）的作用下逐渐由绝缘体演变成导体的物理过程，对改进气体绝缘性能，提高气体介质的电气强度，防止气体放电的破坏具有重要意义。

2.1 带电质点的产生和消失

2.1.1 带电质点的产生

1. 原子的激励和电离

从原子物理学的相关知识可知，原子结构可用原子的壳层模型描述，如图 2-1 所示。玻尔理论认为，原子的中心是一个带正电荷的原子核，核外存在一系列不连续的、由电子运动轨道构成的壳层，电子只能在壳层里绕核转动。当原子处于稳定状态时，每个壳层里运动的电子具有一定的能量状态，所以一个壳层相当于一个能量级，原子具有一系列可取的确定的能量状态称为能级。离原子核较近的轨道，其能级较低；离原子核较远的轨道，其能级较高。

当电子沿着固定轨道绕转时，它的能量是一定的。但当电子由离核较远的轨道跃迁到离核较近的轨道（能量较高的状态），需要一定的能量。因此，如果要使电子跃迁到离核较远的轨道，必须从外界给原子一定能量。一个原子的外层电子跃迁到较远轨道上去的现

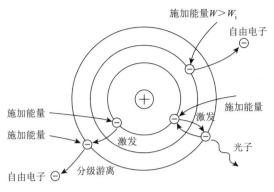

图 2-1 原子的壳层模型

象称为激励，所需能量称为激励能 W_e，其值等于两个轨道之间的能级差，激励能等于普朗克常数与光子频率的乘积，如式（2-1）所示。

$$W_e = hv \tag{2-1}$$

式中：h 为普朗克常数（$h = 6.63 \times 10^{-34}$ J/s）；v 为光子的频率。

处于激励状态的原子是不稳定的，跃迁到外层轨道上的电子跳回到内层轨道上，会将原来吸收外部的能量以光子的形式辐射出相应能量，光子（光辐射）的频率 v 如式（2-2）所示

$$v = \frac{W_d - W_s}{h} \tag{2-2}$$

式中：W_d 为电子在外层轨道的具有的能量，W_s 为电子在内层轨道上的具有的能量。

当外界以某种方式给处于某一能级轨道上的电子施加能量较大时，该电子有可能摆脱原子核的束缚成为自由电子，这样使得原来的中性原子变成自由电子和正离子，这种现象称为电离，电离过程所需要的最小能量称为电离能 W_i（单位：eV）。1eV 等于一个电子通过电位差为 1 V 的电场所获得的能量。也可用电离电位 U_i（单位：V）来表示电离能，它在数值上等于用电子伏表示的电离能。几种常见的气体和金属蒸汽的激励能和电离能如表 2-1 所示。

表 2-1　几种气体和金属蒸汽的激励能和电离能

气体	激励能 W_e/eV	电离能 W_i/eV	气体	激励能 W_e/eV	电离能 W_i/eV
N_2	6.1	15.6	CO_2	10	13.7
O_2	7.9	12.5	H_2O	7.6	12.8
H_2	11.2	15.4	SF_6	6.8	15.6

2. 带电质点的产生

如果中性原子由外界获得足够的能量，使得原子中一个或几个电子跃迁至离核更远的轨道上去，甚至完全脱离原子核的束缚而成为自由电子，这时原来的中性原子就发生了电离，分解成两种带电质点——电子和正离子。

　　引起电离所需的能量不得小于该气体质点的电离能，该能量可通过不同的形式传递给气体分子，例如动能、光能、热能等，对应的电离过程称为碰撞电离、光电离、热电离等。

　　1）碰撞电离

　　处于电场中的带电质点，当气体中存在电场时，其中的带电质点将具有复杂的运动轨迹，它们一方面与中性的气体质点（原子或分子）一样，进行着混乱热运动，不断与其他质点发生碰撞，另一方面还受电场力的作用沿着电场方向作定向漂移，如图 2-2 所示。在电场力的作用下带电质点沿电场方向不断加速并积累动能，当具有的动能积累到一定数值后，在其与气体原子（或分子）发

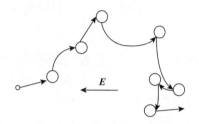

图 2-2　电场作用下电子在气体介质中的运动轨迹

生碰撞时，把质点的动能转给气体分子，使气体分子发生电离。由碰撞引起的电离称为碰撞电离，它是气体放电过程中带电质点的重要来源。

　　各种质点在空气中运动时，都会不断碰撞。任一质点在 1 cm 行程中的所遭遇的碰撞次数与气体分子的半径和密度有关。单位行程中的碰撞次数 Z 的倒数 λ_e 即为该质点的平均自由行程长度。实际自由行程长度是一个随机量，并具有很大的分散性。它的分布具有统计性的规律。质点的自由行程等于或大于某一距离 x 的概率为

$$P(x) = e^{-x/\lambda_e} \tag{2-3}$$

式中：λ_e 为质点平均自由行程长度；令 $x = \lambda_e$，可见质点实际自由行程长度大于或等于平均自由行程长度的概率是 36.8 %。

　　由气体动力学知识可知，电子平均自由行程长度为

$$\lambda_e = \frac{1}{\pi r^2 N} \tag{2-4}$$

式中：N 为气体分子密度；r 为气体分子半径。由于 $N = p/kT$，带入式（2-4）即得

$$\lambda_e = \frac{kT}{\pi r^2 p} \tag{2-5}$$

式中：k 为玻尔兹曼常量；T 为温度；p 为气压。

　　因为电子的半径和体积比离子和气体分子小得多，所以电子的平均自由行程长度要比离子和气体分子的大得多。在标准大气压和常温下，电子在空气中的平均自由行程长度的数量级为 10^{-5} cm。

　　电子、离子等与中性原子（或分子）碰撞都可能产生电离。而气体放电过程中，由于正、负离子的体积比电子大得多，容易与其他质点发生碰撞，平均自由程比电子小得多，难以在碰撞前积累起足够的能量，因而产生碰撞电离的概率较小。在电场作用下，电子积聚足够的动能后再与其他质点碰撞的概率比离子大得多，电子是造成碰撞电离的主要因素。

　　电子在电场强度为 E 的电场中行径 x 距离时获得的动能为

$$W=\frac{1}{2}mv^2=qEx \qquad (2-6)$$

式中：m 为电子的质量；v 是电子的运动速度。如果电子的动能 W 大于或等于气体分子的电离能 W_i 时，就可能引起碰撞电离。

由此，可得出电子引起碰撞电离的条件为

$$qEx \geqslant W_i \qquad (2-7)$$

因此，电子造成碰撞电离需要最小的距离应满足 $x_i \geqslant W_i/qE = U_i/E$（$U_i$ 为气体的电离电位）。x_i 的大小取决于场强 E，增大气体中的场强将使 x_i 值减小，可见提高外加电压将使碰撞电离的概率和强度增大。

综上所述，碰撞电离的形成与电场强度和平均自由行程的大小有关。需要注意的是，并不是满足上述条件的碰撞就一定能造成电离，碰撞电离过程不是简单的机械过程，电子的动能在进行传递的过程中，需要通过复杂的电磁力相互作用和一定的作用时间和条件，才能达到能量转换的结果。

2）光电离

光辐射引起的气体分子的电离称为光电离。光辐射的能量以不连续的光子的形式发出。当气体分子受到光辐射作用时，如果光子的能量大于或等于气体分子的电离能 W_i 时，将引起光电离，即

$$h\upsilon \geqslant W_i \quad 或 \quad \lambda \leqslant \frac{hc}{W_i} \qquad (2-8)$$

式中：h 为普朗克常数（$h = 6.63 \times 10^{-34}$ J/s）；υ 为光子的频率；W_i 为气体的电离能，单位为 eV；c 为光速 $= 3 \times 10^8$ m/s；λ 为光的波长，单位为 m。

由（2-8）式可见，产生光电离的能力不取决于光的强度，而是取决于光的波长，波长越短，光子的能量越大，电离概率就越大。

通常可见光是不能直接产生光电离的，只有各种短波长高能射线，如伦琴射线、γ 射线、宇宙射线等光子的能量比气体的电离能大得多的射线，才可能产生光电离。

由光电离产生的自由电子称为光电子。紫外线一般不能直接导致光电离，但通过分级光电离（先激励、再电离）的方式也可实现电离。气体中的光子不仅来自外界，气体本身的反激励或复合也可能释放出具有一定能量的光子。

3）热电离

由气体的热状态造成的电离称为热电离。热电离不是一种独立的电离形式，而是包含着碰撞电离和光电离，只是其电离能量来源于气体分子本身的热能。

气体分子运动理论说明，气体的温度是其分子平均动能的度量。气体分子的平均动能和气体温度的关系为

$$W_m = -\frac{3}{2}kT \qquad (2-9)$$

式中：k 为玻尔兹曼常量，$k = 1.38 \times 10^{-23}$ J/K；T 为热力学温度。

在常温下，气体质点的热运动所具有的平均动能远低于气体的电离能，因此不产生热

电离。随着温度升高，气体分子动能增加，当气体分子的动能大于气体分子电离能时，就可能引起热电离。因此产生热电离的条件为

$$-\frac{3}{2}kT \geqslant W_i \qquad (2\text{-}10)$$

此外高温气体的热辐射也能导致光电离，因此热电离的本质是高速运动的气体分子的碰撞电离的与光电离的综合。

4）表面电离

以上讨论的气体中带电质点的来源主要为气体分子本身发生的电离，除上述三种空间电离方式外，气体中带电质点还可以通过电极表面电离产生。由金属表面逸出电子的电离形式称为表面电离。

从金属电极表面逸出电子所需的能量，通常称为逸出功。逸出功的大小与金属电极的材料及其表面状态有关，一般需要 1～5 eV。金属的逸出功一般比气体的电离能小得多，所以，发生表面电离比发生空间电离容易，表面电离在气体放电过程中有着重要的作用。

根据金属电离表面电离所需的能量获得途径不同，表面电离主要有以下 4 种形式。

（1）二次发射。具有足够能量的质点撞击金属表面，使其释放电子，如正离子撞击阴极表面。通常正离子动能不大，可忽略，只有在它的势能大于或等于阴极材料逸出功两倍时，才能引起阴极表面电离。

（2）光电子发射。用短波光照射金属表面时，当光子的能量大于逸出功时，金属表面会释放出电子。

（3）热电子发射。将金属电极表面加热，电子热运动速度加快，当电子热运动的能量超过金属的逸出功时，电子就会逸出金属表面，称为热电子发射。热电子发射对电弧放电过程有重要意义。

（4）强场发射。当阴极金属表面附近的电场很强（一般达到 10^6 V/cm 数量级）时，金属表面的电子有可能被强大的电场力从阴极强行拉出，成为自由电子。在真空击穿过程中，强场发射具有决定性的作用。

3. 负离子的形成

当电子与中性气体分子（原子）碰撞，不但没电离出新电子，电子反而被分子吸附形成了负离子，这种过程称为附着。与碰撞电离相反，电子的附着过程释放能量，使一个中性分子（原子）获得一个电子而形成负离子时所放出的能量称为分子或原子对电子的亲和能。电子亲和能的大小可用来衡量原子捕获一个电子的难易程度，亲和能越大，就越容易与电子结合形成负离子。在卤族元素的电子外层轨道中增添一个电子，则可形成像惰性气体一样稳定的电子排布结构，因而其亲和能比其他元素大得多，所以它们很容易俘获一个电子而形成负离子。

容易形成负离子的气体称为电负性气体。空气中的氧气和水汽分子对电子都有一定的亲和性，但不太强；SF_6 气体对电子具有很强的亲和性，其电气强度远大于一般气体，因而被称为高电气强度气体。

负离子的形成并没有使气体中的带电质点数改变，但因为离子的质量大、运动速度慢，

离子电离能力比电子小很多，所以负离子的形成使自由电子数减少，从而对气体放电的发展起阻碍作用。

2.1.2　气体中带电质点的消失

气体中发生放电时，除不断形成带电质点外，同时也存在带电质点消失的过程，带电质点的消失主要有以下三种方式。

（1）带电质点中和电量。带电质点在电场的驱动下做定向运动，在到达两电极后发生电荷中和，消失于电极上而形成外电路中的电流，从而减少了气体中的带电质点。由于电子的迁移速度比离子快得多，故放电电流主要是电子迁移运动的结果。电流的大小取决于带电质点的浓度及其在电场方向的平均速度。

（2）带电质点的扩散。扩散指质点从浓度较大的区域扩散到浓度较小的区域，从而使带电质点在空间各处浓度趋于均匀或逸出气体放电空间的过程。扩散是由杂乱的热运动造成的，与电场力无关，与带电质点的浓度有关，在热运动的过程中，气压越低，则扩散进行得越快。电子的热运动速度大、自由形成长度大，所以其扩散速度也要比带电质点快得多。带电质点因扩散现象而逸出气体放电空间，导致逸出的电荷不再参与放电过程。

（3）带电质点的复合。带有异性电荷质点相遇，发生电荷的传递、中和而还原为中性质点的过程称为复合。与电离过程相似，复合的过程也是带电质点在接近时通过电磁力的相互作用而完成的，需要一定的相互作用时间和条件。参加复合的质点的相对速度越大，复合的概率就越小。气体中电子的速度比离子的速度大得多，所以电子与正离子复合的概率比负离子与正离子复合的概率要小得多，后者比前者大几千倍。参加复合的电子中绝大多数是先形成负离子再与正离子复合的。

复合时，电离吸收的能量以光子形式放出。异性质点的浓度越大，复合就越强烈，因此强烈的电离区通常也是强烈的复合区，这个区域的光亮度也高。

2.2　均匀电场下气体的放电机理

气体放电的根本原因在于气体中发生了电离的过程，在气体中产生了带电质点；而气体具有自恢复绝缘特性的根本原因在于气体中存在去电离的过程，使气体中的带电质点消失。电离和去电离这对矛盾的存在与发展状况决定着气体介质的电气特性。

当电离因素大于去电离因素时，气体中带电质点会越来越多，最终导致气体击穿；在电场的作用较低时，气隙电流由外界电离因素引起的带电质点数量极少，泄漏电流较小；场强增大时，撞击电离引起电子崩，电流增大。根据气体压力、电源功率、电极形状等因素的不同，击穿后气体放电可具有多种不同形式，如辉光放电、电弧放电、火花放电、电晕放电、刷状放电等。

当去电离因素大于电离因素时，则气体中的带电质点将越来越少，最终使气体放电过程消失而恢复成绝缘状态。因此，在生产实际中，人们根据需要，可以人为地控制电离或去电离因素。比如，在高压断路器中，为了迅速断开电路，就需要加强电弧通道中的去电离因素，采取各种措施增大带电质点的扩散能力和带电离子的复合速度，以及采用吸附效应强烈的 SF_6 高电气强度气体等。

为了研究气体放电的过程，20 世纪初，英国物理学家汤逊根据大量试验结果，阐述了气体放电的过程，并在均匀电场、低气压、短气隙的条件下进行了放电试验，依据试验研究结果提出了比较系统的理论和计算公式，并解释了整个间隙的放电的过程和击穿条件。这是最早的气体放电理论，被称为汤逊放电理论。整个理论虽然有很大的局限性，但其对电子崩发展过程的分析为气体放电的研究奠定了基础。随着电力系统电压等级的提高和试验研究工作的不断完善，高气压、长间隙条件下的气体间隙击穿的试验研究逐渐发展起来，在汤逊试验研究的基础上，总结出了大气中气体间隙击穿的流注放电理论。这两个理论可以解释大气压力 P 和极间距离 S 的乘积 PS 在广阔范围内的气体放电现象。

2.2.1　汤逊放电理论

1. 均匀电场中气体击穿的发展过程

汤逊放电试验原理如图 2-3 所示，在空气中放置一对平行板电极，极间电场是均匀的。用外部光源对阴极极板进行照射，并在两电极上施加一个电压可调的直流电压源，当电压从零逐渐升高时，观察电路中电流的变化，从而得到两电极间的电流和电压的关系如图 2-4 所示。

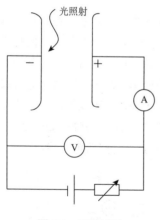

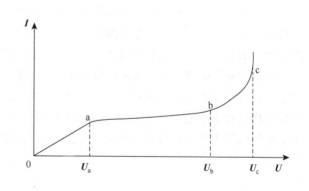

图 2-3　汤逊试验　　　　　　　图 2-4　直流电压下均匀电场中气隙电流和电压间的关系

由图 2-4 可见，平行板电极间（均匀电场）气体中的电流 I 和所加电压 U 之间的关系（伏安特性）并不是简单的线性关系。除外电离因素（光）外，在外电场的作用下，气体间隙的带电质点急剧增长，最终导致气体从良好的绝缘状态变成导电状态，具体分析过程如下。

在极间加上直流电压后，这些带电质点开始沿着电场方向做定向移动，回路中出现了电流。起初，随着电压的升高，带电质点的运动速度加大，间隙的电流也随之增大，如图 2-4 中曲线 0～a 段所示。到达 a 点后，电流不再随电压的增大而增大，因为这时在单位时间内由外界游离因素在间隙中产生的带电质点已全部参加导电，所以电流趋于饱和，如图 2-4 曲线的 a～b 段。此时饱和的电流密度是极小的，一般只有 $10^{-19}\,\text{A/cm}^2$ 的数量级，因此这时的间隙仍处于良好的绝缘状态。当电压增大到 U_b 以后，间隙中的电流又随外加电压的增加而增大，如曲线的 b～c 段，这时由于间隙中又出现了新的电离因素，即产生了电子的碰撞电离。电子在足够强的电场作用下，已积累起足以引起碰撞电离的动能。当电压升高至某临界值 U_c 以后，电流急剧突增，放电过程进入了一个新的阶段（击穿），此时气体间隙转入良好的导电状态，并伴随着产生明显的外部特征，如发光、发声等现象。

当外施电压小于 U_c 时，间隙内虽有电流，但其数值很小，通常远小于微安级，此时气体本身的绝缘性能尚未被破坏，即间隙尚未被击穿。此时间隙的电流要依靠外界电离因素来维持，若取消外界电离因素，电流也将消失。这种需要外界电离因素存在才能维持的放电称为非自持放电。若外施电压达到后，气体中发生了强烈的电离，电流剧增，此时气隙中的电离过程依靠电场的作用可以自行维持，而不再需要外界电离因素了。这种不需要外界电离因素存在也能维持的放电称为自持放电。

由非自持放电转为自持放电的电压称为起始放电电压。如果电场比较均匀，则整个间隙将被击穿，即均匀电场中的起始放电电压等于间隙的击穿电压，在标准大气条件下，均匀电场中空气间隙的击穿场强约为 $30\,\text{kV/cm}$（幅值）。而对于不均匀电场，当放电由非自持放电转为自持放电时，在大曲率电极表面电场集中的区域将发生局部放电，俗称电晕放电，此时的起始电压是间隙的电晕起始电压，而击穿电压则可能比起始电压高得多。

2. 汤逊放电物理过程

为了解释上面试验结果，汤逊提出气体击穿机理和气体击穿的判据。在解释气体放电的物理过程中，汤逊引入了电子崩的概念。电子崩是指电子在电场的作用下从阴极奔向阳极的过程中与中性分子碰撞发生电离，电离的结果产生出新的电子，新生电子又与初始电子一起继续参与碰撞电离，从而使气体中的电子数目呈几何指数增长，这种迅猛发展的碰撞电离过程犹如高山上发生的雪崩，因此被形象地称为电子崩。上述汤逊放电过程就是由碰撞电离引起电子崩的结果。电子崩的形成和带电质点在电子崩中的分布如图 2-5 所示，电子崩过程的出现使间隙中的电流急剧增加，但此时仍属于非自持放电阶段。

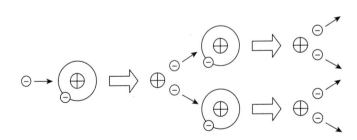

图 2-5　电子崩的形成

1）电子崩的形成

为分析电子崩中电子数目增长过程，汤逊用 α 表示空间碰撞电离系数，即 1 个自由电子在走向阳极的 1cm 路程中撞击电离产生的平均自由电子数。α 与气体的性质、密度及该处的电场强度等因素有关。依据 α 的定义可知，α 取决于两个因素的乘积：电子在单位距离内产生的碰撞次数和每次碰撞产生电离的概率。

由引起碰撞电离的必要条件可知，只有那些自由行程超过 $x_i = U_i/E$ 的电子，才有可能与分子发生碰撞电离。若电子的平均自由行程为 λ_e，则在单位长度内，一个电子的平均碰撞次数为 $1/\lambda_e$，其中电子自由行程大于 x_i 的概率为 $\mathrm{e}^{-x_i/\lambda_e} = \mathrm{e}^{-U_i/E\lambda_e}$，即碰撞产生电离的概率为 $\mathrm{e}^{-x_i/\lambda_e} = \mathrm{e}^{-U_i/E\lambda_e}$。

因此，电子碰撞电离系数 α 为

$$\alpha = \frac{1}{\lambda_e}\mathrm{e}^{-U_i/E\lambda_e} \tag{2-11}$$

气体温度不变时有

$$\frac{1}{\lambda_e} = \frac{\pi r^2 P}{kT} = AP$$

将 λ_e 关系式代入式（2-11），则

$$\alpha = \frac{1}{\lambda_e}\mathrm{e}^{-\frac{x_i}{\lambda_e}} = \frac{1}{\lambda_e}\mathrm{e}^{-\frac{U_i}{E\lambda_e}} = AP\mathrm{e}^{-APU_i/E} = AP\mathrm{e}^{-BP/E} \tag{2-12}$$

式中：A、B 为与气体性质有关的常数；$B = AU_i = AW_i/q$；P 为大气压强；E 为电场强度。

如图 2-6 所示，设阴极表面在外界电离因素光辐射作用下，阴极由于光电子发射产生 n_0 个初始电子数，在电场作用下，这 n_0 个电子在向阳极运行的过程中不断产生碰撞电离，行经距离阴极 x 处，电子数增至 n 个，这 n 个电子再行经 $\mathrm{d}x$ 距离，则又会产生 $\mathrm{d}n$ 个新电子，则 $\mathrm{d}n = n\alpha\mathrm{d}x$，即

$$\frac{\mathrm{d}n}{n} = \alpha\mathrm{d}x \tag{2-13}$$

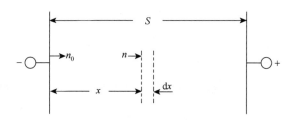

图 2-6　放电发展规律的推导

对式（2-13）积分，可求得 n_0 个电子在电场作用下不断产生碰撞电离，发展电子崩，经距离 S 而进入阳极的电子数 n_S 为

$$n_S = n_0\mathrm{e}^{\int_0^S \alpha\mathrm{d}x} \tag{2-14}$$

当气压保持一定，且电场是均匀时，α 为常数，上式变为

$$n_S = n_0\mathrm{e}^{\alpha S} \tag{2-15}$$

这就是一个电子从阴极走向阳极运动过程中，由于碰撞电离形成的电子崩中的电子数目。抵达阳极的电子应为 $n_S = n_0\mathrm{e}^{\alpha S}$。

整个电子崩发展过程中新增加的电子数（或产生的正离子数）应为 $\Delta n = n_a - n_0 = n_0(e^{\alpha S} - 1)$，将式（2-15）的等号两侧乘以电子的电荷量 q_e，即可得电流关系式为

$$I = I_0 e^{\alpha S} \tag{2-16}$$

式中：$I_0 = n_0 q_e$，为外界光电离因素所引起的初始光电流。式（2-16）表明，虽然电子崩的电流随极板间距离 S 按指数规律增大，但此时的放电还不能自持（即自行维持放电），因为一旦去除外界电离因素（即 $n_0 = 0$，$I_0 = 0$），间隙中的电流 I 即变为零，这就意味着放电就立即停止了。

2）自持放电的判据

汤逊根据对放电过程的实验研究，认为要使气隙中的放电由非自持放电转变为自持放电就必须在气隙中连续地形成电子崩，才能使极间电流维持下去。这就要求在电子崩发展到贯通两极时，电子进入阳极，正离子在返回阴极时必须能够在阴极上产生二次电离过程，以取得在气隙中形成后继电子崩所必需的二次电子，否则电子崩就会中断，气体放电就无法自行维持。因此，从阴极获取二次电子是气体放电由非自持放电转为自持放电的关键。

如果每个正离子返回阴极时，其具有的位能（电离能）及动能，能够从阴极释放出 γ 个二次电子（γ 为阴极表面电离系数，$\gamma < 1$，γ 取决于电极材料及其表面状况以及气体的种类，同时与 E/p 值有关），则 $n = n_0(e^{\alpha S} - 1)$ 个正离子能从阴极释放出的电子数为 $\gamma n_0(e^{\alpha S} - 1)$，设阴极表面在单位时间内发射出来的电子数为

$$n_c = n_0 + \gamma n_c(e^{\alpha S} - 1) \tag{2-17}$$

式（2-17）表示一个正离子撞击到阴极表面时产生出来的二次自由电子数，则它们到达阳极时将增加为

$$n_\alpha = n_c e^{\alpha S} \tag{2-18}$$

将式（2-18）带入式（2-17），则得

$$\frac{n_\alpha}{e^{\alpha S}} = n_0 + \frac{\gamma n_\alpha}{e^{\alpha S}}(e^{\alpha S} - 1) \tag{2-19}$$

整理后可得 $n_\alpha = n_0 \dfrac{e^{\alpha S}}{1 - \gamma(e^{\alpha S} - 1)}$。

等式两边均乘以电子的电荷 q_e，即可得 α 过程和 γ 过程同时引起的电流 I_α，

$$I_\alpha = I_0 \frac{e^{\alpha S}}{1 - \gamma(e^{\alpha S} - 1)} \tag{2-20}$$

由上式可知，如果忽略正离子的作用，即 $1 - \gamma(e^{\alpha S} - 1) = 0$，那么即使除去外界电离因素（$I_0 = 0$），$I$ 也不等于零，即放电能够自行维持下去。

显然，只要满足关系式

$$\gamma n_0(e^{\alpha S} - 1) \geq n_0 \tag{2-21}$$

即 $\gamma(e^{\alpha S} - 1) \geq 1$，则原有的初始电子就可以得到接替，使后继电子崩不需要依靠其他外界电离因素而靠放电过程本身就能自行得到发展。所以，式（2-21）被称为均匀电场中气隙的自持放电条件。

放电由非自持转为自持时的电场强度称为起始放电场强，相应的电压称为起始放电电压。在均匀电场中，它们就是气隙的击穿场强和击穿电压（即起始放电电压等于击穿电压）。

在不均匀电场中，电离过程仅仅存在于气隙中电场强度大于或等于起始场强的区域，即使该处的放电能自持，但整个气隙仍未击穿，所以在不均匀电场中起始放电电压低于击穿电压。电场越不均匀，二者的差值就越大。

3. 均匀场中的击穿电压

1）击穿电压、巴申定律

根据汤逊放电理论的自持放电条件，可以推出均匀电场中气隙击穿电压与有关影响因素的关系，将式改写为 $e^{\alpha S} = 1 + 1/\gamma$，两边取自然对数得

$$\ln e^{\alpha S} = \ln\left(1 + \frac{1}{\gamma}\right) \tag{2-22}$$

式（2-22）说明一个电子经过极间距离 S 所产生的碰撞电离数 αS 必然达到一定的数值 $\ln(1 + 1/\gamma)$，才会开始自持放电。把式（2-12）代入式（2-22），并设此时 $E = E_0 = U_0/d$，式中 U_0 为起始放电电压，即可得出下面的关系式

$$APSe^{-BPS/U_0} = \ln\left(1 + \frac{1}{\gamma}\right) \tag{2-23}$$

整理后得

$$U_0 = \frac{BPS}{\ln \dfrac{APS}{\ln\left(1 + \dfrac{1}{\gamma}\right)}} = f(PS) \tag{2-24}$$

式中：γ 处在 $U_0 = f(PS)$ 二次对数中，击穿电压对其变化不敏感，可视为常数。

由于均匀电场气隙的击穿电压 U_b 等于它们的自持放电起始电压 U_0，式（2-24）表明：U_0 是气压和极间距离的乘积 PS 的函数，称为巴申定律，即气体间隙的击穿电压不仅与气压有关还与间隙的距离有关，是两者乘积的函数。如果改变极间距离 S 的同时，也相应改变气压 P，而使 PS 乘积不变，则极间距离不等的气隙的击穿电压却可以相等。

2）巴申定律-实验曲线

早在汤逊理论出现之前，巴申就于 1889 年从大量的实验中总结出了击穿电压 U_b 与 PS 的关系曲线。均匀电场中空气间隙的击穿电压 U_b 与 PS 乘积的关系曲线如图 2-7 所示。

曲线呈 U 形，在某一个 PS 值下，U_b 达最小值，这是对应电离最有利的情况。要使放电达到自持，每个电子在从阴极向阳极运动的行程中，需要足够的碰撞电离次数。

当 S 一定时，气体压力 P 增大，气体相对密度随之增大，电子在向阳极运动过程中，极易与气体质点相碰撞，平均每两次碰撞之间的自由行程将缩短，每次碰撞时，由于电子积聚的动能不足以使气体质点电离，因而击穿电压升高；反之，气体压力减小时，气体密度减小，电子在向阳极运动过程中不易与气体质点相碰撞，虽然每次碰撞时积聚的动能足以使气体质点电离，但由于碰撞次数减少，故击穿电压也会升高。

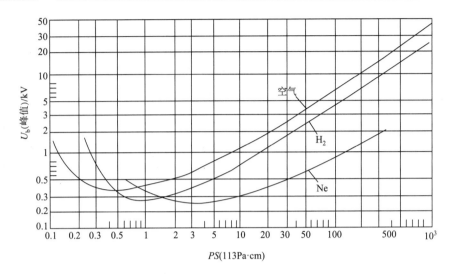

图 2-7　均匀电场中空气间隙的 $U_b = f(PS)$ 曲线

当 P 一定时，增大极间距离 S，则必须升高电压才能维持足够的电场强度；反之，电极距离 S 减少到和电子两次碰撞之间的平均自由行程可以相比拟时，则电子由阴极运动到阳极的碰撞次数减少，故而击穿电压也会升高。

应当指出，上述巴申定律是在气温 T 保持不变的条件下得出的。为了考虑温度变化的影响，在气温 T 并非恒定的情况下，巴申给出更普遍的形式是以气体的密度代替压力。将式（2-24）改写为 $U_0 = f(\delta S)$，其中 δ 是气体相对密度，即实际气体密度与标准大气条件下（$P_s = 101.3 \text{ kPa}$，$T_s = 293 \text{ K}$）的密度之比，其表达式为

$$\delta = \frac{P}{T}\frac{T_s}{P_s} = \frac{P}{P_s}\frac{273+20}{273+t} = \frac{2.89P}{273+t} = 2.89\frac{P}{T} \qquad (2\text{-}25)$$

汤逊放电理论能够较好地解释低气压、短间隙、均匀电场中的放电现象，即 $\delta S >$ 0.26 cm，利用该理论可以推导出有关均匀电场中气体间隙的击穿电压及其影响因素的一些实用的结论。但是该理论也有它的局限性，电力工程上经常接触到的是气压较高的情况（从一个大气压到数十个大气压），间隙距离通常也很大（δS 乘积较大），用汤逊放电理论来解释其放电现象，发现有以下几点与实际不符：

（1）根据汤逊放电理论计算出来的击穿过程所需的时间，至少应等于正离子走过极间距离的时间，但实测的放电时间为计算值 10～100 倍。

（2）按汤逊放电理论，阴极材料在击穿过程中起着重要的作用，然而在大气压力下的空气隙中，间隙的击穿电压与阴极材料无关，如正极性电晕放电，又如雷电放电并不存在金属电极，因而与阴极上的 γ 过程和二次电子发射根本无关。

（3）按汤逊放电理论，气体放电应在整个间隙中均匀连续地进行。实际中低气压下的气体放电区确实占据了整个电极空间，如放电管中的辉光放电，但在大气中气体间隙击穿时会出现有分支的明亮细通道。

（4）当 δS 较大时，击穿电压计算值与试验值有很大出入，试验表明，当 $\delta S > 0.26$ cm 时，气隙击穿电压与汤逊放电理论计算出的值差异很大，说明汤逊放电理论只能适用于均

匀场、低气压、短气隙（δS 值较小）的情况。

2.2.2 流注放电理论

汤逊放电理论没有考虑在放电发展过程中空间电荷对电场所引起的畸变和空间光电离的作用，而高电压技术面对的往往是高气压、长气隙、不均电场的情况，汤逊放电理论并不适用。为此，1939 年雷泽（Leob）和米克（Meek）等在雾室里对放电过程中带电质点的运动轨迹拍照进行研究，在试验基础上于 1940 年发表了流注放电理论，它能够弥补汤逊放电理论的不足，较好地解释这种高气压、长气隙以及不均匀电场中的气体放电现象。

1. 流注放电的发展过程

流注放电理论认为电子的碰撞电离和空间光电离是形成自持放电的主要因素，并且强调了空间电荷畸变电场的作用。流注放电理论的放电过程分为电子崩、流注、主放电三个阶段。

1）电子崩的形成

如图 2-8（a）所示，E_{ex} 为外加电场，E_{sp} 为正空间电荷电场，E_s 为负空间电荷的电场。

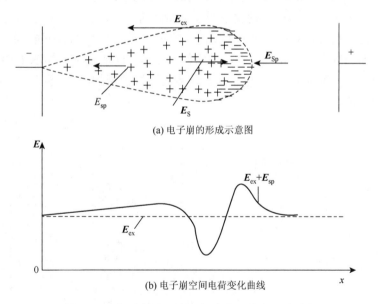

(a) 电子崩的形成示意图

(b) 电子崩空间电荷变化曲线

图 2-8 平板电极电子崩空间电荷对外电场的畸变

当电场足够强时，一个由外界电离因素产生的初始电子，在从阴极向阳极运动的过程中产生碰撞电离而发展成电子崩，这种电子崩称为初始电子崩。因为电子崩中电子的迁移率远大于正离子，所以绝大多数电子都集中在电子崩的头部，而正离子则基本上停留在产生时的位置上，因而在电子崩的头部集中着大部分的正离子和几乎全部的电子。电子崩形成后，这些电子崩中的正、负空间电荷则会使原有的均匀电场强度发生很大的变化，如

图 2-8（b）所示，其结果使电子崩头部和尾部的电场都增强了，而在这两个强电场区之间出现了一个电场强度很小的区域，该区域中电子和正离子的浓度最大，它们在此区域中产生强烈的复合，并放射出许多光子，从而引发新的空间光电离。

汤逊放电理论没有考虑放电本身引发的空间光电离现象，这一现象在高气压、长气隙的击穿过程中起着重要的作用。电子崩头部接近阳极，初崩头部成为引发新的空间光电离的辐射源后，向周围放射出大量的光子，这些光子在附近的气体中引发光电离，在空间产生二次电子，又形成新的电子崩，称为二次电子崩，如图2-9所示。

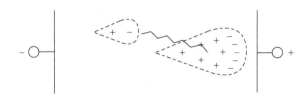

图 2-9　二次电子崩的形成

2）流注的形成

图 2-10 为正流注形成及发展过程图，图 2-10（a）为主崩电子。由初崩辐射出的光子，如图 2-10（b）所示，在崩头、崩尾外围空间局部强场中衍生出二次电子崩并汇合到主崩通道中来，如图 2-10（c）所示，使主崩通道不断高速向前、后延伸的电离通道称为流注。流注通道导电性能良好，又有二次电子崩留下的正电荷，从而大大加强了前方的电场，使更多的新电子崩相继产生并与之汇合，进而使流注迅速向前发展，如图 2-10（d）所示。从整个间隙的放电发展来看，二次电子崩是逐步向阴极扩展的，这一整个过程称为正流注，即从正极出发的流注。

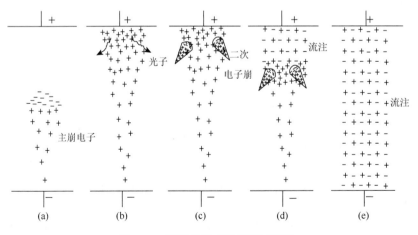

图 2-10　正流注形成及发展过程图

如果外施电压比最低击穿电压高很多，局部强场中除了发展正流注外，还可能发展负流注。在较高的击穿电压下，主崩不需要经过整个间隙其头部已积累到足够多的空间电荷，使崩头前方空间的局部电场加强,这时电离出的光电子在此局部强场中极易发展成新的二次电子崩,其后,主崩头部的电子和二次电子崩崩尾的正离子形成混合质通道,这些新的二次电子崩与主崩汇合迅速向阳极推进形成负流注。

3）主放电

当流注达到阴极,将间隙接通,如图 2-10（e）所示,就形成了主放电,强大的电子流通过流注,迅速向阳极运动,带电离子的碰撞和移动大大提升了通道的温度,产生高温,形成热电离,使整个流注通道转化为火花通道,气隙的击穿完成。这一击穿过程称为流注放电的主放电阶段。

2. 自持放电条件及击穿电压

一旦形成流注,放电就进入了新的阶段,空间光电离可以维持放电,使放电达到自持。如果电场均匀,间隙就将被击穿。所以流注形成的条件就是自持放电条件,在均匀电场中也就是导致击穿的条件。由流注形成的条件可知,流注形成需要崩头的空间电荷积累到一定的数量,电场畸变达到一定程度,并造成足够的空间光电离。这就是说,流注的形成取决于初崩头部的电荷数量,而崩头的电荷数量又取决于电子崩中全部电荷的数量 $e^{\alpha S}$,因此,均匀电场中自持放电的条件可写为: $e^{\alpha S}$ = 常数,可令该常数为 $1/\gamma$,则 $\gamma e^{\alpha S} = 1$。此时,γ 与汤逊放电理论过程中 γ 的不同,两者数值相差大,意义也完全不同。之所以将两个意义不同的参数写成一个符号 γ,是因为不论 δS 值为多大,电子碰撞电离总是起关键作用,因此,其击穿电压与汤逊理论的击穿电压形式上完全相同,但仅仅只是形式上相同。

由上分析可见,流注放电理论尽管放电过程有所变化,击穿电压仍符合巴申定律。由实验研究可知,对于空间间隙所得的常数值为 $\alpha S \approx 20$ 或 $e^{\alpha S} \approx 10^8$。可见初崩头部的电子数要达到 10^8 时,放电才能转为自持（出现流注）。

3. 汤逊放电理论与流注放电理论的比较

流注放电理论可以解释汤逊放电理论无法说明的 δS 值很大时的放电现象。如放电为何并不充满整个电极空间而是会出现细通道形式,且有时火花通道呈曲折形?放电时延为什么远小于离子穿越极间距离的时间?为什么击穿电压与阴极材料无关?

1）放电外形

δS 值很大时,放电具有通道形式,流注出现后,对周围空间的电场有屏蔽作用,并且这一作用伴随着流注的发展而更为强大。因此,电子崩形成流注后,当某个流注由于偶然原因发展更快时,将抑制其他流注的形成和发展,并且随着流注向前推进而越来越强烈。电子崩其中的电荷密度较小,电场强度还很大,不致影响到邻近空间内的电场,因此不会影响其他电子崩的发展。这就可以说明,汤逊放电充满整个电极呈连续一片,而 δS 很大时放电出现细通道的形式。因为二次电子崩在空间的形成和发展中带有统计性,所以火花通道常是曲折的,并带有分枝。

2）放电时间

二次电子崩由光电离形成,光子以光速传播,所以流注发展速度极快,这就可以解释 δS 很大时放电时间特别短的现象。

3）阴极材料的影响

根据流注放电理论，维持放电自持的是空间光电离，而不是阴极表面的电离过程，说明 δS 很大时，击穿电压和阴极材料基本无关。

对于极短间隙，在 δS 值较小时，由于初始电子不可能在穿越极间距离后完成足够多的碰撞电离次数，因而难以聚积到形成流注所要求的临界空间电荷数，这样就不可能出现流注，放电的自持只能依靠阴极上的 γ 过程。因此，汤逊放电理论和流注放电理论各适用于一定条件的放电过程，不能用一种理论取代另一种理论。

2.3　不均匀电场中的气体放电特性

2.3.1　电场不均匀程度的划分

在实际电力设备和线路的绝缘结构中均匀电场是一种少有的特例，常见的却是不均匀电场。与均匀电场相比，不均匀电场中气隙的放电具有一系列特点，因此研究不均匀电场中气体放电的规律具有很重要的实际意义。

按照电场的不均匀程度，不均匀电场可分为稍不均匀电场和极不均匀电场。它们虽同属不均匀电场，但它们的放电过程与放电特性是不同的。稍不均匀电场的放电特性与均匀电场相似，在间隙上所加电压未达到间隙击穿电压之前看不到有什么放电迹象。当电压达到击穿电压时，一旦出现自持放电，便一定立即导致整个气隙击穿。在一定的间隙距离下，击穿电压比较稳定，高压试验室中用来测量高电压的球隙和全封闭组合电器中的分相母线筒都是典型的稍不均匀电场。

极不均匀电场的放电特性则有两个明显不同于稍不均匀电场中放电的特点：一是存在明显的电晕放电；二是击穿电压与电极的正负极性有关。常见的极不均匀电场如输电导线对地、输电导线之间的电场，常采用"棒-板"间隙和"棒-棒"间隙来研究。

为了表示各种结构电场的不均匀程度，引入电场不均匀系数 F 表示各种结构电场的均匀程度，它等于最大电场强度 E_{max} 和平均电场强度 E_{av} 的比值

$$F = E_{max} / E_{av} \tag{2-26}$$

式中：$E_{av} = U/d$，U 为电极间的电压，d 为极间距离。

根据放电的特征（是否存在稳定的电晕），可将电场用 F 值作大致的划分，当 $F=1$ 时为均匀电场；$F<2$ 时，为稍不均匀电场；而 $F>4$ 以上，就明显属于极不均匀电场的范畴了。

2.3.2　电晕放电

1. 电晕放电现象

极不均匀电场中的最大场强与平均场强差别很大，间隙中的最大场强通常出现在曲率半径小的电极（如棒电极）表面附近。当所加电压达到某一临界值时，曲率半径较小的电

极附近空间的电场首先达到了引起强烈电离的起始场强值 E_0，因而在这个局部区域先出现碰撞电离和电子崩，伴随着电离而产生的复合和反激励，辐射出大量光子，使在黑暗中可以看到蓝紫色的晕光，并伴有"咝咝"的响声，这就是电晕。这种仅发生在强电场区（小曲率半径电极附近空间）的局部放电称为电晕放电，开始出现电晕放电时的电压为电晕起始电压。

电晕放电是极不均匀电场所特有的一种自持放电形式，它与其他形式的放电有本质的区别。放电初期，电晕层很薄且比较均匀，放电电流较小，仅为微安级或毫安级。随着外加电压的升高，个别电子崩会形成流注，电晕区也增大，在棒电极附近很薄的一层空气里将达到自持放电条件，在这一局部区域形成自持放电。但因为间隙中其余部分的场强较小，此电离区不可能得以扩展，仅局限在棒电极附近的强电场范围内，所以此时间隙并未击穿。要使间隙击穿，必须继续提高外加电压，因此不均匀电场气隙的电晕起始电压低于其击穿电压。电场越不均匀，其电晕起始电压越低，击穿电压也越低，这是极不均匀电场中气隙放电的一个重要特征。

电晕放电的电流强度取决于外施电压的大小、电极形状、极间距离、气体的性质等因素。电晕电流比较小，但比泄漏电流要大得多。

2. 电晕放电危害与应用

工程上经常遇到极不均匀电场，架空输电线路就是典型的例子。阴雨等恶劣天气时，在高压输电线附近常常可听到电晕放电的咝咝声，夜晚还可看到导线周围有淡紫色的晕光，一些高压设备上也会出现电晕。电晕放电会带来许多不利的影响。

电晕放电时产生的光、声、热的效应以及化学反应等都会引起能量损耗。电晕放电产生高频脉冲电流，电压达到一定值，电晕电流可视为无规律的重复电流脉冲；电压升高，脉冲特性越来越不显著，电晕电流转变为持续电流；电压继续升高，会出现幅值大得多的不规则的流注型电晕电流脉冲。电晕电流是多个断续的脉冲，会形成高频电磁波，它既能造成输电线路上的功率损耗，也能产生对无线电通信和测量的严重干扰，还可能产生超过环保标准的噪声，对人们造成生理和心理上的影响。电晕放电还会使空气发生化学反应，形成臭氧（O_3）及氧化氮（NO，NO_2）等，不但产生臭味而且还产生氧化和腐蚀作用，O_3是强氧化剂，NO、NO_2遇到水汽会形成硝酸和亚硝酸，腐蚀电力设备。电极突出处，电子和离子在局部强场的驱动下高速运动，与气体分子交换能力，形成"电风"，当电极固定得不够时，气体对"电风"的反作用会造成电晕极振动或转动，甚至使导线低频舞动。工程中应力求避免或限制电晕放电的产生，在超高压输电线路上普遍采用分裂导线来防止产生电晕放电。

电晕放电在某些场合也有对人类有利的一面。例如，电晕可削弱输电线路上雷电冲击电压波的幅值和陡度，也可以使操作过电压产生衰减，人们可以利用电晕放电净化工业废气，制造净化水和空气用的臭氧发生器，发展静电喷涂和电除尘等技术。

1）除菌及清新空气

利用空气中电晕放电产生的自由高能离子离解 O_2 分子，O_2 分子经碰撞聚合为 O_3 分子。O_3 具有强氧化性，通过控制产生一定浓度的 O_3，可以达到杀菌的作用，如家用消毒柜。通过不对称电极的电晕放电产生高浓度等离子体，其中的高能电子、离子、自由基和紫外光的联合作用，可以达到除菌、除尘并输出洁净空气目的。

2）污水处理

利用电晕放电的高频脉冲高压产生高浓度 O_3，与污水作用能够分解污水中的有机物，去除臭气，实现污水的处理。

3）烟气处理

利用电晕放电的高功率脉冲形成高能活性离子，可以实现工厂烟气的脱硫脱硝，净化排污。

3. 直流架空输电线路的电晕

最早对输电线上的电晕现象做系统性研究的是美国工程师皮克（F.W.Peek）。他总结了一系列经验公式（如导线表面的起晕场强、导线起晕电压、起晕导线的功率损耗等）。

通常导线直径为 1～5 cm，不同电压极性对导线表面的起晕场强 E_{cor} 的影响很小，可以不予考虑。试验研究表明起晕场强 E_{cor} 与导线半径及空气密度都有关系。皮克根据试验提出，如将半径为 r_0 的光滑导线放置在金属圆筒（其内半径 $R \gg r_0$）的中心轴线处，直流电压加在中心导线与外围圆筒之间，中心导线表面电晕的临界场强可用经验公式表示

$$E_{cor} = 31.5\delta\left(1 + \frac{0.305}{\sqrt{r_0\delta}}\right) \tag{2-27}$$

式中：E_{cor} 为临界场强，kV/cm；r_0 为起晕导线的半径，cm；δ 为空气的相对密度。

皮克认为，如果导线与平面之间的距离 $H \gg r_0$，则此式也适用于导线与平行平面电极之间的电晕放电。

以上讨论的是单极电晕，对于双极电晕，由静电场理论可知，这个电场与上述导线—平面（相距为 H）的情况完全相同（如果不考虑导线周围空间电荷对电场的影响）。在这种情况下，双导线电晕的伏安特性应为单导线电晕伏安特性的 2 倍。但实验结果指出，前者远大于后者的 2 倍，前者的起晕电压也比后者低一些。对于上述平行起晕导线的情况下，皮克得出起晕临界场强的通用公式为

$$E_{cor} = 30.3\delta\left(1 + \frac{0.298}{\sqrt{r_0\delta}}\right) \tag{2-28}$$

相应的起晕临界电压则为

$$U_{cor} = E_{cor}r_0\ln\frac{2H}{r_0} \tag{2-29}$$

式（2-27）～式（2-29）成立的条件是良好的导线表面状态和干燥洁净的空气。如果这个条件不能满足，则应在 E_{cor} 式中乘以相应的修正系数 m_1 和 m_2。m_1 为导线表面状态系数，根据不同情况，约为 0.8～1.0；m_2 为气象系数，根据不同气象情况，为 0.8～1.0。

4. 交流输电线上的电晕

皮克从大量的试验研究中总结出交流输电线上导线（指单导线）表面起晕场强 E_{cor} 为

$$E_{cor} = 21.4 m_1 m_2 \delta \left(1 + \frac{0.298}{\sqrt{r_0 \delta}} \right) \tag{2-30}$$

式中：r_0 为起晕导线的半径，cm；δ 为空气的相对密度。系数 m_1 和 m_2 的意义同前。若三相导线对称排列，则导线的起晕临界电压（有效值）为

$$U_{cor} = E_{cor} r_0 \ln \frac{S}{r_0} = 21.4 m_1 m_2 \delta \left(1 + \frac{0.298}{\sqrt{r_0 \delta}} \right) r_0 \ln \frac{S}{r_0} \tag{2-31}$$

式中：S 为线间距离，cm；r_0 为导线半径，cm；U_{cor} 为起晕临界电压，kV（eff）（对地）
导线水平排列时，则应将式中的 S 以 S_m 代替，此处 S_m 为三相导线的几何平均距离，即

$$U_{cor} = E_{cor} r_0 \ln \frac{S_m}{r_0} = 21.4 m_1 m_2 \delta \left(1 + \frac{0.298}{\sqrt{r_0 \delta}} \right) r_0 \ln \frac{S_m}{r_0} \tag{2-32}$$

$$S_m = \sqrt[3]{S_{AB} S_{BC} S_{CA}} \tag{2-33}$$

式中：S_{AB}、S_{BC}、S_{CA} 分别为导线 AB、BC、CA 相导线之间的距离。

但皮克指出的交流输电线上电晕损耗功率（单导线）的经验公式中引入另一个仅有计算意义的电压 U_0。当导线电压（对地）$U < U_0$ 时，导线电晕功率损耗可忽略不计；而当 $U > U_0$ 时，导线电晕功率损耗将与 $(U-U_0)^2$ 成正比。

皮克指出，计算中可取与 U_0 相应的导线表面场强 E_0 为

$$E_0 = 21.4 m_1 m_2 \delta \tag{2-34}$$

$$U_0 = 21.4 m_1 m_2 \delta r_0 \ln \frac{S}{r_0} \tag{2-35}$$

皮克提出的交流输电线上电晕损耗功率（单导线）的经验计算式为

$$P = \frac{241}{\delta}(f+25)\sqrt{\frac{r_0}{S}}(U-U_0)^2 \times 10^{-5} \tag{2-36}$$

式中：f 为电源频率，Hz，其他各符号的意义同前。

式（2-36）适用于电晕损耗较大的情况，而不适用于较好的天气情况和光滑导线，对于超高压大直径导线的情况也不很适用。现今，实际工程中不再应用这类公式来计算电晕损耗，这是因为随着输电电压的提高，大多采用分裂导线，电晕损耗将随不同的导线结构、分裂线径、分裂数、分裂间距、导线和地线的布置方式、相间距离、离地高度、边相或中相、导线表面最大场强、不同的气象等因素而有很大的差异，很难再用某种较简单的统一的公式来计算，而只能按不同的实际线路结构、不同的导线表面场强、不同的实际气象条件下在试验线路上的实测结果，制订出一系列曲线图表进行综合计算。

虽然如此，上述的一些算式能简明地指示出各种因素影响电晕损耗的规律，以及降低电晕损耗的方向，故仍有参考价值。

5. 限制电晕放电的方法

防止和减轻电晕根本的途径是设法限制和降低导线的表面电场强度。以输电线路为例，对于距离为 D 的两根平行导线（$D \gg r$），导体表面电场可用下式计算

$$E = \frac{U}{r \ln \frac{D}{r}} \qquad (2\text{-}37)$$

式中：r 为导线半径；U 为电晕起始电压。对于三相输电导线，上式中的 U 代表相电压；D 为导线的几何均距。

由式（2-37）可知，降低导线表面场强的方法一般采取适当增大线间距离 D 或增大导线半径 r。为节省导线材料，对 330 kV 及以上的线路通常采用分裂导线的解决办法，即每相导线由 2 根或 2 根以上的导线组成，使得导线表面场强得以降低。例如 330 kV，500 kV 和 750 kV 的线路可分别采用二分裂、四分裂和六分裂导线。1000 kV 及以上的特高压线路分裂数就更多，例如取 8 或更大。

2.3.3 极不均匀电场中气隙放电的极性效应

在极不均匀电场中，电压极性对气隙的击穿电压影响也很大。高场强电极不同，空间电荷的极性也不同，对放电发展的影响也不同，这就造成了不同极性的高场强电极的电晕起始电压的不同，以及间隙击穿电压的不同，称为极性效应。

极不均匀电场气隙电压的极性是以曲率半径较小的那个电极的极性为极性。如"棒-板"间隙即以棒电极电位的极性为极性，如果两个电极的几何形状相同，如"棒-棒"间隙则以不接地的那个电极的极性为极性。

下面以电场最不均匀的"棒-板"间隙为例，从流注放电理论出发说明其放电的发展过程及极性效应。

1. 棒为正极性

当棒极为正极性时，如图 2-11（a）所示。在电场强度最大的棒极附近首先形成电子

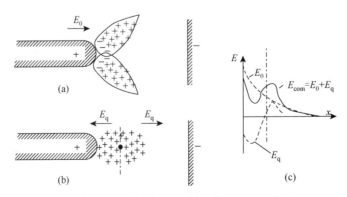

图 2-11 正棒-负板电极的放电发展及电场分布

E_0—原电场；E_q—空间电荷电场；E_{com}—合成电场

崩，这对电子崩的发展有利，电子崩的电子迅速进入棒极，在棒极前方空间留下正离子，如图 2-11（b）所示，削弱棒极附近的电场，使棒极附近难以形成流注，从而使电晕起始电压提高。然而正空间电荷却加强了正离子与板极间的电场，形成发展正流注的有利条件。当电压进一步提高，随着电晕放电区域的扩展，强电场区也将逐渐向板极方向推进，与板极之间的电场进一步加强，如图 2-11（c）所示。一些电子崩形成流注，并向间隙深处迅速发展。流注加强了正离子场强二次电子崩与初崩汇合，使通道充满混合质，而通道的头部仍留下大量的正空间电荷，加强了通道头部前方的电场，使流注进一步向阴极扩展，直至气隙被击穿。因此，"棒-板"间隙的正极性击穿电压较低，而其电晕起始电压相对较高。

2. 棒为负极性

当棒极为负极性时，如图 2-12（a）所示，这时电子崩将由棒极表面出发向外发展，电子崩中的电子向板极运动，如图 2-12（b）所示，滞留在棒极附近的正空间电荷虽然加强了棒极表面附近的电场，但却削弱了外面空间朝向板极方向的电场，如图 2-12（c）所示，使流注的向前发展受到抑制，电晕区不易向外扩展，放电发展比较困难，只有再升高外加电压，并待初崩向后发展的正流注完成，初崩通道中充满导电的混合质，使前方电场加强以后，才能在前方空间产生新的二次崩，使负流注继续向阳极发展。因此，"棒-板"间隙的击穿电压较高。然而，正空间电荷加强了棒极表面附近的电场，使"棒-板"间隙的电晕起始电压相对较低。

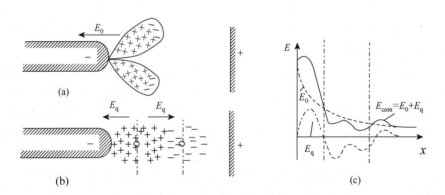

图 2-12　负棒-正板电极的放电发展及电场分布

E_0—原电场；E_q—空间电荷电场；E_{com}—合成电场

通过以上分析可知：

（1）棒为正极时，因为正流注所造成的空间电荷总是加强流注通道前方的电场，所以正流注的发展是连续的，其速度很快，与负棒极相比，击穿同一间隙所需的电压要小得多；

（2）棒为负极时，其流注的发展是阶段式的，其平均速度比正棒极流注小得多，击穿同一间隙所需的外电压要高得多。

无论是正流注还是负流注，当流注通道发展到达对面电极时，整个间隙就被充满正、负离子混合质的,具有较大导电性的通道所贯穿,在电源电压的作用下,通道中的带电质点继续从电源电场获得能量,发展成更强烈的电离,使通道中带电质点的浓度急剧增长,通道的温度和电导也急剧增长,通道完全失去了绝缘性能,表征气隙已经击穿。

输电线路和电气设备外绝缘的空气间隙大都属于不均匀电场的情况,所以在工频高电压的作用下,击穿均发生在外加电压为正极性的那半周;在进行外绝缘的冲击高压试验时,也往往施加正极性冲击电压,因为这时的电气强度较低。

2.3.4　极不均匀电场长间隙的击穿过程

极不均匀电场长间隙（$S>1\ \text{m}$）的放电过程仍用流注放电理论来解释,即放电从初始电子经碰撞电离形成电子崩,再到光电离后出现新的电子崩而形成流注,使放电达到自持。当间隙上电压低于间隙击穿电压时,表现为电晕放电。但当间隙上电压达到间隙击穿电压时,因间隙距离较长,流注通道还不足以贯通整个间隙,因此从形成流注通道到最终出现强烈主放电中间,有一个放电阶段——先导（leader）放电。在"棒-板"间隙中,从棒极开始的流注通道发展到足够的长度后,将有较多的电子沿通道流向电极,电子在沿通道运动过程中,由于碰撞引起气体温度升高,通道逐渐炽热起来。通道根部通过的电子最多,故温度最高,电子越多,根部越细,根部的温度越高,可达数千度或更高,足以使气体产生热电离,于是从根部出发形成一段炽热的高电离火花通道,这种具有热电离过程的通道称为先导通道。由于先导通道中出现了新的更为强烈的电离过程,故先导通道中带电质点的浓度远大于流注通道,因而电导大,压降小。由于流注通道中的一部分转变为先导,就使得流注区头部的电场增强,从而为流注继续伸长到对面电极并迅速转变为先导创造了条件。此过程称为先导放电。

当先导通道发展到接近对面电极时,余下的小间隙中场强达到极大的数值,发生十分强烈的放电过程,这个过程将沿着先导通道以极快的速度反方向扩展到棒极,同时中和先导通道中多余的空间电荷,这个过程称为主放电过程。主放电过程使贯穿两极间的通道最终成为温度很高、电导很大、轴间场强很小的火花通道,这时的间隙接近于被短路,完全失去了绝缘性能,至此即完成了长间隙的击穿。

由于长间隙放电开始是发展先导过程,随后是主放电过程,间隙越长则先导过程和主放电过程就发展得越充分,所以间隙越长,其平均击穿场强越低。

2.3.5　长气隙的预放电

当气隙距离较长（$S>2\ \text{m}$）时,即使所加电压尚远不足以将整个气隙击穿,也会从曲率半径较小的电极出发,向气隙深处空间发展各种形式的放电。当所加电压较低时,仅在电极近旁的局部强场处发展电子崩性质的电晕,它具有均匀、稳定、微光的形态。电压增高时,则将发展流注性质的电晕,它具有不均匀、不稳定、光度略强、如羽毛状或细线刷状的形态。当电压超过某临界值（此值随电压性质、电场情况、气隙距离等因素而异）时,则还会向气隙深处突发具有先导性质的火花放电,在形态上它具有曲折状、明亮、常带有分支、且不停地改变空间位置的火花通道。当电压进一步升高时，火花通道伸展得更长，光色变白，更明亮，并发出尖锐的爆裂声。试验表明：气隙长度 $S=4\text{m}$ 时，预火花放电的长度可达 $0.3S$ 而不会将整个气隙击穿。若电极的曲率半径较大，电极表面又较光洁，则随着所加电压的升高到超过某临界值时，甚至在没有出现明显电晕的情况下，就会突发很长的火花放电。

由于这类放电不能将整个气隙击穿，故称为预放电。这类放电虽尚不能导致整个气隙的击穿，但显然是有害的，因而也是不允许的。

2.4　雷电放电

2.4.1　概述

雷电放电包括雷云对大地、雷云对雷云和雷云内部的放电现象。大多数雷电放电是在雷云与雷云之间进行的，只有少数是对地进行的。雷云对大地放电，是造成雷害事故的主要因素。

雷云带有大量电荷，由于静电感应作用，在雷云下方的地面或地面上的物体将感应聚集与雷云极性相反的电荷，雷云与大地间就形成了电场，如图 2-13 所示。当雷云中的电荷逐渐积聚，达到一定的电荷密度，使其表面空间的电场强度足够大（$25\sim30\,\text{kV/cm}$）时，就会形成局部放电。如此时最大场强方向主要是对地的，就会发展对地的放电，形成下行雷。

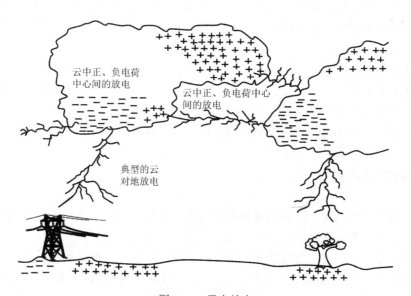

图 2-13　雷电放电

雷电的极性是按照从雷云流入大地的电荷极性决定的。广泛的实测表明，90 % 左右的雷电是负极性雷。下行的负极性雷通常可分为三个主要阶段，即先导放电、主放电和余光放电。

先导过程延续约几毫秒，以逐级发展的、高电导的、高温的、具有极高电位的先导通道将雷云到大地之间的气隙击穿。与此同时，在先导通道中留下大量与雷云同极性的电荷。当下行先导和大地短接时，发生先导通道放电的过渡过程，这个过程很像充电的长线在前端与地短接的过程，称为主放电过程。在主放电过程中，通道产生突发的明亮，发出巨大的雷响，沿着雷电通道流过幅值很大的（最大可达几百千安）、延续时间为近百微秒的冲击电流。这个冲击电流就是主放电过程造成雷电放电最大的破坏作用。主放电完成后，云中的剩余电荷沿着原来的主放电通道继续流入大地，这时在展开照片上看到的是一片模糊发光的部分，称为余光放电，相应的电流是逐渐衰减的，从约 10^3A 衰减为约 10A，延续时间约为几毫秒。

上述这三个阶段组成下行负雷的第一个分量。通常，雷电放电并不是就此结束，而是随后还有几个（甚至十几个）后续分量。每个后续分量也是由重新使雷电通道充电的先导阶段、使通道放电的主放电阶段和随后的余光放电阶段所组成。各分量中的最大电流和电流增长最大陡度是造成被击物体上的过电压、电动力和爆破力的主要因素。而在余光放电阶段中流过幅值虽较小而延续时间较长的电流则是造成雷电热效应的重要因素之一。

若地面上存在特别高耸的导电性能良好的物体时，也可能首先从该物体顶端出发，发展向上的先导（这种雷称为上行雷）。但上行先导到达雷云时，一般不会发生主放电过程，这是因为雷云的导电性能比大地差得多，难以在极短时间内供应为中和先导通道中电荷所需的极大的主放电电流，而只能向雷云深处发展多分支的云中先导，通过宽广区域的电晕流注，从分散的水性质点上卸下电荷，汇集起来，以中和上行先导中的部分电荷。这样的放电过程显然只能是较缓和的，而不可能具有大冲击电流的特性，其放电电流一般不足千安，而延续时间则较长，有的可能长达 10^{-1} s。此外，上行先导从一开始就出现分支的概率较大。

正极性雷出现的概率较小，故对正极性雷的研究也较少。正极性雷在下行先导阶段没有明显的逐级发展的特征。正极性雷通常只有一个分量。正极性雷一般有很长的波头（长达几百微秒）和很长的波尾（长达上千微秒），这样它所传递的电荷可能比多分量的负极性雷还多得多，而其电流陡度则比相应的负极性雷小得多。

2.4.2 雷电的先导过程

关于雷电先导的情况，主要由展开照相得来，它与长间隙击穿的先导有定性的相似，也是由先导通道、先导头部和流注区三部分组成。

下行负先导具有明显的分级发展的特点。每级长度为 10～200 m，平均约为 40 m。相邻两级间歇时间为 30～90 μs，平均约为 60 μs。分级前伸速度为 1×10^7～5×10^7 m/s，延续约为 1 μs。由于存在间歇，其总的平均速度为 1×10^5～8×10^5 m/s。下行负先导向地面推进时还可能出现一些分支，但通常只有其中的一支能到达地面。

下行负先导通道中的电荷量和负先导电流都是无法直接测出的，但可间接推算出先导通道中电荷量的平均值为 0.5～5 C/km。下行负先导的平均电流为 150～1500 A。

一般很难直接测出雷云电荷中心对地的电势，但可以间接推算出先导根部（在云中）

对地的电势为 50～100 MV；先导头部的对地电势为 20～80 MV。

对上行负先导的观测表明，每个上行负先导也都是分级发展的，其发展速度与下行负先导无显著差异，只是每级的长度较小（5～18 m）。上行正先导电流的幅值在 50～600 A，其平均值可以估计为 150 A。实际的观测统计指出，平原地区高度在 200 m 以上的建筑物上，可以观测到相当多的上行雷电。

当下行雷先导从雷云向建筑物方向发展时，从接地的建筑物上可能产生向上的迎面先导。产生初始迎面先导的条件与上述产生上行雷的条件相似，区别在于前者不仅考虑雷云电场的作用，还应考虑下行先导电荷造成局部电场的作用。

迎面先导在相当大的程度上影响着下行先导的发展路线并决定雷击点的所在，所以它在对地雷击的发展中具有很重要的意义。直击到平地的雷电，实际上不存在从地面向上发展的迎面先导。

2.4.3　雷电的主放电过程

为了将雷电主放电的基本过程搞清，先按不存在迎面先导的情况分析，以最常见的下行负先导为例，来说明雷电主放电过程。

当下行先导头部的流注区外缘到达地面（或接地物体）后，随着先导头部逐渐接近地面，流注区的长度被压缩，先导头部对大地极大的电位差就全部作用在越来越短的剩余间隙（流注区）上，使得剩余间隙中产生极大的场强，造成强烈的电离，形成高导电的通道，将先导头部与大地短接，这就是主放电通道的起始。电离出来的电子迅速流入大地，而留下的正离子中和了该处先导通道中的负电荷。与此同时，入地电流有较快的增大，形成雷电波前的初始阶段。这个初始阶段间隙中新形成的通道，其电离程度比先导通道还要强烈得多，造成的正负电荷密度比先导通道中大几个数量级，故具有更强的光亮、更大得多的电导和小得多的轴向场强，就像是一个良导体把大地电位带到初始主放电通道的上端，使该处接近大地电位。由于先导通道其余部分中的电荷基本上还留在原处未变，这些先导电荷所造成的电场大体上也未变，这样，在初始主放电通道上端与原先导通道下端的交界处，就出现极大的场强，形成极强烈的电离，也即是将该段先导通道改造成更高电导的主放电通道，使主放电通道向上延伸。电离出来的电子迅速流入大地，与留下原来该段先导通道中的负电荷中和。需要注意的是，这里所说的中和，并不一定指正、负离子复合，只要在每个很小的空间内异号离子的浓度基本相同，就可以说是中和了。与此相应，入地雷电流有极快的增长，形成雷电流波前的主要部分。这样，在主放电通道的上端（接近大地电位）与原来先导通道下端的交界处（长约几十米），始终保持有极大的场强，造成极强的电离，不断地将原来的先导通道改造成更高电导的主放电通道，主放电通道也就不断地向上延伸。

与此同时，还进行着径向的放电过程。随着主放电通道的向上延伸，电离中和了该段先导通道中的负电荷，并使该处的电位接近于大地电位，但原先导通道四周的负空间电荷套仍然存在，这就使新生的该段主放电通道表面产生很大的径向场强，其方向与原先导通道四周的径向场强方向相反。在此反向场强作用下，主放电通道产生反向电晕流注放电。

电离出来的电子迅速流向主放电通道,再经主放电通道流向大地,组成主放电电流的一部分,留下的正离子则中和原先通道周围的负空间电荷。当然,这个反向的径向放电并不能使通道周围的空间电荷全部中和,但可中和其相当大的一部分。

从宏观来看,负先导的发展可看作将一条充电到很高负电位的长导线由上向下延伸,而主放电的发展可看作将上述已充电到很高负电位的长线在其下端接地短路,造成沿长线向上行进的正极性的电压波和负极性的电流波(由上向下为电流的正向)。只是雷电通道的导电性是空气电离所致,它不同于金属中的电子电导,所以,沿雷电通道传播的波速,也就不同于金属导线中的波速。

用光谱法测得雷电主放电通道具有 $2 \times 10^4 \sim 3 \times 10^4$ K 的高温,发出极强的耀眼的光亮。通道中的压力最初达几十个大气压,将通道半径由毫米级迅速膨胀到厘米级,伴随着发出轰雷巨响,通道中的压力也就迅速下降。

上行的主放电发展的速度极大,在 $0.05 \sim 0.5\,c$,平均为 $0.175\,c$,此处 c 为光速。离地越高,速度就越低。主放电的时间总共不过 $50 \sim 100$ μs,相应的电流峰值可达几十千安到几百千安,其瞬时值则是随着主放电头部向高空发展而逐渐减小,形成雷电流冲击波形。

2.4.4　雷电的后续分量

雷电形成后续分量的原因,可能是雷云中存在多个电荷聚集中心。从某一电荷聚集中心发出的第一分量先导到达地面之前,该电荷中心的电位变化不大,这时云中各电荷中心之间也不会发生剧烈的相互作用。当第一分量的主放电返回到云层,第一电荷中心的电荷被中和时,该电荷中心的电位就将产生剧变(其绝对值从极高降到极低),这就使该电荷中心与邻近电荷中心之间的电位差急剧增大,两者之间便可能发生放电。因为第一分量所开辟的对地放电高温通道在这极短的时间内还来不及完全去电离,尚保持有较高的电导,所以当邻近的电荷中心对第一电荷中心放电后,放电便沿着老通道向地发展,形成后续分量的先导。因为这种先导并不开辟新放电路径,而只是将老通道重新充电到一定的电位,所以它不必再分级前进,而是连续前进。这种后续分量的先导称为箭状先导。从雷云到地的全程中,箭状先导的速度无太大变化,平均为 $2 \times 10^6 \sim 5 \times 10^6$ m/s(比第一分量分级先导的平均速度高出 10 余倍)。箭状先导是没有分支。始于云内的负极性雷电放电的发展过程及雷电流波形如图 2-14 所示。

后续分量的主放电过程与第一分量的主放电过程在机理上没有差别,发展速度接近相同,只是电流波形、幅值等有些不同。后续分量的电流幅值一般为第一分量的 1/2~1/3,为 $2 \sim 100$ kA。电流波前时间比第一分量小得多,平均为 $0.5 \sim 1$ μs。由此可见,后续分量的电流幅值虽小,而其电流上升的最大陡度却比第一分量大 3~5 倍,这是很值得注意的。后续分量的电流波尾(半峰值时间)也较短,平均约为 40 μs。

每个负极性雷电的分量数,多的可达 10 余个甚至 30 余个,平均为 3~4 个;相邻分量之间的间歇时间约为几十毫秒,平均为 40~65 ms。

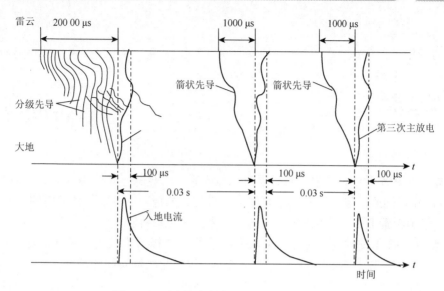

图 2-14　雷电放电的发展过程及雷电流波形

每次雷电对地泄放电荷的总量在很大的范围内变化（3～100 C），平均为 35 C，其中有 30 %～50 %是在余光放电过程中泄放入地的。每次对地雷击总的延续时间在 10 ms～2 s 内变化，大部分在 50～500 ms 内。

习　　题

1. 气体放电过程中产生带电质点最重要的方式是什么，为什么？
2. 气体带电质点的产生形式主要有哪几种？
3. 气体中带电质点的消失过程有哪些？
4. 叙述汤逊放电理论的基本观点和流注放电理论的基本观点以及它们的适用范围。
5. 什么是巴申定律？为什么其曲线呈 U 形？
6. 什么是电晕放电，电晕放电是自持放电还是非自持放电？电晕会产生哪些效应？
7. 什么是极性效应？比较棒-板气隙极性不同时电晕起始电压和击穿电压的高低，并简述其理由。
8. 雷电的破坏性是哪几种效应造成的，各种效应与雷电的哪些参数有关？

第3章

气隙的电气强度

在电力工程实践中，常常遇到必须对气体介质（主要是空气和 SF_6 气体）的电气强度（通常以击穿场强或击穿电压来表示）作出定量估计的情况。由于气体放电的发展过程比较复杂、影响因素很多，因而采用理论计算的方法来求取各种气隙的击穿电压是相当困难且不可靠的。通常采用试验的办法来求取某些典型电极所构成的气隙（例如"棒-板"、"棒-棒"、"球-球"、同轴圆筒等）的击穿特性，以满足工程实用的需要。

气隙的电气强度首先取决于电场形式。在常态的空气中要引起碰撞电离、电晕放电等物理过程所需的电场强度约为 30 kV/cm。在均匀或稍不均匀电场中空气的击穿场强即为 30 kV/cm 左右；而在极不均匀电场的情况下，局部区域的电场强度达到 30 kV/cm 左右时，就会在该区域先出现局部的放电现象（电晕），这时其余空间的电场强度还远远小于 30 kV/cm，如果所加电压提高，放电区域将随之扩大，甚至转入流注导致整个气隙的击穿，这时空气间隙的平均场强仍远远小于 30 kV/cm，可见气隙的电场形式对击穿特性有着决定性的影响。

气隙的击穿特性与所加电压的类型也有很大的关系。在电力系统中，有可能引起空气间隙击穿的作用电压波形及持续时间是多种多样的，但可归纳为四种主要类型，即工频交流电压、直流电压、雷电过电压波和操作过电压波。相对于气隙击穿所需时间（以微秒计）而言，工频交流电压随时间的变化是很慢的，在这样短的时间段内，可以认为它是没有变化的，和直流电压相似，因此二者可统称为稳态电压，以区别于存在时间很短、变化很快的冲击电压。

3.1 气隙的击穿时间

每个气隙都有它的静态击穿电压 U_0，静态击穿电压长时间作用于气隙上能使气隙击穿达到最低电压。如所加电压的瞬时值是变化的，或所加电压的延续时间很短，则该气隙的击穿电压就不同于（一般会高于）静态击穿电压。应该说，对某一气隙，当不同波形的电压作用时，将有相应不同的击穿时间和击穿电压。因此完成气隙的击穿需要一定的条件，以下三个是气隙击穿必备的条件：

（1）足够大的电场强度或足够高的电压；

（2）在气隙中存在能引起电子崩并最终导致击穿的电子；

（3）需要有一定的时间，让放电得以逐步发展并完成击穿。

完成气隙击穿所需的放电时间是很短的（以微秒计），在静态电压作用下（直流电压、工频电压等持续作用的电压），气隙的击穿很容易满足上述三个条件；但如所加电压是变化速度很快、作用时间很短的冲击电压（用来模拟电力系统中的过电压波），因为其有效作用时间以微秒计,所以放电时间就变成一个重要因素了。

如图 3-1 所示。从开始加压的瞬间起到气隙完全击穿为止总的时间称为击穿时间 t_b,它由三部分组成。

升压时间 t_0:电压从 0 升到静态击穿电压 U_0 所需时间;

统计时延 t_s:从电压达到 U_0 起到气隙中形成第一个有效电子为止的时间;

放电发展时间 t_f:从形成第一个有效电子起到气隙完全被击穿为止的时间。

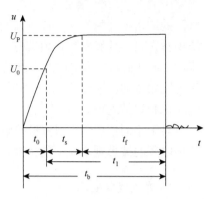

图 3-1 气隙击穿所需时间

这里说的第一个有效电子是指该电子能发展一系列的电离过程,最后导致间隙完全击穿的那个电子。气隙中出现的自由电子并不一定能成为有效电子,主要由以下原因造成。

(1)这个自由电子可能被中性质点俘获,形成负离子,失去电离的活力;

(2)可能扩散到主间隙以外去,不能参加电离过程;

(3)即使已经引起电离过程,还可能由于某些随机的因素而中途停止。

这样,$t_b = t_0 + t_1$,其中 $t_1 = t_s + t_f$ 称为放电时延。

需要指出的是,在短气隙($S<1$ m)中,特别是电场比较均匀时,$t_f \ll t_s$,这时,全部放电时延实际上就等于统计时延。统计时延的长短具有概率统计的性质,通常取其平均值,称为平均统计时延。

在很不均匀电场的长间隙中,放电发展时间将占放电时延的大部分。影响平均统计时延 t_s 的主要因素有以下几种。

(1)电极材料。不同的电极材料,其电子逸出功不同,逸出功越大,平均统计时延越长。此外,电极表面状况,如电极表面被氧化或黏污,对平均统计时延也都有影响。

(2)外施电压。当外施电压增大时,自由电子成为有效电子的概率增加,故 t_s 将减小。

(3)短波光照射。对阴极加以短波光照射,也能减小 t_s。

(4)电场情况。在极不均匀电场情况,电极附近存在局部很强的电场,出现有效电子的概率就增加,其 t_s 就减小。

影响放电发展时间的因素主要有以下三类。

(1)间隙长度。间隙越长,则 t_f 越大,t_f 在总的放电时延中占的比例也越大。

(2)电场均匀度。电场越均匀,则当电场中某处出现有效电子时,其他各处电场也都已很强,放电发展速度快,故 t_f 就越小。

(3)外施电压。外施电压越高,则放电发展越快,t_f 也就越小。

3.2 气隙的伏秒特性和击穿电压的概率分布

3.2.1 电压波形

因为气隙在冲击电压下的击穿电压和放电时间都与冲击电压的波形有关,所以在求取气隙的冲击击穿特性时，必须首先将冲击电压的波形标准化，只有这样，才能使各种试验结果具有可比性和实用价值。高压实验室中产生的冲击电压是用来模拟电力系统中的过电压波，所以制定冲击电压的标准波形时，应以电力系统绝缘在运行中所受到的过电压波形作为原始依据，并考虑在实验室中产生这种冲击电压的技术难度不要太大，一般需要做一些简化和等效处理。

对于不同性质、不同波形的电压，气隙的击穿电压是不同的。为了便于比较，需要对各种电压的波形规定统一的标准，分述如下。

1. 直流试验电压

直流试验电压大都由交流整流而得，其波形必然有一定的脉动，通常所称的电压值是指其平均值。直流试验电压的脉动幅值是最大值与最小值之差的一半。纹波系数为脉动幅值与平均值之比。国家标准 GB/T 16927.1—2011 规定，被试品上直流试验电压的纹波系数应不大于 3%。

2. 工频交流试验电压

工频交流试验电压应近似为正弦波，正负两半波相同，其峰值与方均根值（有效值）之比应在 $\sqrt{2} \pm 0.07$ 以内。频率一般应为 45～65 Hz。

3. 雷电冲击电压

根据国家标准 GB/T 16927.1—2011 制定的雷电冲击标准波形，分为全波和截波两种。截波是模拟雷电冲击波被某处放电而截断的波形。

雷电冲击全波电压用来模拟电力系统中的雷电过电压波，标准波形为图 3-2 所示的非周期性冲击电压，波形先是很快上升到峰值，然后逐渐下降到零。雷电冲击全波采用非周期性双指数波。

由于试验中发生的冲击电压波前起始部分及峰值部分比较平坦，在示波图上不易确定原点及峰值时间，为了对波形的主要部分有一个较准确和一致的衡量，国家标准 GB/T 16927.1—2011 规定了确定波形参数的方法如下（图 3-2）：取波峰值为 1.0，在 0.3、0.9 和 1.0 处画三条水平线与波形曲线分别相交于 A、B 点和 M 点；连接 A、B 两点作一直线，AB 段相应时间点为 CD，记为 T，延长使之与时轴相交于 G 点，与峰值切线相交于 F 点，相应的时间为 H 点；G 点即为视在原点，GF 段即为规定的波前，GH 段即为视在波前时间 T_1，$T_1 = T/0.6 = 1.67T$；在 0.5 波峰处画一水平线，与波形曲线的尾部相交于 J 点，相应的时间为 K 点，从视在原点 G 到 K 点的时间 T_2 被定为视在半峰值时间。

如波形上有振荡时，应取其平均曲线为基本波形。在确定时，0.3 及 0.9 峰值点应在基本波形上取。以基本波峰值作为试验电压值，波峰上的振荡或个别峰尖不得超过基本波形峰值的 5%。

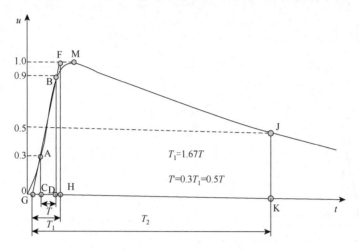

图 3-2　雷电冲击全波电压标准波形

雷电冲击全波标准的波形参数为视在波前时间　$T_1 = 1.2\ \mu s \pm 30\%$；视在半峰值时间 $T_2 = 50\ \mu s \pm 20\%$；峰值允许差 $\pm 3\%$。

标准雷电截波是用来模拟雷电过电压引起气隙击穿或外绝缘闪络后出现的截尾冲击波。我国国家标准 GB/T 16927.1—2011 规定，雷电冲击截波电压标准波形如图 3-3 所示。其中：视在波前时间 $T_1 = 1.2\ \mu s \pm 30\%$；截断时间 T_c 是指 GH 段时间；截波峰值 U_c 是指截断前的电压峰值；截断时刻电压 U_j 是指截断时刻的实际电压；截波电压骤降视在陡度是指 CD 线的斜率；电压过零系数为 U_2/U_c；$T_c = 2 \sim 5\ \mu s$。

由于测量上的实际困难，对截波电压骤降视在持续时间（图 3-3 中 HK 段）尚没有标准化。

4. 操作冲击电压

为了等效模拟电力系统中操作过电压波，一般用非周期性双指数波。操作过电压波形是随着电压等级、系统参数、设备性能、操作性质、操作时机等因素有很大变化的。国际电工委员会文件（IEC 60-2-73）制定了操作冲击电压的标准波形，我国国家标准 GB/T 16927.1—2011 认同了上述 IEC 标准。兹将此标准说明如下。

操作冲击电压标准波形如图 3-4 所示，波形特征参数为：波前时间（图中 OA 段）$T_p = 250\ \mu s \pm 20\%$；半峰值时间 T_2（图中 OB 段），$T_2 = 2500\ \mu s \pm 60\%$；峰值允许误差 $\pm 3\%$；超过 90% 峰值的持续时间 T_d 未作规定；这种波可记为 250/2500 μs 冲击波。

国家标准 GB/T 16927.1—2011 还规定，当仅用标准波形认为不能满足要求或不适用时，在有关设备标准中可以规定其他非周期性或振荡波形作为操作冲击波形。

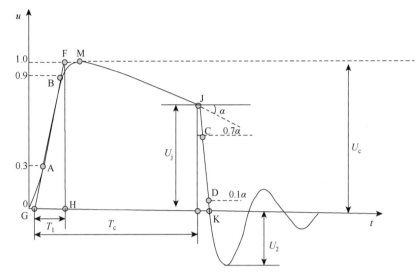

图 3-3　雷电冲击截波电压标准波形

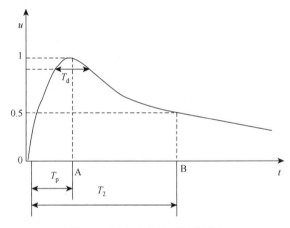

图 3-4　操作冲击电压标准波形

3.2.2　伏秒特性

　　气隙的击穿放电需要一定的时间才能完成，对于长时间持续作用的电压来说，气隙的击穿电压有一个确定的值；但对于脉冲性质的电压，气隙的击穿电压就与该电压的波形（即作用的时间）有很大关系。同一个气隙，在峰值较低但延续时间较长的冲击电压作用下可能击穿，而在峰值较高但延续时间较短的冲击电压作用下反而不击穿。所以，对于非持续作用的电压来说，气隙的击穿电压就不能简单地用单一的击穿电压值来表示了，对于某一定的电压波形，必须用电压峰值和延续时间两者来共同表示，这就是该气隙在该电压波形下的伏秒特性。

　　求取伏秒特性的方法为保持一定的波形而逐级升高电压，从示波图上求取，如图 3-5所示。

电压较低时，击穿发生在波尾，在击穿前的瞬时，电压虽已从峰值下降到一定数值，但该电压峰值仍然是气隙击穿过程中的主要因素，因此，应以该电压峰值为纵坐标，以击穿时刻为横坐标，得点"1"。同样，得点"2"和"3"。电压再升高时，击穿可能正好发生在波峰，得点"4"，该点当然也是特性曲线上的一点。电压再升高，在尚未升到峰值时，气隙可能就已经被击穿，如图 3-5 中的点"5"，则点"5"也是伏秒特性上的一点。把这些相应的点连成一条曲线，就是该气隙在该电压波形下的伏秒特性曲线。

同一气隙在同一电压（包括波形和峰值）作用下，每次击穿前时间也不完全一样，具有一定的分散性。因此，一个气隙的伏秒特性，不是一条简单的曲线，而是一组曲线簇，如图 3-6 所示。簇中各曲线代表不同击穿概率下的伏秒特性。例如，$\psi = 0.7$ 的曲线表示有70%的击穿次数，其击穿前时间是小于该曲线所标时间的。这样，最左边的 $\psi = 0$ 的曲线就成了下包线，该曲线以左的区域，完全不发生击穿；最右边的 $\psi = 1.0$ 的曲线，就成了上包线，该曲线以右的区域，每次都会击穿。以曲线簇来表示的伏秒特性详细准确，但制作烦琐，故通常以上包线和下包线所限的一条带来表示。在某些场合，还可以只用其中 $\psi = 0.5$ 的一条曲线（称为50%曲线）来代表该气隙的平均伏秒特性。

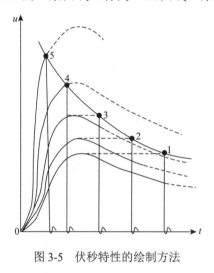

图 3-5　伏秒特性的绘制方法

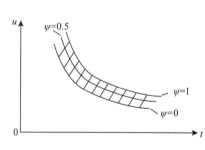

图 3-6　气隙伏秒特性的曲线簇

如果一个电压同时作用在两个并联的气隙 S_1 和 S_2 上，若其中某一个气隙先被击穿，则电压被短接，另一个气隙就不会被击穿。这个原则如用于保护装置和被保护物体，就是前者保护了后者。

设并联的两个气隙的伏秒特性带分别为 S_1 和 S_2。若如图 3-7 所示，S_2 全面位于 S_1 的左下方，这意味着在任何波峰值下，都将是 S_2 先被击穿，即 S_2 可靠地保护了 S_1，使 S_1 不被击穿。

若如图 3-8 所示，在时延较长的区域，S_2 位于 S_1 的下方；而在时延较短的区域，则 S_2 位于 S_1 的上方；介乎其中的为交叉区。这种情况意味着，当冲击电压峰值较低时，击穿前时间较长，则 S_2 先被击穿，保护了 S_1 不被击穿；但当冲击电压峰值较高时，击穿前时间很短，则 S_1 将先被击穿，S_2 反而不会击穿；当冲击电压峰值相当于交叉区域时，则可能是 S_2 先击穿，也可能是 S_1 先击穿。

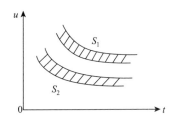
图 3-7　两个气隙的伏秒特性带没有交叉的情况

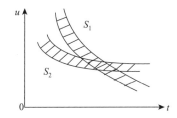
图 3-8　两个气隙的伏秒特性带发生交叉的情况

显然，如要求 S_2 能可靠地保护 S_1，则 S_2 的伏秒特性带必须全面地低于 S_1 的相应特性带。

工程中常用的"50%击穿电压"这一术语，是指气隙被击穿的概率为 50%的冲击电压峰值。该值已很接近伏秒特性带的最下边缘，它反映了该气隙的基本耐电强度，是一个重要的参量；但另一方面，也应该注意到，它并不能全面地代表该气隙的耐电强度。

工程上有时还用到"2 μs 冲击击穿电压"这一术语，这是指气隙击穿时，击穿前时间小于和大于 2 μs 概率各为 50%的冲击电压，这也就是 50%曲线与 2 μs 时间标尺相交点的电压值，如图 3-9 所示。

在极不均匀电场的长间隙中，在最低击穿电压作用下，放电发展到完全击穿需要较长的时间（可能达到几十微秒），如不同程度地提高电压峰值，则击穿前时间将会相应减小，反映在伏秒特性的形状上，就是在相当大的时间范围内向左上角上翘，如图 3-10 中曲线 A 所示。

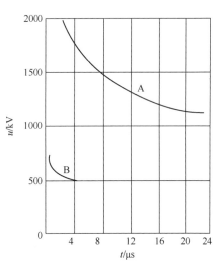
图 3-10　不同形状的伏秒特性举例

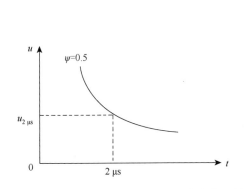
图 3-9　伏秒特性 50%曲线与 2 μs 冲击击穿电压关系

在较均匀电场的短间隙中，间隙各处场强相差不大，某一处场强达到自持放电值时，沿途各处放电发展均很快，故击穿前时间很短（不超过 2～3 μs），反映在伏秒特性的形状上，只有在很小的时间范围内向上翘，如图 3-10 中曲线 B 所示。

应该注意，同一个气隙对不同的电压波形，其伏秒特性是不一样的，如无特别说明，一般是指用标准波形作出的。

上述伏秒特性的各种概念也都适用于液体介质、固体介质和组合绝缘等各种场合。

3.2.3 气隙击穿电压的概率分布

不论是在直流试验电压、交流工频试验电压、雷电冲击电压或操作冲击电压作用下，气隙的击穿电压都有一定的分散性，即击穿概率分布特性。研究表明，气隙击穿的概率分布接近正态分布，通常可用 50 %击穿电压 $U_{50\%}$ 和变异系数 z 来表示。

对用作绝缘的气隙，人们所关心的不仅是其 50 %击穿电压，更重要的是其耐受电压，即能确保耐受而不被击穿的电压。当然，100 %的耐受电压是很难测定的（要做无穷多次试验），工程上常常用很高耐受概率（例如 99 %以上）的电压作为耐受电压。

由于气隙击穿的概率分布接近正态分布，故气隙的耐受概率与所加电压的关系可以从正态分布率求得，见表 3-1。

表 3-1 气隙耐受和击穿概率分布

外加电压 u/U_{50}	$1-3z$	$1-2z$	$1-1.3z$	$1-z$	1	$1+z$	$1+1.3z$	$1+2z$	$1+3z$
耐受概率/%	99.86	97.7	90	84.15	50	15.85	10	2.3	0.14
击穿概率/%	0.14	2.3	10	15.85	50	84.15	90	97.7	99.86

由表 3-1 可见，当外加电压为 $U_{50}(1-3z)$ 时，气隙的耐受概率已达 99.86%，可认为是耐受了，故通常都以此值作为气隙的耐受电压。

在某些情况下（例如避雷器或保护间隙等）则相反，要求气隙在一定的电压作用下能确保击穿。工程实际中常将对应于很高击穿概率（例如 99%以上）的电压作为确保击穿电压。

需要注意，对不同的电压波形，气隙击穿概率分布的变异系数 z 值是不同的。

3.3 大气条件和海拔对气隙击穿电压的影响

在大气中，气隙的击穿电压与大气条件（气温、气压、湿度等因素）有关。通常，气隙的击穿电压随着大气密度或大气中湿度的增加而升高，大气条件对外绝缘（表面无凝露时）的沿面闪络电压也有类似的影响。

3.3.1 大气条件对放电电压的影响

我国国家标准《高电压试验技术第 1 部分：一般定义与试验要求》（GB/T 16927.1—2011）提出了大气条件修正因数 K_t，并指出外绝缘的破坏性放电（包括自由气隙的击穿和沿绝缘外表面的闪络）电压值正比于大气修正因数 K_t。K_t 是空气密度修正因数 k_1 与空气湿度修正因数 k_2 的乘积，即 $K_t = k_1k_2$。这样，在实际试验时的大气条件下所得的外绝缘的破坏性放电电压 U 与标准参考大气条件下的相应值 U_0 可按下式进行换算，即

$$U = K_t U_0 = k_1 k_2 U_0 \tag{3-1}$$

标准参考大气条件为：温度 $\theta_0 = 20℃$；压强 $P_0 = 101.3$ kPa；湿度 $h_0 = 11$ g/m³。

空气密度修正因数 k_1 取决于空气相对密度 δ，其表达式为

$$k_1 = \delta^m \tag{3-2}$$

式中：指数 m 可从图 3-11 中求取；实验时的空气相对密度 δ 为

$$\delta = \left(\frac{P}{P_0}\right) \times \left(\frac{273+t_0}{273+t}\right) \tag{3-3}$$

式中：P 为实验时的大气压强，kPa；t 为实验时的温度，℃。

空气湿度修正因数 k_2 可表示为

$$k_2 = k^w \tag{3-4}$$

式中：指数 w 可从图 3-11 中求取；k 为系数，该值取决于试验电压类型，并为实验时的绝对湿度 $h(g/m^3)$ 与空气相对密度的比率(h/δ)的函数。为实用起见，可从图 3-12 来近似求取。

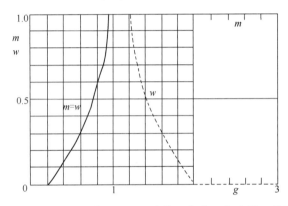

图 3-11　空气密度修正指数 m 值和湿度修正指数 w 与参数 g 的关系曲线

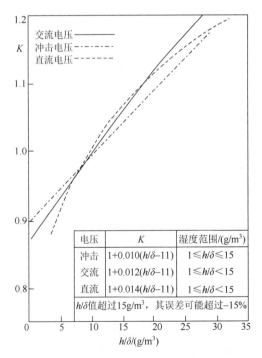

电压	K	湿度范围/(g/m^3)
冲击	$1+0.010(h/\delta-11)$	$1 \leqslant h/\delta \leqslant 15$
交流	$1+0.012(h/\delta-11)$	$1 \leqslant h/\delta < 15$
直流	$1+0.014(h/\delta-11)$	$1 \leqslant h/\delta < 15$
h/δ值超过15g/m³，其误差可能超过-15%		

图 3-12　k 与 h/δ 的关系曲线

（h 为绝对湿度，δ 为空气相对密度）

指数 m 和 w 可从图 3-11 中求取。图 3-11 中引入了一个特征参数

$$g = \frac{U_{b}}{500L\delta k} \qquad (3-5)$$

式中：U_{b} 是指实验时大气条件下的 50% 破坏性放电电压值（测量值或估算值），在耐受试验时，可假定为 1.1 倍试验电压值，kV；L 为被试品的最短放电路径，m；空气相对密度 δ 和参数 k 均为试验时的值。

标准还指出，图 3-11 的关系曲线只适用于海拔不超过 2000 m 的情况。

通常采用通风式精密干、湿球温度计来测定。根据干、湿球温度计的读数，查得标准大气压（101.3 kPa）下空气的绝对湿度和相对湿度。非标准大气压条件时，需将查得的绝对湿度加以修正，以得到该处实际的绝对湿度值。

例 3-1：某距离 4 m 的棒-板间隙，在夏季某日气压 $P = 99.8$ kPa，环境温度 $t = 30\ ℃$，空气绝对湿度 $h = 20$ g/m³ 的大气条件下，问正极性 50% 操作冲击击穿电压为多少？

解：由 3-13 试验曲线查得：距离为 4 m 长的棒-板间隙在标准大气压状态下的正极性 50% 操作冲击击穿电压为 $U_{50标} = 1300$ kV。

$$\delta = \frac{P}{P_0} \times \frac{273 + t_0}{273 + t} = \frac{99.8}{101.3} \times \frac{273 + 20}{273 + 30} = 0.95$$

$$\frac{h}{\delta} = \frac{20}{0.95} = 21$$

查图 3-12 曲线得：$k = 1.1$

$$g \approx \frac{1300}{500 \times 4 \times 0.95 \times 1.1} = 0.62$$

查图 3-11 曲线得：$m = w = 0.34$

$$k_1 = \delta^m = 0.95^{0.34} = 0.9827$$

$$k_2 = K^w = 1.1^{0.34} = 1.033$$

$$U_{50夏} = U_{50标} k_1 k_2 = 1300 \times 0.9827 \times 1.033 = 1320 \text{ kV}$$

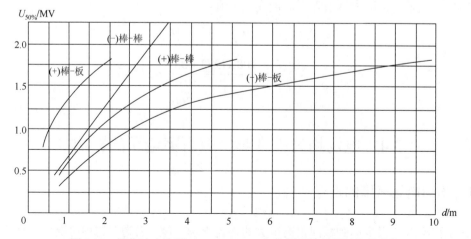

图 3-13　操作冲击电压（＋500/5000 s）作用下棒-板及棒-棒空气间隙 50% 击穿电压和间隙距离的关系

3.3.2　海拔对放电电压的影响

前面介绍的不同气隙在各种电压下的击穿特性均对应于标准大气条件和正常的海拔。因为大气的压力、温度、湿度等条件都会影响空气的密度、电子自由行程长度、碰撞电离及附着过程，所以也必然会影响气隙的击穿电压。空气隙的击穿电压随着空气湿度的增大而增大的原因是：水蒸气是电负性气体，易俘获自由电子以形成负离子，使活跃的电离因素——自由电子的数量减少，阻碍电离的发展。空气隙的击穿电压随空气密度的增大而升高的原因是：随着空气密度的增大，空气中自由电子的平均自由行程缩短，不易造成碰撞电离。因此海拔高度的影响与此类似，随着高度的增加，空气的压力和密度均会下降。正由于此，在不同的大气条件和海拔下所得出的击穿电压实测数据都必须换算到某种标准条件下才能互相进行比较。

高海拔地区由于气压下降，空气相对密度下降，空气间隙的放电电压也随之下降。

在海拔 1000～4000 m，海拔每升高 100 m，空气的绝缘强度约下降 1%（即绝缘能力变弱）。在海拔高度 10000 m 以内，空气压力几乎随海拔高度的增加而线性下降。在给定的海拔高度下的大气压力可由 $p = 101.3 \times e^{-(H/8150)}$ 计算求得，式中：p 为大气压力，kPa；H 为海拔高度，m。

国家标准《高压输变电设备的绝缘配合》（GB 311.1—1997）规定，对拟用于高海拔地区（海拔 1000～4000 m）的外绝缘设备，在非高海拔地区（海拔 1000 m 以下）进行试验时，其试验电压校正如式（3-6）所示：

$$U = K_a U_p \tag{3-6}$$

式中：$K_a = \dfrac{1}{1.1 - H \times 10^{-4}}$，$U_p$ 为标准大气条件下的试验电压，kV；K_a 为海拔校正因数，kV；H 为设备使用处海拔，m。

例 3-2：在 $p = 755$ mmHg，$T = 33℃$ 条件下测的一气隙的击穿电压峰值为 108 kV，试近似求取该气隙在标准大气条件下的击穿电压值。

解：
$$\delta = \frac{p}{T}\frac{T_s}{P_s} = 2.9\frac{p}{T}, \quad U \approx \delta U_0$$

$$U_0 \approx \frac{U}{\delta} = \frac{U}{2.9}\frac{T}{p} = \frac{108 \times (273 + 33)}{2.9 \times 755 \times \dfrac{101.3}{766}} = 114\,\text{kV}$$

3.4　电场均匀程度对气隙击穿电压的影响

3.4.1　均匀电场气隙的击穿特性

在工程实践中很少遇到极间距离很大的均匀电场气隙，因为在这种情况下，为了消除边缘效应，必须将电极的尺寸选得很大，这是不现实的。因此对于均匀电场气隙，通常只有极间距离不大时的击穿电压实测数据。

均匀电场中，电场对称，故击穿电压与电压极性无关。由于气隙各处的场强大致相等，不可能出现持续的局部放电，故气隙的击穿电压就是起始放电电压。

均匀电场的气隙距离不可能很大，各处场强又大致相等，故从自持放电开始到气隙完全击穿所需的时间极短，因此，在不同电压波形作用下，其击穿电压实际上都相同，且其分散性很小。均匀电场空气间隙击穿电压特性可用下面的经验公式来表示：

$$U_b = 24.4\delta S + 6.53\sqrt{\delta S} \quad \text{(kV)} \tag{3-7}$$

式中：U_b 为击穿电压峰值，kV；S 为极间距离，cm；δ 为空气相对密度。

式（3-7）完全符合巴申定律，因为它可写成 $U_b = f(\delta S)$。相应的平均击穿场强为

$$E_b = \frac{U_b}{S} = 24.4\delta + 6.53\sqrt{\delta / S} \quad \text{(kV/cm)} \tag{3-8}$$

由式（3-8）可知，随着极距离 S 的增大，击穿场强 E_b 稍有下降，在 $S = 1 \sim 10$ cm 内，其击穿场强约为 30 kV/cm。

3.4.2 稍不均匀电场的击穿特性

稍不均匀电场不对称时，极性效应开始有所反映，但不显著。稍不均匀电场的气隙距离一般不会很大，整个气隙的放电时延仍很短，因此，在不同电压波形作用下，其击穿电压（峰值）实际上接近相同，且分散性也小，但高气压下的电负性气体（如 SF_6）间隙则存在电压作用时间效应。

稍不均匀电场的结构形式多种多样，常遇到的较典型电场结构形式有球-球、球-板、圆柱-板、两同轴圆筒、两平行圆柱、两垂直圆柱等。对这些简单的、规则的、典型电场，有相应的计算击穿电压的经验公式或曲线，可参阅有关手册和资料。其中球—球间隙还是用来直接测量高电压峰值的最简单而又有一定准确度的手段，其击穿电压有国际标准表可查询。

影响稍不均匀场气隙击穿电压的因素，除电场结构和大气条件外，还有邻近效应和照射效应，这在利用球隙击穿来测量电压时，应特别加以注意。

3.5 极不均匀电场气隙的击穿电压

在工程实际中，所遇到的电场绝大多数是不均匀电场。不均匀电场的特征是各处场强差别很大，在所加电压尚小于整个气隙击穿电压时，可能出现局部的持续放电。由于局部持续放电的存在，空间电荷的积累对击穿电压的影响很大，导致显著的极性效应。

对极不均匀电场的情况来说，只要在宏观上大体保持原有的电场布局和气隙最小距离不变，则电极的具体形状、尺寸和结构的改变，对气隙击穿电压的影响是不大的。其原因是：

（1）没有改变极不均匀电场这一根本性质；

（2）气隙击穿前电极近旁先发展的局部电晕流注会使该处原有的局部电场得到某种程度的均匀化。

因此，可预先对几种典型电场的气隙，如棒-棒或线-线（对称电场）、棒-板或线-板（不对称电场），作出其击穿电压与气隙距离的关系曲线，对工程上所遇到的各种极不均匀电场，其气隙击穿电压就可以参照与之相接近的典型气隙的击穿电压曲线来估计。

极不均匀电场气隙的伏秒特性在相当大的时间范围内倾斜，所以，同一气隙，在不同性质的电压作用下，其击穿电压值具有明显的差别，且其分散性也较大。下面就不同性质的电压分别予以讨论。

3.5.1　直流电压作用下

图 3-14 表示棒-板和棒-棒电极长空气间隙的直流耐受特性。由图 3-14 可见，气隙耐受电压具有显著的极性效应。在图示距离范围内，耐受电压与间隙距离接近成正比；其平均耐受场强：正棒-负板间隙约为 4.5 kV/cm；负棒-正板间隙约为 10 kV/cm；棒-棒间隙约为 5.4 kV/cm。这是不难理解的，因为棒-棒电极中有一个是正棒极，放电容易由此发展，故其耐受电压应比（负）棒-（正）板气隙为低；另外，棒-棒电极有两个棒端，即有两个强场区，与一个强场区相比，意味着电压分担的均匀化，故其耐受电压又应比（正）棒-（负）板气隙的耐受电压为高。

即使是极不均匀电场，空气间隙直流击穿电压的分散性很小，其变异系数 z 可取为 1%。

3.5.2　工频电压作用下

图 3-15 表示中等距离空气间隙的工频击穿电压曲线。击穿总是在棒极为正半波时发生。可见，在中等距离范围内，击穿电压与气隙距离的关系还是接近正比的（起始部分除外）。棒-棒气隙的平均击穿场强约为 3.8 kV(eff)/cm。棒-板气隙击穿电压比相应的棒-棒气隙击穿电压低得不多。当气隙距离超过 2.5 m 以后，击穿电压与气隙距离的关系则出现了明显的饱和趋向，特别是棒-板气隙，其饱和趋向尤甚，如图 3-16 所示。这就使得棒-板气隙与棒-棒气隙的击穿电压差距拉大了，在设计高压装置时应予注意，为了使结构紧凑，应尽量避免出现棒-板型电场。

由图 3-16 还可见，棒-棒和棒-板气隙击穿电压曲线是各种不均匀场气隙击穿电压曲线的上下包线，这一点对设计者是很有用的。

空气间隙工频击穿电压的分散性不大，变异系数 z 可取为 2%。

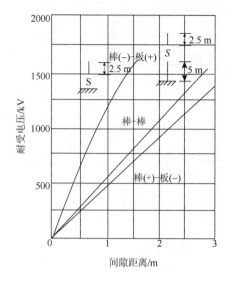

图 3-14　棒-板和棒-棒气隙直流 1 min 临界耐受电压与气隙距离的关系

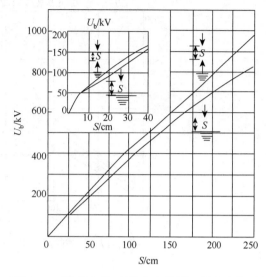

图 3-15　棒-棒和棒-板空气间隙的工频击穿电压与间隙距离的关系

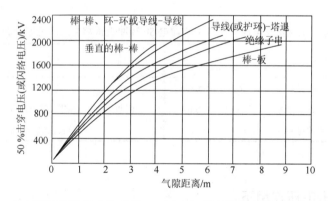

图 3-16　长气隙和绝缘子串的工频 50 %击穿（或闪络）电压与气隙距离的关系

3.5.3　雷电冲击电压

图 3-17 表示中等距离气隙的 50%冲击击穿电压（波形为 1.2/50 μs）曲线。由图 3-17 可以看到明显的极性效应。在此范围内，击穿电压与气隙距离接近线性关系（起始部分除外）。

更大间距气隙的冲击击穿电压与间隙距离仍然保持较好的线性关系，没有明显的饱和现象。

试验表明，导线-平板气隙 50%冲击击穿电压与棒-板气隙十分接近（不论是正极性或是负极性），在缺乏线-板气隙冲击击穿电压的具体数据时，可用棒-板气隙的数据来估计。两平行导线气隙的 50%冲击击穿电压则比相应的棒-棒气隙的值要高。

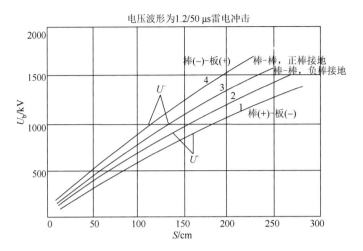

图 3-17　气隙的冲击击穿电压 U_b 与距离 S 的关系

雷电冲击击穿电压的变异系数 z 可取 3%。

为了便于比较分析，表 3-2 给出了工频击穿电压（峰值）和雷电 50%冲击击穿电压的近似计算公式。

表 3-2　工频击穿电压（峰值）和雷电 50 %冲击击穿电压的近似计算公式

气隙	电压类型	近似计算公式 (d/cm；U_b/kV)	气隙	电压类型	近似计算公式 (d/cm；U_b/kV)
棒-棒	工频交流	$U_b = 70 + 5.25d$	棒-板	工频交流	$U_b = 40 + 5d$
	正极性雷电冲击	$U_b = 75 + 5.6d$		正极性雷电冲击	$U_b = 40 + 5d$
	负极性雷电冲击	$U_b = 110 + 6d$		负极性雷电冲击	$U_b = 215 + 6.7d$

3.5.4　操作冲击电压作用下

不均匀电场气隙在操作冲击电压作用下的击穿有很多特点，现分述如下。

1. 极性的影响

在各种不同的不均匀电场结构中，正极性操作冲击的 50%击穿电压都比负极性的低，所以是很危险的。在以后的讨论中，如无特别说明，一般均指正极性情况。

2. 波形的影响

图 3-18 给出棒-板气隙在正极性操作波电压作用下的 50%击穿电压（标幺值）与波前时间的关系曲线，曲线呈 U 形。波前时间在某一区域内，气隙的 50%击穿电压具有最小值，称为临界击穿电压，并以此值作为标幺值的基准，与此相应的波前时间称为临界波前时间。

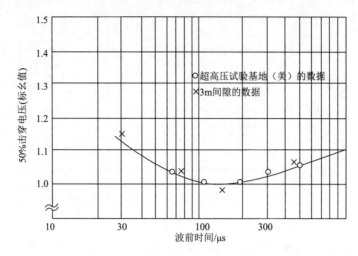

图 3-18　棒-板气隙操作冲击击穿电压（标幺值）与波前时间的关系

对上述实测结果解释如下：当波前时间从临界值逐渐减小时，放电时延相应减小，必然要求有更高的电压才能击穿，这就导致 U 形曲线左半支呈上升趋向。当波前时间从临界值逐渐增大时，一方面，放电发展的时间已足够长，再增大放电时延，对放电的发展影响不大；而另一方面，此时起晕棒极（此处以棒极为例）附近电离出来的与起晕极同号的空间电荷却有时间被驱赶到离棒极较远的地方，使空间电荷不再集中在起晕极近旁。这样，空间电荷在电极近区以外空间所造成的附加电场减弱了，不利于放电的进一步发展，这也必然要求有更高的电压才能击穿，导致 U 形曲线右半支的上升趋向。在左右两半上升曲线的中间必有一个最低点。

工频半波波前时间为 5000 μs，位于 U 形曲线的右半支，故其击穿电压反而比临界波前操作冲击击穿电压高。这一点是需要特别注意的，因为这对高压电力工程中各气隙尺寸的选定有重要影响；另外，这一现象也可能出乎我们原有的估计之外，人们容易从雷电冲击的伏秒特性来推算，认为操作波长介乎雷电冲击与工频电压之间，其击穿电压也将介乎该两者之间。

从上述解释不难理解，气隙距离 S 越大，放电发展所需的时间越长，相应的临界波前时间就越长。

高压电力工程中其他形式的气隙，其操作冲击击穿电压与波前时间的关系也大多呈 U 形曲线。棒-板气隙最为显著，伸长形电极（如分裂导线）形成的气隙最不显著，正极性比负极性显著。图 3-19 表示在各种不同性质电压下，棒-板气隙的击穿电压与气隙距离的关系。

由图 3-19 可见，棒-板气隙在具有某种波前的操作冲击电压作用下，其击穿电压比工频击穿电压还低。不仅棒-板气隙有这种情况，其他形式的气隙如导线-地、导线-塔柱等气隙也有类似情况，只是程度较轻。

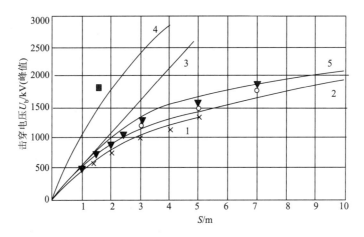

图 3-19 不同性质电压作用下棒-板气隙的击穿电压与气隙的关系

1—斜角波前操作波作用下的平均最小击穿电压；2—+100/3200 μs 冲击波，50%击穿电压；3—+1.5/40 μs 冲击波，50%击穿电压；4—−1.5/40 μs 冲击波，50%击穿电压；5—工频击穿电压（均匀升压）

在同极性的雷电冲击标准波作用下，棒-棒与棒-板间隙的击穿电压差别不大，而在操作冲击电压作用下，它们之间的差别就很大，如图 3-20 所示。另外，对气隙操作冲击击穿电压来说，近旁接地物体的邻近效应（对击穿电压的影响）也较大。这些情况启示我们，在设计高压电力装置时，应注意尽量避免出现棒-板型气隙，尽量减小近旁接地物体的影响。

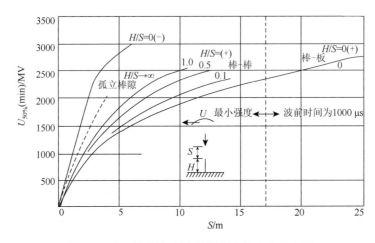

图 3-20 棒-棒和棒-板气隙的操作冲击击穿电压

3. 饱和现象

与工频击穿电压的规律性类似，长气隙在操作冲击电压作用下也呈现显著的饱和现象，如图 3-20 所示，特别是棒-板型气隙，其饱和程度尤甚。当气隙距离在 2～20 m 内，（正）棒-（负）板气隙 50%操作冲击击穿电压的最低值 $U_{50\%}(\text{min})$ 可以用下述经验公式近似地估计。

$$U_{50\%}(\min) = \frac{3.4 \times 10^3}{1 + \dfrac{8}{S}}(\mathrm{kV}) \tag{3-9}$$

利用经验公式（3-9）可求得 $S = 10\,\mathrm{m}$ 时的气隙平均击穿场强已不到 $2\,\mathrm{kV/cm}$。而当 $S = 20\,\mathrm{m}$ 时，降到了 $1.25\,\mathrm{kV/cm}$。可见，平均击穿场强随气隙长度加大而降低。

其他形状气隙的临界击穿电压与棒-板气隙的临界击穿电压的比值可视为常数，因此其他气隙的临界击穿电压可用式（3-10）估计：

$$U_{50\%}(\min) = K_{\mathrm{q}}\frac{3.4 \times 10^3}{1 + \dfrac{8}{S}}(\mathrm{kV}) \tag{3-10}$$

式中：K_{q} 为气隙系数。试验指出，对常遇到的导线结构和气隙距离来说，导线的形状和尺寸（如不同的分裂和分裂间距）对 K_{q} 值的影响很小。

4. 分散性大

在操作冲击电压作用下，气隙的 50%击穿电压的分散性比雷电冲击下大得多，集中电极（如棒极）比伸长电极（如导线）更为显著，波前长度较长时（如大于 $1000\,\mu\mathrm{s}$）比波前长度较短时（如 $100\sim300\,\mu\mathrm{s}$）更为显著，棒-板气隙 50%击穿电压的变异系数 z，前者达 8%左右，后者约为 5%。

3.5.5 叠加性电压作用下

工程实际中常遇到作用在气隙上的过电压不是单一性质的，而是不同性质电压的叠加。例如雷击输电线路杆塔时，作用在导线-杆塔间气隙（包括绝缘子链）上的电压就是气隙在杆塔-端处的雷电冲击电压与导线上当时工作电压的反向叠加。雷电冲击电压可能为正或负，导线上的工作电压，对直流来说，也有正、负之别，对交流来说，则有不同相位之别。雷电也可能直击在输电导线上，此时受击导线上的对地（杆塔）电压就是雷电冲击电压与当时导线上工作电压（在该时相位）的正向叠加。在导线上也可能出现操作冲击电压与正常工作电压（在当时相位）相叠加的情况。在断路器（或隔离开关）断口两端之间的气隙上，也可能在其一端存在操作冲击电，而另一端存在反极性的工频工作电压。

作用在相间绝缘上的电压，情况更复杂多样，各相自身就有正常工作电压（在当时相位）和操作冲击或雷电冲击电压的合成叠加，不同相上的这种合成电压又联合作用到相间绝缘上。

同一气隙对叠加性电压的耐受度与对单一性电压的耐受度是不同的，工作电压为稳态直流时，两者的差异更为显著。这可能是因为稳态直流工作电压时，电极附近的空间中总会积聚数量可观的空间电荷之故。

对超高压和特高压领域来说，各电气元件的形状多样，尺寸较大，例如导线均为多分裂导线，母线多为管形母线；各电器的出线端常配较大尺寸的屏蔽环；变电站、换流站的构架柱和构架梁、线路铁塔塔头和塔身构架宽度也都较大。对以上这些结构间隙中的电极，很难再简单地视其为棒、线、板了，而是需要按较典型的气隙类型和实物尺寸制成模型，测试其击穿电压，从而求取与其相对应的间隙系数。

3.6　提高气隙击穿电压的方法

对于高压电气设备绝缘气隙来说，不仅必须确保整个气隙不被击穿，还要确保防止各种预放电的性能达到规定的要求。从原理上来说，提高气隙击穿电压的方法有多种，本节所述提高气隙击穿电压的方法是广义的，包括防止各种预放电的方法。

3.6.1　改善电场分布

一般来说，气隙电场分布越均匀，气隙的击穿电压就越高，故如能适当地改进电极形状，增大电极的曲率半径，改善电场分布，尤其要尽可能消除局部强场区，就能提高气隙的击穿电压和预放电电压。

研究指出，不产生预放电的条件是电极表面的最大场强 E_{max} 不超过某定值，可大致估计为：对工频电压，$E_{max} \leqslant 20$ kV(eff)/cm；对雷电冲击电压，$E_{max} \leqslant (30 \sim 40)$ kV(peak)/cm；对操作冲击电压，$E_{max} \leqslant (22 \sim 25)$ kV(peak)/cm。

改善电场分布常见的方法有增大电极的曲率半径，消除电极表面毛刺，尖角。通常采用屏蔽的方法来增大电极的曲率半径，即在棒极的端部加装一只直径适当的金属球，如大型试验设备出线端的球形电极、超高压线路绝缘子串上的均压环、超高压线路上采用的扩径导线等。

对于高压电气设备，不仅需要注意改善高压电极的形状以降低该极近旁的局部强场，还需要注意改善接地电极和中间电极的形状，以降低该极近旁的局部强场。

降低电极近旁强场最简单和常用的办法是增大电极的曲率半径（简称屏蔽）。对于中等电压等级以下的电器来说，这没有什么困难；但对于超高压电器来说，保证不发生预放电所需要的曲率半径已相当大。立体空间尺寸很大、整体表面又要十分光洁的电极是不易制作的。

在对防止预放电的要求不很高的场合，例如电力设备上的电极，可以采用笼形屏蔽，这种电极加工方便，防止预火花放电的效果尚佳，只是起晕电压较低。

很高电压等级的旋转式隔离开关，由于存在突出的导电活动臂，特别是在断开状态，要完全避免预放电是十分困难的，较好的办法是采用随导电活动臂一起转动的笼形屏蔽。试验表明，这种空间结构的屏蔽简单易制，且对抑制预火花放电、降低电晕强度及由电晕造成的无线电干扰有较满意的效果。

对于高压试验装置，由于预放电的要求较高，要采用全面屏蔽，而全面屏蔽制作困难，可改进采用花格结构或环形结构。

当电压很高时，单一环形屏蔽难以满足降低电场要求时，可用两个或多个环形电极，彼此相隔一定距离，组成空间型屏蔽电极系统。

3.6.2　采用高度真空

采用高度真空，削弱气隙中的碰撞电离过程，也能提高气隙的击穿电压。在高真空时，不能用简单的气体放电理论来说明。在极间距离较小时，高真空的击穿与阴极表面的强场发射有关。电子在向阳极加速运动的全程中，由于几乎无碰撞，故能积聚很大的动能，高能电子轰击阳极，使阳极释放出光子。光子到达阴极时，也能使阴极发射电子。正离子在向阴极加速运动的全程中，也几乎无碰撞，积聚了高能后撞击阴极时，加强了阴极的电子发射。

高真空在电力工程中用作绝缘，还存在不少技术上和经济上的困难，高真空比较难以保持，故尚未广泛应用，但在某些特殊领域，如真空断路器中用作灭弧和绝缘，则已普遍推广。

3.6.3　增高气压

增高气压会大大减小电子的自由行程长度，削弱和抑制电离过程，使气体的电气强度得到提高。在一定的气压范围内，增高气压对提高气隙的击穿电压是极为有效的，因此，随着电气设备电压等级的日益提高，特别是随着高耐电强度气体 SF_6 的广泛应用，绝缘结构中应用高气压也日益广泛（若采用 SF_6 气体，即使在常压下工作，也必须密封，此时，若提高气压，则能显著提高气隙的耐电强度，缩小整体绝缘结构的尺寸，而所增成本不多，事半功倍，故广为采用）。

高气压下尽可能改善电场分布，因电场不均匀程度对击穿电压的影响比在大气压力下要显著得多，电场不均匀程度增加，击穿电压将大大降低。

3.6.4　采用高耐电强度气体

在众多气体中，有一些含卤族元素的强电负性气体，例如六氟化硫（SF_6）、氟利昂（CCl_2F_2）、四氯化碳（CCl_4）等电气强度特别高的，可称为高电气强度气体。采用这些气体来代替空气可以大大提高气隙的击穿电压，甚至在空气中混入一部分这样的气体也能显著提高电气性能。

卤化物气体电气强度高的原因如下。

（1）含卤族元素，这些气体具有很强的电负性，很容易俘获一个电子与自身结合成活动力很差的负离子，使电离能力很强的电子数减少，且形成负离子后，就容易与正离子相复合。

（2）气体的分子量比较大，分子直径较大，电子在其中自由行程短，不易积聚能量，从而减小其撞击电离的能力。

（3）电子和这些分子相遇，还易引起分子发生极化，增加能量损失，减弱碰撞电离能力。

这类气体要在工程上获得应用除电气强度高外，还必须满足诸如以下其他方面的要求。

（1）液化温度要低。高强度气体总是密封的，常与增高气压并用，因此，气体运行在较低的温度和较高的气压下仍应保持气体状态。例如 CCl_4 虽具有高耐电强度，但它在常温常压下已是液态，故不能采用。

（2）良好的化学稳定性。不易腐蚀其他材料，不易燃烧，不会爆炸，无毒，即使在放电过程中也不易分解等。

（3）对环境无明显的负面影响。例如 CCl_2F_2 对地球高层大气中的臭氧层有破坏作用，故不能采用。

（4）生产不太困难，价格合理，能大量供应。

同时满足上述条件的气体是很少的，目前，工程上唯一广泛应用的是 SF_6，它还具有优异的灭弧能力，其他的相关的技术性能也很好。

3.7 SF_6 气体的特性

SF_6 气体的电气强度约为空气的 2.5 倍，以高耐电强度气体而著称，而今它是除空气以外应用最为广泛的气体介质。目前 SF_6 气体不仅应用于一些单一的电气设备（如 SF_6 断路器）中，而且被广泛应用于全密封组合电器或气体绝缘变电站中。

3.7.1 SF_6 气体的理化特性

气体作为绝缘介质应用于工程实际，不但要求具有比较高的抗电强度，而且还要求具备良好的物理化学特性。SF_6 气体之所以被广泛应用于电气设备的绝缘，这与其良好的物理化学特性是分不开的。

SF_6 是一种无色、无味、无嗅、无毒、不燃的气体。它的化学稳定性高，在不太高的温度下，接近惰性气体的稳定性。在 500 K 的持续作用下，不会分解，也不会与其他材料发生化学反应。只有在电弧或局部放电的高温作用下，SF_6 才会产生热离解，同时 SF_6 会与杂质气体中的氧气作用生成低氟化物。SF_6 的分解物有毒，为此，通常采用活性氧化铝和分子筛等吸附剂，以吸附其分解物及水分。当气体中含有水分时，出现的低氟化物还会与水反应生成腐蚀性很强的氢氟酸或硫酸等，对其他绝缘材料或金属材料造成腐蚀，使沿面闪络电压大大降低，对局部放电水平也有影响，这是应该引起注意的问题。为此，应严格控制 SF_6 气体中所含的水分和杂质气体。国家标准规定，设备中 SF_6 气体的水分容许含量（体积比）的交接验收值在有电弧分解物的隔室为 150×10^{-6}，无电弧分解物的隔室为 500×10^{-6}。此外，SF_6 的分子量为 146，密度大（为空气的 5 倍），属重气体。在通常使用条件（$-40\ ℃ \leqslant \theta \leqslant 80\ ℃$，$p < 0.6\ MPa$）下，主要呈现为气体。比如，在 20 ℃，充气压力为 0.75 MPa（相当于断路器中常用的工作压力），所对应的液化温度为 $-25\ ℃$，若 20 ℃时的表气压力为 0.45 MPa，则对应的液化温度为 $-40\ ℃$。所以 SF_6 一般不存在液化问题。只有在高寒地区才需要考虑采取加热措施防止其液化。

3.7.2　SF$_6$气体的绝缘特性

虽然 SF$_6$气体的电气强度比空气高得多，但是电场的不均匀程度对 SF$_6$电气强度的影响却远比空气大。因此，SF$_6$优异的绝缘性能只有在比较均匀的电场中才能得到充分的发挥。

1. 均匀电场中 SF$_6$气体的击穿

均匀电场中 SF$_6$气体的击穿特性同样也遵从巴申定律。只是由于其强烈的吸附效应，在碰撞电离过程中，碰撞电离系数 α 大打折扣，折扣率用电子附着系数 η 来表示。η 表示一个电子沿电场方向运动 1 cm 的行程中所发生的电子附着次数的平均值。如此考虑，在电负性气体中的有效碰撞电离系数 $\bar{\alpha}$ 应为 $\bar{\alpha} = \alpha - \eta$。

对于 SF$_6$气体，其击穿电压的经验计算公式为

$$U_b = 88.5Pd + 0.38 \approx 88.5Pd \quad (kV) \qquad (3\text{-}11)$$

式中：P 为气压，MPa；d 为极间距离，mm。

由式（3-11）计算可得，SF$_6$气体在一个大气压（0.1 MPa）下的击穿场强 E_b 约为 88.5 kV/cm，几乎是空气的 3 倍。

2. 极不均匀电场中 SF$_6$气体的击穿

对一般气体，电场越不均匀，提高气压对提高气隙击穿电压的作用越小，对 SF$_6$气体更是如此。并且在一定的气压区域里，气隙的击穿电压与气压的关系存在异常的低谷。同时，在 0.1～0.2 MPa 的区段内还存在雷电冲击击穿电压明显低于静态击穿电压的异常现象，冲击系数低至 0.6。人们认为，这种异常现象与空间电荷的运动状态有关。因此，在进行充 SF$_6$气体的绝缘结构设计时应尽可能设法避免极不均匀电场的情况。

此外，SF$_6$气隙的极性效应也与空气间隙相反，即曲率半径小的电极为负极性时气隙的击穿电压小于正极性。这就是说，SF$_6$气体绝缘结构的绝缘水平是由负极性电压决定的。

与空气隙相比，SF$_6$气隙的伏秒特性在短时（$t < 5$ μs）范围内上翘较少，所以用避雷器来保护具有 SF$_6$气体绝缘的设备时，应特别注意在上述短时范围内的配合。

3.7.3　SF$_6$气体与其他气体混合时的特性

对于需气量较大的情况，如全封闭组合电器、充气电缆、充气输电管道等，SF$_6$气体的费用就是必须考虑的问题，于是就产生了 SF$_6$与其他廉价的气体混合的想法。当然，应注意混合气体在各方面的性能。

如前所述，在一定条件下，SF$_6$气体能与氧气、水蒸气等反应，生成某些有害化合物，所以，不宜将 SF$_6$气体简单地与空气混合，而应与惰性气体混合。最廉价的惰性气体是氮气（N$_2$），SF$_6$与 N$_2$的混合气是所有混合气体中研究得最多也是性能最好的混合气体。现

对 SF_6/N_2 混合气各方面的性能进行扼要说明。

1. 绝缘特性

图 3-21 表示的是不同比例的混合气体的相对耐电场强比（以纯 SF_6 气的耐电场强为基准）。由图 3-21 可见，当 SF_6 的含量仅为 0.2 时，混合气体的相对耐电场强即已达 0.72，即已为纯空气耐电场强的 2 倍以上；当 SF_6 气的含量分别为 0.4、0.5、0.6 时，混合气体的相对耐电场强分别已达 0.82、0.88、0.92 了。还需指出的是，只要稍微提高混合气的压强，就可取得与纯 SF_6 相当的耐电场强。

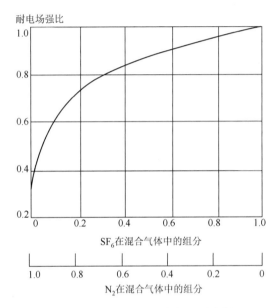

图 3-21　SF_6/N_2 混合气体的相对耐电场强

与纯 SF_6 气相比，SF_6/N_2 混合气体的绝缘能力对电场不均匀性的敏感度较小，无论是电极表面的粗糙度或自由导电微粒的存在，使混合气系统绝缘强度的损失，均较纯 SF_6 气体系统的损失少，因而使用 SF_6/N_2 混合气，不仅可降低成本，还可相对提高绝缘的可靠性。

2. 灭弧特性

气体的灭弧能力主要取决于它在电流过零时气体介电强度的恢复速度、气体介质吸附电子的能力和冷却电弧的能力。SF_6/N_2 混合气与纯 SF_6 气相比，在不同方面互有短长，各研究者所得结果也不尽一致。

如前所述，SF_6/N_2 混合气体主要在需气量较大的工程中使用，在这类工程中，混合气体灭弧特性的强弱不起决定性作用。

3. 物理化学特性

（1）由于 N_2 的液化温度比 SF_6 低得多，所以，SF_6/N_2 混合气的液化温度将随 N_2 含量的增加而降低，这将有利于混合气在严寒地区的使用。

（2）关于 SF_6/N_2 混合气电弧分解物的毒性问题（与纯 SF_6 气体相比较），应该说这方面的研究工作尚不够充分，初步的结论认为，在其他条件相同的情况下，SF_6/N_2 混合气中电弧分解物的毒性比纯 SF_6 气中的低。若在混合气体中发生电弧放电，则可能有微量的 SF_6 与 N_2 相互反应，产生无害的气态氮氟化物 NF_2 和 NF_5。

总的来说，在工程实际中，特别是在需气量较大的工程中，采用 SF_6/N_2 混合气取代纯 SF_6 气是完全可行的。SF_6 的含量以 50 %～60 %为宜。只要稍微提高混合气的压强，即可达到原来纯 SF_6 气时的耐电强度。这样可节约大量成本，并可显著地降低绝缘气体的液化温度。

3.7.4　气体绝缘全封闭组合电器

气体绝缘全封闭组合电器（gas isulated switchgear，GIS）是由断路器、开关、接地开关、互感器、避雷器、母线、连线和出线终端等组合而成，这些器件全部封闭在充有一定压力的 SF_6 气体的金属外壳中，构成封闭式组合电器，组成一个气体绝缘变电站。与传统的敞开式变电站相比，GIS 具有下列突出优点。

（1）大大节省占地面积。额定电压越高，节省越多。以 110 kV 电压等级为例，GIS 占地仅为敞开式的 1/10；500 kV 的 GIS 占地则为敞开式的 1/50。如果以变电站所占空间的大小来比较，GIS 所占空间更小。因此，GIS 特别适用于深山峡谷中的水电站、地下变电站及城市中心变电站等。

（2）因为 GIS 的全部电气设备都密封在接地金属外壳中，不受恶劣的大气条件的影响，所以运行安全可靠，且占用空间小，噪声小，无电磁辐射，有利于环境保护。

（3）安装成套性好，维护工作量小。

鉴于上述优点，GIS 已在世界各国得到广泛应用，我国也有 110～500 kV 电压等级的 GIS 在各地的电网中运行，深受用户欢迎。但对于 GIS 的绝缘检测，由于其封闭性而显得更为困难和重要，是目前绝缘测试技术研究的重要课题。

3.7.5　SF_6 气体的运行和维护

1. 防止和清除污染，保持气体的纯度

为了保证电气设备中 SF_6 气体的纯净，除要求充入气体必须满足规定的纯度外，在充气前，需将充气空间彻底清理干净，进行必要的干燥处理，并抽真空到规定值，然后充气。整体充气系统应保证有严密可靠的密封，一般要求年漏气率小于 1%，实际上现在国际水平已可达到年漏气率小于 0.5%。

即使满足上述要求，在运行中，SF_6 气体仍有可能被逐渐污染，其中最有害的是水分和电弧分解物。水分的来源主要有二：一是从外界通过密封线漏气侵入；二是电气设备内部绝缘材料中所含水分的缓慢蒸发。

因为 SF_6 气体具有高超的灭弧和绝缘能力，所以已被广泛应用于中、高电压等级的断路器中。如前所述，SF_6 气体在电弧的高温作用下，会分解出一些有毒的低氟化物，如 SOF_2、SO_2F_2、SF_4、SOF_4、SF_{10} 等，对绝缘材料和金属材料有害。在全封闭组合电器系统中，在隔离开关等处也常有火花放电发生，虽然其程度远比断路器中轻。无论在断路器中或在全封闭组合电器系统中，SF_6 气体都是在密闭系统中循环使用，上述水分和电弧分解物会逐渐积累造成危害。目前解决这个问题的办法是在 SF_6 气体设备中放置适量的吸附剂。

常用的吸附剂有活性氧化铝和合成沸石（分子筛），对于不存在电弧或火花的场合，吸附剂的放置量约为 SF_6 气体质量的 10%，约隔 5 年更换一次；对于存在电弧或火花的场合，吸附剂的放置量和更换周期，应按电弧强度和频度等因素决定。

2. 防止 SF_6 气体液化

SF_6 仅作为绝缘介质使用时，其工作气压一般不超过 0.5 MPa，在其工作温度下，尚不会液化；而在断路器中，SF_6 气体系统的气压有高达 0.8 MPa 的，在这种断路器中，就要考虑在其工作温度下 SF_6 气体是否可能被液化，如有必要，可采用 SF_6/N_2 混合气以降低其液化温度。

3.8　气隙的沿面放电

电力系统中绝缘子、套管等固体绝缘在机械上起固定作用，又在电气上起绝缘作用。其绝缘状况关系到整个电力系统的可靠运行。各类绝缘子丧失绝缘功能有以下两种可能。一是固体介质击穿，一旦发生击穿，即意味着不可逆转地丧失绝缘功能。二是沿介质表面发生闪络。由于大多数绝缘子以电瓷、玻璃等硅酸盐材料组成，所以沿着它们的表面发生放电或闪络时，一般不会导致绝缘子的永久性损坏。电力系统的外绝缘，一般均为自恢复绝缘，因为绝缘子闪络或空气间隙击穿后，只要切除电源，它们的绝缘性能都能很快地自动彻底恢复。

电力系统中电气设备的带电部分总要用固体绝缘材料来支撑或悬挂，绝大多数情况下，处于空气之中。如输电线路的悬式绝缘子、隔离开关的支柱绝缘子等。当加在这些绝缘子的极间电压超过一定值时，常常在固体介质和空气的交界面上出现放电现象，这种沿着固体介质表面气体发生的放电称为沿面放电。当沿面放电发展成贯穿性放电时，称为沿面闪络，简称闪络。

沿面闪络电压通常比纯空气间隙的击穿电压低，而且受绝缘表面状态、污染程度、气候条件等因素影响很大。电力系统中的绝缘事故，如输电线路遭受雷击时绝缘子的闪络、污秽工业区的线路或变电站在雨雾天时绝缘子闪络引起跳闸等都是沿面放电造成的。电力系统不少绝缘事故均是沿面闪络造成的，所以研究它的放电机理和规律对电气设备的设计和安全运行都有重大的现实意义。

3.8.1 界面电场分布的典型情况

气体介质与固体介质的交界面称为界面，界面电场的分布情况对沿面放电的特性有很大的影响。界面电场的分布有以下三种典型的情况：

（1）固体介质处于均匀电场中，且界面与电力线平行，如图 3-22（a）所示。这种情况在工程中比较少见，但实际结构中会遇到固体处于稍不均匀电场中，且界面与电力线大致平行的情况。此时的沿面放电特性与均匀电场的情况有些相似。

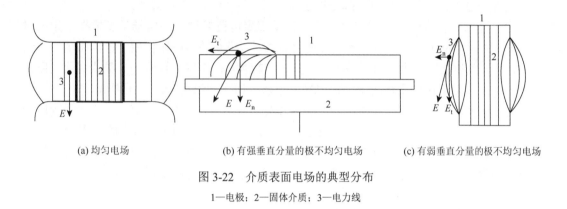

| (a) 均匀电场 | (b) 有强垂直分量的极不均匀电场 | (c) 有弱垂直分量的极不均匀电场 |

图 3-22 介质表面电场的典型分布

1—电极；2—固体介质；3—电力线

（2）固体介质处于极不均匀电场中，且电力线垂直于界面的分量（以下简称垂直分量）E_n 比平行于界面的分量 E_t 要大得多，分界面气隙场强中法线分量较强，如图 3-22（b）所示。绝缘套管就属于这种情况。

（3）固体介质处于极不均匀电场中，在界面大部分地方（除紧靠电极的很小区域外），电场强度平行于界面的切线分量 E_t 比垂直分量 E_n 大，如图 3-22（c）所示。支柱绝缘子就属于此情况。

这三种情况下的沿面放电现象有很大的差别，下面分别加以讨论。

3.8.2 均匀电场中的沿面放电

在平行板的均匀电场中放入一瓷柱，并使瓷柱的表面与电力线平行，瓷柱的存在并未影响电极间的电场分布。当两电极间的电压逐渐增加时，放电总是发生在沿瓷柱的表面，即在同样条件下，沿瓷柱表面的闪络电压比纯空气间隙的击穿电压要低得多。这是因为在情况（1）中，虽界面与电力线平行，但沿面闪络电压仍要比空气间隙的击穿电压低很多。说明电场发生了畸变，主要原因如下。

（1）固体介质与电极表面没有完全密合而存在微小气隙，或者介质表面有裂纹。由于空气的介电系数总比固体介质的低，这些气隙中的场强比平均场强大得多，从而引起微小气隙的局部放电。放电产生的带电质点从气隙中逸出，带电质点到达介质表面后，畸变原有的电场，从而降低了沿面闪络电压。在实际绝缘结构中常将电极与介质接触面仔细研磨，使两者紧密接触以消除空气隙，或在介质端面上喷涂金属，将气隙短路，提高沿面闪络电压。

（2）介质表面不可能绝对光滑，总有一定的粗糙性，这使介质表面的微观电场有一定的不均匀，贴近介质表面薄层气体中的最大场强将比其他部分大，使沿面闪络电压降低。

（3）固体介质表面电阻不均匀，使其电场分布不均匀，造成沿面闪络电压的降低。

（4）固体介质表面常吸收水分，处在潮湿空气中的介质表面常吸收潮气形成一层很薄的水膜。水膜中的离子在电场作用下分别向两极移动，逐渐在两电极附近积聚电荷，使介质表面的电场分布不均匀，电极附近场强增加，从而降低了沿面闪络电压。介质表面吸附水分的能力越大，沿面闪络电压降低得越多。

由于介质表面水膜的电阻较大，离子移动积聚电荷导致表面电场畸变需要一定的时间，故沿面闪络电压与外加电压的变化速度有关。水膜对冲击电压作用下的闪络电压影响较小，对工频和直流电压作用下的闪络电压影响较大，即在变化较慢的工频或直流电压作用下的沿面闪络电压比变化较快的雷电冲击电压作用下的沿面闪络电压要低。

与气体间隙一样，增加气体压力也能提高沿面闪络电压。但气体必须干燥，否则压力增加，气体的相对湿度也增加，介质表面凝聚水滴，沿面电压分布更不均匀。甚至会出现高气压下，沿面闪络电压反而降低的异常现象。随着气压的升高，沿面闪络电压的增加不及空气间隙击穿电压的增加那样显著。压力越高，它们间的差别也越大。

3.8.3　极不均匀电场中的沿面放电

按电力线在界面上垂直分量的强弱，极不均匀电场中的沿面放电可分为以下两种类型。

1. 极不均匀电场具有强垂直分量时的沿面放电

固体介质处于不均匀电场中，电力线与介质表面斜交时，电场强度可以分解为与介质电场表面平行的切线分量和与介质表面垂直的法线分量。具有强垂直分量的典型例子如图 3-22（b）所示。工程上属于这类绝缘结构的很多，它的沿面闪络电压比较低，放电时对绝缘的危害也较大。现以最简单的套管为例进行讨论。

图 3-23 表示在交流电压作用下套管的沿面放电发展过程。由于在套管法兰盘附近的电场很强，故放电首先从此处开始，如图 3.23（a）所示。随着加在套管上的电压逐渐升高并达到一定值时，法兰边缘处的空气首先发生电离，出现电晕放电，电晕放电火花向外延伸，放电区逐渐形成许多平行的细线状火花，如图 3-23（b）所示。电晕和线状火花放电同属于辉光放电，线状火花的长度随外施电压的提高而增加。由于线状火花通道中的电阻值较高，故其中的电流密度较小，压降较大。

线状火花中的带电质点被电场的法线分量紧压在介质表面上，在切线分量的作用下向另一电极运动，使介质表面局部发热。当电压增加而使放电电流加大时，在火花通道中个别地方的温度可能升得较高，当外施电压超过某一临界值后，温度可高到足以引起气体热游离的数值。热游离使通道中的带电质点急剧增加，介质电导猛烈增大，并使火花通道头

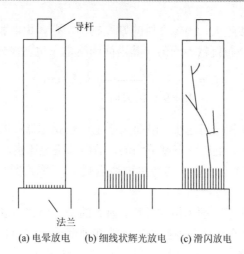

(a) 电晕放电　(b) 细线状辉光放电　(c) 滑闪放电

图 3-23　套管沿面放电过程

部电场增强，导致火花通道迅速向前发展，形成浅蓝色的、光亮较强的、有分叉的树枝状火花，如图 3-23（c）所示。这种树枝状火花并不固定在一个位置上，而是在不同的位置交替出现，此起彼伏不稳定，并有轻微的裂声，此时的放电称为滑闪放电。滑闪放电是以介质表面的放电通道中发生热游离为特征的。滑闪放电的火花长度随外施电压的增加而迅速增长，当外施电压升高到滑闪放电的树枝状火花到达另一电极时，就产生沿面闪络。此后根据电源容量的大小，放电可转入火花放电或电弧。

为进一步分析固体绝缘的介电性能和几何尺寸对沿面放电的影响，可将介质用电容和电阻等值表示，将套管的沿面放电问题简化为链形等值回路，如图 3-24 所示。当在套管上加上波形一定的交流电压时，沿套管表面将有电流流过，由于 R 及 C 的存在，沿套管表面的电流是不相等的，越近 B（法兰）处，电流越大，单位距离上的压降也越大，电场也越强，故 B 处的电场最强。

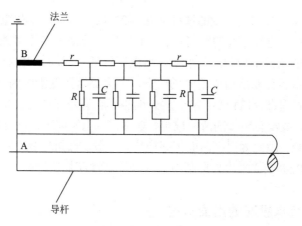

图 3-24　套管绝缘子等效电路

C—表面电容；R—体积电阻；r—表面电阻；A—导杆；B—法兰

固体介质的介电系数越大，固体介质的厚度越小，则体积电容越大，如式（3-12）所示，沿介质表面的电压分布就越不均匀，其沿面闪络电压也就越低。

$$C = \frac{\varepsilon_r}{4\pi \times 9 \times 10^{11} R \ln \dfrac{R}{r}} \quad (F/cm^2) \tag{3-12}$$

同理，固体介质的体积电阻越小，沿面闪络电压也就越低；电压变化速度越快，频率越高，分流作用也就越大，电压分布越不均匀，沿面闪络电压也就越低；而将固体介质的表面电阻（特别是靠近 B 处）在一定范围内适当减小，可使沿面的最大电场强度降低，从而提高沿面闪络电压。

沿面闪络电压不正比于沿面闪络的长度，前者的增大要比后者的增长慢得多。这是因为后者增长时，通过固体介质体积内的电容电流和泄漏电流将随之有很快的增长，使沿面电压分布的不均匀性增强。

长期的滑闪放电会损坏介质表面，在工作电压下必须防止它的出现，为此必须采取措施提高套管的沿面闪络电压。其出发点是：①减小套管的体积电容，调整其表面的电位分布，如增大固体介质的厚度，特别是加大法兰处套管的外径，也可采用介电常数较小的介质；②减小绝缘的表面电阻，即减少介质的表面电阻率，如在套管近法兰处涂半导体漆或半导体釉，以减小该处的表面电阻，使电压分布变得均匀。

由于滑闪放电现象与介质体积电容及电压变化的速度有关，故在工频交流和冲击电压作用下，可以明显地看到滑闪放电现象，而在直流电压作用下，则不会出现明显的滑闪放电现象。但当直流电压的脉动系数较大时，或瞬时接通、断开直流电流时，仍有可能出现滑闪放电。

在直流电压作用下，介质的体积电容对沿面放电的发展基本上没有影响，因而沿面闪络电压接近于空气间隙的击穿电压。

2. 极不均匀电场具有强切线分量时的沿面放电

极不均匀电场具有强切线分量的情况如图 3-22（c）所示，支柱绝缘子即属于这种情况。这种绝缘子的两个电极之间的距离较长，其间固体介质本身不可能被击穿，电极本身的形状和布置已使电场很不均匀，其沿面闪络电压较低（与均匀电场相比），因而介质表面积聚电荷使电压重新分布所造成的电场畸变，不会显著降低沿面闪络电压。

此外，因电场的垂直分量较小，沿介质表面也不会有较大的电容电流流过，放电过程中不会出现热电离，故没有明显的滑闪放电，垂直于放电发展方向的介质厚度对沿面闪络电压实际上没有影响。因此为提高沿面闪络电压，一般从改进电极形状，改善电极附近的电场着手。如采用内屏蔽或采用外屏蔽电极（如屏蔽罩和均压环等）。

3.8.4 固体表面有水膜时的沿面放电

洁净的瓷表面被雨水淋湿时的沿面放电，相应的电压称为湿闪电压。绝缘子表面有湿污层时的闪落电压称为污闪电压。介质表面如被雨水完全淋湿时，雨水形成连续的导电层，泄漏电流增大很多，使沿面闪络电压降低，其降低的程度将随雨水电阻率、雨量、所加电压的性质和持续时间而异。总的规律可总结为以下三点。

（1）工频沿面闪络电压随雨水电阻率的增大而提高，但有饱和趋势，当雨水电阻率超过 120 Ω·m 后，饱和趋势就很强了。

（2）工频沿面闪络电压随雨量的增大而降低，但也有饱和趋势，当雨量增到 4mm/min 后，闪络电压就基本稳定了。

（3）电压波形的等值频率越高，电压作用的时间越短，则湿闪电压越高。

以常用的悬式绝缘子为例，其干、湿闪络电压比与电压波形的关系如下：

①雷电冲击电压：$U_{fs} \approx$（0.9～0.95）U_{fg}。

②1 min 工频电压：$U_{fs} \approx$（0.5～0.72）U_{fg}。

③1 min 直流电压：$U_{fs} \approx$（0.36～0.50）U_{fg}。

其中：U_{fs} 为湿闪电压；U_{fg} 为干闪电压。

当绝缘子表面存在水膜时，一般是不均匀和不连续的，如图 3-25 所示。有水膜覆盖的表面电导大，无水膜处的表面电导小，绝大多数外加电压将由干表面（图3-25中的BCA′）段来承受。当电压升高时，空气间隙 BA′先击穿或者干表面 BCA′先闪络，但结果都是形成 ABA′电弧放电通道，出现一连串的 ABA′通道就造成整个绝缘子完全闪落。如雨量特别大时，伞绝缘间有可能被雨水短接而构成电弧通道，绝缘子也将发生完全的闪落。可见绝缘子淋雨时有三种可能的闪络途径：①沿湿表面 AB 和干表面 BCA′发展；②沿湿表面 AB 和空气间隙 BA′发展；③沿湿表面 AB 和水流 BB′发展。

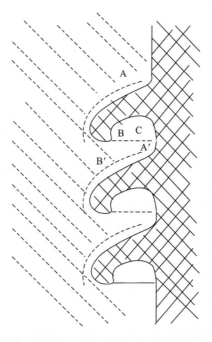

图 3-25　绝缘子淋雨时闪络途径示意图

第一种途径湿闪只有干闪电压的 40%～50%，还受雨水电导率的影响。第二种途径下绝缘子的湿闪电压不会降低太多。第三种途径，湿闪电压将降低到很低的数值。

在设计时对各级电压的绝缘子应有的伞裙数、伞的倾角、伞裙直径、伞裙伸出长度与伞裙间气隙长度的比均应仔细考虑、合理选择。

3.8.5　覆冰时的沿面放电

覆冰在冻结状态时，由于冰层本身的电导率并不高，故覆冰对绝缘强度的影响尚不很大；覆冰在融化状态时，其对绝缘强度的影响则近似雨水。覆冰的最大危害在于冻结与融化反复交替，冰水沿绝缘子伞裙外缘下垂，积累凝成冰凌。对于由多个绝缘子串成的绝缘子链或具有多个伞裙的长棒形复合绝缘子来说，上层伞裙周边悬垂冰凌逐渐增加，有可能达到与下层伞裙相接，于是，相邻的伞裙被冰凌所"桥接"，使伞裙间原有的爬电距离被冰凌短接，导致绝缘性能大大降低。

只要伞裙间有悬垂冰凌的存在，即使尚未达到完全桥接，也已使相邻伞裙间气隙距离大为缩短且冰凌端部场强大增，也会促使整串绝缘子链的闪络。冰凌桥接绝缘伞裙容易造成线路冰闪事故，目前，尚未找到积极有效预防外绝缘上冰凌危害的办法，主要从绝缘子选型和配置方式上尽量避免冰凌桥接的危害。如采用一大伞二小伞结构的长棒形复合绝缘子，因其相邻两大伞间的间距较通用的盘形悬式缘子链的间距长，故其避免冰凌桥接的性能较好。V 形串的悬挂方式使冰凌不易将相邻伞裙桥接。所以，从避免冰闪的角度来看，显然 V 形串比 I 形串有利。

3.9　绝缘子表面污秽时的沿面放电

3.9.1　污闪的基本概念

户外绝缘子，特别是在工业区、海边或盐碱地区运行的绝缘子，常会受到工业污秽或自然界盐碱、飞尘等污秽的污染。在干燥情况下，这种污秽尘埃的电阻很大，沿绝缘子表面流过的泄漏电流很小，其放电电压和洁净、干燥状态时接近，保持着较高的绝缘水平，对绝缘子的安全运行没有什么危险。然而，当大气湿度较高，或遇有雾、露、毛毛雨以及融冰、融雪等不利的天气条件下，绝缘子表面的污秽尘埃吸收水分，使污层中的电解质溶解、电离，导致表面污层电导剧增，进而使绝缘子的泄漏电流剧增，其结果是使绝缘子在工频和操作冲击电压下的闪络电压（污闪电压）显著降低，甚至有可能使绝缘子在工作电压下发生闪络（通常称为污闪）。

随着工业的发展、电网容量的增大和额定电压等级的升高，电力系统输变电设备外绝缘的污闪事故日益突出，据某工业地区统计，雾天的污闪事故占输电线路事故的 21%。污闪是个区域性问题，其显著特点是同时多点跳闸的概率高。绝缘越低，跳闸概率越大，且重合成功率越小。污闪事故往往造成大面积停电，检修恢复时间长，严重影响电力系统的安全运行。

3.9.2　污闪的基本过程

绝缘子的污闪不是由于作用电压的升高，而是绝缘子表面绝缘能力降低而引起的结果。它有独特的放电机理，与清洁表面的绝缘子的闪络完全不同，它与绝缘子表面积污、表面污层湿润，以及绝缘子本身的耐污闪特性等诸多因素有关。故研究脏污表面的沿面放电，对污秽地区的绝缘设计和安全运行有重要的意义。

在潮湿污秽的绝缘子表面出现闪络的机理大致分为四个阶段。

1. 表面积污

绝缘子表面沉积的污秽，受该地区大气环境的污染和风吹、雨淋等大气条件的影响，还与绝缘子本身的结构、表面光洁度有着密切关系。长期运行经验表明，大气污染严重地区，一般绝缘子表面的积污也多。大气环境中充满了各种气态、液态污染物和固体污秽微粒，在风力、重力、电场力的作用下，逐渐积聚到绝缘子的表面。固体微粒中的直径较大者，在重力作用下垂直降落；直径较小的微粒呈悬浮状态，也在绝缘子周围运动着。绝缘子表面污秽的积聚，一方面取决于促使微粒接近绝缘子表面的力，另一方面也取决于微粒和表面接触时保持微粒的条件。另外绝缘子表面的光洁度也影响微粒在其表面的附着。因此新的、光洁度较好的绝缘子与留有残余污秽的或者表面粗糙的绝缘子相比，其沉积污秽的速度应该是不同的。

2. 污层受潮

大多数的污物在干燥状态下是不导电的，该状态下绝缘子放电电压和洁净干燥时非常接近，只有当这些污秽物吸水受潮，污秽中的高导电率溶质溶解，在绝缘子表面形成薄薄的一层导电膜时，绝缘子表面的闪络电压才会降低，其中闪络电压降低的程度与污层的电导率有关，在污秽润湿饱和时，绝缘子表面电阻会下降几个数量级。

长期的运行经验表明，雾、露、毛毛雨是最容易引起绝缘子的污秽放电，其中雾的威胁性最大。这些气象条件之所以容易发生污闪，是因为他们能够使污层充分湿润，使污层中的电解质完全溶解，但又不致使污层被冲洗掉。因此污层的电导最大，污闪电压最低。

3. 产生干区，形成局部电弧

运行中的污染绝缘子在长期的工作电压作用下，流经绝缘子表面污秽层的泄漏电流显著增加，泄漏电流使润湿的污层加热、烘干。由于污层沿表面分布不均匀，且绝缘子的复杂结构造成各部分电流密度不同，污秽层的加热也是不平衡的。在电流密度最大且污层较薄的铁脚附近发热最甚，水分迅速蒸发，表面被逐渐烘干，使该区的电阻大增，沿面电压分布随之改变，大部分电压降落在这些干燥部分，以致出现辉光放电。随着泄漏电流的增大，辉光放电有可能转变为局部电弧，这时绝缘子表面相当于局部电弧和一串剩余的污层电阻相串联。如图 3-26 所示，其中 X 为总弧长，等于 $X_1 + X_2$，L_x 为泄漏距离，$L_x - X$ 为剩余污层长度。这时的局部电弧可能熄灭，也可能发展，完全是随机的。

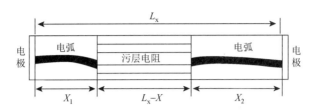

图 3-26　局部电弧与污层电阻的示意图

4. 闪络

局部电弧的形成使污层进一步干燥，使干区和局部电弧进一步伸长。一方面绝缘子全部表面的干燥将使泄漏电流减小；另一方面，局部电弧的伸长则使泄漏电流增大。如两者共同作用的结果使泄漏电流减小，则局部电弧将熄灭；如使泄漏电流增大，局部电弧上的压降不断减小时，则局部电弧将继续伸长，多个局部电弧的发展串接起来形成沿整个绝缘表面的闪络。

因为局部电弧的产生及其参数与污层的性质、分布以及润湿程度等因素有关，并有一定的随机性，所以污闪也是一种随机过程。如果电压增高，则泄漏电流增大，有利于局部电弧的发展，可使闪络的概率增加；如果绝缘子的沿面泄漏距离或爬电距离增加，则泄漏电流减小，从而使闪络的概率降低。

污秽绝缘子在大雨下的工频闪络电压反而比雾闪电压高，这是因为：一方面，大雨把污秽冲洗掉一部分，并对绝缘子表面的导电膜有稀释作用；另一方面，大雨时，绝缘子表面很难形成烘干带进而触发局部电弧。

污闪过程是局部电弧的燃烧和发展过程，需要一定的时间。在短时的过电压作用下，上述过程来不及发展，因此闪络电压要比长时电压作用下高，在雷电冲击电压作用下，绝缘子表面潮湿和污染实际上不会对闪络电压产生影响，即与表面干燥时的闪络电压一致。

3.9.3　污秽程度的评价

反映绝缘子表面污秽程度的特征参数一般采用等值附盐密度（equivalent salt deposit density，ESDD），其单位为 mg/cm^2，其意义为与每平方厘米绝缘表面上附着污秽所具有的导电性相等值的 NaCl 毫克数，即这些等值盐溶解于一定数量（通常为 300 mL）的蒸馏水中所得溶液的电导率，与实际污秽物溶解于同等数量的蒸馏水中所得溶液的电导率相等。

这一参数能直观和简单地表达绝缘子表面受污染的程度，曾得到广泛的应用。但进一步研究指出，用这种方法标定的等值附盐密度在绝缘子上所产生的作用，常常与被等值的该自然污秽所产生的作用有相当大的差异（即不等价），具有同一等值附盐密度但其污秽的性质和状态不同的各自然污秽绝缘子，其闪络电压也常有较大的差异，其原因在于如下两方面。

（1）有些自然形成的污层较厚、较坚实，在自然雾或雨下，污层内部的可溶性物质很难溶解于绝缘子表面薄薄的一层水膜中，而在求其等值附盐密度时，却是将绝缘子表面的全部积污刮刷下来并充分溶解于大量水中的，两者的作用有可能相差好几倍。

（2）自然污秽中含有多种成分，其中一部分是像 NaCl 类的强电解质，而大部分则是像 $CaSO_4$ 类的弱电解质。强电解质在实际遇到的较大的溶液浓度时仍能充分离解，而弱电解质则不然，例如，一定量的 $CaSO_4$，在溶剂很少（例如 10 mL）时的离解度与溶剂很多（例如 300 mL）时的离解度是大不相同的。对多条线路污秽性质不同的绝缘子，分别测其 10 mL 和 300 mL 水量下的等值附盐密度，后者与前者之比一般为 1.5～3.4，水泥污秽甚至高达 7.5。按规范，我们是以 300 mL 溶剂来测定其等值附盐密度的，此时，不论是强或弱的电解质均已能充分离解，测得的等值附盐密度就高；而实际上其溶剂仅仅是绝缘子表面薄薄的一层水膜，其量远小于 300 mL，一般仅为 5～10 mL，自然污秽中的弱电解质远不能充分离解，故实际起作用的等值附盐密度就低。

为此，国际电工委员会提出了另一种反映污秽特征的参数——污层电导率。在较低电压 U 下对饱和受潮的绝缘子测定其泄漏电流 I，从而算出其表面污层电导率 σ，即

$$\sigma = \frac{U}{I} g_f, \quad g_f = \frac{1}{2\pi} \int_0^L \frac{\mathrm{d}l}{r(l)} \tag{3-13}$$

式中：l 为从绝缘子一端起沿表面到动点的距离；$r(l)$ 为从绝缘子轴线到动点的距离；g_f 为绝缘子的形状系数；L 为绝缘子总爬电距离。

该参数能较好地反映自然污层的实际作用，与污闪电压有较好的相关关系，故国际电工委员会推荐按表面污层电导率来划分污秽等级。固体污秽层的 ESDD 值也可以用在可控湿润条件下的表面电导率来评定。

试验表明，绝缘子的湿污闪电压，除了主要与上述的 ESDD 这一参数有关以外，还有另一个反映绝缘子表面污秽程度的特征参数，名为不溶沉积物密度（non soluble deposite density，NSDD），简称灰密，其定义是从绝缘子的一个给定表面上清洗下的不溶残留物的量除以该表面的面积，单位为 mg/cm^2。该参数对绝缘子的湿污闪电压也有一定影响。

试验表明，一串绝缘子的湿污闪电压与绝缘子串长度之间呈近似线性的关系（对交流和直流都存在），这就是说，对某一类型的绝缘子串，其湿污闪电压与其总爬电距离有近似线性的关系。由此导出一个极重要的参数——爬电比距。从原始物理概念来说，其定义应为绝缘子串总的爬电距离与绝缘子串两端承载的最高工作线电压（有效值）之比。它是绝缘设计中的重要控制参数。在绝缘结构具有优良的防污性能的前提下，保证一定的爬电比距是防止污闪的最重要、最根本的措施。

3.9.4　防治污闪的措施

对于运行中的线路，为了防止绝缘子的污闪，保证电力系统的安全运行，还可以采取以下措施。

（1）对污秽绝缘子定期或不定期进行清扫，或采用带电水冲洗。这是绝对可靠、效果很好的方法。根据大气污秽的程度、污秽的性质，在容易发生污闪的季节定期进行清扫，可有效地减少或防止污闪事故。清扫绝缘子的工作量很大，一般采用带电水冲洗法，效果较好。可以装设泄漏电流记录器，根据泄漏电流的幅值和脉冲数来监督污秽绝缘子的运行

情况，在可能发生污闪的情况下发出预告信号，以便及时进行清扫。

（2）在绝缘子表面涂一层憎水性的防尘材料。如有机硅脂、有机硅油、地蜡等，使绝缘子表面在潮湿天气下形成水滴，但不易形成连续的水膜，防止表面电阻变大，从而减少了泄漏电流，使闪络电压不致降低太多。

（3）加强绝缘和采用防污绝缘子。加强线路绝缘的最简单的方法是增加绝缘子串中绝缘子的片数，以增大爬电距离。但此方法只适用于污区范围不大的情况，否则很不经济，因增加串中绝缘子片数后必须相应地提高杆塔的高度。使用专用的防污绝缘子可以避免上述缺点，因为防污绝缘子可以在不增加结构高度的情况下使泄漏距离明显增大。

（4）采用合成绝缘子。合成绝缘子是由承受外力负荷的玻璃钢芯棒（内绝缘）和保护芯棒免受大气环境侵袭的伞套（外绝缘）通过黏接层组成的复合结构绝缘子。玻璃钢芯棒是用玻璃纤维束浸渍树脂后通过引拔模加热固化而成，有极高的抗张强度。制造伞套的理想材料是硅橡胶，它有优良的耐气候性和高低温稳定性。经填料改性的硅橡胶还能耐受局部电弧的高温。由于硅橡胶是憎水性材料，在运行中不需清扫，其污闪电压比瓷质绝缘子高得多。除优良的防污闪性能外，合成绝缘子的其他优点也很突出，如质量轻，体积小，抗拉强度高，制造工艺比瓷绝缘子简单等，但投资费用远大于瓷质绝缘子。目前合成绝缘子在我国已得到广泛的应用，也已有一定运行经验，且已作为一项有效的防污闪措施正在推广。

3.10　提高气隙沿面闪络电压的方法

气隙中沿面放电闪络，也是气隙的击穿，只是具有某种特殊的形式而已，所以本章第 3.6 节列举的提高气隙空间击穿电压的方法，也都能在不同程度上提高气隙的沿面闪络电压。此外，由于沿面闪络的特性，还有另外一些能有效提高气隙沿面闪络电压的方法，分述如下。

3.10.1　屏障

在固体介质上沿电场等位面方向安放突出的棱边（称为屏障），棱边缘与等位面平行，可以阻止带电质点在固体介质表面运动时从电场获得能量，从而阻止放电发展，增长闪络距离，提高闪络电压。目前绝缘子主要是用屏障的原理构造的，绝缘子屏障结构原理示意图如图 3-27 所示。

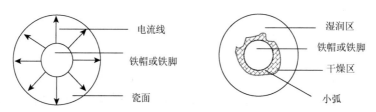

图 3-27　绝缘子屏障结构原理示意图

3.10.2　屏蔽

改进电极形状，可以改善电极附近电场，使沿固体介质表面的电位分布均匀，使其最大电位梯度减小，也可以提高沿面闪络电压，这种处理方法称为屏蔽，如高压电器带电部分的支柱绝缘子。

3.10.3　消除窄气隙

一般来说，电极附近的场强总是最大的，如该处的电通量密度线贯穿固体介质和气隙（尤其是窄气隙）时，由于固体介质的介电常数比气体介质大得多，窄气隙中的场强必然被加强，容易产生电离，形成不同形式的局部放电。因此在设计电极附近的绝缘结构时，应尽量避免窄气隙的存在。如不可避免地存在窄气隙，那就设法使气隙两边等电位，即消除窄气隙中的电场。

3.10.4　绝缘表面处理

绝缘子表面受潮，会使其闪络电压大大降低，而受潮程度与介质的吸潮性有关。陶瓷、玻璃等介质，虽不吸水、不透水，但它们具有较强的亲水性，易在表面形成完整水膜，增大表面电导，劣化其绝缘性能；以纤维素为基础的有机绝缘物，具有很强的吸水性，受潮后，绝缘性能大为恶化。可以在陶瓷、玻璃绝缘表面做憎水处理，使表面不易吸潮，即使受潮，也不易形成连续水膜；或采用含多种硅有机化合物的合成材料，因为它们具有较好的憎水性，机械强度好，直径强度好，直径可以较小，重量轻，体积小，具有很好的使用前途。

3.10.5　附加金具

附加金具可以简单而有效地调整结点附近的电场，改善结点附近气隙放电和沿面放电的性能，悬式（或棒式）绝缘子链端保护金具的作用主要是改善沿链的电压分布，防止绝缘子和链端金具上的电晕，有时在绝缘子链的接地端也装有保护金具，起引离电弧的作用。

如果绝缘子的金属部分与接地铁塔或带电导体间有电容存在，会使绝缘子串电压分布不均匀。一般靠近高压侧的第一个绝缘子电压压降最高，可能会发生电晕。采用均压环，增加绝缘子对导线电容，可改善电压分布。

对 220 kV 的线路中，虽有电晕，但在运行中绝缘子表面可能因电晕形成半导体薄膜，使第一片绝缘子上电压有所下降，电压分布均匀一些。而悬式绝缘子开始工作时电压允许达到 25～30 kV。

一般地区 220 kV 及以下的输电线路绝缘子串都不采用均压环。但对超高压系统，绝缘子串很长，安装均压环可改善电压分布，且闪络前的电晕效果不够强，还能提高沿面闪络电压。然而，330 kV 及以上的线路中必须安装均压环。

3.10.6　阻抗调节

绝缘子电压分布均匀化，如采用新型的半导体釉绝缘子，这种绝缘子釉层的表面电阻率为 $10^6 \sim 10^8\ \Omega$，在运行中因通过电流而发热，使表面始终保持干燥，同时使表面电压分布较均匀，从而能保持较高的闪络电压。

习　　题

1. 气隙完成击穿的必要条件有哪些？
2. 什么叫气隙的伏秒特性曲线，它在工程上有什么应用？
3. 为什么随着海拔的增加，空气介质的击穿电压会下降？
4. 提高气隙击穿电压的方法有哪些？
5. 含有卤族元素的气体（如 SF_6）具有高电气强度的原因是什么？
6. 何谓沿面放电？沿面放电受哪些主要因素的影响？
7. 污闪的根本原因和气象条件是什么，其放电过程将依次出现哪些放电现象？
8. 为什么污秽绝缘子在大雨下的工频闪络电压反而比雾闪电压高？
9. 均匀电场中沿面闪络电压比纯空气间隙的击穿电压要低，原因是什么？
10. 表征电气设备外绝缘污秽程度的参数主要有哪几个？
11. 为保证线路的安全运行，防污闪的措施有哪些？

第4章

固体、液体和组合绝缘的电气强度

4.1 固体电介质的击穿特性

4.1.1 固体电介质击穿的机理

气体、液体、固体三种电介质中，固体密度最大，耐电强度最高。空气的耐电强度一般为 30～40 kV/cm。液体的耐电强度为 100～200 kV/cm。固体的耐电强度为几百至几千千伏每厘米。固体电介质的击穿过程最复杂，且击穿后是唯一不可恢复的绝缘。

在电场作用下，固体介质的击穿可能因电过程（电击穿）、热过程（热击穿）、电化学过程（电化学击穿）而引起。介质的击穿总是从电气性能最薄弱的缺陷处发展起来的，这里的缺陷可指电场的集中，也可指介质的不均匀。固体介质击穿后，会在击穿路径留下放电痕迹，如烧穿或熔化的通道以及裂缝等，从而永远丧失其绝缘性能，故为非自恢复绝缘。

实际电气设备中的固体介质击穿过程是错综复杂的，它不仅取决于介质本身的特性，还与绝缘结构形式、电场均匀度、外加电压波形和加压时间及工作环境（周围媒质的温度及散热条件）等多种因素有关，所以往往要用多种理论来说明其击穿过程。

常用的有机绝缘材料，如纤维材料（纸、布和纤维板）及聚乙烯塑料等，其短时电气强度很高，但在工作电压的长期作用下，会产生电离、老化等过程，从而使其电气强度大幅度下降。所以，对这类绝缘材料或绝缘结构，不仅要注意其短时耐电特性，而且要重视它们在长期工作电压下的耐电性能。

1. 电击穿理论

固体介质的电击穿是指仅仅由于电场的作用而直接使介质破坏并丧失绝缘性能的现象。固体介质中存在少量处于导带能级的电子（传导电子），它们在强电场作用下加速，并与晶格结点上的原子（或离子）不断碰撞。当单位时间内传导电子从电场获得的能量大于碰撞时失去的能量，则在电子的能量达到能使晶格原子（或离子）发生电离的水平时，传导电子数将迅速增多，引起电子崩，破坏固体介质的晶格结构，使电导大增而导致击穿。

在介质的电导（或介质损耗）很小、又有良好的散热条件以及介质内部不存在局部放电的情况下，固体介质的击穿通常为电击穿，其击穿场强一般可达 $10^5 \sim 10^6$ kV/m，比热击穿时的击穿场强高很多，后者仅为 $10^3 \sim 10^4$ kV/m。

电击穿的主要特征为：击穿电压几乎与周围环境温度无关；除时间很短的情况外，击穿电压与电压作用时间的关系不大；介质发热不显著；电场的均匀程度对击穿电压有显著影响。

2. 热击穿理论

热击穿是由于固体介质内的热不稳定过程造成的。当固体介质较长期地承受电压的作用时，会因介质损耗而发热，与此同时也向周围散热。如果周围环境温度低、散热条件好，发热与散热将在一定条件下达到平衡，这时固体介质处于热稳定状态，介质温度不会不断上升而导致绝缘的破坏。但是，如果发热大于散热，介质温度将不断上升，导致介质分解、熔化、碳化或烧焦，从而发生热击穿。

由此可见，介质在电场的作用下，发热与散热的不平衡是导致热击穿的根本原因。在交流电压作用下，介质的发热主要来自介质损耗，电介质的损耗率（单位体积的功率损耗）P_0 随温度的升高而增大，如式（4-1）所示

$$P_0 = \gamma E^2 = \frac{f \varepsilon_r E^2 \tan \delta}{1.8 \times 10^{12}} \quad (\mathrm{W/cm^3}) \tag{4-1}$$

式中：γ 为电介质的电导率，S/cm；E 为电介质中的电场强度，V/cm；f 为外加电场的频率，Hz。

因此，在 $1\,\mathrm{cm^3}$ 介质中单位时间内产生的热量 $Q_0[\mathrm{J/(s\cdot cm^3)}]$ 可由式（4-1）求得。于是厚度为 h、横截面为 $1\,\mathrm{cm^2}$ 的一条状介质中，单位时间产生的热量为

$$Q_1 = Q_0 h \times l \quad (\mathrm{J/s}) \tag{4-2}$$

介质中所产生的热量靠介质表面所接触的电极逸散到周围媒质中去。在单位时间内电极上 $1\,\mathrm{cm^2}$ 面积所逸出的热量为

$$Q_2 = \sigma(t_s - t_0) \times l \quad (\mathrm{J/s}) \tag{4-3}$$

式中：σ 为散热系数，$\mathrm{J/(s\cdot cm^2\cdot ℃)}$；$t_s$ 为电极表面的温度；t_0 为周围媒质的温度，℃。

介质的发热和散热与其温度的关系可用图 4-1 来表示。由于固体介质的 $\tan \delta$ 随温度按指数规律上升，故 P_0、Q_0 和 Q_1 也随温度按指数规律上升，于是，在三个不同大小的电压（$U_1 > U_2 > U_3$）下有相应的发热曲线 1、2 和 3，直线 4 为散热曲线。只有当发热和散热处于热平衡状态时，即 $Q_1 = Q_2$ 时，介质才会具有某一稳定的工作温度，不会发生热击穿。

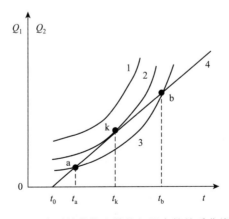

图 4-1　介质的发热和散热与温度的关系曲线

由曲线 1 可以看出，介质在任何温度下都是 $Q_1 > Q_2$，因此在热作用下必然要发生热击穿。曲线 2 与直线 4 相切于 k 点，它是不稳定的热平衡点，因为当介质温度稍大于 t_k 时介质温度就会不断增加，直至发生热击穿；对应于该曲线的电压 U_2 可看作发生热击穿的临界电压，因 $U > U_2$ 时曲线 2 上移，切点消失，热击穿一定发生。曲线 3 与直线 4 有 a、b 两个交点：a 点是稳定的热平衡点，介质在电压 U_3 作用下可稳定地在 t_a 下工作；b 点是不稳定的热平衡点，因为当介质温度稍大于 t_b 时，在电压 U_3 作用下介质也会发生热击穿。

以上只是近似的讨论，因为介质各点的温度不会是均匀的，中心处温度最高，靠近电极处温度最低；此外介质内部的热量要经过介质本身才能传导到电极上，这就有一个导热系数和传导距离的问题。虽然如此，仍可得出以下结论。

（1）热击穿电压会随周围媒质温度 t_0 的上升而下降，这时直线 4 会向右移动。

（2）热击穿电压并不随介质厚度成正比增加，因为厚度越大，介质中心附近的热量逸出越困难，所以固体介质的击穿场强随 h 的增大而降低。

（3）如果介质的导热系数大，散热系数也大，则热击穿电压上升。

（4）由式（4-1）知，f 或 $\tan\delta$ 增大时都会造成 Q_1 增加，使曲线 1、2、3 向上移动。曲线上移表示临界击穿电压下降。

3. 电化学击穿理论

固体介质在长期工作电压的作用下，由于介质内部发生局部放电等原因，使绝缘劣化、电气强度逐步下降并引起击穿的现象称为电化学击穿。在临近最终击穿阶段，可能因劣化处温度过高而以热击穿形式完成，也可以因介质劣化后电气强度下降而以电击穿形式完成。

局部放电是由介质内部的缺陷（如气隙或气泡）引起的局部性质的放电。局部放电使介质劣化、损伤、电气强度下降的主要原因为：①放电过程产生的活性气体 O_3、NO、NO_2 等对介质会产生氧化和腐蚀作用；②放电过程有带电质点撞击介质，引起局部温度上升，加速介质氧化并使局部电导和介质损耗增加；③带电质点的撞击还可能切断分子结构，导致介质破坏。局部放电的这几方面影响，对有机绝缘材料（如纸、布、漆及聚乙烯材料等）来说尤为明显。

电化学击穿电压的大小与加电压时间的关系非常密切，但也因介质种类的不同而异。图 4-2 是三种固体介质的击穿场强随施加电压的时间而变化的情况：曲线 1、2 下降较快，表示聚乙烯、聚四氟乙烯耐局部放电的性能差；曲线 3 接近水平，表示有机硅玻璃云母带的击穿场强随加压时间的增加下降很少，可见无机绝缘材料耐局部放电的性能较好。

在电化学击穿中，还有一种树枝化放电的情况，通常发生在有机绝缘材料的场合。当有机绝缘材料中因小曲率半径电极、微小空气隙、杂质等因素而出现高场强区时，往往在此处先发生局部的树枝化放电，并在有机固体介质上留下纤细的沟状放电通道的痕迹，这就是树枝化放电劣化。

在交流电压下，树枝化放电劣化是局部放电产生的带电质点冲撞固体介质引起电化学劣化的结果。在冲击电压下，则可能是局部电场强度超过了材料的电击穿场强所造成的结果。

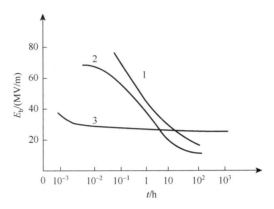

图 4-2 固体介质的击穿场强与电压作用时间的关系

1—聚乙烯；2—聚四氟乙烯；3—有机硅玻璃云母带

4.1.2 影响固体电介质击穿电压的因素

1. 电压作用时间

如果电压作用时间很短（例如 0.1 s 以下），固体介质的击穿往往是电击穿，击穿电压当然也较高。随着电压作用时间的增长，击穿电压将下降，如果在加电压后数分钟到数小时才引起击穿，则热击穿往往起主要作用。不过二者有时很难分清，例如在工频交流 1 min 耐压试验中的试品被击穿，常常是电和热双重作用的结果。电压作用时间长达数十小时甚至几年才发生击穿时，大多属于电化学击穿的范畴。

以常用的油浸电工纸板为例，在图 4-3 中，U_b 为击穿电压，以 1 min 工频击穿电压 U_{b1min}（峰值）作为基准值，纵坐标以标幺值来表示。电击穿与热击穿的分界点时间约在 $10^5 \sim 10^6$ μs，作用时间大于此值后，热过程和电化学作用使得击穿电压明显下降。

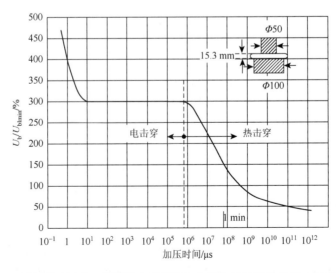

图 4-3 常用的油浸电工纸板的击穿场强与电压作用时间的关系（25 ℃时）

　　不过 1 min 击穿电压与更长时间（达数百小时）的击穿电压相差已不太大，所以通常可将 1 min 工频试验电压作为基础来估计固体介质在工频电压作用下长期工作时的热击穿电压。许多有机绝缘材料的短时间电气强度很高，但它们耐局部放电的性能往往很差，以致长时间电气强度很低，这一点必须予以重视。在那些不可能用油浸等方法来消除局部放电的绝缘结构（例如旋转电机）中，就必须采用云母等耐局部放电性能好的无机绝缘材料。

　　2. 温度

　　如图 4-4 所示，介质的电击穿与热击穿存在着一个临界点，即临界温度 θ_{cr}。当温度小于 θ_{cr} 时，固体介质的击穿场强很高，且与温度几乎无关，属于电击穿的性质。当温度大于 θ_{cr} 时，随着温度的升高，固体介质的击穿场强迅速下降，属于热击穿的性质。固体介质的厚度越大，冷却条件越差，电压频率越高，电压作用时间越长，则 θ_{cr} 就越低。因此，以固体介质作绝缘材料的电气设备，如果某处局部温度过高，在工作电压下即有热击穿的危险。

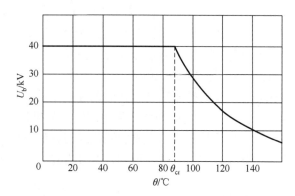

图 4-4　工频电压下电瓷的击穿电压与温度的关系

　　不同的固体介质其耐热性能和耐热等级是不同的，因此它们由电击穿转为热击穿的临界温度一般也是不同的。

　　3. 电场均匀程度和介质厚度

　　处于均匀电场中的固体介质，其击穿电压往往较高，且随介质厚度的增加近似地呈线性增大；若在不均匀电场中，介质厚度增加将使电场更不均匀，于是击穿电压不再随厚度的增加而线性上升。当厚度增加使散热困难到可能引起热击穿时，增加厚度的意义就更小了。

　　常用的固体介质一般都含有杂质和气隙，这时即使处于均匀电场中，介质内部的电场分布也是不均匀的，最大电场强度集中在气隙处，使击穿电压下降。如果经过真空干燥、真空浸油或浸漆处理，则击穿电压可明显提高。

　　4. 电压频率

　　在电击穿领域内，如果频率的变化不造成电场均匀度的改变，则击穿电压与频率几乎无关。

在热击穿的领域内，按照理论，击穿电压应与 $\sqrt{\varepsilon f \tan \delta}$ 成反比，在高频范围内，频率变动时，$\tan \delta$ 和 ε 变动很小，因而击穿电压应与 $\sqrt{f}$ 成反比，试验结果证实了这一点。

5. 受潮

受潮对固体介质击穿电压的影响与材料的性质有关。对不易吸潮的材料，如聚乙烯、聚四氟乙烯等中性介质，受潮后击穿电压仅下降一半左右；容易吸潮的极性介质，如棉纱、纸等纤维材料，吸潮后的击穿电压可能仅为干燥时的百分之几或更低，这是因为介质中含水量增大时，其电导率和介质损耗迅速增加，很容易造成热击穿。

所以高压绝缘结构在制造时要注意除去水分，在运行中要注意防潮，并定期检查受潮情况。

6. 机械力

实验证明，对均匀和致密的固体介质来说，在弹性限度内，击穿电压与其机械形变无关；但是对于某些具有孔隙的不均匀介质来说，机械应力和形变对击穿电压却有显著的影响。例如，硬橡胶受压力后，击穿电压可增到4倍；油浸纸所受的压强从 0.1 kPa 增到 180 kPa 时，击穿电压增加 30 %；瓷受压力或张力达 50 %破坏强度时，工频击穿电压开始下降，到接近于破坏强度时，工频击穿电压下降 30 %。

上述现象说明，机械力可以使某些原来具有孔隙的介质中的孔隙缩小，从而使击穿电压提高；或者可以使某些原来比较致密的介质产生小裂缝，如果该固体介质放在气体中，则气体将充填到裂缝内，气体较早电离，形成像针状或刃状的导体刺入固体介质中，强烈地畸变了电场，从而使击穿电压降低。试验证明，如果将瓷浸在绝缘油中，则机械力使击穿电压降低很少。

7. 多层性

对于多层性的绝缘结构，各层介质上承受的场强与介质的耐电强度成正比时，整个介质耐受电压最大。冲击电压作用时间短，每层耐受电压与介电常数相关，直流击穿电压与各层电导率相关。交流工频击穿电压与各层介质（单位厚度）的导纳相关。如果某层介质中的场强超过了该层介质的耐受场强，则该层介质便会击穿，电场产生剧烈的畸变，这将很容易使其他层介质也接着被击穿。因此，必须注意多层介质结构中各层介质电特性的适当配合。

8. 累积效应

在不均匀电场中，固体介质在脉冲电压作用下，存在不完全击穿的现象。这是因为放电的扩张速率是有限的，在电压持续时间很短的情况下，放电可能来不及扩张到介质的全部厚度；另外，在短时脉冲电压作用下，投入介质中的能量可能不足以使介质完全击穿。试验指出，固体介质在不均匀电场中以及在幅值不很高的过电压、特别是雷电冲击电压下，介质内部可能出现局部损伤，并留下局部碳化、烧焦或裂缝等痕迹。多次加电压时，局部损伤会逐步发展，这称为累积效应。显然，累积效应会导致固体介质击穿电压的下降，即介质的击穿电压随着过去曾经承受过的不完全击穿次数的增加而降低。

因此，在确定这类电气设备耐压试验的加压的次数和试验电压值时，应考虑这种累积效应，而在设计固体绝缘结构时，应保证一定的绝缘裕度。

4.1.3　提高固体电介质击穿电压的方法

1. 改进绝缘设计

采用合理的绝缘结构，使各部件绝缘的耐电强度与其承担的场强有适当的配合。对多层性绝缘结构，可充分利用中间多层电容屏的均压作用；改善电极形状及表面光洁度，尽可能使电场分布均匀，把边缘效应减到最小；改善电极与绝缘体的接触条件，消除接触气隙，或使接触气隙不承受电位差；改进密封结构，确保密封可靠。

2. 改进制造工艺

尽可能地清除固体介质中残留的杂质、气泡、水分等，使固体介质尽可能均匀致密，可以通过精选材料、改善工艺、真空干燥、加强浸渍（油、胶、漆等）等方法达到。

3. 改善运行条件

注意防潮，防止尘污和各种有害气体的侵蚀，加强散热冷却（如自然通风、强迫通风、氢冷、油冷、水内冷等）。

4.2　固体电介质的老化

电气设备中的绝缘材料在运行过程中，由于受到各种因素的长期作用，会发生一系列不可逆的变化，从而导致其物理、化学、电和机械等性能的劣化，这种不可逆的变化通称为老化。

促使绝缘材料老化的因素很多，物理因素如电、热、光、机械力、高能辐射等；化学因素如氧气、臭氧、盐雾、酸、碱、潮湿等；生物因素如微生物、霉菌等。其中最主要的是电老化、热老化和环境老化。如在户外工作的绝缘应能长期耐受日照、风沙、雨雾冰雪等大气因素的侵蚀。在含有化学腐蚀气体等环境中工作时，选用的材料应具有更强的化学稳定性，如耐油性等。工作在湿热带和亚湿热带地区的绝缘还要注意材料的抗生物（霉菌、昆虫）特性，如在电缆护层材料中加入合适的防霉剂和除虫涂料等。

4.2.1　固体介质的环境老化

环境老化，或称大气老化，包括光氧老化、臭氧老化、盐雾酸碱等污染性化学老化，其中最主要的是光氧老化。对有机绝缘物，环境老化尤为显著。许多国家探索用有机高分子电介质制造各种形式的绝缘子，曾遇到的主要困难就是耐环境老化的性能较差，经多方研究改进，到近期才获得成功。可见，对暴露在户外大气中的有机绝缘，环境老化是必须充分注意的。

太阳光经过地球大气层的过滤到达地面时，虽然其中波长小于 290 nm 的部分已经很少，但波长为 290～400 nm 的紫外光辐射仍相当强烈，占对地面总辐射能的 5%～6%，如果有机绝缘物吸收的紫外线能量大于其化学键的离解能，则化学键断裂，造成老化。太阳射到地面的部分紫外线的能量大于多数有机绝缘物中主价键的键能，因而多数有机绝缘物在紫外光的作用下会逐渐老化。

高分子电介质吸收紫外光能量后，有部分分子被激励，当存在氧气或臭氧时，还会引发高分子的氧化降解反应，称为光氧化反应。光氧化反应是环境老化中的重要过程之一。

大气中的臭氧是氧气受光辐射或放电作用形成的，虽然在一般的大气中其含量极少，但如前所述，在高压电气装置的某些部分，常会存在不同程度的电晕或局部放电，附近大气中的臭氧含量就可能较多。臭氧与某些有机绝缘物相互作用，会生成氧化物或过氧化物，导致主键的断裂，造成老化。

含有酸、碱、盐类成分的污秽尘埃，与雨、露、霜、雪相结合，对绝缘物长期作用，显然会对绝缘物（特别是有机绝缘物）产生腐蚀。

延缓环境老化的方法，主要是改善绝缘材料本身的性能，例如，在材料中添加光稳定剂（反射或吸收紫外光）、抗氧化剂、抗臭氧剂，或使用防护蜡等，此外，也应注意加强高压电气装置的防晕、防局部放电措施。

4.2.2　固体介质的电老化

固体介质在电场的长时间作用下，会逐渐发生某些物理、化学变化，形成与介质本身不同的新物质，使介质的物理、化学性能发生劣化，最终导致介质被击穿，这个过程称为电老化。

电老化主要有三种类型，即电离性老化、电导性老化和电解性老化。前两种主要是在交流电压下产生的，后一种主要是在直流电压下产生的。

1. 电离性老化

电离性老化，也称"电树枝"，指在较强的电场（特别是交变电场）作用下，在电极边缘、介质表面、介质夹层或介质内部常会存在的某些电离、电晕、局部放电、沿面放电等现象。引起这些现象的主要原因，大多是由于固体介质中气隙或气泡的存在。气隙或气泡的成因有许多种：第一种是浸渍工艺不完善，使介质层间、介质与电极之间或介质内部留有小气隙；第二种是浸渍剂冷却时收缩或运行中的热胀冷缩造成小空隙；第三种是介质在运行中逐渐分解出气体，形成小气泡；第四种是大气中的水分侵入后在电场作用下电离分解造成小气泡。气体介质的相对介电常数接近为 1，比固体介质的相对介电常数小得多，在交变电场下，气隙中的场强就比邻近的固体介质中的场强大得多，而其起始电离场强（在常压下）通常又比固体介质的小得多，所以，电离最容易在这些气隙中发生，甚至可能存在稳定的局部放电。气隙的电离将导致下列几种结果。

（1）局部电场畸变。气隙的电离将造成附近局部电场的畸变，使局部介质承受过高的场强。

（2）带电质点撞击气泡壁，使绝缘物分解。气隙中电离出来的带电质点，在电场的作用下，撞击绝缘物的气泡壁，使绝缘物疲劳损坏；对多数有机绝缘物，还会使它们分解，一般总是分解出一些气体（如氢气、氮气、氧气和烃类气体等）并留下一些固态的聚合物。这些新分解出的气体又加入电离过程中去，使电离进一步发展。

（3）化学腐蚀。气隙电离会产生 O_3、NO、NO_2 等气体，其中 O_3 是强氧化剂，使很多有机绝缘物会受到氧化侵蚀。当有潮气存在时，NO_2 或 NO 还可能与潮气结合成硝酸或亚硝酸，这些反应物对绝缘物和金属都会产生腐蚀。

（4）局部温度升高。电离过程中的能耗必然导致电离区附近的局部温度升高，这将使气泡体积膨胀，使绝缘物开裂、分层、脱壳，并使该部分绝缘的电导和介质损耗增大。

通过上述多种效应的综合，气泡的电离使近旁的绝缘物破坏、分解（变酥、炭化等），并沿电场逐渐向绝缘层深处发展，最终导致绝缘被贯通击穿。

在某些质地较致密的有机高分子绝缘物中，上述过程常以微观的树枝状的形式发展，称为电树枝。图 4-5 示出了聚乙烯电缆绝缘中典型的电树枝放电的显微图形。电树枝常从微观的局部强场处开始产生，以电离的气体管道的形式发展。

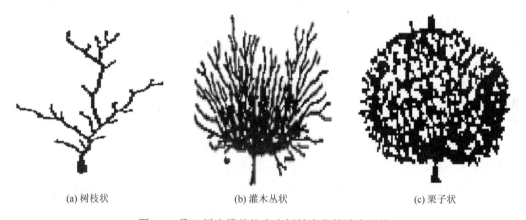

(a) 树枝状   (b) 灌木丛状   (c) 栗子状

图 4-5　聚乙烯电缆绝缘中电树枝老化的放电形状

正是由于上述因素，所以许多高压电气设备都将其局部放电水平作为检验其绝缘质量的最重要的指标之一。

在直流电压作用下，气隙的电离促使绝缘老化的效应比交流电压作用下弱得多，这是因为两者的机制有很大差异。

在直流电压作用下，当外加电压足够高时，气隙发生电离，但因电场方向恒定不变，故电离出来的带电质点被电场驱赶到气隙两侧壁上，使在气隙中产生一附加的反向电场。电离出的带电质点越多，此反电场就越强，反电场使气隙中的合成场强减弱到小于临界场强时，气隙中的电离即停止。此后，两侧壁上的这些带电质点逐渐经由介质的泄漏电导放电中和，附加反电场逐渐消失，气隙中的场强重又逐渐增大，电离重新发生。此后，又因附加反电场的增强而使电离停止，如此不断循环下去。

在这种放电机制下，气隙中相邻两次电离放电之间的间隔时间，一般达几秒，甚至有达几十秒。这与交流电压作用下气隙中发生电离的频度相比，使绝缘损坏的效应要缓和得多，这是绝缘在直流电压作用下的重要特性之一。

绝缘的局部放电电压是以在该电压的作用下绝缘的局部放电参量（通常以视在电荷量 p_C 来表示）不超过某一规定值来定义的，它又分为局部放电起始电压和局部放电熄灭电压两种。前者是从不产生局部放电的较低电压开始升压，到被试绝缘上的局部放电参量达到上述某规定值时的电压；后者则是从超过局部放电起始电压的较高电压逐渐降压，到被试绝缘上的局部放电参量刚小于上述某规定值时的电压。

高压电气设备绝缘的局部放电熄灭电压，必须大于其常态工作电压，且有一定裕度。这样才能使由暂态过电压触发的局部放电，在常态工作电压下一定会停止。

2. 电导性老化

电导性老化也称"水树枝"，指在交流电作用下，由于液体的导电物质引起的老化现象。

在交流电压作用下，在某些高分子有机绝缘物中，存在另一种性质的电老化，它不是由气泡的电离或某种形式的局部放电引起的，而是由液态的导电物质引起的。如果在两电极之间的绝缘层中（最常见的是在电极与绝缘的交界面处），存在某些液态的导电物质（最常见的是水，也有的是在绝缘制造过程中残留下的某些电解质溶液），则当该处场强超过某定值时，这些导电物质便会沿电场逐渐渗入绝缘层深处，形成近似树枝或树叶状的泄痕，称为"水树枝"。水树枝的累积发展，将最终导致绝缘层的击穿。

3. 电解性老化

在直流电压长期作用下，即使所加电压远低于局部放电起始电压，由于电介质内部进行着电化学过程，电介质也会逐渐老化，最终导致击穿。

介质中往往存在某些金属离子和非金属离子。正电荷的金属离子到达阴极，电量被中和后，在电极上淀积金属物质，逐渐形成从阴极延伸到介质深处的金属性导电通道。这个过程对于电介质层很薄的电容器绝缘危害非常大。电介质中的非金属离子（如 H^+、O^{2-}、Cl^- 等）迁移到达电极，电量被中和后，形成活性极高的该类物质原子，它们或是再与介质分子起化学反应，形成新的有害的化合物，使电介质受到破坏；或是与金属电极起化学反应，造成对金属电极的腐蚀；或是以气体分子的形式存在，形成小气泡。当有潮气侵入电介质时，水分本身就能离解出 H^+ 和 O^{2-} 离子，加速电解性老化。温度升高时，会加速一切化学和电化学反应，电解性老化也随之加快。

4.2.3　电老化对绝缘寿命的影响

当绝缘的工作温度恒定不变时，由电老化决定的固体绝缘寿命的平均值 τ 与所加电场强度 E 之间的关系，在大多数情况下，符合下列经验公式

$$\tau = KE^{-n} \tag{4-4}$$

式中：K 为与绝缘材料、绝缘结构等因素有关的常数；n 为表示老化速度特性的指数，也与绝缘材料、绝缘结构有关。式（4-4）的适用范围为：所加场强 E 尚不导致绝缘介质中出现显著的局部放电或绝缘破坏，它一般不超过长期工作场强的 2～3 倍。式（4-4）也可写为

$$\lg \tau = \lg K - n \lg E \tag{4-5}$$

式（4-5）在对数坐标轴上为一直线，如图 4-6 所示。

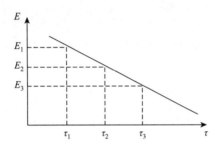

图 4-6　恒温下由电老化决定的固体绝缘寿命 τ 与场强 E 的关系

利用这个原理可以进行提高场强下的加速老化寿命试验。对于某一种绝缘结构，由试验求出对应于某几种提高场强（E_1、E_2…）下的平均寿命（τ_1、τ_2…），绘制出的斜线，由此求出斜率 n，即可推算出该绝缘在长期工作场强下的平均寿命。

4.2.4　固体介质的热老化

在较高温度下，固体介质会逐渐热老化。热老化的主要过程为热裂解、氧化裂解、交联，及低分子挥发物的逸出。热老化的表现大多为介质失去弹性、变脆、发生龟裂，机械强度降低，也有些介质表现为变软、发黏、失去定形，与此同时，介质的电性能变差。

对各种有机绝缘材料热老化试验研究的结果表明：这些材料热老化的程度主要取决于温度及热作用时间。此外，诸如空气中的湿度、压强、氧的含量、空气的流通程度等对热老化的速度也有一定影响。

存在一个短时上限工作温度 θ_{ul}，超过此温度时，绝缘将发生急剧的热损坏，因而，任何情况下绝缘的温度都不允许超过的 θ_{ul}。即使稍低于此温度，绝缘的热损坏也已相当强烈，以至只有在某些特殊的情况下，才允许短时（例如不超过几十分钟）工作作为应急措施。

为了使绝缘材料能有一定经济合理的工作寿命，还应探求出与之相应的最高持续工作温度，其意义为：绝缘即使持续地在此温度下工作，尚能确保其一定经济合理的工作寿命。显然，各种绝缘材料的最高持续工作温度不是一个简单明确的临界值，而是与其合理的寿命相联系的、须经综合技术经济比较后才能大致确定的值。根据这个概念，国际电工委员会将各种电工绝缘材料按其耐热程度划分等级，并确定各等级绝缘材料的最高持续工作温度，如表 4-1 所示。

表 4-1　电工绝缘材料的耐热等级和最高持续工作温度

级别	最高持续工作温度/℃	材料举例
Y	90	未浸渍过的木材、棉纱、天然丝和纸等或其组合物；聚乙烯、聚氯乙烯、天然橡胶
A	105	矿物油及浸入其中的 Y 级材料；油性漆、油性树脂漆及其漆包线
E	120	由酚醛树脂、糠醛树脂、三聚氰胺甲醛树脂制成的塑料、胶纸板、胶布板；聚酯薄膜及聚酯纤维；环氧树脂；聚氨酯及其漆包线；油改性三聚氰胺漆
B	130	以合适的树脂或沥青浸渍、黏合或涂覆过的或用有机补强材料加工过的云母、玻璃纤维、石棉等的制品；聚酯漆及其漆包线；使用无机填料的塑料
F	155	用耐热有机树脂或漆黏合或浸渍的无机物（云母、石棉、玻璃纤维及其制品）
H	180	硅有机树脂、硅有机漆或用它们黏合或浸渍过的无机材料、硅有机橡胶
C	220	不采用任何有机黏合剂或浸渍剂的无机物，如云母、石英、石板、陶瓷、玻璃或玻璃纤维、石棉水泥制品、玻璃云母模压品等；聚四氟乙烯塑料

实际上，电气设备的绝缘通常都不可能在恒温下工作，其工作温度是随着昼夜、季节等环境温度而变的，更主要的是随着负荷电流（和电压）波动等因素而有强烈的变化。

$$T = Ae^{-\alpha(\theta-\theta_0)} = Ae^{-\alpha\Delta\theta} \tag{4-6}$$

式中：T 为实际工作温度下绝缘的寿命，年；A 为基准工作温度下绝缘的寿命，年；θ 为绝缘物的实际工作温度，℃；θ_0 为绝缘物的基准工作温度，℃；α 为热老化系数，由绝缘的性质、结构等因素决定，对 A 级绝缘，此系数约为 0.065～0.12。

式（4-6）称为蒙辛格热老化规则，可利用该式的关系进行提高温度下的加速老化寿命试验。

要注意的是，不能简单地仅由静止和恒温条件下试得的结果来推断，因为在实际运行中还存在着温度变化、各种机械力、电动力、振动、潮气和其他气体等作用，所以，这些绝缘的真正使用寿命，还应根据实际运行条件作适当的修正。

对各种类型的电气设备，在按照其实际运行条件作修正后获得的该类设备绝缘寿命工作温度之间的关系，有时用"10 度规则""8 度规则""6 度规则"等名词来简明表达。意思是说，该类设备绝缘的工作温度如提高 10 ℃、8 ℃和 6 ℃，绝缘寿命便缩短到原来的一半。

很多电气设备（如旋转电机、变压器、电缆、电容器等）寿命主要是由其中最薄弱环节即绝缘的寿命来决定的。对正常合理的设备来说，造成严重电老化的因素（如电晕、局部放电、沿面放电等）是不允许存在的，环境老化通常也是很缓慢的，这样，设备绝缘的寿命主要就由热老化来决定。

对于绝缘寿命主要由热老化来决定的设备，则设备的寿命就与其负荷情况有极密切的关系。同一设备，如果允许负荷大，则运行期投资效益高，但必然使该设备温度升高，绝缘热老化快，寿命短；反之，如欲使设备寿命长，则必须将使用温度限制得较低，也即允许负荷较小，则运行期投资效益就会降低。

综合考虑以上诸因素，为使电气设备能获得最佳的综合经济效益，每台电气设备都将有一个经济合理的正常使用期限。在当前，对大多数常用电力设备（例如发电机、变压器、电动机等）来说，这个期限一般定为 20～30 年，即该设备的寿命不应小于这个期限，但也不必超过太多。根据这个预期的寿命，就可以定出该设备绝缘中最热点的基准工作温度，在此温度下，该设备的绝缘能保证在上述正常使用期限内安全工作。

4.3　液体电介质的击穿

4.3.1　液体电介质的击穿机理

充作高电压绝缘用的液体介质主要是矿物油和合成油两大类，少数场合也有用蓖麻油的。

获得最广泛应用的是矿物油，它是从石油中提炼出来的由许多种碳氢化合物（即一般所称的"烃"）组成的混合物，其中绝大部分为烷烃（C_nH_{2n+2}）、环烷烃（C_nH_{2n}）和芳香烃（C_nH_{2n-m}）这三种，此外，还有少量其他多达上千种的化合物和元素。不同地区出产的矿物绝缘油，上述这三种主要烃类含量的比例也多有不同。按成分和适用设备，可分为变压器油、电容器油、电缆油和开关油等。

从 20 世纪 30 年代起，国际上开始研制合成油。作为电容器浸渍剂的氯化联苯[由联苯（$C_{12}H_{10}$）经氯化制成，是从一氯联苯到十氯联苯的统称，用得最多的是三氯联苯（$C_{12}H_7C_{13}$）]曾以其各方面的优异性能获得很大的成功。20 世纪 50～60 年代，氯化联苯在电容器浸渍剂领域，在世界范围内占压倒优势，后因其毒性对环境产生污染而被禁止。其后，各国竞相探索新的合成绝缘油，达到工业实用水平的有烷基苯、烷基萘、有机硅油、氟化硅油、各种有机合成脂类、聚丁烯和丁基氯化二苯醚等，但大多因尚不够理想、不够成熟或成本太高等原因，未获广泛应用。十二烷基苯（分子中平均含碳原子数为 12 的烷基苯的混合物）被成功地应用于充油电缆和浸渍电容器。此外，有机硅油也有较多应用。到 20 世纪 80 年代，研制成性能较为满意的并成功地应用于生产的合成油主要有异丙基联苯（IPB）、二芳基乙烷（PXE）和新型液体电介质（EDISOL）等，但它们目前还仅供浸渍电容器用，其他高压电气设备中应用的液体介质，还是矿物油占压倒优势。

目前对液体介质击穿机理的研究远不及对气体介质的研究，至今还不能提出一个较为完善的击穿理论，其主要原因在于工程用液体介质中总含有某些气体、液体或固体杂质，这些杂质的存在对液体介质的击穿过程影响很大。因此，可以将液体介质分为纯净的和工程上用的（不很纯净的）两类来加以讨论。常遇到的是工程上实用的液体介质，其中以变压器油使用最为广泛，故在以后的讨论中，将以变压器油为主要对象，并简称为"油"。

1. 纯净油

一般认为，纯净的液体介质的击穿过程基本上与气体介质的击穿过程相似。在液体介质中总会有一些最初的自由电子，这些电子在电场作用下运动，产生碰撞电离而导致击穿。

纯净液体电介质的气泡击穿理论可描述如下。电子电流加热液体,分解出气体;电子碰撞液体分子,使之解离产出气体;依靠静电斥力,电极表面吸附的气泡表面积累电荷,当静电斥力大于液体表面张力时,气泡体积变大;电极凸起处的电晕引起液体气化。由于液体介质的密度远比气体介质大,其中电子的自由程很短,不易积累到足以产生碰撞电离所需的动能,因此纯净液体介质的耐电强度总比常态下气体介质的耐电强度高得多,前者可达 10^6 V/cm 数量级,而后者则仅有 10^4 V/cm 数量级。纯净液体介质的击穿完全由电的作用造成,属于电击穿的性质。

2. 工程用油("小桥"理论)

工程用的液体介质总是不很纯净的,原因如下:①即使以极纯净的液体介质注入电气设备中,在注入过程中就难免有杂质混入;②液体介质与大气接触时,会从大气中吸收气体和水分,且逐渐被氧化;③常有各种纤维、碎屑等从固体绝缘物上脱落到液体介质中来;④在设备运行中,液体介质本身也会老化,分解出气体、水分和聚合物。

这些杂质的介电常数和电导与纯净液体介质本身的相应参数不同,这就必然会在这些杂质附近造成局部强电场。由于电场力的作用,这些杂质会在电场方向被拉长、定向,还将受到拉向强电场方向的力(如果 $\varepsilon_p > \varepsilon_1$),或受到相反方向的力(如果 $\varepsilon_p < \varepsilon_1$)($\varepsilon_p$ 为杂质的介电常数,ε_1 为该液体介质的介电常数)。这样,在电场力的作用下,这些杂质会逐渐沿电力线排列成杂质的"小桥"。如果此"小桥"贯穿于电极之间,由于组成此"小桥"的杂质的电导较大,使泄漏电流增大,发热增多,促使水分汽化,形成气泡;即使杂质"小桥"尚未贯穿全部极间间隙,在各段杂质链端部处液体介质中的场强也将增大很多。气泡的介电常数和电导率均比邻近的液体介质小得多,气泡中的场强比邻近液体介质中的场强大得多,而气泡的耐电场强却比邻近液体介质小得多,电离过程必然首先在气泡中发展。"小桥"中气泡的增多,将导致"小桥"通道被电离击穿。这一过程是与热过程紧密相连的,属于热击穿性质,也有人将它称为杂质击穿。

总的来说,液体介质的击穿理论还很不成熟,虽然有些理论在一定程度上能解释击穿的规律性,但大都只是定性的,在工程实际中还只能靠试验数据。虽然是试验数据,其分散性也很大,但其平均值和最低值较稳定,可以作为设计计算的依据。

4.3.2　影响液体电介质击穿电压的因素

液电介质击穿电压的大小既取决于其自身品质的优劣,也与外界因素,如温度有关。液体电介质的品质取决于其所含杂质的多少,含杂质多,品质越差,击穿电压越低。变压器油的品质通常采用标准油杯中变压器油的工频击穿电压来衡量。在以下的叙述中谈到油的品质时,如没有另加说明,就是指上述按国家标准测得的工频击穿电压。

各国的标准油杯不尽一样,因此同一种油,在各国不同的标准油杯中测得的结果不会完全一致。理想的标准油杯应能灵敏和准确地反映绝缘油的质量,油杯中电极的形状、尺寸、电极间距和电极工作面光洁度这 4 个因素对试验结果的影响最大。

在均匀电场中杂质对击穿电压的影响要比在不均匀电场中大。我国采用的标准油杯极间距离为 2.5 mm，电极是直径等于 25 mm 的圆盘形铜电极，电极的边缘加工成半径为 2.5 mm 的半圆以减弱边缘效应，保证了极间电场极板上是均匀的，如图 4-7 所示为标准油杯。

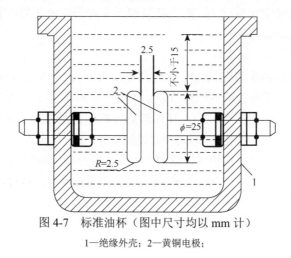

图 4-7　标准油杯（图中尺寸均以 mm 计）

1—绝缘外壳；2—黄铜电极；

下面具体讨论影响品质的各种因素与击穿电压的关系。

1. 液体介质本身品质的影响

在较均匀电场和持续电压作用下，介质本身的品质对击穿电压有较大的影响。

1）化学成分

矿物油中各种成分含量的比例对油的物理化学性能有一定的影响，而对油的短时耐电强度则没有明显的影响。

2）含水量

液态水在油中的两种状态：一种是以分子状态溶解于油中，这种状态的水对击穿电压影响不大；另一种是以乳化状态悬浮在油中，这种状态的水分容易形成"小桥"，使击穿电压明显下降。如图 4-8 所示为变压器油的工频击穿电压有效值（标准油杯中）与含水量的关系，当油中含 0.1 ‰的水分时，油的击穿电压降到干燥时的 15%～30%。

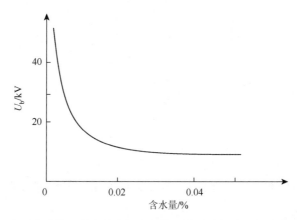

图 4-8　变压器油的工频击穿电压有效值（标准油杯中）与含水量的关系

3）含纤维量

当油中存在纤维量时，在电场作用下，容易形成纤维"小桥"，使油的击穿电压降低；由于纤维具有很强的吸附水分能力，所以吸湿的纤维对击穿电压影响更大，水分和纤维的联合作用使击穿电压降低更为严重。

4）含碳量

某些电气设备中的绝缘油在运行中常受到电弧的作用，电弧的高温使绝缘油分解，除了气体和液体杂质外，还有碳粒等固体介质。碳粒对油耐电强度有两个方面的作用。一方面碳粒有较好导电性，它散布在油中，使炭粒附近的局部场强增加，导致击穿电压降低；另一方面，活性碳粒有很强的吸附水分和气体的能力，使一部分水分和气体失去游离性的活动能力，这将使油的耐电强度提高。总地来说，细而分散的碳粒对油的耐电强度的影响并不显著，但如果碳粒逐渐沉淀到电气设备的固体介质表面，形成油泥，则易造成油中沿固体介质表面的放电，同时也影响散热。

5）含气量

当含气量很小时，溶解状态的气体对击穿电压影响很小。但当含气量增加，出现自由状态的气体时，将使击穿电压随含气量增加而降低。油中气体析出后的危害：一是成为气泡，导致局部放电，使油老化，降低击穿电压；二是油中的氧会与油分子发生化学结合，使油氧化，酸值增大，从而加速油的老化。

2. 电压作用时间的影响

油间隙的击穿电压与作用时间的关系与固体介质类似。电压作用时间对油的耐电强度影响很大，如图 4-9 所示。电压作用时间很短时，加压后短至几个微秒时表现为电击穿（电子碰撞电离），击穿电压很高，电压作用时间为数十到数百微秒，无杂质的影响；电压作用时间较长时，仍为电击穿，这时影响油隙击穿电压的主要因素是电场的均匀程度；电压作用时间更长，杂质开始聚集，油隙的击穿开始出现热过程，击穿电压再度下降，为热击穿。对一般不太脏的油做 1 min 击穿电压和长时间击穿电压的试验结果差不多，因此做油耐压试验时，一般只做 1 min。

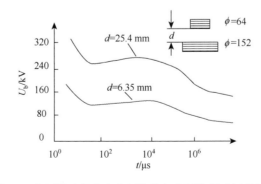

图 4-9　变压器油的击穿电压峰值与电压作用时间的关系

3. 电场情况的影响

在工频电压作用下，如电场较均匀，则油的品质对油隙击穿电压的影响很大；如电场极不均匀，则油的品质对油隙击穿电压的影响很小。这是因为电极附近的电场很强，造成强烈的电离，电场力对带电质点强烈的吸斥作用使该处的油受到剧烈的扰动，以致杂质和水分等很难形成"小桥"。

在冲击电压作用下，由于杂质本身的惯性，不可能在极短的电压作用时间内沿电场力线排列成"小桥"，故不论电场均匀与否，油品质对冲击击穿电压均无显著影响。

4. 温度的影响

温度对液体电介质击穿电压的影响十分复杂。温度对液体电介质击穿电压的影响随介质的品质、电场的均匀程度及电压种类的不同而异。

在均匀电场时，如图 4-10 所示，干燥的油随油温升高，电子碰撞电离过程加剧，击穿电压下降。潮湿的油温度由 0 ℃开始上升，一部分水分从悬浮状态转为害处较小的溶解状态，使击穿电压上升；超过 80 ℃后，水开始汽化，产生气泡，引起击穿电压下降。击穿电压在 60 ℃～80 ℃出现最大值。

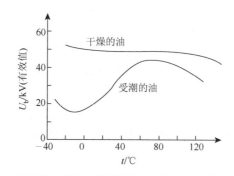

图 4-10　为在标准油杯中变压器油的工频击穿电压与温度的关系

在 0～5 ℃时，全部水分转为悬浮状态，导电"小桥"最易形成，出现击穿电压的最小值。温度再降低，水滴将凝结成冰粒，其介电系数与油相近，电场畸变减弱，再加上油黏度增大，"小桥"不易形成，故此时变压器油的击穿电压随温度的下降反而提高。

在极不均匀电场，如图 4-11 所示为"棒-板"间隙中变压器的工频击穿电压与温度的关系，随着油温上升，电子碰撞电离过程加剧，击穿电压稍有下降，水滴等杂质不影响极不均匀电场中的工频击穿电压。这是因为在整个油隙击穿以前，电极处必然发生电离和扰动，以致油中杂质和水分等很难形成"小桥"。

5. 压强的影响

不论电场均匀与否，工程上用的变压器油在工频电压作用下，其击穿电压都随压强增加而增大，这是因为压强增大时，气体在油中溶解度增大。

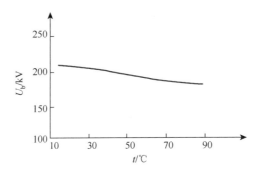

图 4-11   "棒-板"间隙中变压器的工频击穿电压与温度的关系（间隙距离为 25 cm）

4.3.3　提高液体电介质击穿电压的方法

从以上讨论中可见，油中杂质对油隙的工频击穿电压有很大的影响，所以对于工程用油来说，应设法减少杂质的影响，提高油的品质。通常可以采用过滤、防潮、祛气等方法来提高油的品质，在绝缘设计中则可利用"油-屏障"式绝缘（例如覆盖层、绝缘层和隔板等）来减少杂质的影响，这些措施都能显著提高油隙的击穿电压。

1. 提高并保持油的品质

由于杂质对液体电介质击穿电压有很大影响，所以提高击穿电压首先要减少杂质，其次是降低杂质对击穿电压的影响。具体措施主要有以下几点。

1）过滤

将绝缘油在压力下连续通过装有大量事先烘干的过滤纸层的过滤机，将油中碳粒、纤维等杂质滤去，油中部分水分及有机酸也被滤纸吸收。工程中，常采用此法来恢复绝缘油的绝缘性能。

2）防潮

油浸式绝缘在浸油前必须烘干，必要时可用真空干燥法去除水分。有些电气设备如变压器不可能全密封时，则可在呼吸器的空气入口处放置干燥剂，以防止潮气进入。

3）脱气

常用的脱气办法是将油加热，喷成雾状，且抽真空，除去油中的水分和气体。电压较高的油浸绝缘设备，常要求在真空下灌油。

2. 覆盖层

覆盖层是指紧贴在金属电极上的固体绝缘薄层（<1 mm），如漆膜、胶纸带、漆布带。覆盖层使油中的杂质、水分等形成的"小桥"不能直接与电极接触，从而减小了流经杂质"小桥"的电流，阻碍了杂质"小桥"中热击穿过程的发展。油品质越差，电场越均匀，电压作用时间越长，则覆盖层的效果越显著。

3. 绝缘层

绝缘层是指电极表面上包覆的较厚的固体绝缘材料。厚度达几十毫米的固体绝缘层，不仅能起覆盖层的作用，减小杂质的有害影响，而且能承担一定的电压，改善电场的分布。且固体绝缘层的耐电强度较高，不易造成局部放电。

不均匀电场中，可将绝缘层覆在曲率半径较小的电极上，降低这部分空间的场强。变压器高压引线和屏蔽环、充油套管的导电杆一般都包有绝缘层。

4. 屏障

屏障又称极间障或隔板，是放置在电极间油间隙中的固体绝缘板。其材料为厚度 2～7 mm 的固体绝缘板，如纸板、胶纸、胶布层压板。屏障的作用，一方面能机械地阻隔杂质小桥，另一方面可改善油隙中的电场分布，从而提高油间隙的击穿电压。

屏障在不均匀电场中效果非常显著，屏障在最佳位置时，工频电压可提高一倍以上。所以在变压器等充油设备中广泛采用屏障绝缘结构。

4.4　组合绝缘的电气强度

高压电气设备绝缘除必须有优异的电气性能外，还要求有良好的热性能、机械性能及其他物理和化学性能，单一品质电介质往往难以同时满足这些要求，所以实际绝缘一般采用多种电介质的组合。例如变压器的外绝缘是由套管的瓷套和周围的空气组成的，而其内绝缘则是由纸、布带、胶木筒、聚合物、变压器油等多种固体和液体电介质联合组成的；在电机中是由云母、胶黏剂、补强材料和浸渍剂组合成的绝缘。组合绝缘的电气强度不仅取决于所用各种电介质的绝缘强度，而且还与所用各种电介质的相互配合有关。在各种组合绝缘方式中，又以油浸纸的油纸绝缘方式用得最多。

4.4.1　组合绝缘介质的配合特性

组合绝缘结构的电气强度不仅仅取决于所用的各种介质的电气特性，而且还与各种介质的特性相互之间的配合有很大关系。

组合绝缘的常见形式是由多种介质构成的层叠绝缘。在外加电压的作用下，各层介质承受电压的状况必然是影响组合绝缘电气强度的重要因素。各层电压最理想的分配原则是使组合绝缘中各层绝缘所承受的电场强度与其电气强度成正比。在这种情况下，整个组合绝缘的电气强度最高，各种绝缘材料的利用最合理、最充分。

各层绝缘所承受的电压与绝缘材料的特性和作用电压的类型有关。例如，在直流电压下，各层绝缘分担的电压与其绝缘电阻成正比，即各层中的电场强度与其电导率成反比；但在工频交流和冲击电压的作用下，各层所分担的电压与各层的电容成反比，即各层中的电场强度与其介电常数成反比。由此可见，在直流电压作用下，应该把电气强度高、电导率大的材料用在电场最强的地方；而在工频交流电压下，应该把电气强度高、介电常数大的材料用在电场最强的地方。

将多种绝缘介质进行组合应用时,还应注意一个重要的原则,那就是使它们各自的优缺点进行互补,扬长避短,相辅相成。

但是,实际的绝缘结构往往是很复杂的,上述各项原则常难以同时实现,例如在以浸渍纸作为绝缘的电缆中,电缆纸的介电常数和电气强度都大于矿物油浸渍剂,但在交流电压的作用下,纸层中分到的电场强度反而小于油层中的电场强度,因而是不合理和不利的,但因为浸渍处理能消除纸中的空气、气泡等,所以必须采用这样的工艺措施。相反,在直流电压作用下,电压分布取决于介质的电导率(为反比关系),纸的电导率远小于油的电导率,因而电气强度较大的纸层分担的电场强度也较大。这显然是合理和有利的电压分布。

还应指出,在组合绝缘结构中,各部分的温度可能有较大的差异,所以在探讨组合绝缘中的电压分布问题时,还必须注意温度差异对各种绝缘材料电气特性和电压分布的影响。

下面以两种常见组合绝缘结构为例,分析它们的电气特性和改善措施。

1. "油-屏障"式绝缘

在"油-屏障"式绝缘结构中应用的固体介质有三种不同的形式,即覆盖层、绝缘层和屏障(见 4.3 节)。油浸电力变压器主绝缘采用的就是"油-屏障"式绝缘结构,在这种组合绝缘中以变压器油作为主要电介质,在油隙中放置若干个屏障是为了改善油隙中的电场分布和阻止贯通性杂质"小桥"的形成。这种绝缘结构一般能将电气强度提高30%~50%。

如果用多重屏障将油隙分隔成多个较短的油隙,则击穿场强能提高更多。不过相邻屏障之间的距离也不宜太小,因为这不利于油的循环冷却。另外,屏障的总厚度也不能取得太大,因为固体介质的介电常数比变压器油大,所以固体介质总厚度的增加会引起油中电场强度的增大。通常在设计时控制屏障的总厚度不大于整个油隙长度的1/3。

在极不均匀电场中采用屏障可使油隙的工频击穿电压提高到无屏障时的 2 倍或更高;在稍微有些不均匀的电场中(例如油浸变压器高压绕组和箱壁间),采用屏障时也能使击穿电压提高25%或更高。所以在电力变压器、油断路器、充油套管等设备中广泛采用"油-屏障"式组合绝缘。当屏障表面与电力线垂直时,效果最好。所以变压器中的屏障往往做成圆筒或角垫圈的形式。

2. 油纸绝缘

电气设备中使用的绝缘纸(包括纸板)纤维间含有大量的空隙,因而干纸的电气强度是不高的,用绝缘油浸渍后,整体绝缘性能即可大大提高。前面介绍的"油-屏障"式绝缘是以液体介质为主体的组合绝缘,采用覆盖、绝缘层和屏障都是为了提高油隙的电气强度。而油纸绝缘(包括以液体介质浸渍的塑料薄膜)则是以固体介质为主体的组合绝缘,液体介质只是用作充填空隙的浸渍剂,因此这种组合绝缘的击穿场强很高,但散热条件较差。

　　绝缘纸和绝缘油配合互补，使油纸组合绝缘的击穿场强可达 500～600 kV/cm，大大超过了各组成成分的电气强度（油的击穿场强约为 200 kV/cm，而干纸只有 100～150 kV/cm）。

　　目前各种各样的油纸绝缘广泛应用于电缆、电容器、电容式套管等电力设备中。这种组合绝缘也有一个较大的缺点，那就是易受污染（包括受潮），特别是在与大气接触的情况下。纤维素是多孔性的极性介质，很易吸收水分，即使经过细致的真空干燥、浸渍处理并浸在油中，它仍将逐渐吸潮和劣化。

4.4.2　组合绝缘中的电场

　　1. 均匀电场双层介质模型

　　在组合绝缘中，有时会同时采用多种电介质，在对这一类绝缘结构中的电场作定性分析时，常常采用最简单的均匀电场双层介质模型，如图 4-12 所示。

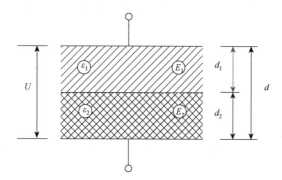

图 4-12　均匀电场双层介质模型

　　在这一模型中，最基本的关系式为

$$\varepsilon_1 E_1 = \varepsilon_2 E_2 \tag{4-7}$$

$$U = E_1 d_1 + E_2 d_2 \tag{4-8}$$

由此可得

$$E_1 = \frac{U}{\varepsilon_1 \left(\dfrac{d_1}{\varepsilon_1} + \dfrac{d_2}{\varepsilon_2} \right)} \tag{4-9}$$

$$E_2 = \frac{U}{\varepsilon_2 \left(\dfrac{d_1}{\varepsilon_1} + \dfrac{d_2}{\varepsilon_2} \right)} \tag{4-10}$$

　　如将上述模型用于"油-屏障"式绝缘，并令 ε_1、E_1 分别为油的介电常数和油中电场强度，而 ε_2、E_2 分别为屏障的介电常数和屏障中电场强度，即可知 $\varepsilon_2 > \varepsilon_1$，$E_1 > E_2$。

　　式（4-9）可改写成

$$E_1 = \frac{\varepsilon_2 U}{\varepsilon_2 d - (\varepsilon_2 - \varepsilon_1) d_2} \tag{4-11}$$

　　可见在极间距离 $d = d_1 + d_2$ 保持不变的情况下，增大屏障的总厚度 d_2，将使油中的

E_1 增大。即在油隙中放置多个屏障，会使油中电场强度显著增大，反而不利。

若将上述模型应用于油纸绝缘，并令 ε_1、E_1 分别为油层的介电常数和电场强度，ε_2、E_2 分别为浸渍纸的介电常数和电场强度，则同样存在 $\varepsilon_2>\varepsilon_1$，$E_1>E_2$。浸渍纸的电气强度要比油大得多，而作用在纸上的电场强度 E_2 却反而小于油中的电场强度 E_1，可见这时的电场分配状况是不合理的；如果外加的是直流电压，那么电压在两层介质间将按电导率（反比关系）或电阻率（正比关系）分配，由于浸渍纸的电阻率要比油大得多，所以此时的 $E_2>E_1$，即电场分配状况是合理和有利的。这也是同样的一根电缆在直流下的耐压远高于交流耐压（约为 3 倍）的主要原因之一。

若设 C_1 为油层的电容，C_2 为浸渍纸的电容，则双层绝缘介质的单位面积的电极间电容 C 为

$$\frac{1}{C}=\frac{1}{C_1}+\frac{1}{C_2} \tag{4-12}$$

按平板电极电容计算公式，可求得组合绝缘的相对介电常数 ε 为

$$\varepsilon=\frac{\varepsilon_1}{d_1+\dfrac{d_2\varepsilon_1}{\varepsilon_2}} \tag{4-13}$$

按照上述方法，同样可以得到组合绝缘的总介质损失角正切值为

$$\tan\delta=\frac{\tan\delta_1}{1+\dfrac{d_2\varepsilon_1}{d_1\varepsilon_2}}+\frac{\tan\delta_2}{1+\dfrac{d_1\varepsilon_2}{d_2\varepsilon_1}} \tag{4-14}$$

式中：$\tan\delta_1$ 为油层的介质损失角正切值；$\tan\delta_2$ 为浸渍纸的介质损失角正切值。

2. 分阶绝缘

超高压交流电缆常为单相圆芯结构，由于其绝缘层较厚，一般采用分阶结构，以减小缆芯附近的最大电场强度。所谓分阶绝缘是指由介电常数不同的多层绝缘构成的组合绝缘。分阶绝缘的原则是对越靠近缆芯的内层绝缘选用介电常数越大的材料，以达到电场均匀化的目的。例如内层绝缘采用高密度的薄纸（纸的纤维含量高，质地致密），其介电常数较大，击穿场强也较大；外层绝缘则采用密度较低、厚度较大的纸，其介电常数较小，击穿场强也较小。选择适当的分阶绝缘参数，可使各阶绝缘的最大电场强度分别与各自的电气强度相适应，各层的电场分布比较均匀、利用系数彼此接近，从而使各阶绝缘材料的利用更充分些，整体的击穿电压也就更高。

先讨论单相圆芯均匀介质电缆中绝缘的利用系数。如果施加交流电压 U，则其绝缘层中距电缆轴心 r 处的电场 E 可由下式求得

$$E=\frac{U}{r\ln\dfrac{R}{r_0}} \tag{4-15}$$

式中：r_0、R 分别为电缆芯线的半径和外电极（金属护套）的半径。

绝缘层中最大电场强度 E_{max} 位于芯线的表面上

$$E_{max} = \frac{U}{r_0 \ln \dfrac{R}{r_0}} \tag{4-16}$$

而最小电场强度 E_{min} 位于绝缘层的外表面（$r = R$）处。此时的平均电场强度 E_{av} 应为

$$E_{av} = \frac{U}{R - r_0} \tag{4-17}$$

绝缘中平均场强与最大场强之比称为该绝缘的利用系数 η，则此时

$$\eta = \frac{E_{av}}{E_{max}} = \frac{r_0}{R - r_0} \ln \frac{R}{r_0} \tag{4-18}$$

η 值越大，则电场分布越均匀，即绝缘材料利用得越充分。平板电容器绝缘的 η 值可视为 1。但对超高压电缆来说，因绝缘层较厚，（$R-r_0$）值较大，如采用一种单一的介质，则 η 值将较小；为提高利用系数应采用分阶绝缘。

下面以最简单的双层分阶绝缘为例探讨单相圆芯电缆中的电场。如施加的电压仍为 U，靠近芯线的那层绝缘的内半径、外半径和介电常数分别为 r_0、r_2 和 ε_1；r_2 是靠近外电极那层绝缘的内半径，其外半径和介电常数则分别为 R 和 ε_2，如图 4-13 所示，r_2 又可称为分阶半径。这时分阶绝缘中半径为 r 处的电场强度分别为

$$E_1 = \frac{U}{r\varepsilon_1\left[\dfrac{1}{\varepsilon_1}\ln\dfrac{r_2}{r_0} + \dfrac{1}{\varepsilon_2}\ln\dfrac{R}{r_2}\right]} \qquad (r_0 < r < r_2) \tag{4-19}$$

$$E_2 = \frac{U}{r\varepsilon_2\left[\dfrac{1}{\varepsilon_1}\ln\dfrac{r_2}{r_0} + \dfrac{1}{\varepsilon_2}\ln\dfrac{R}{r_2}\right]} \qquad (r_2 < r < R) \tag{4-20}$$

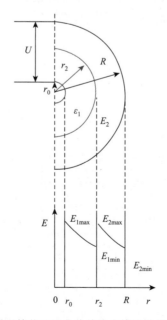

图 4-13　圆形单芯双层分阶绝缘电缆及绝缘中电场分布

令 $r = r_0$，r_2 时，由式（4-19）可得内层绝缘中的最大电场强度 E_{1max} 和最小电场强度 E_{1min}，E_{1max} 位于缆芯表面；令 $r = r_2$ 和 R 时，由式（4-20）可得外层绝缘中的最大电场强度 E_{2max} 和最小电场强度 E_{2min}，E_{2max} 位于分界面上。$\varepsilon_1 > \varepsilon_2$ 时，绝缘中的电场分布示于图 4-13 中。分阶绝缘能使缆芯表面的电场强度降低，且 ε_1 大于 ε_2 越多，降低得也越多。但也应注意，不可因分阶而过分提高外层绝缘中的最大电场强度 E_{2max}。

总之，在 r_0 和 R 为定值的情况下，适当选择材料的 ε_1、ε_2 值以及分阶半径 r_2，就能得到所希望的 E_{1max} 和 E_{2max} 值，从而使两层绝缘材料的利用率都较高，于是电缆的整体电气强度就可大大提高。

电缆绝缘的分阶通常采用不同种类的绝缘纸来实现，电缆纸的相对介电常数与纸的密度有关，一般 ε_r 为 3.5～4.3；最大的 ε_r 值对应于密度为 1.2 g/cm³ 的纸，最小的 ε_r 值对应于密度为 0.85 g/cm³ 的纸。一般分阶只做成两层，层数更多的分阶很少采用，仅见于超高压电缆中，例如某些 500 kV 电缆中采用 3～5 层分阶，以减小绝缘层的总厚度和电缆的直径。

习　　题

1. 固体介质击穿的形式有哪些？
2. 影响固体电介质击穿电压的主要因素及其提高击穿电压的方法有哪些？
3. 绝缘老化是怎样引起的？能否延缓老化时间？
4. 局部放电引起电介质劣化、损伤的主要原因有哪些？
5. 为什么在直流电压作用下，气隙的电离促使固体绝缘老化的效应比交流电压作用下弱得多？
6. 简要解释工程用液体介质的"小桥"击穿理论。
7. 液体击穿电压的影响因素及提高方法有哪些？

第5章　　　　　　　　　　　　　　　　电气设备绝缘特性试验

为了保证电气设备乃至整个电力系统的安全、可靠运行，必须恰当地选择各种电气设备的绝缘（包括绝缘材料和绝缘结构），使之具有一定的电气强度，并且使绝缘在运行过程中保持良好的状态。但是由于种种原因，绝缘往往是电力系统中的薄弱环节，绝缘故障通常是引发电力系统事故的首要原因。

目前，电介质理论尚未完善，各种绝缘材料和绝缘结构的电气性能还不能单单依靠理论上的分析计算来解决，而必须同时借助各种绝缘试验来检验和掌握绝缘的状态和性能。实际上，各种试验结果也往往成为绝缘设计的依据和基础。

就其后果而言，电气设备绝缘试验可分为非破坏性试验和破坏性试验两大类。

第一类是非破坏性试验，也称绝缘特性试验，它是指在较低的电压下或者用其他不会损伤绝缘的方法测量绝缘的各种特性，以间接地判断绝缘内部的状况。非破坏性试验包括测量绝缘电阻和吸收比、泄漏电流及 $\tan\delta$ 的测量、局部放电的测量、绝缘油的气相色谱分析等。各种方法反映绝缘的性质是不同的，对不同的绝缘材料和绝缘结构的有效性也不同，往往需要采用多种不同的方法进行试验，并对试验结果进行综合分析比较后，才能作出正确的判断。

另一类是破坏性试验，即耐压试验，它是模拟电气设备绝缘在运行中可能遇到的各种等级的电压（包括电压幅值、波形等），对绝缘进行试验，从而检验绝缘耐受这类电压的能力，特别是能暴露一些危险性较大的集中性缺陷。破坏性试验能保证其绝缘有一定的耐压水平，故破坏性试验对绝缘的考验比较直接和严格，但试验时有可能会对绝缘造成一定的损伤，并可能使有缺陷但可以修复的绝缘（例如受潮）发生击穿。因此破坏性试验通常在非破坏性试验之后进行。如果非破坏性试验已表明绝缘存在不正常情况，则必须在查明原因，并加以消除后才能再进行破坏性试验，以免给绝缘造成不应有的损伤。

本章主要介绍电力系统中常用的各种绝缘特性试验方法及其基本原理。

5.1　绝缘电阻和吸收比的测量

用兆欧表来测量电气设备的绝缘电阻是一项简单易行的绝缘试验方法。绝缘电阻的测量在设备维护检修时，是一项常规的绝缘试验。

由于吸收现象的存在，当直流电压作用在任何电介质上时，流过它的电流是随加压时间的增长而逐渐减小的，在相当长时间后，趋于一稳定值，这个稳定电流即为泄漏电流。如被试设备绝缘状况良好，吸收过程进行得越慢，吸收现象越明显。如被试设备绝缘受潮严重，或有集中性的导电通道，则其绝缘电阻值显著降低，泄漏电流将增大，吸收过程加快，吸收现象不明显。如上所述，显然可根据被试设备泄漏电流变化的情况来判断设备的绝缘状况。

为了方便，在一般情况下，不是直接测量电气设备绝缘的泄漏电流，而是用兆欧表来测量绝缘的电阻变化，因为当直流电压一定时，绝缘电阻与泄漏电流成反比。

5.1.1　兆欧表的工作原理

兆欧表（亦称摇表）是测量设备绝缘电阻的专用仪表，它的原理接线图如图5-1所示。图中 H 为手摇（或电动）直流发电机（也可用交流发电机通过晶体二极管整流代替），作为电源，它的测量机构为流比计 N。流比计有两个绕向相反且互相垂直固定在一起的电压线圈 LV 和电流线圈 LA，它们处在同一个永久磁场中（图中未画出），并带动指针旋转，由于没有弹簧游丝，故没有反作用力矩。当线圈中没有电流时，指针可以停留在任意的位置上。

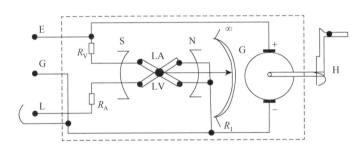

图 5-1　兆欧表原理接线图

兆欧表的端子 E 接被试品的接地端，端子 L 接被试品的另一端，摇动发电机手柄（一般 120 r/min），直流电压 U 就加到两个并联的支路上。第一个支路电流 I_U 通过电阻 R_V 和电压线圈 LV；第二个支路电流 I_A 通过被试品电阻 R_x、R_A 和电流线圈 LA，两个线圈中电流产生的力矩方向相反。在两个力矩差的作用下，线圈带动指针旋转，直至两个力矩平衡为止。当到达平衡时，指针偏转的角度 α 正比于与 I_U/I_A，即

$$\alpha = F\left(\frac{I_U}{I_A}\right) = F\left(\frac{R_A + R_x}{R_U}\right) = F'(R_x) \tag{5-1}$$

式中：R_V、R_A、R_x 分别为分压电阻（包括电压线圈的电阻）、限流电阻（包括电流线圈的电阻）和被试品的绝缘电阻。

从而可得

$$\alpha = F\left(\frac{I_U}{I_A}\right) = F\left[\frac{U/R_U}{U/(R_A + R_x)}\right] = F\left(\frac{R_A + R_x}{R_U}\right) = F'(R_x) \tag{5-2}$$

即兆欧表指针偏转角的大小反映了被试品绝缘电阻值的大小，当兆欧表一定时，R_V 和 R_A

均为常数，故指针偏转角 α 的大小仅由被试品的绝缘电阻值 R_x 决定。

　　G 为屏蔽接线端子，因为测试的绝缘电阻值是绝缘的体积电阻。为了避免由于表面受潮而引起测量误差，可以利用屏蔽电极把导线接到屏蔽端子 G 上，从而使绝缘表面的泄漏电流不通过电流线圈 LA，从而减少测量误差。

5.1.2　绝缘电阻的测试方法

　　图 5-2 所示为测量套管的绝缘电阻的接线图。试验时将端子 E 接到套管的法兰上，将端子 L 接到导电芯上，如果不接屏蔽端子 G，则从法兰沿套管表面的泄漏电流和从法兰至套管内部体积的泄漏电流均流过电流线圈 LA，此时兆欧表测得的绝缘电阻值是套管的体积电阻和表面电阻的并联值。为了保证测量的精确度，避免由于表面受潮等而引起的测量误差，可在导电芯附近的套管表面缠上几匝裸铜丝（或加一金属屏蔽环），并将它接到兆欧表的屏蔽端子 G 上，此时由法兰经套管表面的泄漏电流将经过 G 直接回到发电机负极，而不经过电流线圈 LA，这样测得的绝缘电阻便是消除了表面泄漏电流的影响。可以看出，兆欧表的屏蔽端子起着消除表面泄漏电流的作用。

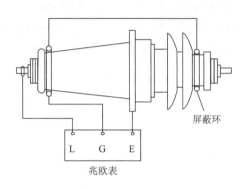

图 5-2　绝缘电阻接线图

　　测量绝缘电阻时规定以加电压后 60 s 测得的数值为该被试品的绝缘电阻值。当被试品中存在贯穿的集中性缺陷时，反映泄漏电流的绝缘电阻将明显下降，于是用兆欧表测量时，便可很容易发现，在绝缘预防性试验中所测得的被试品的绝缘电阻值应大于或等于一般规程所允许的数值。但对于许多电气设备，反映泄漏电流的绝缘电阻值往往变动很大，它与被试品的体积、尺寸、空气状况等有关，往往难以给出一定的判断绝缘电阻的标准。通常把处于同一运行条件下，不同相的绝缘电阻值进行比较，或者把本次测得的数据与同一温度下出厂或交接时的数值及历年的测量记录相比较，或是与大修前后和耐压试验前后的数据相比较，也可与同类型的设备相比较，同时还应注意环境的可比条件。比较结果不应有明显的降低或有较大的差异，否则应引起注意，对重要的设备必须查明原因。

　　常用的兆欧表的额定电压有 500 V、1000 V、2500 V 及 5000 V 4 种，高压电气设备绝缘预防性试验中规定，对于额定电压为 1000 V 及以上的设备，应使用 2500 V 的兆欧表进行测试；而对于 1000 V 以下的设备，则使用 1000 V 的兆欧表。

5.1.3　吸收比的测量

　　对于电容量较大的设备，如电机、变压器等，我们还可以利用吸收现象来测量其绝缘电阻值随时间的变化，以判断其绝缘状况。通常测定加压后 15 s 的绝缘电阻 R''_{15} 值和 60 s 时的绝缘电阻 R''_{60} 值，并把后者对前者的比值称为绝缘的吸收比 K，即

$$K = \frac{R''_{60}}{R''_{15}} \tag{5-3}$$

对于大容量试品，还采用测定加压后 10 min 的绝缘电阻 R'_{10} 值和 1 min 时的绝缘电阻 R'_1 值，把前者对后者的比值称为极化指数，即 R'_{10} / R'_1。

对于不均匀试品的绝缘（特别是对 B 级绝缘），如果绝缘状况良好，则吸收现象特别明显，K 值远大于 1；如果绝缘受潮严重或是绝缘内部有集中性的导电通道，由于泄漏电流大增，吸收电流迅速衰减，使加压后 60 s 时的电流基本上等于 15 s 时的电流，K 值将大大下降，$K \approx 1$。因此，利用绝缘吸收曲线的变化或吸收比 K 值的变化，可以有助于判断绝缘的状况。《电力设备预防性试验规程》（DL/T 596—1996）中规定：沥青浸胶及烘卷云母绝缘（容量为 6000 kW 及以上）当吸收比不应小于 1.3 或极化指数不应小于 1.5 时为绝缘干燥，如果小于以上的数值，则可判断绝缘可能受潮。

需要注意的是，有些设备其某些集中性缺陷虽已发展得很严重，以致在耐压试验中被击穿，但耐压试验前测出的绝缘电阻值和吸收比均很高，这是因为这些缺陷虽然严重，但还没有贯穿两极。因此，只凭测量绝缘电阻和吸收比来判断绝缘状况是不可靠的，但它毕竟是一种简单而有一定效果的方法，故使用十分普遍。

5.1.4　影响因素

（1）温度的影响。一般温度每下降 10℃，绝缘电阻增加到 1.5～2 倍。为了比较测量结果，需将测量结果换算成同一温度下的数值。

（2）湿度的影响。绝缘表面受潮（特别是表面污秽）时，沿绝缘表面的泄漏电流增大，泄漏电流流入电流线圈 LA 中，使绝缘电阻读数显著下降，引起错误的判断。为此，必须很好地清洁被试品绝缘表面，并利用屏蔽电极接到兆欧表的屏蔽端子 G 的接线方式（图 5-2），消除表面泄漏电流的影响。

5.1.5　测量绝缘电阻时的注意事项

（1）测试前应先拆除被试品的电源及对外的一切连线，并将其接地，以充分放电。

（2）测试时以额定转速（约 120 r/min）转动兆欧表把手（不得低于额定转速的 80%），待转速稳定后，接上被试品，兆欧表指针逐渐上升，待指针读数稳定后，开始读数。

（3）大容量的被试品测量绝缘电阻时，在测量结束前，必须先断开兆欧表与被试品的连线，再停止转动兆欧表，以免被试品的残余电荷对兆欧表反充电而损坏兆欧表。

（4）兆欧表的线路端与接地端引出线不要靠在一起，接线路端的导线不可放在地上。

（5）记录测量时的温度和湿度，以便进行校正。在湿度较大的条件下测量时，必须加屏蔽。

5.2　直流泄漏电流的测量

泄漏电流试验是将直流高压加到被试品上，测量流经被试绝缘的泄漏电流。虽然实际上也就是测量绝缘电阻，但另有它的特点。

由于所加电压较高，泄漏电流测量能发现兆欧表法测量所不能显示的某些绝缘损伤和缺陷。如图 5-3 所示是发电机的几种不同泄漏电流的变化曲线。绝缘良好的发电机，泄漏电流较小，且随电压呈线性上升，如曲线 1 所示；如果绝缘受潮，电流值变大，但基本上仍随电压线性上升，如曲线 2 所示；曲线 3 表示绝缘中有集中性缺陷，应尽可能找出原因加以消除；如果电压尚达不到直流耐压试验电压的 1/2 时，泄漏电流就已急剧上升，如曲线 4 所示，那么这台发电机甚至在运行电压下（不必出现过电压）就可能发生击穿。

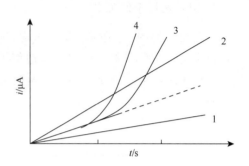

图 5-3　发电机的泄漏电流变化曲线

1—良好绝缘；2—受潮绝缘；
3—有集中性缺陷的绝缘；4—有危险的集中性缺陷的绝缘

5.2.1　试验接线

1. 微安表接于高压侧

试验接线如图 5-4 所示。图 5-4 中，T_1 为自耦调压器，用来调节电压；T_2 为试验变压器，用来供给整流前的交流高压；D 为高压硅堆，用来整流；C 为滤波电容，用来减小输出整流电压的脉动，当被试品电容 C_X 较大时，C 可以不用，当 C_X 较小时，则需接入 0.1 μF 左右的电容器以减小电压脉动；R 为保护电阻，用来限制被试品击穿时的短路电流以保护变压器和高压硅堆，其值可按 10 Ω/V 选取；V_1 为交流电压表，V_2 为直流电压表。

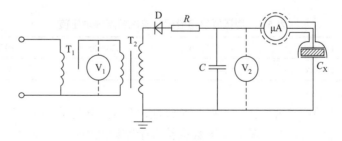

图 5-4　微安表接于高压侧的试验接线图

这种接线方式适用于被试品一极接地的情况。此时微安表处于高压端，不受高压对地杂散电流的影响，测量的泄漏电流比较准确。但由于所用电压较高，高压电源、高压引线和被试品高压电极附近的空气可能部分被电离，在电场力的驱使下，部分离子（包括电子）会流向被试品低压极和微安表测量系统的上半部，再经微安表入地，这就造成测量误差。为此，需要将微安表及从微安表至被试品的引线屏蔽起来，如图 5-4 虚线部分所示。由于微安表处于高压端，因此给读数和切换量程带来不便，观察时应特别注意安全。

2. 微安表接于低压侧

试验接线如图 5-5 所示，这时微安表接在接地端，读数和切换量程安全、方便，而且高压部分对外界物体的杂散电流入地都不会流过微安表，所以不用加屏蔽，测量比较精确。但这种接线要求被试品绝缘的两极都不能接地，仅适合于那些接地端可与地分开的电气设备。

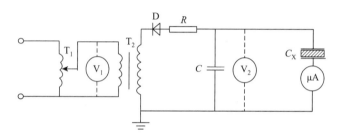

图 5-5 微安表接于低压侧的试验接线图

5.2.2 直流电源的输出参数的要求

泄漏电流测量试验对直流电源的输出参数有如下要求。

（1）输出电压。由于绝缘电阻表电压太低，本试验所需直流电压较高，但也不可太高，因为直流电压与工频电压在绝缘结构内的分布是有很大不同的。以电力变压器为例，《电力设备预防性试验规程》（DL/T 596—1996）规定，电力变压器绕组泄漏电流试验电压值如表 5-1 所示。对工作在中性点有效接地系统中的绝缘，其测试电压较低，是因为直流测试电压必须与中性点绝缘水平相适应。

表 5-1 变压器绕组泄漏电流试验所加电压值

绕组额定电压/kV	3	6~20	20~35	66~330	500
直流试验电压/kV	5	10	20	40	60

输出电压的极性应符合所需（一般为负极性，与绝缘电阻表的 L 端子的极性相同）；输出电压值应为连续可调的；其脉动因数应符合国家标准规定，不大于 3%；有相应的测压系统。

（2）输出电流。正常绝缘在常温（环境温度）下，其相应试验电压下的泄漏电流值是很小的，一般不超过 100 μA，即使在接近运行温度下，泄漏电流值一般也不超过 1 mA。电源应在供给上述泄漏电流时，保持稳定的输出电压。

（3）在测试时，被试品若被击穿，电源应有自我保护，不受损坏。

5.2.3　微安表的保护

试验电压总是存在脉动的，试验时交流分量会通过微安表，使微安表指针摆动，甚至使微安表过热烧坏，且微安表是很灵敏而脆弱的仪表，在试验过程中，被试品放电或穿，可能引起超过量程电流的冲击电流流经微安表，必须对超量程电流（特别是当被试品万一被击穿时）有可靠的保护，因此需要对微安表加以保护。常用的保护接线如图 5-6 所示，在微安表回路串联一个增压电阻 R，当流过微安表的电流超过某一定值时，电阻 R 上的压降将引起放电管 P 放电从而保护微安表。保护电阻 R 的值应这样选取：微安表满量程电流在 R 上的压降应稍大于放电管 P 的起始放电电压（一般为 50～100 V）。电感线圈 L 的作用是，在被试品击穿时能限制冲击电流并加速放电管的动作，减少微安表指针的摆动。

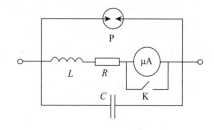

图 5-6　微安表保护接线电路图

并联电容 C 的作用不仅可滤掉泄漏电流中的脉动分量，使电流表的读数稳定，更重要的是当被试品万一被击穿时，作用在放电管 P 上的冲击电压陡波前能有足够的平缓，使放电管 P 来得及动作，故其电容量应较大（＞0.5 μF）。电流表平时被旁路接触器 K 短接，只有在需要读数时才将 K 打开。

5.2.4　测量时的注意事项

（1）试验时微安表必须进行保护。

（2）试验电容量小的被试品应加稳压电容。

（3）试验结束后，应对被试品进行充分放电。对大电容量试品，放电时应通过适当的放电电阻，如果直接接地放电，可能产生频率极高的振荡过电压，对被试品的绝缘有损害。放电电阻视试验电压高低和被试品的电容量大小而定，必须有足够的电阻值和热容量。

5.2.5　与绝缘电阻测量方法的比较

《电力设备预防性试验规程》（DL/T 596—1996）中对最终电压保持时间规定为 1 min，并在此时间终了时读取泄漏电流值。这是考虑到需待电容电流和吸收电流充分衰减后才能精确测定泄漏电流，同时也应观察此时泄漏电流是否已达稳定。综上所述，与绝缘电阻表相比，本试验具有下列特点。

（1）所加直流电压较高，能揭示绝缘电阻表不能发现的某些绝缘缺陷。

（2）所加直流电压是逐渐升高的，在升压过程中，所测电流与电压关系的线性度，即可指示绝缘情况。

（3）绝缘电阻表刻度的非线性度很强，尤其在接近高量程段，刻度甚密，难以精确读取。微安表的刻度则基本上是线性的，能精确读取。

虽然直流泄漏电流试验有上述优点，但是，绝缘电阻表小巧轻便，可随手携带，对已固定接地的被试品，也同样方便；直流泄漏电流试验则需高压电源、电压和电流测量系统、屏蔽系统等，所以，作为对绝缘状况进行初步分析判断，绝缘电阻表还是应用最广的。

5.3　介质损耗角正切值的测量

介质损耗角正切值 $\tan\delta$ 是在交流电压作用下，电介质中电流的有功分量与无功分量的比值，它是一个无量纲的数值。在一定的电压和频率下，它反映电介质内单位体积中能量损耗的大小，它与电介质的体积尺寸大小无关。测得的 $\tan\delta$ 数值直接反映绝缘情况。

5.3.1　QS1 型电桥原理

在绝缘预防性试验中，常用来测量设备绝缘的 $\tan\delta$ 值和电容 C 值的方法是 QS1 型电桥（平衡电桥），其原理接线图如图 5-7 所示。它由四个桥臂组成，臂 1 为被试品 Z_x，图

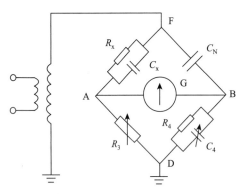

图 5-7　QS1 型电桥原理接线图

中用 C_x 及 R_x 的并联等值电路来表示；Z_2 为标准无损电容器 C_N，一般为 50 pF，它是用空气或其他压缩气体作为介质（常用氮气），其值很小，可认为零；Z_3、Z_4 为装在电桥本体内的操作调节部分，包括可调电阻 R_3、可调电容 C_4 及与其并联的固定电阻 R_4。外加交流高压电源（电压一般为 10 kV），接到电桥的对角线 FD 上，在另一对角线 AB 上则接上平衡指示仪表 G，G 一般为振动式检流计。

进行测量时，调节 R_3、C_4，使电桥平衡，即使检流计中的电流为零，或 U_{FB} 为零，这时有

$$Z_x Z_4 = Z_2 Z_3 \tag{5-4}$$

$$Z_x = \frac{1}{\dfrac{1}{R_x} + j\omega C_x}, \quad Z_2 = \frac{1}{j\omega C_N}, \quad Z_3 = R_3, \quad Z_4 = \frac{1}{\dfrac{1}{R_4} + j\omega C_4} \tag{5-5}$$

将上述阻抗值代入式（5-4），并使等式左右的实数部分和虚数部分分别相等，即可求得

$$\tan\delta = \frac{1}{\omega C_x R_x} = \omega C_4 R_4 \tag{5-6}$$

$$C_x = C_N \frac{R_4}{R_3} \times \frac{1}{1 + \tan^2\delta} \tag{5-7}$$

因 $\tan\delta$ 很小，$\tan^2\delta \ll 1$，故得

$$C_x \approx C_N \frac{R_4}{R_3} \qquad (5\text{-}8)$$

由于我国使用的电源频率为 50 Hz，故 $\omega = 2\pi f = 100\pi$，为便于读数，在电桥制造时常取 $R_4 = 10^4/\pi = 3184\ \Omega$，因此

$$\tan\delta = \omega C_4 R_4 = 100\pi \times \frac{10^4}{\pi} C_4 = 10^{-6} C_4 \quad (\text{F}) = C_4 \quad (\mu\text{F}) = 10^{-6} C_4 \quad (\text{F}) \qquad (5\text{-}9)$$

这样，当调节电桥平衡时，在分度盘上 C_4 的数值就直接以 $\tan\delta$（%）来表示，读取数值极为方便。

5.3.2　接线方式

用国产 QS1 型电桥测量 $\tan\delta$ 时，常有两种接线方式。

1. 正接线

图 5-7 所示接线方式中，电桥的 F 点接到电源的高压端，D 点接地，这种接线称为正接线。这种接线由于桥臂 1 及 2 的阻抗 Z_x 和 Z_N 的数值比 Z_3 和 Z_4 大得多，外加高电压大部分降落在桥臂 1 及 2 上，在调节部分 R_3 及 C_4 上的压降通常只有几伏，对操作人员没有危险。为了防止被试品或标准电容器一旦发生击穿时在低压臂上出现高电压，在电桥的 A、B 点上和接地的屏蔽间接有放电管 F，以保证人身和设备的安全。正接线测量的准确度较高，试验时较安全，对操作人员无危险，但要求被试品不接地，两端部对地绝缘，故此种接线适用于实验室中，不适用于现场试验。

2. 反接线

现场电气设备的外壳大都是接地的，当测量一极接地的试品的 $\tan\delta$ 时，可采用如图 5-8 所示的反接线方式，即把电桥的 D 点接到电源的高压端，而将 F 点接地。在这种接线中，被试品处于接地端，调节元件 R_3、C_4 处于高压端，电桥本体（图 5-8 虚线框内）的全部元件对机壳必须具有高绝缘强度，调节手柄的绝缘强度更应能保证人身安全，国产便携式 QS1 型电桥的接线即属这种方式。

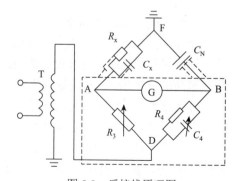

图 5-8　反接线原理图

5.3.3　影响电桥准确度的因素

1. 高压电源对桥体杂散电容的影响

由图 5-9 可见，高压引线 HF 段对被试品低压电极、A 处线段和 Z_3 臂元件等的杂散电容 C_1' 等于并接在试品的两端；高压引线 HF 段对标准电容低压电极、B 处线段和 Z_4 臂元件等的杂散

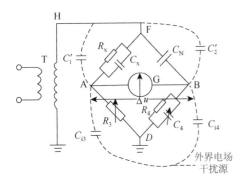

图 5-9　外界电源引起的电场干扰

电容 C'_2 等于并接在标准电容器 C_N 的两端。由于标准电容器的电容一般仅 50～100pF，被试品电容一般也仅几十到几千皮法，都很小，这些杂散电容的存在就可能使测量结果有较大的误差。

如高压引线上出现电晕，则还有电晕漏导与上述杂散电容 C'_1 或 C'_2 并联。

至于桥体部分（AB 线段）对地杂散电容的影响，是很小的，可以忽略不计。因为这些杂散电容是等值地并联在桥臂 Z_3 和 Z_4 上的，而 Z_3 或 Z_4 的值是远小于杂散电容的阻抗值的。

2. 外界电场干扰

外界高压带电体（这在现场是常有的，而且其相位可能与本试验电源的相位相差很大）通过杂散电容（图 5-9 中以 C_{i3} 和 C_{i4} 来代表）耦合到桥体，带来干扰电流流入桥臂，造成测量误差。

3. 外界磁场干扰

当电桥处在交变磁场中（这在现场也是常遇的）时，桥路内将感应出一干扰电动势（图 5-9 中以 Δu 表示），显然也会造成测量误差。

为消除上述三种误差，最简单而有效的办法是将电桥的低压部分（最好能包括被试品和标准电容器的低压电极在内）全部用接地的金属网屏蔽起来，这样就能基本上消除上述三种误差。

5.3.4　测试时应注意的事项

1. 尽可能分部测试

一般测得的 $\tan\delta$ 值是被测绝缘各部分 $\tan\delta$ 的平均值。全部被测绝缘体可看成是各部分绝缘体的并联。由此可见，在大的绝缘体中存在局部缺陷时，测总体的 $\tan\delta$ 是不易反映出这些局部缺陷的；而对较小的绝缘体，测 $\tan\delta$ 值就容易发现绝缘的局部缺陷。因此，如被试品能分部测试，则最好分部测试。例如将末屏有小套管引出的电容型套管与变压器本体分开来测试。有些电气设备可以有多种组合的试验接线，则可按不同组合的接线分别进行测试。例如三绕组变压器本体就有下列七种组合的试验接线（以 L、M、H 分别代表低压、中压、高压绕组；以 E 代表地，即铁芯和铁壳）：L/(M + H + E)、M/(L + H + E)、H/(L + M + E)、(L + M)/(H + E)、(L + H)/(M + E)、(M + H)/(L + E)、(L + M + H)/E。常规测试，一般只做前三项，但若测试结果有明显异常时，则可对全部项目进行测试，通过计算，可分辨出缺陷的确切部位。

2. tan δ 与温度的关系

一般情况，大多数绝缘的 $\tan\delta$ 值是随温度上升而增大的（少数极性绝缘材料例外）。在 20～80℃，大多数绝缘的 $\tan\delta$ 值与温度的关系接近按指数规律变化，近似地可以用下式来表示：

$$\tan\delta_2 = \tan\delta_1 \mathrm{e}^{[\beta(\theta_1-\theta_2)]} \tag{5-10}$$

式中：$\tan\delta_1$、$\tan\delta_2$ 分别为对应于温度为 θ_1 和 θ_2 的 $\tan\delta$ 值；β 为系数，与绝缘的性质、结构和所处状态等因素有关。

现场试验时，设备温度是变化的，为便于比较，应将不同温度下测得的 $\tan\delta$ 值换算至 20℃ 的值。

一般说来，对各种试品在不同温度下的 $\tan\delta$ 值也不可能通过通用的换算式获得准确的换算结果。故应争取在差不多的温度下测量 $\tan\delta$ 值，并以此作相互比较。通常都以 20℃ 时的作为标准（绝缘油除外）。尽量在 20℃ 进行试验，试品温度一般要求在 10～30℃ 进行测量。

3. tan δ 与试验电压的关系

一般说来，新的、良好的绝缘，在其额定电压范围内，绝缘的 $\tan\delta$ 值是几乎不变的（仅在接近其额定电压时 $\tan\delta$ 值可能略有增加），且当电压上升或下降时测得的 $\tan\delta$ 值是接近一致的，$\tan\delta\text{-}U$ 曲线不会出现回环。如绝缘中存在气泡、分层、脱壳等，情况就不同了。如图 5-10 所示，当所加实验电压足以使绝缘中的气泡或气隙放电，或者电晕、局部放电发生时，$\tan\delta$ 的值将随试验电压 U_0 的升高而迅速增大，且当试验电压下降时，$\tan\delta\text{-}U$ 曲线会出现回环。

所以，测定 $\tan\delta$ 时所加的电压，原则上最好接近被试品的正常工作电压，但实际上，常难以达到。除少数研究性单位和大厂外，一般测试时多用 10 kV 级。

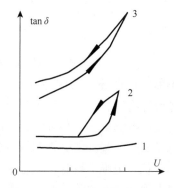

图 5-10　$\tan\delta$ 与试验电压的典型关系曲线
1—良好绝缘；2—绝缘中存在气隙；3—受潮绝缘

4. 护环和屏蔽的影响

试验时被试品的表面应当干燥、清洁，尽量远离干扰源，在无法远离干扰源时，应加设屏蔽。护环和屏蔽的布置是否正确对测试结果有很大的影响。安装屏蔽环是为了消除表面泄漏的影响；安装屏蔽罩是为了消除试验电源和外界干扰源对被试品外壳的杂散电容和电晕漏导产生的影响。

另外，无论采用何种接线方式，电桥本体必须良好接地。反接线时，三根引线均处于高压，必须悬空，与周围接地体应保持足够的绝缘距离。此时，标准电容器外壳带高电压，也不应有接地的物体与外壳相碰。

在进行变压器、电压互感器等绕组的 $\tan\delta$ 值和电容值的测量时，应将被试设备所有绕组（包括被测绕组和非被测绕组）的首尾短接起来，否则，就可能产生很大的误差。造成这种误差的原因主要是测试电流流经绕组时会产生励磁功耗。

5.3.5　测量结果的分析判断

介质损耗角正切 $\tan\delta$ 的测量是判断绝缘状况的一种比较灵敏和有效的方法，在电气设备制造、绝缘材料的鉴定及电气设备的绝缘试验等方面得到了广泛的应用，特别对受潮、老化、穿透性导电通道、绝缘内含气泡的电离、绝缘油脏污、劣化等分布性缺陷比较有效，对小体积设备比较灵敏，因而 $\tan\delta$ 的测量是绝缘试验中一个较为重要的项目。

如果绝缘内的缺陷不是分布性而是集中性的，用测 $\tan\delta$ 值来反映绝缘的状况就不很灵敏，被试绝缘的体积越大，越不灵敏，因为此时测得的 $\tan\delta$ 反映的是整体绝缘的损耗情况，而带有集中性缺陷的绝缘是不均匀的，可以看成是由两部分介质并联组成的绝缘，其整体的介质损耗为这两部分损耗之和，即

$$P = P_1 + P_2 \tag{5-11}$$

或

$$U^2\omega C\tan\delta = U^2\omega C_1\tan\delta_1 + U^2\omega C_2\tan\delta_2 \tag{5-12}$$

式（5-12）可改写为

$$\tan\delta = \frac{C_1\tan\delta_1 + C_2\tan\delta_2}{C} \tag{5-13}$$

且

$$C = C_1 + C_2 \tag{5-14}$$

若整体绝缘中体积为 V_2 的一小部分绝缘有缺陷，而大部分良好的绝缘的体积为 V_1，即 $V_2 \ll V_1$，则得 $C_2 \ll C_1$，$C \approx C_1$，于是

$$\tan\delta = \tan\delta_1 + \frac{C_2\tan\delta_2}{C_1} \tag{5-15}$$

由于式（5-15）中的系数 C_2/C_1 很小，所以当第二部分的绝缘出现缺陷，$\tan\delta$ 增大时，并不能使总的 $\tan\delta$ 值明显增大。只有当绝缘有缺陷部分所占的体积较大时，在整体的 $\tan\delta$ 中才会有明显的反应。例如在一台 110 kV 大型变压器上测得总的 $\tan\delta$ 为 0.4%，是合格的，但把变压器套管分开单独测得 $\tan\delta$ 达 3.4%就不合格。所以当变压器等大设备的绝缘由几部分组成时，最好能分别测量各部分的 $\tan\delta$ 值，以便发现绝缘的缺陷。

电机、电缆等设备，运行中的故障多为集中性缺陷发展造成的，用测量 $\tan\delta$ 的方法不易发现绝缘的缺陷，故对运行中的电机、电缆等设备进行预防性试验时，不测 $\tan\delta$ 值。而对套管绝缘，因其体积小，$\tan\delta$ 测量是一项必不可少且较为有效的试验。当固体绝缘中含有气隙时，随着电压升高，气隙中将产生局部放电，使 $\tan\delta$ 急剧增大，因此在不同电压下的 $\tan\delta$ 值，不仅可判断绝缘内部是否存在气隙，而且还可以测出局部放电的起始电压 U_0，显然 U_0 的值不应低于电气设备的工作电压。

在用 $\tan\delta$ 值判断绝缘状况时，除应与有关标准规定值进行比较外，同样必须与该设备历年的 $\tan\delta$ 值相比较以及与处于同样运行条件下的同类型其他设备相比较。即使 $\tan\delta$ 值未超过标准，但与过去比较或与同样运行条件下的同类型其他设备相比，$\tan\delta$ 值有明

显增大时，必须要进行处理，以免在运行中发生事故。

5.4　局部放电的测量

高压设备绝缘内部不可避免地存在着一些气泡、空隙、杂质和污秽等缺陷。这些缺陷有些是在制造过程中未除去的，有些是在运行过程中由于绝缘介质的老化、分解而产生的。在运行中这些缺陷会逐渐发展。在强电场作用下，当这些气隙、气泡或局部固体绝缘表面上的场强达到一定数值时，有缺陷处就可能产生局部放电。

局部放电并不会立即形成贯穿性的通道，而是仅仅分散地发生在极微小的局部空间内，在当时它几乎并不影响整个介质的击穿电压。但是，局部放电所产生的电子、离子在电场作用下运动，撞击气隙表面的绝缘材料，会使电介质逐渐分解、破坏。放电产生的导电性和活性气体会氧化、腐蚀介质。同时，局部放电使该处的局部电场畸变加剧，进一步加剧了局部放电的强度。局部放电处也可能产生局部的高温，使绝缘产生不可恢复的损伤（脆化、炭化等），这些损伤在长期的运行中继续不断扩大，加速了介质的老化和破坏，发展到一定程度时，有可能导致整个绝缘在工作电压下发生击穿或沿面闪络。测定绝缘在不同电压下局部放电强度的规律能显示绝缘的情况，它是一种判断绝缘在长期运行中性能好坏的较好的方法。

5.4.1　测量原理

图 5-11 是局部放电的原理图。图中 C_0 为气泡的电容，C_1 为与气泡串联的绝缘部分的电容，C_2 为完好绝缘部分的电容。当绝缘介质中有气泡时，由于气体的介电常数比固体介质的介电常数小，气泡中的电场强度比固体介质中的电场强度大，而气体的绝缘强度又比固体介质的绝缘强度低，故当外加电压达一定值时，气泡中首先开始放电。

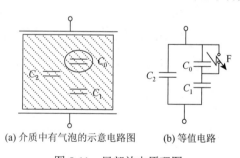

(a) 介质中有气泡的示意电路图　　　(b) 等值电路

图 5-11　局部放电原理图

当电源电压瞬时值上升到某一数值 U 时，间隙 F 上的电压为 $U_g = C_1U/(C_1 + C_2)$，假定这时恰好能引起间隙 F 放电。放电时，放电产生的空间电荷建立反电场，使 C_0 上的电压急剧下降到剩余电压 U_r 时，放电就此熄灭，气隙恢复绝缘性能。由于外加电压 U 还在上升，使气隙上的电压又随之充电达到气隙的击穿电压 U_g 时，气隙又开始第二次放电，此时的电压、电流波形如图 5-12 所示。

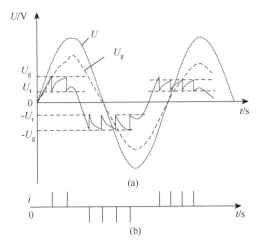

图 5-12　气隙放电电压、电流波形图

这样，由于充放电使局部放电重复进行，就在电路中产生脉冲电流。C_0 放电时，其放电电荷量为

$$q_s = \left(C_0 + \frac{C_1 C_2}{C_1 + C_2}\right)(U_g + U_r) \approx (C_1 + C_2) \times (U_g + U_r) \tag{5-16}$$

式中：q_s 为真实放电量，但因 C_0、C_1 等实际上无法测定，因此 q_s 也无法测得。

由于气隙放电引起的电压变动（$U_g - U_r$）将按反比分配在 C_1、C_2 上（从气隙两端看，C_1、C_2 是串联的），故在 C_2 上的电压变动 ΔU 应为

$$\Delta U = \frac{C_1}{C_1 + C_2}(U_g - U_r) \tag{5-17}$$

这就是说，当气隙放电时，试品两端电压也突然下降 ΔU，相应于试品放掉电荷

$$q = (C_1 + C_2)\Delta U = C_1(U_g - U_r) \tag{5-18}$$

式中：q 为视在放电量。

q 虽然可以由电源加以补充，但必须通过电源侧的阻抗，因此，ΔU 及 q 值是可以测量到的。通常将 q 作为度量局部放电强度的参数。比较式（5-17）及式（5-18）可得

$$q = \frac{C_1}{C_0 + C_1}q_s \tag{5-19}$$

即视在放电量比真实放电量小得多。

5.4.2　测量回路

当电气设备绝缘内部发生局部放电时，将伴随着出现许多现象，有些属于电现象，如电脉冲、介质损耗的增大和电磁波辐射等；有些属于非电的现象，如光、热、噪声、气体上产生压力的变化和化学变化等。可以利用这些现象来判断和检测是否存在局部放电。因此，检测局部放电的方法也可以分为电和非电两类。但在大多数情况下，非电的测试方法

都不够灵敏，多半属于定性的，即只能判断是否存在局部放电，而不能借以进行定量的分析，而且有些非电的测试必须打开设备才能进行，很不方便。目前得到广泛应用而且比较成功的方法是电的方法，即测量绝缘中的气隙发生放电时的电脉冲，它是将被试品两端的电压突变转化为检测回路中的脉冲电流，利用它不仅可以判断局部有无放电，还可测定放电的强弱。

前面已经指出，当试品中的气隙放电时，相当于试品失去电荷（视在放电量）q，并使其端电压突然下降 ΔU，这个一般只有把微伏级的电压脉冲叠加在数量级为千伏的外施电压上才能实现。局部放电测试设备的工作原理就是把这种电压脉冲检测反映出来。图 5-13 是目前国际上推荐的三种测量局部放电的基本回路。

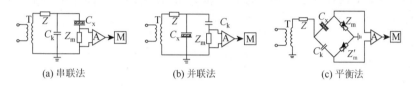

(a) 串联法　　　　　　　　(b) 并联法　　　　　　　　(c) 平衡法

图 5-13　测量局部放电的基本回路

C_k—耦合电容；Z_m、Z_m'—测量阻抗；T—变压器；A—放大器；M—测量仪器；Z—接在电源和测量回路间的低通滤波器

图 5-13（a）和（b）电路的目的都是要把一定电压作用下被试品 C_x 中由于局部放电产生的脉冲电流作用到检测用的阻抗 Z_m 上，然后将 Z_m 上的电压经放大器 A 放大后送到测量仪器 M 中去，根据 Z_m 上的电压，可推算出局部放电视在放电量 q。

为了达到上述目的，首先想到的是将测量阻抗直接串联在被试品 C_x 低压端与地之间，如图 5-13（a）所示的串联测量回路。因为变压器绕组对高频脉冲具有很大的感抗，阻塞高频脉冲电流的流通，所以必须另加耦合电容器 C_k 形成低阻抗的通道。

为了防止电源噪声流入测量回路以及被试品局部放电脉冲电流流到电源去，需要在电源与测量回路间接入一个低通滤波器 Z，它可以让工频电压作用到被试品上，但阻止被测的高频脉冲或电源的高频成分通过。

测量时，图 5-13（a）的串联测量电路中，被试品的低压端必须与地绝缘，故不适用于现场试验。为此，可将图 5-13（a）中的 C_x 与 C_k 的位置相互对调，组成图 5-13（b）所示的并联测量电路，Z_m 与被试品 C_x 并联。不难看出，两者对高频脉冲电流的回路是相同的，都是串联地流经 C_x、C_k 与 Z_m 三个元件，在理论上两者的灵敏度也是相等的，但并联测试电路可适用于被试品一端接地的情况，在实际测量中使用较多。

直接法测量的缺点是抗干扰性能较差。为了提高抗外来干扰的能力，可以采用图 5-13（c）所示的桥式测量回路（又称平衡测量回路，简称平衡法）。被试品 C_x 及耦合电容器 C_k 的低压端与地之间，测量仪器测量 Z_m 和 Z_m' 上的电压差。因为电源及外部干扰在 Z_m 及 Z_m' 上产生的信号基本上可以互相抵消，故此回路抗外部干扰的性能良好。

所有上述回路，都希望阻抗 Z 及耦合电容器 C_k 本身在试验电压下不发生局部放电，一般情况下，希望电容 C_k 的值不小于 C_x，以增加上的信号，同时 Z_m 的值应小于 Z，使得在局部放电时，C_k 与 C_x 之间能较快地转换电荷，但从电源重新充电的过程则较缓慢。上述两个过程，使 Z_m 上出现电压脉冲，经放大后，用适当的仪器（示波器、脉冲电压表、脉冲计数器）进行测量。为了知道测量仪器上显示的信号在一定的测量灵敏度下代表多大的放电量，必须对测量装置进行校准（常用方波定量法校准）。

局部放电的另一种测量方法是测 $\tan\delta$ 的方法，测量出 $\tan\delta=f(u)$ 的曲线，曲线开始上升的电压 U_0 即为局部放电起始电压，但与上述测量放电脉冲法相比较，测 $\tan\delta$ 的灵敏度较低，特别是对变电设备来说，由于测 $\tan\delta$ 的 QS1 型电桥的额定电压远低于设备的工作电压，故测量 $\tan\delta$ 通常难以反映绝缘内部在工作电压下的局部放电缺陷。

用局部放电试验测量套管、电机、变压器、电缆等绝缘的裂缝、气泡等内在的局部缺陷（特别是在程度较轻时）是一个比较有效的方法。经过多年来的研究改进，此项试验方法已逐渐趋于成熟，很多制造厂和运行厂已将测试局部放电列入试验的项目，并取得了较为显著的成效。

5.4.3　注意事项

测量局部放电时，除了一些高压试验的注意事项外，还必须注意以下几点。

（1）试验前，被试品的绝缘表面应当清洁干燥，大型油浸式试品移动后需停放一定时间，试验时试样的温度应处于环境温度。

（2）测量时应尽量避免外界的干扰源，有条件时最好用独立电源。试验最好在屏蔽室内进行。

（3）高压试验变压器、检测回路和测量仪器三者的地线需连成一体，并应单独用一根地线，以保证试验安全和减少干扰。高压引线应注意接触可靠和静电屏蔽，并远离测量线和地线，以避免使假信号引入仪器。

（4）仪器的输入单元应接近被试品，与被试品相连的线越短越好，试验回路应尽可能紧凑，被试品周围的物体应良好接地。

5.5　绝缘油中溶解气体分析

绝缘油中溶解的气体主要是空气，即 N_2（约占 71%）和 O_2（约占 28%）。浸绝缘油的电气设备在高压试验和在平时正常运行过程中，绝缘油和有机绝缘材料会逐渐老化，绝缘油中也就可能溶解微量或少量的 H_2、CO、CO_2 或烃类气体，但其量一般不会超过某些经验参考值（随不同的设备而异）。而当电器中存在局部过热、局部放电或某些内部故障时，绝缘油或固体绝缘材料会发生裂解，产生大量的各种烃类气体和 H_2、CO、CO_2 等气体，绝缘油中也就会溶解较多量的这类气体，一般把这类气体称为故障特征气体。

不同的绝缘物质，不同性质的故障，分解产生的气体成分是不同的。因此，分析绝缘油中溶解气体的成分、含量及其随时间而增长的规律，就可以鉴别故障的性质、程度及其发展情况。这对于测定缓慢发展的潜伏性故障是很有效的，而且可以不停电进行。国家标准《变压器油中溶解气体分析和判断导则》（GB/T 7252—2001）已将其列入，适用于变压器、电抗器、电流互感器、电压互感器、充油套管、充油电缆等。

具体步骤为：先将油中溶解的气体脱出，再送入气相色谱仪，对不同气体进行分离和定量。据此，可按下述三步来初步判断有绝缘无故障。

5.5.1　特征气体的组分分析

油和固体绝缘材料在电或热的作用下分解产生的各种气体中，对判断故障有价值的气体有甲烷（CH_4）、乙烷（C_2H_6）、乙烯（C_2H_4）、乙炔（C_2H_2）、氢（H_2）、一氧化碳（CO）、二氧化碳（CO_2）。正常运行老化过程产生的气体主要是 CO 和 CO_2。油纸绝缘中存在局部放电时，油裂解产生的气体主要是 H_2 和 CH_4；在故障温度高于正常运行温度不多时，产生的气体主要是 CH_4；随着故障温度的升高，CH_4 和 C_2H_6 逐渐成为主要特征；当温度高于 1000℃时，例如在电弧温度的作用下，油裂解产生的气体中则含有较多的 C_2H_2；当故障涉及固体绝缘材料时，会产生较多的 CO 和 CO_2。不同故障类型产生的特征气体组分见表 5-2。

表 5-2　不同故障类型产生的气体

故障类型	主要的气体成分	次要的气体成分
油过热	CH_4、C_2H_4	H_2、C_2H_6
油及纸过热	CH_4、C_2H_4、CO、CO_2	H_2、C_2H_6
油纸中局部放电	H_2、CH_4、C_2H_2、CO	C_2H_6、CO_2
油中火花放电	C_2H_2、H_2	—
油中电弧	H_2、C_2H_2	CH_4、C_2H_4、C_2H_6
油纸中电弧	H_2、C_2H_2、CO、CO_2	CH_4、C_2H_4、C_2H_6
受潮或油有气泡	H_2	—

出厂和新投运的设备，油中不应含有 C_2H_2，其他各组分也应该很低。

有时设备内并不存在故障，但由于其他原因，在油中也会出现上述气体，要注意这些可能引起误判断的气体来源。例如：有载调压变压器中切换开关油室的油向变压器主油箱渗漏；油冷却系统附属设备（如潜油泵）故障产生的气体也可能进入电器本体的油中；设备曾经有过故障，而故障排除后绝缘油未经彻底脱气，部分残余气体仍留在油中等。

5.5.2　特征气体的含量分析

《电力设备预防性试验规程》（DL/T 596—1996）规定：运行中设备内部油中气体含量超过表 5-3 所列数值时，应引起注意。

表 5-3　　油中溶解气体含量的注意值　　　　　　（单位：μL/L）

设备	气体组分	含量			
		>330 kV	<220 kV	>220 kV	<110 kV
变压器和电抗器	总烃	150	150	—	—
	C_2H_2	1	5	—	—
	H_2	150	150	—	—
电容式套管	CH_4	100	100	—	—
	C_2H_2	1	2	—	—
	H_2	500	500	—	—
电流互感器	总烃	—	—	100	100
	C_2H_2	—	—	1	2
	H_2	—	—	150	150
电压互感器	总烃	—	—	100	100
	C_2H_2	—	—	2	3
	H_2	—	—	150	150

值得注意的是，注意值不是划分设备故障的唯一标准。当气体浓度达到表中给出的注意值时，应进行追踪分析，查明原因。

另外，影响电流互感器和电容式套管油中氢气含量的因素较多，有的氢气含量虽低于表中数值，但若增加较快，也应引起注意；有的仅氢气含量超过表中数值，若无明显增加趋势，也可判断为正常。

当故障涉及固体绝缘时，会引起 CO 和 CO_2 含量的明显增长。但在考察这两种气体含量时更应注意结合具体电器的结构特点（如油保护方式）、运行温度、负荷情况、运行历史等情况加以综合分析。

发生突发性绝缘击穿事故时，油中溶解气体中的 CO、CO_2 含量不一定高，应结合气体继电器中的气体分析做判断。

5.5.3　特征气体含量随时间的增长率

应该说，仅根据油中特征气体含量的绝对值是很难对故障的严重性作出正确的判断，还必须考察故障的发展趋势，也就是故障点的产气速率。产气速率是与故障消耗能量大小、故障部位、故障点的温度等情况有关的。

产气速率有以下两种表达方式。

（1）绝对产气速率：即每运行日产生某种气体的平均值，按下式计算

$$\gamma_\alpha = \frac{C_{i2} - C_{i1}}{\Delta t} \times \frac{G}{\rho} \tag{5-20}$$

式中：γ_α 为绝对产气速率，mL/d；C_{i2} 为第二次取样测得油中某气体浓度，μL/L；C_{i1} 为第

一次取样测得油中某气体浓度，μL/L；Δt 为两次取样时间间隔中的实际运行时间，d；G 为本设备总油量，t；ρ 为油的密度，t/m^3。

变压器和电抗器绝对产气速率的注意值见表 5-4。

表 5-4　变压器和电抗器绝对产气速率的注意值　　　　　　　　单位：mL/d

气体组分	开放式	隔膜式	气体组分	开放式	隔膜式
总烃	6	12	CO	50	100
C_2H_2	0.1	0.2	CO_2	100	200
H_2	5	10			

注：当产气速率达到注意值时，应缩短检测周期，进行追踪分析。

（2）相对产气速率：即每运行一个月，某种气体含量增加原有值的百分数的平均值，按下式计算

$$\gamma_i = \frac{C_{i2} - C_{i1}}{C_{i1}} \times \frac{1}{\Delta t} \cdot 100 \qquad (5\text{-}21)$$

式中：γ_i 为相对产气速率，%/月；C_{i2} 为第二次取样测得油中某气体浓度，μ/L；C_{i1} 为第一次取样测得油中某气体浓度，μ/L；Δt 为两次取样时间间隔中的实际运行时间，月。

相对产气速率也可以用来判断充油电气设备内部状况。总烃的相对产气速率大于 10% 时，应引起注意，但对总烃起始含量很低的设备不宜采用此判据。

需要指出的是，有的设备其油中某些特征气体的含量，若在短期内就有较大的增量，即使尚未达到表 5-3 所列数值，也可判为内部有异常状况；有的设备因某种原因使气体含量基值较高，超过表 5-3 的注意值，但增长速率低于表 5-4 中产气速率的注意值，则仍可认为是正常的。

通过上述三步，可以说，对设备中是否存在故障作初步判断。若判断结果认定设备中存在故障，则下一步就要设法对故障的性质（类型）进行判断。

《电力设备预防性试验规程》（DL/T 596—1996）推荐采用三比值法（五种特征气体含量的三对比值）作为判断变压器或电抗器等充油电气设备故障性质的主要方法。取 H_2、CH_4、C_2H_2，C_2H_4 及 C_2H_6 这五种气体含量，分别计算出 C_2H_2/C_2H_4、CH_4/H_2、C_2H/C_2H_6 这三对比值，再将这三对比值按表 5-5 所列规则进行编码，再按表 5-6 所列规则来判断故障的性质。

表 5-5　三比值法的编码规则

气体比值范围	比值范围的编码		
	C_2H_2/C_2H_4	CH_4/H_2	C_2H_4/C_2H_6
<0.1	0	1	0
≥0.1～<1	1	0	0
≥1～<3	1	2	1
≥3	2	2	2

表 5-6　用三比值法判断故障类型

编码组合			故障类型判断	故障实例（参考）
C_2H_2/C_2H_4	CH_4/H_2	C_2H_4/C_2H_6		
	0	1	低温过热（低于 150℃）	绝缘导线过热，注意 CO 和 CO_2 含量和 CO_2/CO 值
0	2	0	低温过热（150～300℃）	分接开关接触不良，引线夹件螺丝松动或接头焊接不良，涡流引起铜过热，铁芯漏磁，局部短路，层间绝缘不良，铁芯多点接地等
	2	1	中温过热（300～700℃）	
	0，1，2	2	高温过热（高于 700℃）	
	1	0	局部放电	高湿度，高含气量引起油中低能量密度的局部放电
1	0，1	0，1，2	低能放电	引线对电位未固定的部件之间连续火花放电，分接抽头引线和油隙闪络，不同电位之间的油中火花放电或悬浮电位之间的火花放电
	2	0，1，2	低能放电兼过热	
	0，1	0，1，2	电弧放电	
2	2	0，1，2	电弧放电兼过热	线圈匝间、层间短路、相间闪络、分接头引线间油隙闪络、引线对箱壳放电、线圈熔断、分接开关飞弧、因环路电流引起电弧、引线对其他接地体放电等

　　实践证明，用油中溶解气体分析法来检测充油电气设备内部的故障，是一种有效的方法，而且可以带电进行。但是由于设备的结构、绝缘材料、保护绝缘油的方式和运行条件等差别，迄今尚未能制定出统一的严密的标准，如发现有问题，一般还需缩短测量的时间间隔，跟踪并多做几次试验，再与过去气体分析的历史数据、运行记录、制造厂提供的资料及其他电气试验结果相对照比较，综合分析后，才能作出正确的判断。

习　　题

　　1. 绝缘预防性试验的目的是什么？它分为哪两大类？

　　2. 用兆欧表测量大容量试品的绝缘电阻时，为什么随加压时间的增加兆欧表的读数由小逐渐增大并趋于一稳定值？兆欧表的屏蔽端子有何作用？

　　3. 何谓吸收比？绝缘干燥时和受潮后的吸收现象有何特点？为什么可以通过测量吸收比来发现绝缘的受潮？

　　4. 给出被试品一端接地时测量直流泄漏电流的接线图？说明各元件的名称和作用。

　　5. 用 QS1 型电桥测量 $\tan\delta$ 时有几种接线方式？各适用于何种场合？

　　6. 交流电压作用下的电介质损耗主要包括哪几部分，怎么引起的？

　　7. 简述局部放电测试的原理和方法。

　　8. 为什么能通过油中溶解气体分析来检测和判断变压器内部故障？

第6章

电气设备绝缘耐压试验

6.1 工频耐压试验

工频耐压试验是评估电气设备绝缘强度最有效和最直接的方法。它可用来确定电气设备绝缘的耐受水平，能够有效地发现导致绝缘耐电强度降低的各种缺陷，是避免在运行中发生绝缘事故的重要手段。

工频耐压试验时，对电气设备绝缘所加试验电压比工作电压高得多，为避免试验时损坏设备，工频耐压试验必须在一系列非破坏性试验之后再进行，只有经过非破坏性试验合格后，才允许进行工频耐压试验。工频耐压试验比较简单、可靠，因此，在电气产品的出厂、交接和绝缘预防性试验中都需要进行工频耐压试验。

我国有关国家标准及我国原电力工业部颁发的《电力设备预防性试验规程》(DL/T 596—1996) 对各类电气设备的耐压值都作了具体的规定。进行工频交流耐压试验时，在绝缘上施加工频试验电压后，要求持续 1 min，既保证全面观察被试品的情况，使设备隐藏的绝缘缺陷来得及暴露出来，同时也避免引起不应有的绝缘损伤，使本来合格的绝缘发生热击穿。

6.1.1 工频耐压试验接线

对电气设备进行工频耐压试验时，常利用工频高压试验变压器来获得工频高压，其接线如图 6-1 所示。

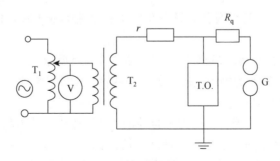

图 6-1　工频耐压试验接线图

图 6-1 中：T_1 为调压器，用来调节试验变压器的输入电压；T_2 为试验变压器，用来升

高电压；T.O.为被试品；R_q是工频试验变压器的保护电阻，用来限制被试品突然击穿时试验变压器上产生的过电压，并限制流过试验变压器的短路电流，一般取 0.1～1 Ω/V；r 为球隙保护电阻，用来限制球隙击穿时流过球隙的短路电流，以保护球隙不被灼伤，其数值不应太大或太小，阻值太小，短路电流过大，起不到应有的保护作用，阻值太大，会在正常工作时由于负载电流而有较大的电压降和功率损耗，从而影响到加在被试品上的电压值。一般 r 的数值可按将回路放电电流限制到工频试验变压器额定电流的 1～4 倍来选择，通常取 0.1 Ω/V。球隙保护电阻 r 应有足够的热容量和足够的长度，以保证当被试品击穿时，不会发生沿面闪络。

6.1.2 工频高压试验变压器

产生工频高压最主要的设备是工频高压试验变压器，它是高压试验的基本设备之一。工频高压试验变压器的工作原理与电力变压器相同，但由于用途不同，工频高压试验变压器又具有以下一些特点。

1. 工频高压试验变压器的特点

（1）工作电压高。工频高压试验变压器的工作电压很高，一般都做成单相的，其高压绕组的额定电压不低于被试品的试验电压值。由于其工作电压高，对绕组绝缘需要特别考虑。为减轻绝缘的负担，应使绕组中的电位分布尽量保持均匀，这就要适当固定某些点的电位，以免在试验中因被试品绝缘损坏发生放电所引起的过渡过程使电位分布偏离正常情况太多，导致其绝缘损坏。当试验变压器的电压过高时，试验变压器的体积很大，出线套管也较复杂，给制造工艺带来很大的困难。故单相试验变压器的额定电压一般只做到750 kV，更高电压时可采用串级获得。三相的工频高压试验变压器用得很少，必要时可用三个单相试验变压器组合成三相。

（2）绝缘裕度小。工频高压试验变压器工作时，不会遭受大气过电压或电力系统内部过电压的作用，因此其绝缘裕度小，在使用时应该严格控制其最大工作电压不超过额定值。

（3）连续运行时间短。工频试验变压器在使用时间上也有限制，通常均为间歇工作方式，发热较轻，不需要复杂的冷却系统，但因为其绝缘裕度小，散热条件差，所以一般不允许在额定电压下长时间连续使用，只有在电压和电流远低于额定值时才允许长期连续使用。

（4）漏抗较大。由于工频试验变压器工作电压高，且要求能在很大的范围内调节，因此变比较大，需要采用较厚的绝缘及较宽的间隙距离，其漏磁通较大，短路电抗值也较大，试验时允许通过短时的短路电流。

（5）容量小。被试品的绝缘一般为电容性的，在试验中，被试品放电或击穿前，试验变压器只需要为被试品提供电容电流和泄漏电流；如果试品被击穿，开关立即切断电源，不会出现长时间的短路电流。因此，工频试验变压器的额定容量应满足被试品击穿（或闪络）前的电容电流和泄漏电流的需要，在被试品击穿或闪络后能短时地维持电弧。试验变压器的容量一般是不大的，一般情况下，由于其负载大都是电容性的，根据电容电流的要

求，工频高压试验变压器的容量可按被试品的电容来确定，即

$$S \geqslant 2\pi f C_x U^2 \times 10^{-3} \quad (\text{kVA}) \tag{6-1}$$

式中：U 为被试品的试验电压，kV；C_X 为被试品的电容，μF；f 为电源的频率，一般取 50 Hz；S 为工频高压试验变压器的容量，kVA。

工频高压试验变压器的高压侧额定电流为 0.1～1A，电压在 250 kV 及以上时，一般为 1A，对于大多数试品，可以满足试验要求。

由于工频高压试验变压器的容量小、工作时间短，它不需要像电力变压器那样装设散热管及其他附加散热装置。

工频高压试验变压器大多数为油浸式，有金属壳及绝缘壳两类。金属壳变压器又可分为单套管和双套管两类。单套管变压器的高压绕组一端外壳接地，另一端（高压端）经高压套管引出，如果采用绝缘外壳，就不需要套管了；双套管变压器的高压绕组的中点通常与外壳相连，两端经两个套管引出，这样，每个套管所承受的电压只有额定电压的一半，从而可以减小套管的尺寸和质量，当使用这种形式的试验变压器时，若高压绕组的一端接地，则外壳应当按额定电压的一半对地绝缘起来。

国产的工频试验变压器的容量如下：对于额定电压为 50 kV 时，容量为 5 kVA，即高压绕组的额定电流为 0.1 A；对于额定电压为 100 kV 时，容量为 10 kVA 或 25 kVA，即高压绕组的额定电流为 0.1 A 或 0.25 A；对额定电压为 150 kV，容量为 25 kVA 或 100 kVA，即高压绕组的额定电流为 0.167 A 或 0.67 A；对额定电压为 250～2250 kV 的工频试验变压器，高压绕组的额定电流均取 1 A。

2. 串接式工频试验变压器

如前所述，当单台工频试验变压器的额定电压提高时，其体积和质量将迅速增加，不仅在绝缘结构的制造上带来困难，而且费用也大幅度增加，还给运输上增加了困难，因此，对于需要 500～750 kV 及以上的工频试验变压器时，常将 2～3 台较低电压的工频试验变压器串接起来使用。这在经济上、技术上和运输方面都有很大的优势，使用上也较灵活，还可将三台接成三相使用，当有一台试验变压器发生故障时，也便于检修，故串接装置目前应用较广。

图 6-2 是常用的三台试验变压器串接的原理接线图。由图中可看到，三台工频试验变压器的高压绕组互相串联，后一级工频试验变压器的电源由前一级工频试验变压器高压端的激磁绕组供给。因此，工频试验变压器 T_2 的铁芯和外壳的对地电位应与工频试验变压器 T_1 高压绕组的额定电压 U 相等，所以它必须用绝缘支架或支柱绝缘子支撑起来，绝缘支架或支柱绝缘子应能耐受电压 U。同理，工频试验变压器 T_3 的铁芯和外壳的对地电压为 $2U$，它也必须用耐受电压为 $2U$ 的绝缘支架或支柱绝缘子支撑起来。三台工频试验变压器高压绕组串接后的输出电压为 $3U$。

串接的工频试验变压器装置中，各工频试验变压器高压绕组的容量是相同的，设为 S，但各低压绕组和激磁绕组的容量并不相等，若忽略其损耗，则工频试验变压器 T_1 低压绕组的容量也为 S。工频试验变压器 T_2 的输出容量分为两部分，一部分由高压绕组供给负载，容量为 S，另一部分由激磁绕组供给工频试验变压器 T_3 低压绕组，其容量也为 S，因此，

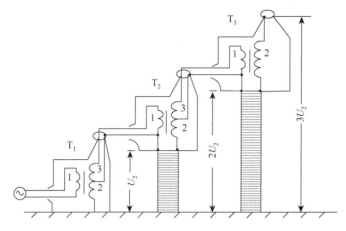

图 6-2 三台试验变压器串接的原理接线图

工频试验变压器 T_2 的容量为 $2S$。同理可推算出，工频试验变压器 T_1 的输出容量 S_{sh} 为 $3S$。所以，三台串接的工频试验变压器装置中，每台工频试验变压器的容量是不相同的，三台试验变压器的容量之比为 $3:2:1$。三台工频试验变压器串接，其输出容量 $S_{sh}=3S$，如果串接的台数为 n，则总的输出容量为 nS，而总的装置容量为

$$S_z = S + 2S + 3S + \cdots + nS = S(1 + 2 + 3 + \cdots + n) = n(n+1)S/2 \tag{6-2}$$

这样，n 级串接装置容量的利用系数为

$$\eta = \frac{S_{sh}}{S_{zh}} = \frac{nS}{\dfrac{n(n+1)S}{2}} = \frac{2}{n+1} \tag{6-3}$$

由以上分析可见，随着工频试验变压器串接台数的增加，其利用系数越来越小，而且串接装置的漏抗比较大。串接的台数越多，漏抗越大，加上工频试验变压器外壳对地电容的影响，每台工频试验变压器上的电压分布都不均匀，因此，串接试验变压器串接的台数不宜过多，一般不超过三台。

6.1.3 调压方式

通常试验时，被试品都是电容性负载，电压应从零开始逐渐升高。如果在工频试验变压器一次绕组上电压不是由零逐渐升压，而是突然加压，则由于励磁涌流，会在被试品上出现过电压；又如果在试验过程中突然将电源切断，这相当于切除空载变压器（小电容试品时），也将引起过电压，因此，必须通过调压器逐渐升压和降压。

1. 对工频试验变压器调压的基本要求

（1）电压可在零至最大值之间均匀地调节；
（2）不引起电源波形的畸变；
（3）调压器本身的阻抗小、损耗小，不会给试验设备带来较大的电压损失；
（4）调节方便、体积小、质量轻、价廉等。

2. 常用的调压方式

（1）用自耦调压器调压。自耦调压器是最常用的调压器，其特点为调压范围广、漏抗小、功率损耗小、波形畸变小、体积小、质量轻、结构简单、携带和使用方便等。当工频试验变压器的容量不大（单相不超过 10 kVA）时，它被普遍使用。由于它存在滑动触头，当工频试验变压器的容量较大时，自耦调压器滑动触头与线圈接触处的发热较严重，因此，这种调压方式只适用于小容量工频试验变压器中的调压。

（2）用移圈式调压器调压。用移圈式调压器调压不存在滑动触头及直接短路线匝的问题，功率损耗小，容量可做得很大，调压均匀。但移圈式调压器本身的感抗较大，使波形稍有畸变，且随移圈式调压器所处的位置而变。这种调压方式被广泛地应用在对波形的要求不是十分严格，额定电压为 100 kV 及以上的工频试验变压器上。

移圈式调压器的原理接线与结构示意图如图 6-3 所示。带补偿绕组和无补偿绕组的调压器的工作原理相同。通常主绕组 L_2 和辅助绕组 L_1 匝数相等而绕向相反，两绕组互相串联起来组成一次绕组。短路线圈 L_3 套在主绕组和辅助绕组的外面。通过短路线圈的上下移动就可以调节调压器的输出电压。

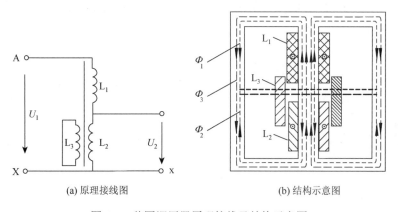

(a) 原理接线图　　　　　　　　　(b) 结构示意图

图 6-3　移圈调压器原理接线及结构示意图

当调压器的一次绕组 AX 端加上电源电压 U_1 后，若不存在短路线圈 L_3，则主绕组 L_2 和辅助绕组 L_1 上的电压各为 $U_1/2$。由于两绕组 L_2 和 L_1 的绕向相反，它们产生的主磁通 Φ_2 和 Φ_1 方向也相反，Φ_2 和 Φ_1 只能分别通过非导磁材料（干式调压器主要是空气，油浸式调压器则为油介质）自成闭合回路[图 6-3（b）]。由于短路线圈 L_3 的存在，铁芯中的磁通分布将发生相应的变化。当短路线圈 L_3 处在最下端，完全套住绕组 L_2 时，绕组 L_2 产生的磁通 Φ_2 几乎完全为短路线圈 L_3 感应产生的反磁通 Φ_3 所抵消，绕组 L_2 上的电压降接近于零，亦即输出电压 $U_2 \approx 0$。电源电压 U_1 几乎全部降落在绕组 L_1 上。当短路线圈 L_3 位于最上端时，情况正好相反。绕组 L_2 上的电压降几乎为零，电源电压 U_1 完全降落在绕组 L_1 上，输出电压 $U_1 \approx U_2$。而当短路线圈 L_3 由最下端连续而平稳地向上移动时，输出电压 U_2 即由零逐渐均匀地升高，这样就实现了调压。

移圈式调压器没有滑动触头，容量可做得较大。可从几十千伏安到几千千伏安，适用于大容量试验变压器的调压。移圈式调压器的主要缺点之一是短路阻抗较大，因而减小了工频高压试验下的短路容量。另外，移圈式调压器的主磁通要经过一段非导磁材料，磁阻很大，因此，空载电流很大，达额定电流的 1/4～1/3。

（3）用单相感应调压器调压。单相感应调压器的调压性能与移圈式调压器相似，对波形的畸变较小，但调压器本身的感抗较大，且价格较贵，故一般很少采用。

（4）用电动机-发电机组调压。采用这种调压方式不受电网电压质量的影响，可以得到很好的正弦电压波形和均匀的电压调节，如果采用直流电动机做原动机，则还可以调节试验电压的频率。但这种调压方式所需要的投资及运用费用都很大，运行和管理的技术水平也要求较高，故这种调压方式只适宜对试验要求很严格的大型试验基地。

6.1.4　串联谐振试验装置

在现场耐压试验中，当被试品的试验电压较高或电容较大，试验变压器的额定电压或容量不能满足要求时，可采用串联谐振试验装置进行试验。试验的原理接线图和等值电路图如图 6-4 所示，其中：1 为外加可调电感；T.O. 为被试品；R 代表整个试验回路损耗的等值电阻；L 为可调电感和电源设备漏感之和；C 为被试品电容；U 为试验变压器空载时高压端对地电压。

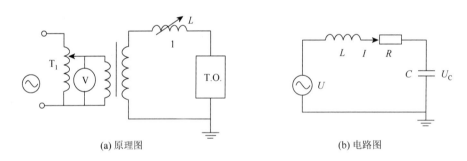

(a) 原理图   (b) 电路图

图 6-4　串联谐振试验线路原理图

当调节电感使回路发生谐振时，$X_L = X_C$，被试品上的电压 U_C 为

$$U_C = IX_C = \frac{U}{R} \cdot \frac{1}{\omega C} = \frac{U}{\omega CR} = QU \tag{6-4}$$

式中：Q 为谐振回路的品质因数，它是谐振时感抗（容抗）与回路电阻 R 的比，即 $Q = \omega L/R$。一般电抗器的品质因数为 10～40。

当谐振时 ωL 远大于 R，即 Q 值较大时，用较低的电压 U 便可在被试品两端获得较高的试验电压。谐振时高压回路流过相同的电流 I，而 $U = U_C/Q$，所以试验变压器的容量在理论上仅需被试品容量的 $1/Q$。

利用串联谐振电路进行工频耐压试验，不仅试验变压器的容量和额定电压可以降低，而且被试品击穿时，由于 L 的限流作用使回路中的电流很小，可避免试品被烧坏。此外，由于回路处于工频谐振状态，电源中的谐波成分在被试品两端大为减小，故被试品两端的电压波形较好。

6.1.5　工频高压的测量

在工频耐压试验中，试验电压的准确测量也是一个关键的环节。工频高压的测量应该既方便又能保证有足够的准确度，其幅值或有效值的测量误差应不大于 3%。

测量工频高压的方法很多，概括起来讲可以分为低压侧测量和高压侧测量。

1. 低压侧测量

低压侧测量的方法是在工频试验变压器的低压侧或测量线圈（一般工频试验变压器中设有仪表线圈或称测量线圈，它的匝数一般是高压线圈的 1/1000）的引出端接上相应量程的电压表，然后通过换算，确定高压侧的电压。在一些成套工频试验设备中，还常常把低压电压表的刻度直接用千伏表示，使用更方便。这种方法在较低电压等级的试验设备中，应用很普遍。由于这种方法只是按固定的匝数比来换算的，实际使用中会有较大的误差，一般在试验前应对高压与低压之比予以校验。有时也将此法与其他测量装置配合，用于辅助测量。

2. 高压侧测量

进行工频耐压试验时，被试品一般均属电容性负载，试验时的等值电路如图 6-5（a）所示。电路图中 R 为工频试验变压器的保护电阻的电阻值；X_S 表示试验变压器的漏抗；X_C 为被试品的电容。在对重要设备、特别是容量较大的设备进行工频耐压试验时，由于被试品的电容 X_C 较大，流过试验回路的电流为电容电流 I，I 在工频试验变压器的漏抗 X_L 上将产生一个与被试品上的电压 U_C 反方向的电压降落 IX_S，如图 6-5（b）所示，从而导致被试品上的电压比工频试验变压器高压侧的输出电压还高，此种现象称为容升现象，也称电容效应。由于电容效应的存在，必须直接在被试品的两端测量电压，否则将会产生很大的测量误差，也可能会人为地造成绝缘损伤。被试品的电容量及试验变压器的漏抗越大，电容效应越显著。

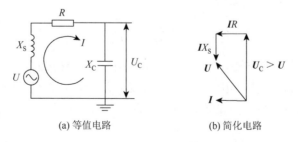

(a) 等值电路　　　　　　(b) 简化电路

图 6-5　工频试验变压器在耐压试验时的等值简化电路

在工频试验变压器高压侧直接测量工频高压的方法有以下几种。

1）用静电电压表测量工频电压的有效值

静电电压表是现场常用的高压测量仪表。测量时,将静电电压表并接于被试品的两端,即可直接读出加于被试品上的高电压值。静电电压表的工作原理图如图 6-6 所示。它由两个电极组成,固定电极 1 接至被测量的高压 U,可动电极 3 由悬丝支持、接地,并和屏蔽电极 2 连接在一起。屏蔽电极的作用是避免边缘效应和外电场的影响,使固定电极和可动电极间的电场均匀。被测量的电压 U 加在平板电极 1 和 3 之间,电极 2 中间有一个小窗口,放置可动电极 3,在电场力的作用下,电极 3 可绕其支点转动。若两电极间的电容量为 C,所加的电压为 U,则两电极间的电场能量 $W_C = 1/2CU^2$。在电场力的作用下,可动电极 3 绕支点转动的转矩为

$$M_1 = \frac{\mathrm{d}W_C}{\mathrm{d}\alpha} = \frac{\mathrm{d}}{\mathrm{d}\alpha}\left(\frac{CU^2}{2}\right) = \frac{U^2}{2}\frac{\mathrm{d}C}{\mathrm{d}\alpha} \tag{6-5}$$

式中:α 为偏转角;C 为可动电极 3 与固定电极 1 之间的电容;W_C 为电容 C 在外加电压为 U 时储藏的能量。

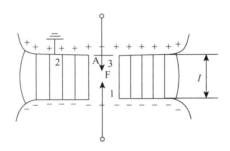

图 6-6　静电电压表工作原理图

1—固定电极;2—屏蔽电极;3—可动电极

力矩 M_1 由悬挂可动电极的悬丝(或弹簧)所产生的反作用力矩 M_2 来平衡,即

$$M_2 = K\alpha \tag{6-6}$$

式中:K 为常数。

在平衡时,$M_1 = M_2$,于是得

$$\alpha = \frac{1}{2K}U^2\frac{\mathrm{d}C}{\mathrm{d}\alpha} \tag{6-7}$$

由式(6-7)可见,偏转角 α 的大小和被测电压 U^2 及 $\mathrm{d}C/\mathrm{d}\alpha$ 有关,而 $\mathrm{d}C/\mathrm{d}\alpha$ 取决于静电电压表的电极形式,为使静电电压表的刻度比较均匀,常将可动电极做成特殊的形状,使 $\mathrm{d}C/\mathrm{d}\alpha$ 随 α 的增加而减小。α 的值由固定在悬丝上的小镜片经一套光系统反射到刻度尺上进行读数。

由于 α 与 U^2 成正比,故用静电电压表测得的数值为交流电压的有效值;用静电电压表测直流电压时,当脉动系数不超过 20%时,测得的数值与平均值的误差不超过 1%,故可视在直流电压下静电电压表的测量值为平均值。

2）用测量球隙测量工频电压的幅值

测量球隙是由一对相同直径的铜球构成。当球隙之间的距离 S 与铜球直径 D 之比不大时，两铜球间隙之间的电场为稍不均匀电场，放电时延很小，伏秒特性较平，分散性也较小。在一定的球隙距离下，球隙间具有相当稳定的放电电压值。因此，用球隙不但可以测量交流电压的幅值，还可以测量直流高压和冲击电压的幅值。

测量球隙可以水平布置（直径 25cm 以下大都用水平布置），也可垂直布置。使用时，一般一极接地。测量球隙的球表面要光滑，曲率要均匀，球隙的结构、尺寸、导线连接和安装空间的尺寸，如图 6-7 所示。使用时下球极接地，上球极接高压。

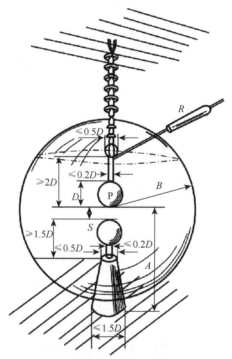

图 6-7　垂直测量球隙及应保证的尺寸

P—高压球的放电点；R—球隙保护电阻

标准球径的球隙放电电压与球间隙距离的关系已制成国际通用的标准表。当 $S/D \leq 0.5$ 且满足其他有关规定时，用球隙测量的准确度可保持在 ±3% 以内，当 S/D 在 0.5～0.75 时，其准确度较差。由此可见，测量较高的电压应使用直径较大的测量球隙。

用球隙测量高压时，通过球隙保护电阻 R 将交流高电压加到测量球间隙上，调节球间隙的距离，使球间隙恰好在被测电压下放电，根据球隙距离 S、球直径 D，即可求得所加的交流高压值。由于空气中的尘埃或球面附着的细小杂物的影响（球隙表面需擦干净），球隙最初几次的放电电压可能偏低且不稳定，应先进行几次预放电，最后取三次连续读数的平均值作为测量值。各次放电的时间间隔不得小于 1 min，每次放电电压与平均值之间的偏差不得大于 3%。

用球隙测量直流高压和交流高压时，为了限制电流，使其不致引起球极表面烧伤，必须在高压球极串联一个保护电阻 R，R 同时在测量回路中起阻尼振荡的作用。电阻 R 不能太小，太小起不到应有的保护作用，但也不能太大，以免球隙击穿之前流过球隙的电容电流在电阻上产生压降而引起测量误差。测量交流电压时，这个压降不应超过 1%，由此得出保护电阻值应为

$$R = K_q \frac{50}{f} U_{max} \tag{6-8}$$

式中：U_{max} 为被测电压的幅值，V；f 为被测电压的频率，Hz；K_q 为由球直径决定的常数，其值可按表 6-1 决定，Ω/V。

表 6-1　K 的取值

球直径/cm	2～15	25	50～75	100～150	170～200
$K_q/(\Omega/V)$	20	5	2	1	0.5

3）用电容分压器配用低压仪表

电容分压器是由高压臂电容 C_1 和低压臂电容 C_2 串联而成的，C_2 的两端为输出端，如图 6-8 所示。为了防止外电场对测量电路的影响，通常用高频同轴电缆来传输分压信号。当然，该电缆的电容应计入低压臂的电容量 C_2 中。

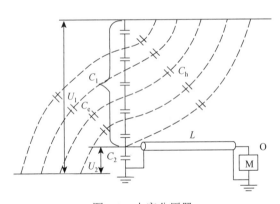

图 6-8　电容分压器

为了保证测量的准确度，测量仪表在被测电压频率下的阻抗应足够大，至少要比分压器低压臂的阻抗大几百倍。为此，最好用高阻抗的静电式仪表或电子仪表（包括示波器、峰值电压表等）。

若略去杂散电容不计，则分压比 K_f 为

$$K_f = \frac{U_1}{U_2} = \frac{C_1 + C_2}{C_1} \tag{6-9}$$

分压器各部分对地杂散电容 C_e 和对高压端杂散电容 C_h 的存在，会在一定程度上影响其分压比，不过，只要周围环境不变，这种影响就是恒定的，并且不随被测电压的幅值、频率、波形或大气条件等因素而变。所以，对一定的环境，只要一次准确地测出电容分压

器的分压比，则此分压比可适用于各种工频高压的测量。虽然如此，人们仍然希望尽可能使各种杂散电容的影响相对减少。为此，对于无屏蔽的电容分压器，应适当增大高压臂的电容值。

电容分压器的另一个优点是它几乎不吸收有功功率，不存在温升和随温升而引起的各部分参数的变化，因而可以用来测量极高的电压，但应注意高压部分的防晕。

6.1.6　试验分析及注意事项

对于绝缘良好的被试品，在工频耐压试验中不应击穿，被试品是否击穿可根据下述现象来分析。

（1）根据试验回路接入表计的指示进行分析。一般情况下，电流表指示突然上升，说明被试品击穿。但当被试品的容抗 X_C 与工频试验变压器的漏抗 X_L 之比等于 2 时，虽然被试品已击穿，但电流表的指示不变；当 X_C 与 X_L 的比值小于 2 时，试品击穿后，试验回路的电抗增大，电流表的指示反而下降。通常 $X_C \gg X_L$，不会出现上述现象，只有在被试品容量很大或工频试验变压器的容量不够时，才有可能发生上述现象。此时，应以接在高压侧测量被试品上的电压表指示来判断。被试品击穿时，电压表指示明显下降，低压侧电压表的指示也会有所下降。

（2）根据控制回路的状况进行分析。如果过流继电器整定适当，在被试品击穿时，过流继电器应动作，使自动空气开关跳闸；若过流继电器整定值过小，可能在升压过程中，因电容电流的充电作用而使开关跳闸；当过流继电器的整定值过大时，即使被试品放电或小电流击穿，继电器也不会动作。因此，应正确整定过流继电器的动作电流，一般应整定为工频试验变压器额定电流的 1.3～1.5 倍。

（3）根据被试品的状况进行分析。被试品发出击穿响声或断续的放电声、冒烟、出气、焦臭味、闪弧、燃烧等现象都是不允许的，应查明原因。这些现象如果确定是绝缘部分出现的，则认为被试品存在缺陷或击穿。

在进行工频耐压试验时，还需要注意以下一些事项。

（1）被试品为有机绝缘材料时，试验后应立即触摸绝缘物，如出现普遍或局部发热，则认为绝缘不良，应立即处理，然后再作试验。

（2）对于夹层绝缘或有机绝缘材料的设备，如果耐压试验后的绝缘电阻值，比耐压试验前下降30%，则认为该试品不合格。

（3）在试验过程中，若由于空气的温度、湿度、表面脏污等影响，引起被试品表面滑闪放电或空气放电，不应认为被试品不合格，需对其进行清洁、干燥处理之后，再进行试验。

（4）试验时升压必须从零开始，不允许冲击合闸。升压速度在 40%试验电压以内，可不受限制，其后应均匀升压，速度约为每秒钟 3%的试验电压。

（5）耐压试验前后，均应测量被试品的绝缘电阻值。

（6）试验时，应记录试验环境的气象条件，以便对试验电压进行气象校正。

6.2　直流耐压试验

直流耐压试验与测量直流泄漏电流在方法上是一致的，但从试验的作用来看是有所不同的，前者是试验绝缘强度，其试验电压较高；后者是检查绝缘情况，试验电压较低。目前在发电机、电动机、电缆、电容器等设备的绝缘预防性试验中广泛地应用直流耐压试验。

6.2.1　直流耐压试验的特点

与交流耐压试验相比，直流耐压试验主要有以下一些特点：

（1）在进行工频耐压试验时，试验设备的容量 $S = U^2 \cdot 2\pi f C_x \times 10^{-9}$，当试验电容量较大时，需要较大容量的试验设备，在一般情况下不容易办到。而在直流电压作用下，没有电容电流，故做直流耐压试验时，只需提供较小的（最高只达毫安级）泄漏电流，加上可以用串级的方法产生直流高压，试验设备可以做到体积小而且比较轻巧，适用于现场预防性试验的要求。

（2）在进行直流耐压试验时，可以同时测量泄漏电流，并根据泄漏电流随所加电压的变化特性来判断绝缘的状况，以便及早地发现绝缘中存在的局部缺陷。

（3）直流耐压试验比交流耐压试验更能发现电机端部的绝缘缺陷，其原因是在交流电压作用下，绝缘内部的电压分布是按电容分布的。在交流电压作用下，电机绕组绝缘的电容电流沿绝缘表面流向接地的定子铁芯，在绕组绝缘表面半导体防晕层上产生明显的电压降落，离铁芯越远，绕组上承受的电压越小。而在直流电压下，没有电容电流流经线棒绝缘，端部绝缘上的电压较高，有利于发现绕组端部的绝缘缺陷。

（4）直流耐压试验对绝缘的损伤程度比交流耐压小。交流耐压试验时产生的介质损耗较大，易引起绝缘发热，促使绝缘老化变质。对被击穿的绝缘，交流耐压试验时的击穿损伤部分面积大，修复的难度增加。

（5）由于直流电压作用下绝缘内部的电压分布和交流电压作用下的电压分布不同，直流耐压试验对交流设备绝缘的考验不如交流耐压试验接近实际运行情况。绝缘内部的气隙也不像在交流电压作用下容易产生电离、发生热击穿，因此，相对来说，直流耐压试验发现绝缘缺陷的能力比交流耐压试验差。因此，不能用直流耐压试验完全代替交流耐压试验，两者应配合使用。

6.2.2　直流高压的产生

获得直流高压的方法，应用得最广泛的是将交流电压通过整流而得。由交流整流以获得直流的基本半波整流电路如图 6-9 所示。整流元件 V 的额定电压 U_N 是指允许加在整流元件上的最大反向电压的峰值。对于容性负荷（一般高压绝缘试验大多为容性负荷），输出整流电压的最大允许峰值 U_p 仅为整流元件额定电压 U_N 的一半。整流元件 V 的额定电流，是指允许长时间通过整流元件的直流电流平均值。如果通流时间很短，整流元件有一定的过载能力。被试品击穿或稳压电容 C 初始充电时，有可能造成超过允许的过流。为了防止这种过流情况，通常应在整流元件前面串联一保护电阻 R_b，其阻值的选择应满足保护整流元件的要求。对于额定电流较大，持续运行时间较长的情况，为了减少保护电阻中的压降和功率损耗，也可与过电流继电器、快速熔断器等配合，以减小保护电阻的值。过电流时继电保护切断电源的时间一

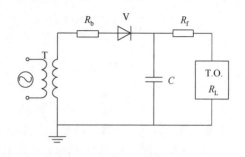

图 6-9　基本的半波整流电路

T—高压试验变压器；V—整流元件；C—稳压电容；
T.O.—被试品；R_b—保护电阻；R_f—限流电阻

般为 0.5s，如缺乏整流元件确切的过载特性曲线，可以估计，对应于 0.5s 的允许电流 $I_S \approx 10I_r$。图 6-9 中 R_f 的作用是当被试品击穿时，限制电容 C 的放电电流。

如欲取得更高的电压并充分利用变压器的功率，则有多种倍压电路可供选择，分别如图 6-10～图 6-12 所示。

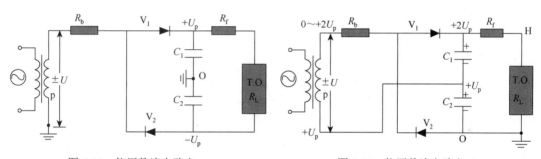

图 6-10　倍压整流电路之一　　　　　　　　　图 6-11　倍压整流电路之二

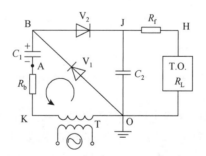

图 6-12　倍压整流电路之三

图 6-10 所示电路的主要缺点是：被试品的两极都不允许接地，必须对地绝缘起来，其耐压值分别达 $+U_p$ 和 $-U_p$（U_p 为电源正弦电压峰值，下同），这在实际工作中通常是不方便的，有时甚至是不可能的（如埋于地中的电缆），故不适用于现场。

图 6-11 所示电路中，被试品可以有一极接地，但电源变压器高压绕组两端出线均需对地绝缘起来，其绝缘水平分别达 U_p 和 $2U_p$，这就不能采用通用的一端接地的试验变压器，所以，仍然是不够理想的。

被试品和试验变压器均允许有一极接地的倍压整流电路如图 6-12 所示，其工作原理如下。

直流高压发生器输出的直流高压一般为负极性。假定空载时电源电动势从负半周时开始，整流元件 V_2 闭锁，V_1 导通；电源电动势经 V_1、R_b 使电容 C_1 充电，B 端为正，A 端为负；电容 C_1 两端最大可能达到的电位差接近于 U_p；此时 B 点的电位接近于地电位。当电源电动势由 $-U_p$ 逐渐升高时，B 点电位随之被抬高，此时 V_1 便闭锁。当 B 点电位比 J 点高时（开始时，C_2 尚未充电，J 点电位为零），V_2 导通，电源电动势经 R_b、C_1、V_2 向 C_2 充电，J 点电位逐渐升高（对地为正）。电源电动势由 $+U_p$ 逐渐下降时，B 点电位将随之下降，当 B 点电位低于 J 点电位时，整流元件便闭锁。当 B 点电位继续下降到对地为负时，V_1 导通，电源电动势再经 V_1 使 C_1 充电。以后即重复上述过程。如果负荷电流为零，且略去整流元件的压降，则理论上，最后 B 点电位将在 $0 \sim +2U_p$ 变化，而 J 点的电位则可稳定在 $+2U_p$。

当接上负载电阻 R_L 后（为分析简明，略去保护电阻的影响），输出端（J 点）的电压波形如图 6-13 中粗实线所示，虚线为空载时 B 点对地电位波形。

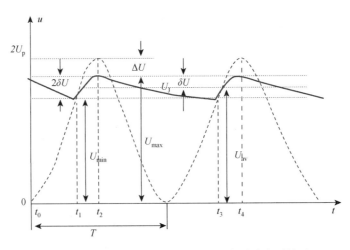

图 6-13　输出端（J 点）和空载时 B 点对地电压波形

电容 C_2 不断对负载放电，J 点电位按指数曲线下降，到 t_1 时，U_J 降到最低值 U_{min}，此后 B 点电位 $U_B > U_J$ 时，V_2 导通。在 $t_1 \sim t_2$，电源和 C_1 既要对 C_2 充电，补充 C_2 对负载放掉的电荷 Q_2，还要向负载放电 ΔQ。在 t_2 时，C_2 被充电到最高电压 U_{max}。t_2 以后，$U_B < U_F$，V_2 截止。在 $t_2 \sim t_3$，C_2 单独对负载放电，到 t_3 时，U_J 降到最低值，相当于 t_1 时的 U_{min}。如此循环下去。

由图 6-13 可见，接上负载后，输出电压 U_J 具有脉动的性质。其上下限之差 $2\delta U$ 是由 C_2 在 $t_2 \sim t_3$ 负载放掉电荷 Q_2 引起的，即

$$2\delta U = \frac{Q_2}{C_2} = \frac{I_L(t_3 - t_2)}{C_2} \tag{6-10}$$

由于 $(t_3 - t_2) \approx T = 1/f$，故

$$\delta U = \frac{I_L}{2fC_2} \qquad (6\text{-}11)$$

式中：T 和 f 分别为电源的周期和频率。

$$S = \frac{\delta U}{U_{av}} = \frac{I_L}{2C_2 f U_{av}} = \frac{1}{2C_2 f R_L} \qquad (6\text{-}12)$$

由式（6-12）可知，负载电阻 R_L 越小，输出电压的脉动幅度越大；而增大滤波电容 C_2 或提高电源频率 f，均可以减小电压脉动。

由图 6-13 可见，输出电压 U_J 的最大值 U_{max} 比空载时的理论值 $2U_p$ 小 ΔU，这是由于 C_1 在 $t_1 \sim t_2$ 放掉电荷 $Q_1 = Q_2 + \Delta Q$ 引起的。所以，在 t_2 时

$$U_{C1} = U_p - \frac{1}{C_1}(Q_2 + \Delta Q) \qquad (6\text{-}13)$$

$$U_J = U_{max} = u_B = U_p = 2U_p - \frac{1}{C_1}(Q_2 + \Delta Q) \qquad (6\text{-}14)$$

$$\Delta U = 2U_p - U_{max} = \frac{1}{C_1}(Q_2 + \Delta Q) = \frac{I_L T}{C_1} = \frac{I_L}{fC_1} \qquad (6\text{-}15)$$

由式（6-11）可见：输出电压脉动振幅 $\delta U \propto IL/fC_2$，它与 C_1 大小无关；增大 C_2 或 f 值，可使 δU 减小。

由式（6-15）可见：输出电压降落 $\Delta U \propto IL/fC_1$，它与 C_2 的大小无关；而增大 C_1 或提高电源频率 f，均可以减小 ΔU。

由图 6-13 可见，在电源交变的一个周期内，流向负载的全部电荷量均通过整流元件 V_1 和 V_2，故流过 V_1 和 V_2 的平均电流（在一周期内）是相等的。

上述电路，均只能得到倍压。当需要更高的直流输出电压时，可把若干个如图 6-12 所示的电路单元串接起来，构成串级直流高压装置。图 6-14 是一个三级串级高压装置的接线，在空载情况下其直流输出电压可达 $6U_p$。

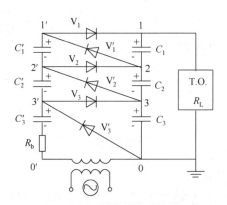

图 6-14　三级串级直流高压装置接线

电路在空载时，各级电容的充电过程简单分析如下。在电源电势为负半波时，C_3' 导通，电源电势经 V_3'、R_b 向电容 C_3' 充电至 U_p；正半波时，电源与 C_3' 串联起来（U_{30}' 在 $0\sim$ $2U_p$ 变化），经 V_3、R_b 向 C_2 充电，使 C_2 上的电压达到 $2U_p$。同样在负半波时，电源还与 C_3 串联（U_{30}' 在 $U_p\sim3U_p$ 变化），经 R_b、V_2' 向 C_2' 及 C_3' 充电，使 C_2' 及 C_3' 上的总电压达到 $3U_p$，即 C_2' 上的电压达到 $2U_p$；而在正半波时，电源与 C_3'、C_2' 串联（U_{20}' 在 $2U_p\sim4U_p$ 变化）经 R_b、V_2 向 C_2 及 C_3 充电，使 C_2 及 C_3 上的总电压达到 $4U_p$，即 C_2 上的电压达到 $2U_p$。依此类推，最终可使点 1 上的电位即直流输出电压达到 $6U_p$。

由于上一级电容的电荷需要由下一级电容供给和补充，串级装置在接上负载时的电压脉动 δU 和电压降 ΔU 都比较大，级数越多及负载电流越大时，δU 和 ΔU 越大。因此，这种串级直流高压装置的输出电流较小，一般只能做到 10 mA 左右。

对于多串级的接线及波形示意图如图 6-15 所示。

从图 6-15 可以看出：

（1）串级整流电路输出的是直流电流，但通过各电容器和变压器的电流却是交变的；

（2）在一个周期内，一个电容器的充电和放电电荷量相等，但各级电容器的充放电荷量则是不相等的，越是下面的电容器，其充放电荷量越大，与其序号成正比，最下一级电容器的充放电荷量为 nQ；

（3）每一周期内通过各整流元件的电荷量都相同，为 Q，故可采用相同规格的整流元件。采用这种电路，需要注意以下两点。

第一，串级级数 n 增加时，其输出电压的降落 ΔU 和脉动振幅 δU 均显著增加。

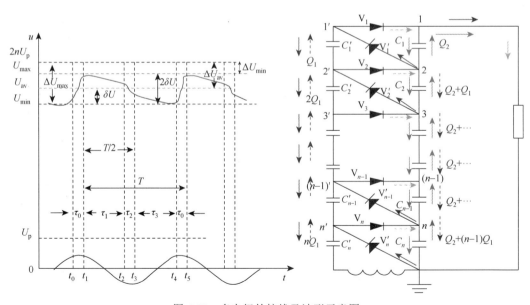

图 6-15　多串级的接线及波形示意图

对照图 6-15，总电压脉动为

$$\delta U_\Sigma = \frac{Q_1 + 2Q_1 + \cdots + nQ_1}{C} = \frac{n(n+1)}{2}\frac{Q_1}{C} \tag{6-16}$$

脉动电压为
$$\delta U = \frac{\delta U_\Sigma}{2} = \frac{n(n+1)}{2}\frac{Q_1}{2C} = \frac{n(n+1)}{4}\frac{I_{av}}{Cf} \qquad (6\text{-}17)$$

脉动系数为
$$S = \frac{\delta U}{U_{av}} = \frac{n(n+1)I_{av}}{4CfU_{av}} = \frac{n(n+1)}{4CfR_L} \qquad (6\text{-}18)$$

可见，脉动与电压降落与电源频率、级数、电容量、负载电流有关。

第 k 级右柱电容上的电压降落（k 由上往下逐渐增加）
$$\Delta U_k = \frac{Q_1}{2C}(n+k)(2n-2k+1) \qquad (6\text{-}19)$$

如果取左、右柱电容上的电容量都等于 C，则有总电压降落为
$$\Delta U = \sum_{k=1}^{n}\Delta U_k = \frac{I_{av}}{2Cf}\frac{8n^3+3n^2+n}{6} \qquad (6\text{-}20)$$

$$\Delta U_{min} = \Delta U = \frac{I_{av}}{2Cf}\frac{8n^3+3n^2+n}{6} \qquad (6\text{-}21)$$

平均电压降落为
$$\Delta U_{av} = \frac{I_{av}}{6Cf}(4n^3+3n^2+2n) \qquad (6\text{-}22)$$

负载时串级整流电路输出端电压的平均值为
$$U_{av} = 2nU_p - \Delta U_{av} = 2nU_p - \frac{I_{av}}{6Cf}(4n^3+3n^2+2n) \qquad (6\text{-}23)$$

由式（6-17）和式（6-23）可见，串级级数 n 增加时，其输出电压的降落和脉动振幅均显著增加。

因此，n 达到一定值时，增加 n，只有 ΔU_{av} 增加，而 U_{av} 并不增加。

当
$$\frac{dU_{av}}{dn} = 2U_p - \frac{I_{av}}{3Cf}(6n^2+3n+2) = 0 \qquad (6\text{-}24)$$

即
$$n_e \approx \sqrt{\frac{fC}{I_{av}}U_p} \qquad (6\text{-}25)$$

式中：n_e 为临界级数；n 为级数；I_{av} 为输出电流平均值；f 为交流电源的频率；C 为右柱各级电容器的电容量。

考虑到作用在左柱底级电容器 C_n' 上的电压仅为其他各电容器上电压的一半，而若 C_n' 的结构尺寸与其他各电容器相同，则 C_n' 的电容量就可为其他电容的 2 倍，即 $C_n' = 2C$。此时，整个串级电路输出电压的降落可减小为
$$\Delta U_{av} = \frac{I_{av}}{3Cf}(2n^3+n) \qquad (6\text{-}26)$$

由式（6-17）和式（6-26）可见，欲减小 δU 和 ΔU，最重要和有效的途径有以下两个。

其一，合理选择级数 n。适当增大每级的级电压而减少级数是可取的。在当今的技术和经济条件下，最佳级电压为 300～400 kV。

其二，提高电源频率 f。在当今的技术和经济条件下，采用 $f = 400$～5000 Hz 是适当的。

第二，为了限制被试品击穿（或闪络）放电时的放电电流，保护硅堆、微安表及试验

变压器，在串级直流装置的高压输出端与被试品之间，应串接一保护电阻 R_f，其值可取

$$R_f = \frac{(0.001 \sim 0.01)U_d}{I_d} \tag{6-27}$$

式中：R_f 为保护电阻阻值，Ω；U_d 为直流试验电压值，V；I_d 为流过被试品的电流值，A；I_d 较大时，为了减少 R_f 中的发热，可取式中较小的系数。

外接保护电阻应具有足够的纵向绝缘强度，当负载发生破坏性放电时，外接保护电阻两端之间应能承受瞬时电位差 U_d，而不发生闪络，且留有适当裕度。

6.2.3　直流高压的测量

试验中，若被试品的电容量 C_x 较大，或滤波电容器 C 的数值较大，同时其泄漏电流又非常小时，输出的直流电压较为平稳，此时，被试品上所加的直流电压值可在工频试验变压器的低压侧进行测量，然后换算出高压侧的直流电压值。一般情况下，最好在高压侧进行测量。高压侧测量直流高电压的方法通常有下列几种。

1. 用棒隙或球隙测量直流高压的峰值

使用棒-棒间隙测量直流高压仅适用于绝对湿度不大于 13 g/m³ 的大气条件，适用的间隙范围为 250～2500 mm。在此范围内，其测量的不确定度不大于 ±3%。

也可用球隙测量直流高压。测量装置以及测量方法与测量交流电压时一样。但大气中的灰尘或纤维等会引起放电电压的变化，长时间加压时，放电电压可能会变得特别低。

因此，球隙测量直流高压应注意以下几点。

（1）球隙测量直流高压分散性较大，不如交流或冲击电压下稳定。国际电工委员会规定，应在尘埃和纤维尽可能少的大气环境下测量；球隙距离 S 与球径 D 的比值 S/D 应在 0.05～0.4 内。

（2）对 $D \leqslant 12.5$cm，或测压 $\leqslant 50$ kV 的球隙测量，须用石英水银灯或放射性物质对球隙进行照射。

（3）在直流电压作用下，即使存在一定的脉动，流过球隙电容的电流总是极小的，不会在球隙电阻 R_q 上造成显著的压降。所以，测量直流电压时，球隙电阻取值可以比交流时更大些。

2. 电阻分压器配合低压仪表

使用分压器时，应选用内阻极高的电压表，如静电电压表、晶体管电压表、数字电压表或示波器等。

电阻分压器测量电路如图 6-16 所示，其分压比为

$$K_f = \frac{U_2}{U_1} = \frac{R_2}{R_1 + R_2} \tag{6-28}$$

$$U_1 = U_2 \frac{R_1 + R_2}{R_2} \tag{6-29}$$

使用电阻测量时，分压器要注意下列几个问题。

（1）总电阻值的选择。总电阻值不能太小，也不能太大：一般规定，在全电压时流过分压器的电流应不小于 0.5 mA。

（2）电阻的稳定性。应选用温度系数较小的电阻，将分压器的电阻元件封装在盛满油的绝缘筒中。

（3）电晕的消除。可将分压器的电阻元件封装在盛满油的绝缘筒中。

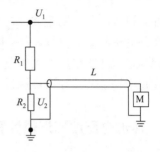

图 6-16　电阻分压器测量电路

R_2—分压器低压臂电阻与测量仪表并联后的等效电阻

（4）残余电感的消除和对地杂散电容的补偿。可在分压器高压端装置屏蔽环或屏蔽罩。

3. 用高值电阻串联微安表

这种方法是测量直流高压的常用而又比较方便的方法，其接线如图 6-17 所示。被测电压为

$$U = IR \tag{6-30}$$

用高值电阻（相对于分压器 R_1）与直流电流表串联，用已知高压电阻 R 串接微安表，如果流过微安表的电流为 I，则被测电压 U 为 $U = IR$。与分压器相比，采用磁电式仪表（反应平均电流）有如下缺点：

（1）电阻值随温度的任何变化都将导致测量的误差；

（2）只能测量电压平均值；

（3）引下线是电流线，不能太长，应尽可能短。

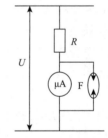

4. 用高压静电电压表测量直流高压的平均值

与交流电压的测量原理一样，用静电电压表有可能直接测量到高达几百千伏的直流电压，这里指的是电压的有效值。当电压脉动因素不超过 20%，可以认

图 6-17　用高值电阻串联微安表直流电压的测量接线

为有效值与算术平均值是接近的，故这种方法也可以测量直流电压的算术平均值。但是，在工作原理上，它表示的是直流电压瞬时值平方的平均值，因此，在电压标动纹波较大的情况下，测量值就不是直流电压的平均值。

6.3　冲击耐压试验

电力系统中的高压电气设备，除了承受长时期的工作电压作用外，在运行过程中，还可能会承受短时的雷电过电压和操作过电压的作用。冲击耐压试验就是用来检验高压电气设备在雷电过电压和操作过电压作用下的绝缘性能或保护性能。由于冲击耐压试验本身的复杂性等原因，电气设备的交接及预防性试验中，一般不要求进行冲击耐压试验。

冲击耐压试验采用全波冲击电压波形或截波冲击电压波形,这种冲击电压持续时间较短,约数微秒至数十微秒,它可以由冲击电压发生器产生,也可利用变压器产生。许多高电压试验室的冲击电压发生器既可以产生雷电冲击电压波,也可以产生操作冲击电压波。本节仅将产生全波的冲击电压发生器作简单的介绍。

6.3.1　冲击电压波形近似计算

冲击电压发生器是产生冲击电压波的装置。如前所述,冲击电压波形是一个很快地从零上升到峰值然后较慢地下降的单向性脉冲电压。这种冲击电压通常是利用高压电容器通过球隙对电阻电容回路放电而产生的。图 6-18 给出了冲击电压发生器的两种基本回路:回路 1 如图 6-18(a)所示,回路 2 如图 6-18(b)所示。

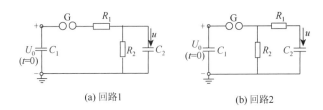

(a) 回路1　　　　　　　　　(b) 回路2

图 6-18　冲击电压发生器的两种基本回路

图 6-18 中的冲击主电容 C_1 在被间隙 G 隔离的状态下由直流电源充电到稳态电压 U_0。当球隙 G 被点火击穿后,主电容 C_1 上的电荷一方面经电阻 R_2 放电,另一方面通过 R_1 对负荷电容 C_2 充电,在被试品上形成上升的电压波前。当 C_2 上的电压波充电达到最大值后,反过来经 R_1 与 C_1 一起对 R_2 放电,在被试品上形成下降的电压波尾。被试品的电容可以等值地并入电容 C_2 中。一般选择 R_2 比 R_1 大得多,这样就可以在 C_2 上得到所要求的波前较短(时间常数 R_1C_2 较小)而波长较长(时间常数 R_2C_1 较大)的冲击电压波形。输出电压峰值 U_m 与 U_0 之比,称为冲击电压发生器的利用系数 η。由于 U_m 不可能大于由冲击容上的起始电荷 U_0C_1 分配到($C_1 + C_2$)后所决定的电压,即

$$U_m \leqslant U_0 \frac{C_1}{C_1 + C_2} \tag{6-31}$$

故得

$$\eta = \frac{U_m}{U_0} \leqslant \frac{C_1}{C_1 + C_2} \tag{6-32}$$

可见,为了提高冲击电压发生器的利用系数,应该选择 C_1 比 C_2 大得多。

如上所述,由于一般选择 $R_2C_1 \gg R_1C_2$,在回路 2 中,在很短的波前时间内,C_1 对 R_2 放电时,对 C_1 上的电压没有显著影响,所以回路 2 的利用系数主要决定于上述电容间的电荷分配,即

$$\eta_2 \approx \frac{C_1}{C_1 + C_2} \tag{6-33}$$

而在回路 1 中,影响输出电压幅值 U_m 的,除了电容上的电荷分配外,还有在电阻 R_1、

R_2 上的电压分配。因此，回路 1 的利用系数可近似地表示为

$$\eta_1 \approx \frac{R_2}{R_1 + R_2} \times \frac{C_1}{C_1 + C_2} \tag{6-34}$$

比较式（6-33）及式（6-34）可知，$\eta_2 > \eta_1$，所以回路 2 称为高效率回路。由于回路 2 具有较高的利用系数，在实际的冲击电压发生器中，回路 2 常被作为冲击电压发生器的基本接线方式。

下面就以图 6-18（b）（回路 2）为基础来分析回路元件与输出冲击电压波形的关系。

为使问题简化，在决定波前时，可忽略 R_2 的作用，即把图 6-18（b）简化成如图 6-19（a）所示。这样，C_2 上的电压可表示为

$$u(t) = U_m(1 - e^{-\frac{t}{\tau_1}}) \tag{6-35}$$

$$\tau_1 = R_1 \frac{C_1 C_2}{C_1 + C_2} \tag{6-36}$$

式中：τ_1 为决定波前的时间常数。

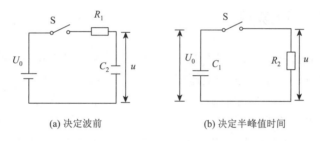

(a) 决定波前　　　　　　　　(b) 决定半峰值时间

图 6-19　回路 2 的简化等值电路

根据冲击波视在波前 T_1 的定义（详见第 3 章第 3.2 节），可知当 $t = t_1$ 时，$u(t_2) = 0.3U_m$；$t = t_2$ 时，$u(t_2) = 0.9U_m$。即

$$0.3U_m = U_m(1 - e^{-t_1/\tau_1}) \tag{6-37}$$

故得

$$e^{-t_1/\tau_1} = 0.7 \tag{6-38}$$

及

$$0.9U_m = U_m(1 - e^{-t_2/\tau_1}) \tag{6-39}$$

$$e^{-t_2/\tau_1} = 0.1 \tag{6-40}$$

将式（6-37）除以式（6-39）得

$$e^{\frac{t_2 - t_1}{\tau_1}} = 7 \tag{6-41}$$

而波前时间

$$T_1 = 1.67(t_2 - t_1) = 1.67\tau_1 \times \ln 7 = 3.24 R_1 \frac{C_1 C_2}{C_1 + C_2} \tag{6-42}$$

同样，在决定半峰值时间时可忽略 R_1 的作用，即把回路简化成如图 6-19（b）所示。这样，输出电压可表示为

$$U(t) = U_m e^{-t/\tau_2} \tag{6-43}$$

$$\tau_2 = R_1(C_1 + C_2) \tag{6-44}$$

式中：τ_2 为决定半峰值时间的时间常数。

根据半峰值时间 T_2 的定义，可以列出方程式

$$0.5U_m = U_m e^{-T_2/\tau_2} \tag{6-45}$$

由此得

$$T_2 = \tau_2 \ln 2 = 0.7\tau_2 = 0.7R_2(C_1 + C_2) \tag{6-46}$$

应当指出，式（6-42）及式（6-46）的关系是在略去了许多影响因素（其中包括回路电感的影响）以后近似推导出的。根据较详细的分析计算和在实际装置上测量校验的经验，推荐使用下述修正的公式。

$$T_1 = (2.3\sim2.7)R_1 \frac{C_1 C_2}{C_1 + C_2} \tag{6-47}$$

$$T_2 = (0.7\sim0.8)R_2(C_1 + C_2) \tag{6-48}$$

当回路电感较大时，上式中的系数取较小的值。上述两个公式可以用来计算冲击电压发生器的参数和调整冲击电压发生器的输出电压波形。

6.3.2　雷击冲击电压的获得

由于受到整流设备和电容器额定电压的限制，单级冲击电压发生器的最高电压一般不超过 200～300 kV。但在实际的冲击电压试验中，常常需要产生高达数千千伏的冲击电压，这就只有多级冲击电压发生器才能做到了。多级冲击电压发生器的工作原理简单地说就是利用多级电容器在并联接线下充电，然后通过球隙将各级电容器串联起来放电，从而获得幅值很高的冲击电压，最后适当选择放电回路中各元件的参数，即可获得所需的冲击电压波形。

图 6-20 所示为多级冲击电压发生器的电路图。其工作原理如下。

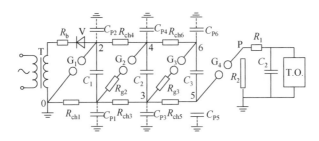

图 6-20　多级冲击电压发生器的基本电路

T—变压器；C_{P1}～C_{P6}—各级对地杂散电容；R_b—保护电阻；C_2—另加的波前电容；V—整流元件；R_{ch1}～R_{ch6}—充电电阻；G_1—点火球隙；R_{g2}、R_{g3}—阻尼电阻；G_4—输出球隙；G_2、G_3—中间球隙；C_1～C_3—各级主电容；T.O.—被试品

（1）并联充电。图 6-20 中，当交流电源的电压为负极性时，先由工频试验变压器 T 经过整流元件 V 和各充电电阻 R_{ch}、保护电阻 R_b 给并联的各级主电容 C_1、C_2 和 C_3 充电。靠近电源的电容 C_1，由于充电回路的电阻较小，充电所需时间较短；C_2 充电回路的电阻较大，充电时间稍长一些；同理，C_3 充电时间最长。不过，在充电时间足够长时，全部

电容先后达到充电电压。设 U_0 为整流电源电压（图 6-20 中 2 点的电压），达稳态时，点 1、3、5 的电位为零；点 2、4、6 的电位为 $-U_0$，由于充电电阻 $R_{ch} \gg$ 波尾电阻 $R_2 \gg$ 阻尼电阻 R_g，各级球隙 $G_1 \sim G_4$ 的放电电压调整到稍大于 U_0，此时球隙不会放电。

（2）串联放电。当主电容充电完成后，设法使间隙 G_1 点火击穿，此时点 2 的电位由 $-U_0$ 突然升到零；主电容 C_1 经 G_1 和 R_{ch1} 放电，由于 R_{ch1} 的阻值很大，放电进行得很慢，且几乎全部电压都降落在 R_{ch1} 上，使点 1 的电位升到 $+U_0$。当点 2 的电位突然升到零时，经 R_{ch4} 对 C_{P4} 充电，但因 R_{ch4} 的阻值很大，在极短的时间内，经 R_{ch4} 对 C_{P4} 的充电效应是很小的，点 4 的电位仍接近于 $-U_0$，于是间隙 G_2 上的电位差接近于 $2U_0$，促使 G_2 击穿；G_2 击穿后，主电容 C_1 通过串联电路 G_1-C_1-R_{g2}-G_2 对 C_{P4} 充电；同时又串联 C_2 后对 C_{P3} 充电；由于 C_{P4}、C_{P3} 的值很小，R_{g2} 的值也很小，可以认为 G_2 击穿后，对 C_{P4}、C_{P3} 的充电几乎是立即完成的，点 4 的电位立即升到 $+U_0$，而点 3 的电位立即升到 $+2U_0$；与此同时，点 6 的电位却由于 R_{ch6} 和 R_{ch5} 的阻隔，仍维持在原电位 $-U_0$；于是间隙 G_3 上的电位差就接近 $3U_0$，促使 G_3 击穿。接着，主电容 C_1、C_2 串联后，经 G_1、G_2、G_3 对电路充电；再串联 C_3 后对 C_{P5} 充电；由于 C_{P6}、C_{P5} 极小，R_{g2}、R_{g3} 也很小，可以认为 C_{P6} 和 C_{P5} 的充电几乎是立即完成的；也即可以认为 G_3 击穿后，点 6 的电位立即升到 $+2U_0$，点 5 的电位立即升到 $+3U_0$。P 点的电位显然未变，仍为零。于是间隙 G_4 上的电位差接近达 $3U_0$，促使 G_4 击穿。这样，各级主电容 C_1、C_2、C_3 就被串联起来，经各组阻尼电阻 R_g 向波尾电阻 R_2 放电，形成主放电回路，同时，也经 R_1 对 C_2 和被试品电容充电，形成冲击电压波的波前。

电路中也存在着各级主电容经充电电阻 R_{ch}、阻尼电阻 R_g 和中间球隙 G 的局部放电。由于 R_{ch} 的值足够大，这种局部放电的速度比主放电的速度慢很多倍，因此，可认为对主放电没有明显的影响。

中间球隙击穿后，主电容对相应各点杂散电容 C_P 充电的回路中总存在某些寄生电感，这些杂散电容的值极小，可能会引起一些局部振荡。这些局部的振荡将叠加到总的输出电压波形上去。为消除这些局部振荡，应在各级放电回路中串入一阻尼电阻 R_g，此外，主放电回路本身也应保证不产生振荡。

6.3.3　冲击高电压的测量

冲击电压是非周期性的快速变化过程。因此，测量冲击电压的仪器和测量系统必须具有良好的瞬变响应特性。冲击电压的测量包括峰值测量和波形记录两个方面。目前最常用的测量冲击电压的方法有：①球隙测量；②分压器-峰值电压表测量；③分压器-示波器测量。球隙和峰值电压表只能测量冲击电压的峰值，示波器则能记录波形，即不仅能指示冲击电压的峰值，而且能显示冲击电压随时间的变化过程。

1. 用球隙测量

（1）由于在冲击电压作用下球隙的放电具有分散性，球隙测量时所确定的电压应为球隙放电电压的 50%。

（2）球隙放电电压附表中的冲击放电电压值是标准雷电冲击全波或长波尾冲击电压下球隙放电电压的 50%。因为测量球隙为稍不均匀电场，所以操作冲击电压下球隙的放电电压与雷电冲击电压下的相同。

（3）在小间隙中，为加速有效电子的出现，使放电电压稳定，必须用放电火花或短波光源照射球隙。

（4）测量冲击电压时，与球隙串联的保护电阻的作用是减小球隙击穿时加在被试品上的截波电压陡度，同时防止球隙连线的电感与球隙电容形成串联振荡。

2. 用分压器测量系统测量

分压测量系统包括从被试品到分压器高压端的高压引线、分压器、连接分压器输出端与示波器的同轴电缆以及示波器。

1）测冲击电压用的分压器

冲击电压分压器按其结构可分为电阻分压器、电容分压器、并联阻容分压器、串联阻容分压器四种类型。

第一，冲击电压电阻分压器。如图 6-21 所示，测量原理和直流电压测量原理相同。为使阻值稳定，电阻通常用金属电阻丝以无感绕法绕制。电阻分压器的误差主要是由分压器各部分的对地杂散电容引起的，这些杂散电容对变化速度很快的冲击电压，会形成不可忽略的电纳分支，而电纳值与被测电压中各谐波频率有关，这将使输出波形失真，并产生幅值误差。

第二，冲击电压电容分压器。如图 6-22 所示，测量原理与交流高压测量分压器相同。电容分压器高低压臂均为电容，各部分对地也存在杂散电容，会在一定程度上影响分压比，但因为分压器本体也是电容，所以只要周围环境不变，这种影响将是恒定的，不随被测电压的波形、幅值的变化而改变，因此电容分压器不会使输出波形发生畸变。

电容分压器也存在一定的缺点，例如：电容分压器的电容量较大，妨碍获得陡波前的波形；容易与高压引线的电感配合造成振荡，这就使作用于分压器输入端的电压波形已不同于被测量波形了等。

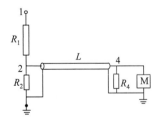

图 6-21　冲击电压电阻分压器

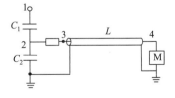

图 6-22　冲击电压电容分压器

第三，并联阻容分压器。如图 6-23（a）所示，测量快速变化过程时，沿分压器各点的电压按电容分布，它像电容分压器，可以大大减小对地杂散电容对电阻分压波形的畸变。测量慢速变化过程时，沿分压器各点的电压主要按电阻分布，它又像电阻分压器，可以避免电容器的泄漏电阻对分压比的影响。如果使高压臂和低压臂的时间常数相等，则可实现分压比不随频率而变。由此可见，并联阻容分压器适宜用来测量冲击电压既包含快速变化的过程，又包含慢速变化的过程。

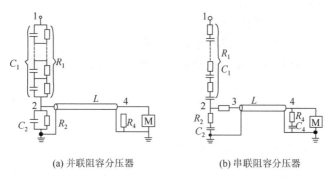

(a) 并联阻容分压器　　　　　　　　　(b) 串联阻容分压器

图 6-23　阻容分压器

　　这种分压器的缺点是结构比较复杂，此外，电容分压器原有的某些缺点（如电容量较大，妨碍获得陡波前的波形，高压引线中需串接阻尼电阻，从而增大分压器的响应时间等）仍然存在。

　　第四，串联阻容分压器。如图 6-23（b）所示，它是在各级电容器中串接电阻，抑制电容分压器本体电容与整个测量回路的电感配合产生的主回路振荡及分压器本体各级电容器中的寄生电感对地杂散电容配合形成的寄生振荡，但串接电阻后将使分压器的响应时间增大，如果在低压臂中也按比例地串入电阻，则可保持响应时间不变。

　　这种分压器具有电容分压器的主要优点，而又克服了电容分压器的主要缺点（主回路中的振荡和各节电容上的寄生振荡均被各节串联电阻阻尼），故多被应用于高幅值（≥1MV）冲击电压的测量。

　　2）测量冲击电压用的示波器和峰值电压表

　　常用的测量系统有高压示波器、峰值电压表、数字记录仪形。

　　高压示波器的加速电压高，适合记录快速变化的一次过程。因为高压示波器电子射线的能量很高，长时间射到荧光屏上会损坏屏上的荧光层，所以电子射线平时是闭锁的。

　　要显示被测信号的波形，电子射线除了要按被测信号作垂直偏转外，还应按时间基轴做水平偏转，所以示波器的水平偏转板上必须有扫描电压。

　　因为荧光屏上显示的被测电压瞬间即逝，所以普通的高压示波器上都带有照相装置。将被测信号、零线、校幅电压线分别拍在同一张底片上，即可得到完整的示波图。

　　如果只需要测量冲击电压的峰值，可以使用冲击峰值电压表代替示波器，这种电压表的原理是：当被测电压上升时，通过整流元件将电容器充电到电压峰值；当被测电压下降时，整流元件闭锁，电容上的电压保持不变，由指示仪表稳定指示出来。使用时应注意其输入阻抗和最小波前时间。

习 题

1. 工频高压主要有哪几种测量方法？

2. 简述高压试验变压器调压时的基本要求。

3. 简述直流耐压试验与交流相比有哪些主要特点。

4. 高压电机定子绕组进行耐压试验时，交流耐压和直流耐压是否可以相互代替？为什么？

5. 简述冲击电流发生器的基本原理。

6. 冲击电压发生器的起动方式有哪几种？

7. 最常用的测量冲击电压的方法有哪几种？

第7章　　　　　　　　　　线路和绕组的波过程

电力系统中许多设备（例如发电机、变压器、开关、输电线等）的绝缘在正常运行状态下，只承受电网额定电压的作用，但在运行中，由于雷击、操作、故障或参数配合不当等原因，系统中的某些部分的电压可能升高，甚至远远超过正常的额定电压，对绝缘产生危害。我们把超过额定的最高运行电压称为过电压。

一般说来，过电压都是由系统中的电磁场能量发生变化而引起的。这种变化可能是由系统外部突然加入一定的能量（如雷击电力系统的导线、设备或导线附近的接地体）引起的，称为大气过电压；也可能是由系统内部的电磁场能量发生交换引起的，称为内部过电压。

不论哪种过电压，虽然它们作用时间较短（谐振过电压有时较长），但其数值较高，可能使电力系统的正常运行受到破坏，使设备的绝缘受到威胁。因此为了保证电力系统安全地运行，必须研究过电压产生的机理和它发展的物理过程，从而提出限制过电压的措施，以保证电气设备能正常运行和得到可靠保护。

7.1　无损耗单导线线路中的波过程

在电力系统中，对高压和超高压输电，一般都采用多根平行导线或分裂导线，但为研究问题方便起见，可先考虑单导线线路的波过程，而多导线线路的波过程可由单导线线路波过程加以推广，同时假设导线的电阻和对地电导为零，也就是无损耗的。

7.1.1　波过程的一些物理概念

1. 波过程的概念

电力系统是各种电气设备，如发电机、变压器、互感器、避雷器、断路器、电抗器和电容器等经线路连接成的一个保证安全发供电的整体。从电路的观点看，除电源外，可以用一个由 R、L、C 三个典型元件的不同组合来表示。对这样一个电路，我们把回路的电流看作是相同的，所考虑的电压只是代表具有集中参数元件的端电压，因此，可以将电压和电流看作是时间的函数。但这种电路仅适用在电源频率较低，线路实际长度小于电源波长的条件之下。例如，在工频电压作用下，它的波长 $\lambda = v/f = 3 \times 10^8/50 = 6000$ km，在线路不长时，电路中的元件可作为集中参数处理。但是，由于雷电波的波头时间仅 1.2 μs，雷电压（或雷电流）由零上升到最大幅值时，雷电波仅在线路上传播 360 m，也就是说，对长达几十乃至几百公里的输电线路，如果线路在雷电波作用下，在同一时间，线路上的雷电压（或雷电流）的幅值是不一样的。这样，当在线路的某一点出现电压、电流的突然变化时，这一变化并不能立即在其他各点出现，而要以一定的形式，按一定的速度从该点向其他各点传播。这时，该线路中电压和电流不仅与时间有关，而且还与离该点距离有关。同时，因为线路、绕组有电感，对地有电容，绕组匝间又存在电容，所以输电线路和绕组就不能用一个集中参数元件来代替，而要考虑沿线上参数的分布性，即用分布参数来表征这些元件的特征。而分布参数的过渡过程实质上就是电磁波的传播过程，简称为波过程。

2. 波沿线路传播的过程

以单导线线路为例，如图 7-1 所示，将传输线设想为许许多多无穷小的长度元 dx 串联而成，忽略线路损耗，用 L_0、C_0 表示每一单位长导线的电感和对地电容。

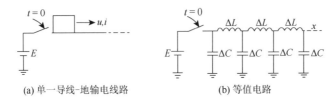

(a) 单一导线-地输电线路　　　　(b) 等值电路

图 7-1　波沿均匀无损单导线的传播

在 $t=0$ 时开关 S 合上，首端突然加上电压 u，靠近电源的线路电容立即充电，同时向相邻的电容放电。由于电感的存在，较远处的电容要间隔一段时间才能充上一定的电荷。充电电容在导线周围建立起电场，并再向更远处的电容放电。这就是电压波以一定的速度沿 x 方向传播。

在电容充放电时，将有电流流过导线的电感，在导线的周围建立起磁场。因此和电压波相对应，有一电流波以同样速度沿 x 方向流动。实质上电压波和电流波沿线路的流动就是电磁波传播的过程。这种电压波、电流波以波的形式沿导线传播称为行波。

3. 波阻抗

电磁波沿线路的传播是一个统一体，以线路为零状态时为例，来分析电压波和电流波之间的联系。在图 7-1 中，当 $t=0$ 开关合闸以后，设在时间 t 时，向 x 方向传播的电压波和电流波到达 x 点。在这段时间内，长度为 x 的导线的电容 C_0x 充电到 u，获得的电荷为 C_0xu，这些电荷是在时间 t 内通过电流波 i 送过来的，因此

$$C_0xu = it \tag{7-1}$$

另外，在同样时间 t 内，长度为 x 的导线已建立起电流 i。这一段导线的总电感为 L_0x，所产生的磁链为 L_0xi。这些磁链是在时间 t 内建立的，因此导线上的感应电势为

$$u = L_0xi / t \tag{7-2}$$

将式（7-1）式（7-2）中消去 t，可以得到反映电压波和电流波的关系为

$$Z = \frac{u}{i} = \sqrt{\frac{L_0}{C_0}} \qquad (7\text{-}3)$$

式中：Z 为波阻抗，Ω，其值取决于单位长度线路电感 L_0 和对地电容 C_0，与线路长度无关。

已知单位长度导线的电容和电感分别为

$$C_0 = \frac{2\pi\varepsilon_0\varepsilon_r}{\ln\dfrac{2h_c}{r}} \quad (\text{F/m}) \qquad (7\text{-}4)$$

$$L_0 = \frac{\mu_0\mu_r}{2\pi}\ln\frac{2h_c}{r} \quad (\text{H/m}) \qquad (7\text{-}5)$$

$$\varepsilon_0 = \frac{1}{4\pi\times 9\times 10^9} \quad (\text{F/m}) \qquad (7\text{-}6)$$

$$\mu_0 = 4\pi\times 10^{-7} \quad (\text{H/m}) \qquad (7\text{-}7)$$

式中：ε_0 为真空介电常数；ε_r 相对介电常数；μ_0 为真空导磁率；μ_r 为相对导磁率；h_c 为导线对地平均高度；r 为导线半径。

把 L_0、C_0 代入式（7-3）得

$$Z = \frac{1}{2\pi}\sqrt{\frac{\mu_0\mu_r}{\varepsilon_0\varepsilon_r}}\ln\frac{2h_c}{r} \qquad (7\text{-}8)$$

对架空线，$Z = 60\ln\dfrac{2h_c}{r} = 138\lg\dfrac{2h_c}{r}$ （Ω），一般单导线架空线路 $Z\approx 500$ （Ω）。可以看出，波阻抗不但与线路周围介质有关，且与导线的半径和悬挂高度有关。

对于电缆，$\mu_r = 1$，磁通主要分布在芯线和外皮之间，故 L_0 较小；又因芯线和外皮间距离很近，故 C_0 比架空线路大得多。因此电缆的波阻抗比架空线要小得多，大约为十几欧至几十欧不等。

4. 波速

从式（7-1）和式（7-2）中消去 u 和 i，可得到波的传播速度

$$v = \frac{x}{t} = \frac{1}{\sqrt{L_0 C_0}} \qquad (7\text{-}9)$$

把单位长导线的 L_0、C_0 代入式（7-9）得

$$v = \frac{1}{\varepsilon_0\varepsilon_r\mu_0\mu_r} = \frac{3\times 10^8}{\sqrt{\mu_r\varepsilon_r}} \qquad (7\text{-}10)$$

从式（7-10）看到：波的传播速度与导线几何尺寸、悬挂高度无关，而仅由导线周围的介质确定。

对架空线，$\mu_r = 1$，$\varepsilon_r = 1$，则 $v = 3\times 10^8\,\text{m/s} = C$，即真空中的光速。

对于电缆，$\mu_r = 1$，$\varepsilon_r = 4$，则 $v\approx 1.5\times 10^8\,\text{m/s}\approx C/2$，约为光速的一半。

5. 电磁场能量

对波的传播也可以从电磁能量的角度来分析。在单位时间里，波走过的长度为 l，在这段导线的电感中流过的电流为 i，在导线周围建立起磁场，相应的能量为 $\frac{1}{2}lL_0i^2$。由于电流对线路电容充电，使导线获得电位，其能量为 $\frac{1}{2}lC_0u^2$。根据式（7-3），有 $u = iZ$，则不难证明

$$\frac{1}{2}lL_0i^2 = \frac{1}{2}lL_0\left(\frac{u}{Z}\right)^2 = \frac{1}{2}lL_0\frac{C_0}{L_0}u^2 = \frac{1}{2}lC_0u^2 \tag{7-11}$$

这就是说，电压、电流沿导线传播的过程，就是电磁场能量沿导线传播的过程，而且导线在单位时间内获得的电场能量和磁场能量相等。

7.1.2　波动方程

1. 波动方程的推导

为了推导分布参数线路的波动方程，可以从图 7-1 中取一回路来进行研究。令 x 为线路首端到线路某一点的距离，每一单元长度具有电感 $L_0\mathrm{d}x$ 和电容 $C_0\mathrm{d}x$，如图 7-2 所示。线路上的电压 $u(x, t)$、电流 $i(x, t)$ 都是距离和时间的函数。

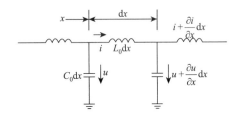

图 7-2　分布参数回路的某一环

根据图 7-2 的回路，以基尔霍夫（kirchhoff）定律为依据，并略去二价无穷小，可以建立起以下的联立偏微分方程

$$\begin{cases} -\dfrac{\partial u}{\partial x} = L_0\,\dfrac{\partial i}{\partial t} \\ -\dfrac{\partial i}{\partial x} = C_0\,\dfrac{\partial u}{\partial t} \end{cases} \tag{7-12}$$

式（7-12）表明导线上电压变化是由导线上电感压降引起的，导线上电流变化是由导线对地电容分流所引起的。显然，上述方程对于线路上任何一点 x 和对于任何时间 t 而变化的电流和电压都是适用的。

将式（7-12）第一个方程对 x 再求导数，第二个方程对 t 再求导数，然后消去 i 可以

得到如下二阶偏微分方程

$$\frac{\partial^2 u}{\partial x^2} = L_0 C_0 \frac{\partial^2 u}{\partial t^2} \tag{7-13}$$

同理可得

$$\frac{\partial^2 i}{\partial x^2} = L_0 C_0 \frac{\partial^2 i}{\partial t^2} \tag{7-14}$$

式（7-13）和式（7-14）就是描述线路上 x 点在时间 t 的电压和电流的波动方程，属于自变量 x 和 t 的二阶偏微分方程。

因此，上述波动方程所描述的线路上的电压和电流不仅是时间 t 的函数，而且也是距离 x 的函数。应用拉普拉斯变换和延迟定理，不难求得波动方程的通解

$$\begin{cases} u(x,t) = u_q(x-vt) + u_f(x+vt) = u^+ + u^- \\ i(x,t) = \dfrac{1}{Z}\Big[u_q(x-vt) + u_f(x+vt) \Big] = i^+ + i^- \end{cases} \tag{7-15}$$

式中：$v = \dfrac{1}{\sqrt{L_0 C_0}}$。

2. 波动方程通解的物理意义

1）波形由前行波和反行波叠加而成

由式（7-15）可知，电压和电流的解都包括两个部分，一部分是（$x-vt$）的函数，另一部分是（$x+vt$）的函数。为了理解这两部分的物理意义，先来研究函数 $u_q(x-vt)$。

函数 $u^+ = u_q(x-vt)$ 说明，传输线各点的电压是随时间而变的。即 u^+ 不仅是距离 x 的函数，而且也是时间 t 的函数。即表示某时某处的电压是（$x-vt$）的函数，只要（$x-vt$）不变，电压就具有一定的值，而为了维持（$x-vt$）不变，x 就必须随着 t 而增加。换句话说，即具有一定电压值的点，必定随着时间推移，向 x 正方向前进。例如，当 $t=t_1$ 时，$u^+ = u_q(x-vt_1)$，代表一个按空间分布的波如图 7-3 中虚线所示，在 $x=a$ 时，电压值 $u^+ = u_q(a-vt)$。

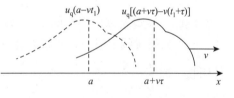

图 7-3　前行波的传播

当时间过去 τ 后，若令 $u^+ = u_q[x-v(t_1+\tau)] = u_q(a-vt_1)$，则可得 $x-(vt_1+\tau) = a-vt_1$，或 $x = a+v\tau$，即具有 $u_q(a-vt_1)$ 值的点已从坐标 a 移到 $a+\tau$ 处，这就是说，当时间过去 τ 后，空间波的各点都向 x 正方向移动了距离 $v\tau$，如图 7-3 中的实线所示，说明 $u^+ = u_q(x-vt)$ 代表一个任意形状的以速度 v 沿 x 正方向运动的行波，称为前行波。同样可以说明，$u^- = u_f(x+vt)$ 是以速度 v 沿 x 负方向传播的行波，称为反行波。

式（7-15）说明任何时刻在线路上的任何点的电压，都可能由一个前行波电压和一个反行波电压叠加而成。同样，线路上任何点的电流，都可能由一个前行波电流和一个反行波电流叠加而成。

2）波阻抗与波的运动方向

由式（7-3）可知，电压波和电流波的值是通过波阻抗 Z 互相联系。但不同极性的行波向不同方向传播，需要规定一定的正方向。电压波符号只取决于导线对地电容上相应电荷的符号，与运动方向无关。

电流波的符号不但与相应的电荷符号有关，而且与运动方向有关，我们一般以 x 正方向作为电流的正方向。这样，当前行波电压为正时，电流也为正，即电压波与电流波同号。但当反行波电压为正时，因为反行波电流与规定的电流正方向相反，所以应为负。在规定行波正方向前提下，前行波电压和前行波电流总是同号，而反行波电压和反行波电流总是异号，即

$$\begin{cases} \dfrac{u^+}{i^+} = Z \\[2mm] \dfrac{u^-}{i^-} = -Z \end{cases} \tag{7-16}$$

根据式（7-16），波动方程的通解又可以写成

$$\begin{cases} u(x,t) = u_q(x-vt) + u_f(x+vt) = u^+ + u^- \\[2mm] i(x,t) = \dfrac{1}{Z}\left[u_q(x-vt) + u_f(x+vt)\right] = \dfrac{u^+}{Z} - \dfrac{u^-}{Z} = i^+ + i^- \end{cases} \tag{7-17}$$

式中：$i^+ = \dfrac{u^+}{Z}$；$i^- = -\dfrac{u^-}{Z}$。

3）波阻抗的主要特点

分布参数的波阻抗与集中参数电路中的电阻有本质不同，这里着重指出它的几个主要特点。

（1）波阻抗表示具有同一方向的电压波和电流波大小的比值。电磁波通过波阻抗为 Z 的导线时，能量是以电磁能的形式储存在周围介质中，而不是被消耗掉。

（2）如果导线上既有前行波，又有反行波时，导线上总的电压和电流的比值不再等于波阻抗，即 $\dfrac{u(x,t)}{i(x,t)} = \dfrac{u_q + u_f}{i_q + i_f} = Z\dfrac{u_q + u_f}{u_q - u_f} \neq Z$。

（3）波阻抗 Z 的数值只和导线单位长度的电感和电容 L_0、C_0 有关，与线路长度无关。

（4）为了区别向不同方向运动的行波，Z 的前面应有正、负号，如式（7-16）所示。

7.2　行波的折射和反射

当行波传播到线路的某一节点时，线路的参数会突然发生改变，例如从波阻抗较大的架空线路运动到波阻抗较小的电缆线路，或相反地从电缆到架空线；这种情况也可以发生在行波传到接有集中阻抗的线路终点，因为节点前后波阻抗不同，而行波在节点前后都必须保持单位长度导线的电场能和磁场能总和相等的规律，所以必然要发生电磁场能量的重新分配，也就是说在节点上将发生行波的折射与反射。

7.2.1　折射波和反射波的计算

如图 7-4 所示，两个不同的波阻抗 Z_1 和 Z_2 相连于 A 点，设 u_{1q}、i_{1q} 是 Z_1 线路中的前行波电压和电流（图 7-4 中仅画出电压波），称为投射到节点 A 的入射波；在线路 Z_1 中的反行波 u_{1f}、i_{1f} 是由入射波在节点 A 的电压波、电流波的反射而产生的，称为反射波。波通过节点 A 以后在线路 Z_2 中产生的前行波 u_{2q}、i_{2q} 是由入射波经节点 A 折射到线路 Z_2 中去的波，称为折射波。为了简便，我们只分析线路 Z_2 中不存在反行波或 Z_2 中的反行波 u_{2f} 尚未到达节点 A 的情况。

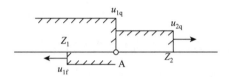

图 7-4　行波的折射与反射

因为在节点 A 处只能有一个电压值和电流值，即 A 点 Z_1 侧及 Z_2 侧的电压和电流在 A 点必须连续，所以必然有

$$u_{1q}+u_{1f}=u_{2q} \tag{7-18}$$

$$i_{1q}+i_{1f}=i_{2q} \tag{7-19}$$

因为 $i_{1q}=\dfrac{u_{1q}}{Z_1}$，$i_{2q}=\dfrac{u_{2q}}{Z_2}$，$i_{1f}=-\dfrac{u_{1f}}{Z_1}$，将它们代入式（7-19）可得

$$\frac{u_{1q}}{Z_1}-\frac{u_{1f}}{Z_1}=\frac{u_{2q}}{Z_2} \tag{7-20}$$

联立解式（7-18）和式（7-20），即可求得行波在线路节点 A 处的折、反射电压和入射电压的关系为

$$u_{2q}=\frac{2Z_2}{Z_1+Z_2}u_{1q}=\alpha_u u_{1q} \tag{7-21}$$

$$u_{1f}=\frac{Z_2-Z_1}{Z_1+Z_2}u_{1q}=\beta_u u_{1q} \tag{7-22}$$

式（7-21）中 α_u 表示折射波电压与入射波电压的比值，称为电压波折射系数。它的表达式

$$\alpha_u=\frac{2Z_2}{Z_1+Z_2}\quad（\alpha 值永远为正，且 0<\alpha<2） \tag{7-23}$$

式（7-22）中 β_u 表示反射波电压与入射波电压的比值，称为电压波反射系数。它的表达式为

$$\beta_u = \frac{Z_2 - Z_1}{Z_1 + Z_2} \quad (\beta \text{ 值可正可负，且} -1 \leqslant \beta \leqslant 1) \tag{7-24}$$

α 与 β 之间满足关系

$$\alpha = 1 + \beta \tag{7-25}$$

如果波阻抗为 Z_1 的导线在 A 点不是接到波阻抗为 Z_2 的导线，而是接在集中阻抗 Z_2 上，这时，边界条件、方程式和解仍然同上述一样，u_2 和 i_2（不用 u_{2q}、i_{2q} 表示）即代表集中阻抗 Z_2 上的电压和电流。

7.2.2　几种特殊条件下的折、反射波

1. 线路末端开路（$Z_2 \rightarrow \infty$）

如图 7-5 所示，当线路波阻抗为 Z_1 的末端为开路，射波 u_{1q} 入侵到末端 A 点时，将发生波的折射和反射。折射系数 $\alpha_u = \dfrac{2Z_2}{Z_1 + Z_2} = 2$；反射系数 $\beta_u = \dfrac{Z_2 - Z_1}{Z_1 + Z_2} = 1$。

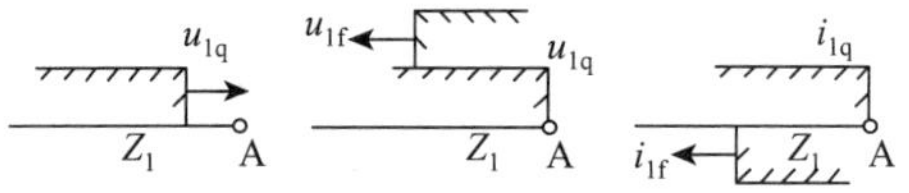

图 7-5　末端开路时，电压波和电流波

由式（7-21）和式（7-22）可得 $u_{2q} = 2u_{1q}$，$u_{1f} = u_{1q}$；同时，可求得反射电流和折射电流为

$$\begin{cases} \alpha_u = 2Z_2/(Z_1+Z_2)=2 \\ \alpha_i = 2Z_1/(Z_1+Z_2)=0 \\ \beta_u = (Z_2-Z_1)/(Z_1+Z_2)=1 \\ \beta_i = (Z_2-Z_1)/(Z_1+Z_2)=-1 \end{cases} \Rightarrow \begin{cases} u_{1f} = \beta_u u_{1q} = u_{1q} \\ u_{2q} = \alpha_u u_{1q} = 2u_{1q} \\ i_{1f} = \beta_i i_{1q} = -i_{1q} \\ i_{2q} = \alpha_i i_{1q} = 0 \end{cases}$$

上面计算表明，当波到达开路末端时，将发生全反射。全反射的结果是使线路末端电压上升到入射波电压的两倍。同时，电流波则发生了负的全反射，电流波负反射的结果是使线路末端的电流为零，也就是末端开路时，入射波的全部磁场能量将转变为电场能量。

2. 线路末端短路（$Z_2 = 0$）

如图 7-6 所示，线路末端短路，$Z_2 = 0$，$\alpha = 0$，$\beta = -1$。这样，$u_{2q} = 0$，$u_{1f} = -u_{1q}$

$$\begin{cases} \alpha_u = 2Z_2/(Z_1+Z_2)=0 \\ \alpha_i = 2Z_1/(Z_1+Z_2)=2 \\ \beta_u = (Z_2-Z_1)/(Z_1+Z_2)=-1 \\ \beta_i = (Z_2-Z_1)/(Z_1+Z_2)=1 \end{cases} \Rightarrow \begin{cases} u_{1f} = \beta_u u_{1q} = -u_{1q} \\ u_{2q} = \alpha_u u_{1q} = 0 \\ i_{1f} = \beta_i i_{1q} = i_{1q} \\ i_{2q} = \alpha_i i_{1q} = 2i_{1q} \end{cases}$$

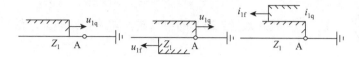

图 7-6　末端短路时，电压波与电流波

上面计算表明，当波到达短路的末端后将发生负的全反射，负反射的结果使线路末端电压下降为零。同时，电流波则发生正的全反射，电流波正的全反射的结果是使线路末端的电流上升为入射波电流的两倍。也就是末端短路时，入射波的全部电场能量将转变为磁场能量。

3. 线路末端接负载电阻 $R = Z_1$（$Z_2 = R$）

如图 7-7 所示，线路末端接负载电阻 $R = Z_1$，即 $Z_2 = R$，此时 $\alpha = 1$，$\beta = 0$。这样 $u_{2q} = 0$，$u_{1f} = 0$，线路 Z_1 上的电压 $u_1 = u_{1q} + u_{1f} = u_{1q}$；而 $i_{1f} = u_{1f}/{-Z_1} = 0$，$i_1 = i_{1q} + i_{1f} = u_{1q}/Z_1$。这时，入射波到线路末端 A 点时并不反射，和均匀导线的情况完全相同。入射波的电磁能量全部消耗在电阻 R 上。

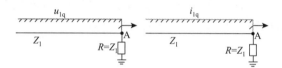

图 7-7　末端接负载电阻 $R = Z_1$ 时电压波和电流波

7.2.3　计算折射波的等值电路（彼德森法）

如图 7-8 所示为计算折射波的示意图和等值电路，图中一前行波 u_{1q}（用直角波表示）沿波阻抗为 Z_1 的线路传到波阻抗为 Z_2 的线路时，在节点 A 所引起的折射和反射，这里用集中参数的等值电路来求解问题。

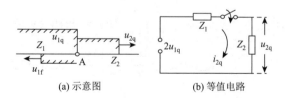

(a) 示意图　　　　　　　(b) 等值电路

图 7-8　计算折射波的示意图和等值电路

节点 A 的边界条件为

$$\begin{cases} u_{2q} = u_{1q} + u_{1f} \\ i_{2q} = i_{1q} + i_{1f} \end{cases} \tag{7-26}$$

把 $i_{1f} = -\dfrac{u_{1f}}{Z_1}$， $i_{1q} = \dfrac{u_{1q}}{Z_1}$ 代入式（7-26）的第二式，与第一式联立求解可以得到

$$2u_{1q} = u_{2q} + Z_1 i_{2q} \tag{7-27}$$

从式（7-27）可以看出，要计算分布参数线路上节点 A 的电压 u_2，可以应用图 7-8（b）的集中参数等值电路：①线路波阻抗 Z_1 用数值相等的集中参数电阻代替；②把线路上的入射电压波的两倍 $2u_{1q}$ 作为等值电压源。这就是计算折射波 u_2 的等值电路法则，称为彼德逊法则。

事实上，对节点 A 左边的线路，也可以应用戴维南定理，用集中参数的等值电压源来代替。等值电压源的电动势等于未接上 Z_2 时 A 点的电压，即末端开路时的电压 $2u_{1q}$；电源的内阻等于 A 点左边长线的波阻抗 Z_1。

利用这一法则，可以把分布参数电路中的波过程的许多问题，简化成我们所熟悉的集中参数电路的计算。必须指出，用式（7-27）计算折射波的等值电路有一定的适用范围，如果节点 A 两端的线路为有限长的话，则以上等值电路只适用于线路 Z 上没有反射波或反射波尚未到达节点 A 的情况。

【例 7-1】入射波 $u_{1q} = 100\ \mathrm{kV}$ 由架空线（$Z_1 = 500\ \Omega$）进入电缆（$Z_2 = 50\ \Omega$），参见图 7-8（a），求折射波电压、电流和反射波电压、电流。

解：

$$\begin{cases} \alpha_u = 2Z_2/(Z_1 + Z_2) = 0 \\ \alpha_i = 2Z_1/(Z_1 + Z_2) = 2 \\ \beta_u = (Z_2 - Z_1)/(Z_1 + Z_2) = -1 \\ \beta_i = (Z_2 - Z_1)/(Z_1 + Z_2) = 1 \end{cases} \Rightarrow \begin{cases} u_{1f} = \beta_u u_{1q} = -u_{1q} \\ u_{2q} = \alpha_u u_{1q} = 0 \\ i_{1f} = \beta_i i_{1q} = i_{1q} \\ i_{2q} = \alpha_i i_{1q} = 2i_{1q} \end{cases}$$

折射系数　　　　　$\alpha_u = \dfrac{2Z_2}{Z_1 + Z_2} = \dfrac{2 \times 50}{500 + 50} = \dfrac{2}{11}$

反射系数　　　　　$\beta_u = \dfrac{Z_2 - Z_1}{Z_1 + Z_2} = \dfrac{50 - 500}{500 + 50} = -\dfrac{9}{11}$

于是，折射波电压为　$u_{2q} = \alpha_u u_{1q} = \dfrac{2}{11} \times 100 = 18.18\ (\mathrm{kV})$

折射波电流为　　　$i_{2q} = \alpha_i u_{1q} = \dfrac{u_{2q}}{Z_2} = \dfrac{18.18}{50} = 0.36\ (\mathrm{kA})$

反射波电压为　　　$u_{1f} = \beta_u u_{1q} = -\dfrac{11}{9} \times 100 = -81.82\ (\mathrm{kV})$

反射波电流为　　　$i_{1f} = \dfrac{u_{1f}}{-Z_1} = \dfrac{81.82}{-500} = 0.16\ (\mathrm{kA})$

【例 7-2】某一变电站母线上接有 n 条线路，每条线路波阻抗为 Z，当一条线路落雷，电压 $u(t)$ 入侵变电站，如图 7-9（a）所示，求母线上的电压。

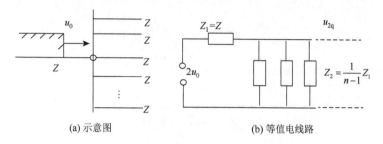

(a) 示意图　　　　　　　　(b) 等值电线路

图 7-9　波侵入变电站的示意图和等值线路

解：　　根据彼德森法，可以画出它的等值计算电路，线上的电压 $u_2(t)$ 计算如下

$$u_2(t) = \frac{2u(t)}{Z + \frac{Z}{n-1}} \frac{Z}{n-1} = \frac{2}{n}u(t)$$

可见，连接在母线上的线路越多，母线上的过电压越低，越有利于变电站降低雷电过电压。

7.3　行波通过串联电感和并联电容

集中的电感和电容是电力系统中常见的元件。在实际计算中，最常遇到的是行波经过与线路串联的电感和连接在线路与地之间的电容的情况。由于储能元件电感中的电流及电容上的电压都不能突变，这就对经过这些元件的折射波和反射波产生影响，使波形改变。下面分析线路上串联电感和并联电容的情况。

7.3.1　无限长直角波通过串联电感

图 7-10 表示无限长直角波投射到具有串联电感线路的情况。当波阻抗为 Z_2 的线路中的反行波未到达两线连接点时，其等值电路如图 7-10 所示，由此可以写出回路方程

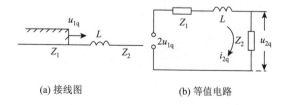

(a) 接线图　　　　　　　　(b) 等值电路

图 7-10　波通过串联电感（$Z_2 > Z_1$）

$$2u_{1q} = i_{2q}(Z_1 + Z_2) + L\frac{\mathrm{d}i_{2q}}{\mathrm{d}t} \qquad (7\text{-}28)$$

得

$$i_{2q} = \frac{2u_{1q}}{Z_1 + Z_2}(1 - e^{\frac{-t}{\tau_L}}) = \frac{2Z_1}{Z_1 + Z_2}i_{1q}(1 - e^{\frac{-t}{\tau_L}}) \qquad (7\text{-}29)$$

式中：τ_L 为该电路的时间常数。

于是

$$u_{2q} = i_{2q}Z_2 = \frac{2Z_2}{Z_1 + Z_2}u_{1q}(1 - e^{\frac{-t}{\tau_L}}) \qquad (7\text{-}30)$$

$$\alpha_u = 2Z_2/(Z_1 + Z_2)=0 \qquad (7\text{-}31)$$

式中：α_u 为折射系数。

可见，折射电流及电压都是由两部分组成：前一部分为与时间无关的强制分量，后一部分为随时间而衰减的自由分量。

当 $t = 0$ 时，$u_{2q} = 0$，$i_{2q} = 0$，当 $t \to \infty$ 时，

$$u_{2q} = i\frac{2Z_2}{Z_1 + Z_2}u_{1q}，\quad i_{2q} = \frac{2}{Z_1 + Z_2}u_{1q} \qquad (7\text{-}32)$$

可见无限长直角波穿过串联电感时，波头被拉长，变为指数波头的行波，串联的电感起到降低来波上升速率的作用，而电压、电流的稳态值与未经串联电感时一样。波头被拉长与电感 L 值有关，L 越大，$\tau_L = L/(Z_1 + Z_2)$ 就越大，波头就越长。

通过电感后折射波的陡度为

$$\alpha = \frac{du_{2q}}{dt} = \frac{2Z_2}{Z_1 + Z_2}u_{1q}\frac{1}{\tau_L}e^{\frac{-t}{\tau_L}} = \frac{2Z_2u_{1q}}{L}e^{\frac{-t}{\tau_L}} \qquad (7\text{-}33)$$

最大陡度出现在 $t = 0$ 时，即

$$\alpha_{max} = \frac{du_{2q}}{dt}\Big|_{t=0} = \frac{2Z_2u_{1q}}{L} \quad (kV/\mu s) \qquad (7\text{-}34)$$

而最大空间陡度为

$$\frac{du_{2q}}{dl}\Big|_{max} = \frac{du_{2q}}{dt}\Big|_{max}\frac{dt}{dl} = \frac{2Z_2u_{1q}}{Lv} \quad (kV/\mu s) \qquad (7\text{-}35)$$

由式（7-35）可看出降低电压波的陡度的有效办法是增加电感 L，但一般被保护设备的波阻抗 Z_2 很大，为使陡度降低到被保护设备的允许值，需很大的电感 L。因此采用串联电感的办法是不经济的。

下面再讨论反射波，因为

$$u_{2q} + L\frac{di_{2q}}{dt} = u_A = u_{1q} + u_{1f} \qquad (7\text{-}36)$$

$$i_{1f} = i_{2q} - i_{1q} = \frac{2Z_1}{Z_1 + Z_2}i_{1q}(1 - e^{\frac{-t}{\tau_L}}) - i_{1q} \qquad (7\text{-}37)$$

将式（7-32）代入上式得反射波电压为

$$u_{1f} = -Z_1i_{1f} = u_{1q} - \frac{2Z_1}{Z_1 + Z_2}u_{1q}(1 - e^{\frac{-t}{\tau_L}}) \qquad (7\text{-}38)$$

当 $t = 0$ 时，$u_{1f} = u_{1q}$，此时，$u_A = u_{1q} + u_{1f} = 2u_{1q}$。

当 $t \to \infty$ 时，$u_{1f} = \dfrac{Z_2 - Z_1}{Z_1 + Z_2} u_{1q} = \beta u_{1q}$，此时 $u_A = u_{1q} + u_{1f} = \dfrac{2Z_1}{Z_1 + Z_2} u_{1q} = u_B$。

所以在波到达电感瞬间，在线圈首端的电压将上升到 $2u_{1q}$，之后逐渐下降到稳定值，此值与电感无关，仅由波阻 Z_1、Z_2 决定，此时 A、B 两点电压相等。

反射波电流

$$i_{1f} = -\frac{u_{1f}}{Z_1} = -\frac{Z_2 - Z_1}{Z_1 + Z_2}\frac{u_{1q}}{Z_1} - \frac{2u_{1q}}{Z_1 + Z_2}\mathrm{e}^{\frac{-t}{\tau_L}} \qquad (7\text{-}39)$$

当 $t = 0$ 时，$i_{1f} = -i_{1q}$，此时，$i_A = i_{1q} + i_{1f} = 0$。

当 $t \to \infty$ 时，
$$i_{1f} = -\frac{Z_2 - Z_1}{Z_1 + Z_2}\frac{u_{1q}}{Z_1} \qquad (7\text{-}40)$$

在波到达电感瞬间，在线圈首端电流下降为零，然后逐渐上升到稳定值，此值取决于 Z_1、Z_2 的大小。

无限长直角波穿过串联电感的电压波形如图 7-11 所示。当幅值为 U_{1q} 的无限长直角波投射到电感线圈上时，通过线圈的电流在最初瞬间是零，然后才逐渐增大。因为在线圈中的磁能不能突变，所以穿过电感在 Z_2 上传播的电压与电流都是由零逐渐增大，然后达到稳定值。同时反射波的波形也不再是直角波，因为波作用到电感线圈的最初瞬间相当于波到达线路开路的末端一样，反射波在此瞬间值为 U_{1q}，使电感线圈首端的电压上升到 $2U_{1q}$ 以后，反射的电压从幅值 U_{1q} 逐渐下降，最后达到稳定值。

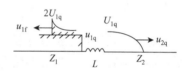

图 7-11　直角波穿过串联电感的电压波形

7.3.2　无限长直角波通过并联电容

图 7-12（a）表示无限长直角波投射到具有并联电容接线时的情况。当波阻抗为 Z_2 的线路中的反行波未到达两线连接点，其等值电路如图 7-12（b）所示，由此可得

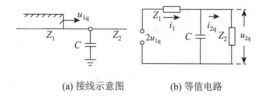

(a) 接线示意图　　　　(b) 等值电路

图 7-12　无限长直角波穿过并联电容的接线示意图及等值电路

$$2u_{1q} = i_1 Z_1 + i_{2q} Z_2$$

$$i_1 = i_{2q} + C\frac{\mathrm{d}u_{2q}}{\mathrm{d}t} = i_{2q} + CZ_2\frac{\mathrm{d}i_{2q}}{\mathrm{d}t} \tag{7-41}$$

解联立方程得到

$$i_{2q} = \frac{2u_{1q}}{Z_1 + Z_2}(1 - \mathrm{e}^{\frac{-t}{\tau_c}}) \tag{7-42}$$

$$u_{2q} = i_{2q} Z_2 = \frac{2Z_2}{Z_1 + Z_2}u_{1q}(1 - \mathrm{e}^{\frac{-t}{\tau_c}}) \tag{7-43}$$

$$\tau_C = \frac{Z_1 Z_2}{Z_1 + Z_2}C \tag{7-44}$$

$$\alpha = \frac{2Z_2}{Z_1 + Z_2} \tag{7-45}$$

式中：τ_C 为该电路的时间常数；α 为折射系数。

可见电流及电压也由两部分组成：前一部分为与时间无关的强制分量；后一部分为随时间而衰减的自由分量。

当 $t = 0$ 时，$u_{2q} = 0$，$i_{2q} = 0$。

当 $t \to \infty$ 时，

$$u_{2q} = \frac{2Z_2}{Z_1 + Z_2}u_{1q} = \alpha u_{1q} \tag{7-46}$$

可见无限长直角波经过并联电容时，电压和电流都随时间从零渐增至稳定值，波头被拉平。通过电容后，折射波的陡度为

$$\alpha = \frac{\mathrm{d}u_{2q}}{\mathrm{d}t} = \frac{2Z_1}{Z_1 + Z_2}u_{1q}\frac{1}{\tau_c}\mathrm{e}^{\frac{-t}{\tau_c}} = \frac{2u_{1q}}{Z_1 C}\mathrm{e}^{\frac{-t}{\tau_c}} \tag{7-47}$$

最大陡度出现在 $t = 0$ 时，即

$$\alpha_{\max} = \frac{\mathrm{d}u_{2q}}{\mathrm{d}t}\Big|_{t=0} = \frac{2u_{1q}}{Z_1 C} \quad (\mathrm{kV/\mu s}) \tag{7-48}$$

而最大空间陡度为

$$\frac{\mathrm{d}u_{2q}}{\mathrm{d}l}\Big|_{\max} = \frac{2u_{1q}}{Z_1 C v} \tag{7-49}$$

从最大陡度表示式中可看出，最大陡度与 Z_2 无关，而与 Z_1 和 C 有关。故为了获得更小的陡度，采用并联电容较采用串联电感更为经济。

下面再讨论反射波，因为

$$u_{1q} + u_{1f} = u_A = u_{2q} \tag{7-50}$$

所以反射波电压

$$u_{1f} = u_{2q} - u_{1q} = \frac{Z_2 - Z_1}{Z_1 + Z_2}u_{1q} - \frac{2Z_2}{Z_1 + Z_2}u_{1q}\mathrm{e}^{\frac{-t}{\tau_c}} = \frac{2Z_2}{Z_1 + Z_2}u_{1q}(1 - \mathrm{e}^{\frac{-t}{\tau_c}}) - u_{1q} \tag{7-51}$$

反射波电流

$$i_{1f} = \frac{Z_2 - Z_1}{Z_1 + Z_2} \frac{u_{1q}}{Z_1} + \frac{2Z_2}{Z_1 + Z_2} \frac{u_{1q}}{Z_1} \mathrm{e}^{\frac{-t}{\tau_c}} = -\frac{2Z_2}{Z_1 + Z_2} i_{1q}(1 - \mathrm{e}^{\frac{-t}{\tau_c}}) + i_{1q} \qquad (7\text{-}52)$$

当 $t = 0$ 时，$u_{1f} = -u_{2q}$，$i_{1f} = i_{1q}$，此时 $i'_A = i_{1q} + i_{1f} = 2i_{1q}$。

当 $t \to \infty$ 时，$u_{1f} = \dfrac{Z_2 - Z_1}{Z_1 + Z_2} u_{1q} = \beta u_{1q}$，此时

$$u_A = u_{1q} + u_{1f} = \frac{2Z_2}{Z_1 + Z_2} u_{1q} = \alpha u_{1q}, \quad i_{1f} = \frac{Z_2 - Z_1}{Z_1 + Z_2} \frac{u_{1q}}{Z_1} \qquad (7\text{-}53)$$

所以在波到达电容瞬间，电流发生正的全反射，使连接点 A 的电流上升到 $2i_{1q}$ 之后逐渐下降到稳定值，在电压和电流趋于稳定后，它们的值与电容 C 无关，而仅取决于 Z_1 和 Z_2 的大小。

无限长直角波通过并联电容的电压波形如图 7-13 所示。当幅值为 U_{1q} 的无限长直角波投射到具有并联电容的线路时，因为电容上的电压不能突变，所以当波投射的瞬间，电容器的电压等于零，全部电场能量均转变为磁场能量，从而流经电容器的电流等于入射波电流的两倍，而在波阻抗为 Z_2 的线路上电流将为零。然后，电容开始充电，在它上面的电压开始增加，在电容后面线路也就出现了电压前行波，使电容上的电压从零增加到稳态值。

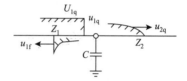

图 7-13　直角波旁过并联电容的电压波形

【例 7-3】假定发电机的波阻抗 Z_2 为 800 Ω，如果电机前面与电缆相接，电缆波阻抗为 50 Ω，波在电机内的传播速度 v 为 6×10^7 m/s，其匝间耐压为 600 V，每匝长度为 3 m。若沿电缆有 100 kV 的无限长直角波入侵，求为保护发电机匝间绝缘所需串联的电感或并联的电容的数值。

解：允许来波的空间最大陡度

$$\frac{\mathrm{d}u_{2q}}{\mathrm{d}l}\Big|_{\max} = \frac{0.6}{3} = 0.2 \ (\mathrm{kV/m})$$

当用串联电感时

$$L = \frac{2Z_2 u_{1q}}{v \dfrac{\mathrm{d}u_{2q}}{\mathrm{d}l}\Big|_{\max}} = \frac{2 \times 800 \times 100}{6 \times 10^7 \times 0.2} = 13.3 \times 10^{-3} \ (\mathrm{H})$$

当用并联电容时

$$C = \frac{2u_{1q}}{Z_1 v \dfrac{\mathrm{d}u_{2q}}{\mathrm{d}l}\Big|_{\max}} = \frac{2 \times 100}{50 \times 6 \times 10^7 \times 0.2} = 0.33 \times 10^{-6} \ (\mathrm{F})$$

显然，0.33 μF 的电容比 13.3 mH 的电感线圈的成本低得多，故一般都采用并联电容的方案。

7.4 行波的多次折、反射

在实际电网中，线路的长度总是有限的，例如在两段架空线中间加一段电缆，或用一段电缆将发电机连到架空线上，此时夹在中间的这一段线路就是有限长的。在这些情况下，波在两个结点之间将发生多次折、反射。本节将介绍用网格法计算行波的多次折、反射及串联三导线典型参数配合时波过程的特点。

7.4.1 用网格法计算波的多次折、反射

用网格法计算波的多次折、反射的特点，是用网格图把波在结点上的每次折、反射的情况，按照时间的先后逐一表示出来，从而可以比较容易地求出结点在不同时刻的电压值。下面以计算波阻抗各不相同的三种导线互相串联时结点上的电压为例，介绍网格法的具体应用。

图 7-14 所示一波阻抗为 Z_0、长度为 l_0 的线段连接于波阻为 Z_1 及 Z_2 的线路之间，假设波阻为 Z_1、Z_2 的线路是无限长的。

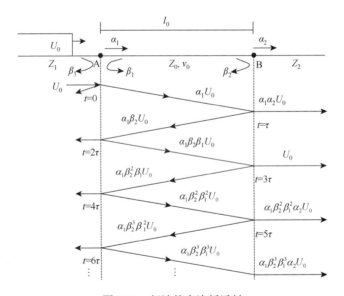

图 7-14　行波的多次折返射

若有一无限长直角波 U_0 自线路 Z_1 向线路 Z_2 入侵，则波在波阻为 Z_0 的线路的两个点 A、B 之间将发生多次反射。设波由 A 向 B 方向前进时在点 A 的折射系数为 α_1，在点 B 的折射系数为 α_2，反射系数为 β_2；当波由 B 向 A 方向前进时在点 A 的反射系数为 β_1，则

$$\begin{cases} \alpha_1 = \dfrac{2Z_0}{Z_1 + Z_0}, & \alpha_2 = \dfrac{2Z_2}{Z_0 + Z_2} \\[2mm] \beta_1 = \dfrac{Z_1 - Z_0}{Z_1 + Z_0}, & \beta_2 = \dfrac{Z_2 - Z_0}{Z_0 + Z_2} \end{cases} \tag{7-54}$$

入侵波 U_0 自线路 Z_1 到达点 A，在点 A 上发生折、反射，折射波 $\alpha_1 U_0$ 在线路 Z_0 上传播，经过 l_0/v 时间后（v 为波速）到达点 B，在点 B 上又发生折、反射，折射波 $\alpha_1\alpha_2 U_0$ 自点 B 沿 Z_2 向前传播，反射波 $\beta_2\alpha_1 U_0$ 返回向点 A 传播，经 l_0/v 时间后又到达点 A，在点 A 上又发生折、反射，反射波 $\beta_1\beta_2\alpha_1 U_0$ 经 l_0/v 时间后又到达点 B……C 以此类推。图 7-14 为上述过程计算用行波网格图。若以入射波 U_0 到达点 A 为时间起点，则根据网格图可以很容易地写出点 B 在不同时刻的折射波电压为

$$0 \leqslant t < \tau : u_B = 0;$$

$$\tau \leqslant t < 3\tau : u_B = \alpha_1\alpha_2 U_0;（第一次折、反射后）$$

$$3\tau \leqslant t < 5\tau : u_B = \alpha_1\alpha_2 U_0 + \alpha_1\beta_1\beta_2\alpha_2 U_0;（第二次折、反射后）$$

$$5\tau \leqslant t < 7\tau : u_B = \alpha_1\alpha_2[1 + \beta_1\beta_2 + (\beta_1\beta_2)^2]U_0;（第三次折、反射后）$$

……

式中：$\tau = l_0 / v_0$。

当经过 n 次折、反射后，也即当 $2(n-1)\tau \leqslant t < 2(n+1)\tau$ 时，点 B 上的折射波电压为

$$u_B = \alpha_1\alpha_2[1 + \beta_1\beta_2 + (\beta_1\beta_2)^2 + \cdots + (\beta_1\beta_2)^{n-1}]U_0 = \alpha_1\alpha_2 U_0 \frac{1-(\beta_1\beta_2)^n}{1-\beta_1\beta_2} \tag{7-55}$$

当 $t \to \infty$，即 $n \to \infty$ 时，则 $(\beta_1\beta_2)^n \to 0$，点 B 上的折射波电压为

$$u_B = \alpha_1\alpha_2 U_0 \frac{1-(\beta_1\beta_2)^n}{1-\beta_1\beta_2} = \frac{2Z_2}{Z_1 + Z_2}U_0 = \alpha U_0 \tag{7-56}$$

不难看出，式（7-56）中的 $\alpha = \dfrac{2Z_2}{Z_0 + Z_2}$ 也就是波从波阻抗 Z_1 的线路直接向波阻抗为 Z_2 的线路传播时的折射系数。它说明折射波电压的最终值只由波阻抗 Z_1 和 Z_2 决定，而与中间线路的波阻抗 Z_0 无关。也就是说，中间线路的存在只会影响到折射波的波头，而不会影响到它的最终值。

7.4.2　串联三导线典型参数配合时波过程的特点

从上面分析已知，串联三导线的中间导线会影响到折射波的波头。依据与之串联的另外两导线波阻抗 Z_1、Z_2 参数的不同配合，其影响的程度是不同的。下面我们分析几种典型的参数配合时波过程的特点。

1. $Z_1 > Z_0 > Z_2$

根据式（7-54），当 $Z_1 > Z_0 > Z_2$ 时，$\beta_1 = \dfrac{Z_1 - Z_0}{Z_1 + Z_0} > 0$，$\beta_2 = \dfrac{Z_2 - Z_0}{Z_2 + Z_0} < 0$，$\alpha_1 < 1$，$\alpha_2 < 1$，由式（7-55）可知，$u_{2q}$ 的波形是一个振荡波，振荡周期为 $4l/v$，如图 7-15（a）所示。由于 α_1 和 $\alpha_2 < 1$，所以波的幅值较低，当时间很长以后，振荡波趋于稳定，其幅值为 $u_{2q} = \dfrac{2Z_2}{Z_1 + Z_2}U_0$。

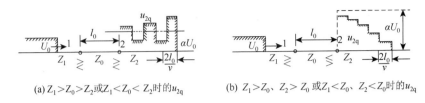

(a) $Z_1>Z_0>Z_2$或$Z_1<Z_0<Z_2$时的u_{2q}　　　(b) $Z_1>Z_0$、$Z_2>Z_0$或$Z_1<Z_0$、$Z_2<Z_0$时的u_{2q}

图 7-15　各种不同参数下的波过程

2. $Z_1<Z_0<Z_2$

这种情况下$\beta_1<0$、$\beta_2>0$、$\alpha_1>1$、$\alpha_2>1$，折射波u_{2q}的振荡波形表亦如图 7-15（a）所示，波的幅值较高，当时间很长以后，振荡波趋于稳定，其幅值为$u_{2q}=\dfrac{2Z_2}{Z_1+Z_2}U_0$。

3. $Z_1>Z_0$、$Z_2>Z_0$

根据式（7-35），$\beta_1>0$、$\beta_2>0$、$\alpha_1<1$、$\alpha_2>1$，由式（7-36）可知，u_{2q}的波形是逐渐增加的，如图 7-15（b）所示。从图 7-15（b）可知，线路Z_0的存在降低了Z_2中折射波u_{2q}的陡度，可以近似认为，u_{2q}的最大陡度等于第一个折射电压$\alpha_1\alpha_2 U_0$除以时间$2l_0/v$，即

$$\left.\frac{du_{2q}}{dt}\right|_{\max}=\left.\frac{du_{2q}}{dt}\right|_{t=0}=U_0\frac{2Z_0}{Z_1+Z_0}\times\frac{2Z_2}{Z_2+Z_0}\times\frac{v}{2l_0} \tag{7-57}$$

若Z_1和Z_2远大于Z_0，则

$$\left.\frac{du_{2q}}{dt}\right|_{\max}=\frac{2U_0}{Z_1}\times Z_0\frac{v}{l_0}=\frac{2U_0}{Z_1 C} \tag{7-58}$$

式中：C为导线Z_0的对地电容。这表明导线Z_0的作用相当于在线路Z_1与Z_2的连接点上并联一电容，其电容量为导线名的对地电容值。

4. $Z_1<Z_0$、$Z_2<Z_0$

这种情况下，$\beta_1<0$、$\beta_2<0$、$\alpha_1>1$、$\alpha_2<1$，由式（7-36）可知，u_{2q}的波形也是逐渐增加的，如图 7-15（b）所示。

若Z_0远大于Z_1和Z_2，则

$$\left.\frac{du_{2q}}{dt}\right|_{\max}=\frac{2U_0}{Z_0}\times Z_2\frac{v}{l_0}=\frac{2U_0 Z_2}{L} \tag{7-59}$$

式中：L为导线Z_1的电感值。这表明导线Z_0的作用相当于在线路Z_1和Z_2之间串联一电感，电感量为导线Z_0的电感值。

7.5　行波在平行多导线系统中的传播

以大地为回路的单导线线路的情况，实际上输电线路都是由多根平行导线组成的。此时波沿一根导线传播时空间的电磁场将作用到其他平行导线，使其他导线出现相应的耦合波。本节将介绍在平行于地面的多导体系统中波的传播情况。

7.5.1　平行多导线系统中的传播方程

在假定线路无损耗的情况下，沿线路传播的波可看成是平面电磁波，电场和磁场的力线皆位于与导线垂直的平面内。这样，导线上波过程的形成，可以看作为导线上电荷 Q 运动的结果。从静电场概念出发，对一个平行多导线系统来说，电荷是相对静止的，由导线上的电荷产生的空间各点的对地电位，可以从麦克斯韦的静电方程式出发进行研究。

如图 7-16 所示 n 根平行导线系统，我们做如下假设。

（1）n 根平行导线与地面平行；导线 1, 2, …, k, …, n 单位长度上的电荷量分别为 Q_1, Q_2, …, Q_k, …, Q_n；其半径分别为 h_1, h_2, …, h_k, …, h_n；对地的距离分别为 h_1, h_2, …, h_k, …, h_n；它们与地面的镜像分别为 1′, 2′, …, k', …, n'。

（2）系统的电介质的介电系数不随电场强度而变（这种系统称为线性系统）。

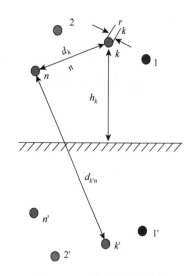

图 7-16　n 根平行导线系统

对于这样一个线性系统，第 k 根导线对地电位 u_k，除了本身导线上的电荷产生外，还有第 1, 2, …, $(k-1)$, $(k+1)$, …, n 根导线上的电荷在第 k 根导线上产生的电位。因此 u_k 的对地电位可以利用迭加原理，把由于本身电荷及系统中的其他电荷在第 k 根导线上产生的电位统统加起来。这样，根据线性系统的迭加原理，n 根导线对地电位可列出如下方程组

$$\begin{cases} u_1 = \alpha_{11}q_1 + \alpha_{12}q_2 + \cdots + \alpha_{1n}q_n \\ u_2 = \alpha_{21}q_1 + \alpha_{22}q_2 + \cdots + \alpha_{2n}q_n \\ \qquad \cdots \qquad\qquad \cdots \\ u_k = \alpha_{k1}q_1 + \alpha_{k2}q_2 + \cdots + \alpha_{kn}q_n \\ u_n = \alpha_{n1}q_1 + \alpha_{n2}q_2 + \cdots + \alpha_{nn}q_n \end{cases} \tag{7-60}$$

式中：α_{kk} 为导线 k 的自电位系数；α_{kn} 为导线 k 与导线 n 间的互电位系数。

自电位系数的含义可表示为

$$\alpha_{kk} = \frac{u_k}{Q_k}\bigg|_{Q_1=Q_2=\cdots=Q_{k-1}=Q_{k+1}=\cdots=Q_n=0} \tag{7-61}$$

即在一个系统中，第 k 根导线的自电位系数表示为：除其本身导线以外，其他 $n-1$ 根导线上的电荷全为零时，第 k 根导线的电位 u_k 与其第 k 根导线电荷 Q_k 的比值。因为第 k 根导线单位长度对地电容 $C_k = Q_k/u_k$，所以 $\alpha_{kk} = 1/C_{kk}$，即自电位系数实际上就是第 k 根导线单位长度导线对地电容的倒数。这样，自电位系数 α_{kk} 可表示为

$$\alpha_{kk} = \frac{1}{2\pi\varepsilon_r\varepsilon_0}\ln\frac{2h_k}{r_k} \tag{7-62}$$

互电位系数 α_{kn} 的含义可表示为

$$\alpha_{kn} = \frac{u_k}{Q_n}\bigg|_{Q_1=Q_2=\cdots=Q_{k-1}=Q_k=Q_{k+1}=\cdots=Q_{n-1}=0} \tag{7-63}$$

即在一个系统中，第 k 根导线与第 n 根导线的互电位系数表示为：除第 n 根导线以外，其他 $n-1$ 根导线上的电荷全为零时，由 Q_n 在第 k 根导线上产生的电位 u_k 与 Q_k 的比值。根据电磁场理论，已知第 n 根线上的电荷 Q_n 在第 k 根导线上产生的电位为

$$u_k = \frac{Q_n}{2\pi\varepsilon_r\varepsilon_0}\ln\frac{d_{kn}}{d_{k'n}} \tag{7-64}$$

所以

$$\alpha_{kj} = \frac{1}{2\pi\varepsilon_r\varepsilon_0}\ln\frac{d_{kn}}{d_{k'n}}$$

式中：d_{kn} 为导线 k 与导线 n 间的距离；$d_{k'n}$ 为导线 k 与导线 n' 的镜像间的距离。

在式（7-60）右边各项分别乘以 v/v，其中 v 为波的传播速度，并以 $i=Qv$ 代入，可得

$$\begin{cases} u_1 = z_{11}i_1 + z_{12}i_2 + \cdots + z_{1n}i_n \\ u_2 = z_{21}i_1 + z_{22}i_2 + \cdots + z_{2n}i_n \\ \qquad\cdots\qquad\qquad\cdots \\ u_k = z_{k1}i_1 + z_{k2}i_2 + \cdots + z_{kn}i_n \\ u_n = z_{n1}i_1 + z_{n2}i_2 + \cdots + z_{nn}i_n \end{cases} \tag{7-65}$$

式中：Z_{kk} 为导线的自波阻抗；Z_{kn} 为导线 k 与 n 间的互波阻抗。

导线 k 与 n 靠得越近，则 Z_{kn} 越大。可求得 Z_{kk} 和 Z_{kj} 为

$$z_{kk} = \frac{\alpha_{kk}}{C} = 60\ln\frac{2h_k}{r_k} \tag{7-66}$$

$$z_{kj} = z_{jk} = \frac{\alpha_{kj}}{C} = 60\ln\frac{d_{kn}}{d_{k'n}} \tag{7-67}$$

上述平行多导线的电位方程仅考虑线路上只有单行波时的情况，若导线上同时有前行波和反行波存在时，则有 n 根导线系统中的每一根导线（如第 k 根导线）可以列出下列方程组

$$\begin{cases} u_k = u_{kq} + u_{kf} \\ i_k = i_{kq} + i_{kf} \\ u_{kq} = Z_{k1}i_{1q} + Z_{k2}i_{2q} + \cdots + Z_{kn}i_{nq} \\ u_{kf} = -(Z_{k1}i_{1f} + Z_{k2}i_{2f} + \cdots + Z_{kn}i_{nf}) \end{cases} \tag{7-68}$$

式中：u_{kq}、u_{kf} 分别为导线 k 上的前行波电压和反行波电压；i_{kq}、i_{kf} 分别为导线 k 中的前行波电流和反行波电流。

n 根导线就可以列出 n 个方程组，加上边界条件就可以分析多导线系统中的波的传播问题。

7.5.2　典型实例

【例 7-5】两导线系统，如图 7-17（a）所示，其中 1 为避雷线，2 为对地绝缘的导线。

假定雷击塔顶，避雷线上有电压波 u_1 传播，求避雷线与导线之间绝缘上所承受的电压。

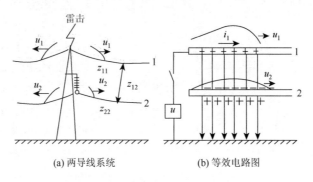

(a) 两导线系统　　　　　　(b) 等效电路图

图 7-17　避雷线与导线的耦合系数

解：对地绝缘的导线 2 上没有电流，但由于它处在导线行波产生的电磁场内，也会出现电压波，对此系统可列出下列方程

$$u_1 = z_{11}i_1 + z_{12}i_2$$
$$u_2 = z_{21}i_1 + z_{22}i_2$$

边界条件：$i_2 = 0$，导线间电位差为

$$\Delta u = u_1 - u_2 = \left(1 - \frac{z_{21}}{z_{11}}\right)u_1 = (1-k)u_1$$

导线 2 电压为

$$u_2 = \frac{z_{21}}{z_{11}}u_1 = ku_1$$

式中：k 为导线 1 对 2 的耦合系数。因为 $z_{21} < z_{11}$，故 $k < 1$，其值为 0.2～0.3。当计及 k 时，绝缘子串上承受的电压降低，k 越大，降低越多。k 是输电线路防雷中的一个重要参数。

$$k_{1\text{-}2} = \frac{z_{21}}{z_{11}}$$

如图 7-17（b）所示，导线 2 获得了与 u_1 同极性的对地电压 u_2，这样导线之间的电位差 Δu 为

$$\Delta u = u_1 - u_2 = \left(1 - \frac{z_{21}}{z_{11}}\right)u_1 = (1-k)u_1$$

分析上式可知，当不计耦合系数时，绝缘子串承受的电压为 u_1。当计及耦合系数时，绝缘子串上承受的电压为 $(1-k)u_1$。可以很清楚地看到，k 越大，电压差越小，越有利于绝缘子串的安全运行。由此可见，耦合系数对防雷保护有很大的影响。在有些多雷地区，为了减少绝缘子串上的电压，有时在导线下面架设耦合地线，以增大耦合系数。

【例 7-6】某 220 kV 输电线路架设双避雷线，它们通过金属杆塔彼此连接，各项数值如图 7-18 所示。雷击塔顶时，求避雷线 1，2 对导线 3 的耦合系数。

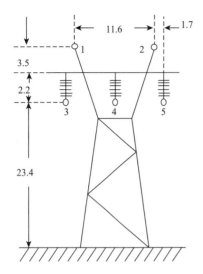

图 7-18　220 kV 线路杆塔（尺寸单位：m）

解：列方程

$$u_1 = z_{11}i_1 + z_{12}i_2 + z_{13}i_3$$
$$u_2 = z_{21}i_1 + z_{22}i_2 + z_{23}i_3$$
$$u_3 = z_{31}i_1 + z_{32}i_2 + z_{33}i_3$$

因为避雷线 1、2 的离地高度和半径都一样，所以，边界条件：$z_{11} = z_{22}$，$z_{12} = z_{21}$，$z_{13} = z_{31}$，$z_{23} = z_{32}$，$i_1 = i_2$，$i_3 = 0$，$u_1 = u_2 = u$，则

$$u_1 = z_{11}i_1 + z_{12}i_2$$
$$u_2 = z_{21}i_1 + z_{22}i_2$$
$$u_3 = z_{31}i_1 + z_{32}i_2$$

即

$$u_3 = \frac{z_{13} + z_{23}}{z_{11} + z_{12}}u = ku$$

$$K_{c1,2\text{-}3} = \frac{z_{13} + z_{23}}{z_{11} + z_{12}}u = \frac{z_{13}/z_{11} + z_{23}/z_{11}}{1 + z_{12}/z_{11}} = \frac{K_{c13} + K_{c23}}{1 + K_{c12}}$$

式中：$k_{1,2\text{-}3}$ 为避雷线 1、2 对导线 3 的耦合系数；k_{13}，k_{23}，k_{12} 分别为导线 1 对 3，2 对 3，1 对 2 之间的耦合系数。

【例 7-7】如图 7-19 所示为行波沿缆芯缆皮传播的示意图，分析电缆芯和缆皮的耦合关系。

解：设沿单芯电缆有一电流波 i_1 传播，沿电缆皮有电流 i_2 传播，缆芯与缆皮为二平行导线系统，因为产生的磁通完全与缆芯匝链，所以缆皮的自波阻抗 Z_{22} 等于缆皮与缆芯间的互波阻抗 Z_{12}，而缆芯中的电流 i_1 产生的磁通仅部分与缆皮匝链，则缆芯的自波阻抗 Z_{11} 大于缆芯与缆皮间的互波阻抗 Z_{12}，即 $Z_{11} > Z_{12}$。

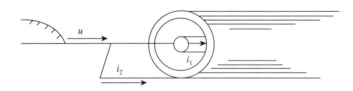

图 7-19　行波沿缆芯缆皮传播

现若缆芯与缆皮同时有一相同电压波 u 传入，则可列出方程

$$u = Z_{11}i_1 + Z_{12}i_2$$
$$u = Z_{21}i_1 + Z_{22}i_2$$

即

$$Z_{11}i_1 + Z_{12}i_2 = Z_{21}i_1 + Z_{22}i_2$$

但因 $Z_{11} = Z_{22}$，而 $Z_{11} > Z_{22}$，在此条件下仍要满足上式，则 i_1 必须为零，即沿缆芯应无电流通过，全部电流被"驱逐"到缆皮中去。其物理含义为：当电流在缆皮上传播时，缆芯上就被感应出与缆皮电压相等的电动势，阻止了缆芯中电流的流通。此现象与导线中

的集肤效应相同，在直配发电机的防雷保护传线中得到广泛的应用。

7.6　冲击电晕对线路波过程的影响

7.1～7.5 节中，在研究行波沿导线传播时，假定波的能量并不散失，也就是说，没有考虑线路中的损耗。波在理想的无损线路上传播是没有衰减和变形的，但实际上由于导线和大地有电阻，导线与大地间有漏电导，行波在传播过程中，总要在这些电阻、电导上消耗掉本身的一部分能量，因而使行波产生衰减和变形。但在高压输电线路上引起行波的衰减和变形的主要原因，是在行波的高电压作用下导线上出现的冲击电晕。本节将着重研究冲击电晕对线路波过程的影响。

7.6.1　冲击电晕的形成和特点

当线路受到雷击或出现操作过电压时，若导线上的冲击电压幅值超过起始电晕电压，会在导线上发生电晕，称为冲击电晕。导线发生冲击电晕以后，会在导线周围出现发亮的光圈，我们称它为电晕圈（套），根据冲击电压的极性不同，电晕圈（套）可分为正极性电晕圈和负极性电晕圈。极性对电晕的发展有很大的影响：当产生正极性冲击电晕时，在空间的正电荷加强了距导线较远处的电位梯度，有利于电晕的发展，使电晕圈不断扩大，因此对波的衰减和变形比较大；而对负极性冲击电晕，在空间的正电荷削弱了电晕圈外部的电场，使电晕不易发展，对波的衰减和变形比较小。因为雷电大部分是负极性的，所以在过电压计算中应该以负冲击电晕的作用作为计算依据。

7.6.2　电晕对导线上波过程的影响

1. 使导线的耦合系数增大

当导线上出现电晕以后，相当于增大了导线的半径，即导线与其他导线间的耦合系数增大了。7.3 节所述的不考虑电晕时的耦合系数，耦合系数的值只取决于导线的几何尺寸及其相互位置，所以又称为几何耦合系数知。出现电晕后，耦合系数以原来的值增大到 k_0 可以表示为

$$k = k_1 \cdot k_0 \qquad (7\text{-}69)$$

其中：k_1 为耦合系数的电晕校正系数。

电压越高，k_1 值越大，《交流电气装置的过电压保护和绝缘配合》（DL/T 620—1997）规程建议按表 7-1 选取。

表 7-1　耦合系数的电晕修正系数

线路额定电压/kV	20～35	60～110	154～330	500
两条避雷线	1.10	1.20	1.25	1.28
一条避雷线	1.15	1.25	1.30	—

2. 使导线的波阻抗和波速减小

出现电晕后导线对地电容增大，由式（7-3）、式（7-9）可知，导线的波阻抗和波速将下降。DL/T 620—1997 规程建议在雷击杆塔时，如果不出现电晕，则导线和避雷线的波阻抗可取为 4000 Ω，两根避雷线的波阻抗取为 250 Ω，此时波速可近似取为光速。由于雷击避雷线档距中央时电位较高，电晕比较强烈，DL/T 620—1997 规程建议，在一般计算时避雷线的波阻抗可取为 350 Ω，波速可取为 0.75 倍光速。

3. 使波在传播过程中幅值衰减，波形畸变

由电晕引起的行波衰减与变形的典型图形如图 7-20 所示。

$$\Delta\tau = l\left(0.5 + \frac{0.008u}{h}\right) \tag{7-70}$$

式中：l 为行波传播距离，km；u 为行波电压值，kV；h 为导线平均悬挂高度，m。

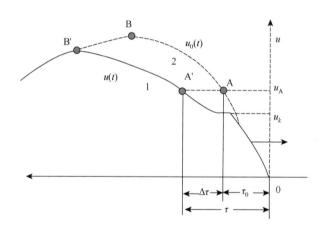

图 7-20　波的衰减与变形

图中曲线 1 表示原始波形，曲线 2 表示行波传播距离 l 后的波形。从图中可以看到当电压高于电晕起始电压 u_k 后，波形就开始出现剧烈的畸变。我们可以把这种波形变化看成是电压高于 u_k 的各点由于电晕使线路的对地电容增大从而以小于光速的速度向前运动所产生的结果。如图中在电压低于 u_k 的部分，由于不发生电晕仍以光速前进，而电压大于 u_k 的 A 点由于产生了电晕，它就以比光速小的速度 v_k 前进，在行经距离 l 后它就落后了时间 $\Delta\tau$ 而变成图中 A′ 点，也就是说，由于电晕的作用使行波的波头拉长了。$\Delta\tau$ 与行波传播距离 l 有关，与电压 u 有关，DL/T620—1997 规程建议采用如下经验公式

利用冲击电晕会使行波衰减和变形的特性，常用设置进线段作为变电站防雷的一个主要保护措施。

7.7　变压器绕组中的波过程

电力系统中的波过程还会发生在变压器的绕组中。在雷电冲击波作用下，变压器绕组不应再等值成为仅由电感元件组成的集中参数电路，而应看作是由许多电感、对地电容、纵向电容等单元元件组成的分布参数电路，这些单元元件的数值由变压器绕组的结构所决定。变压器是电力系统中的关键设备，绕组中的波过程和线路的波过程又有所不同，为了防止雷电侵入波的危害，需要研究变压器绕组中的波过程。由于绕组结构复杂，为了求取不同波形的冲击电压作用下绕组各点对地电压及各点间电位差随时间的分布规律，完全依靠理论分析方法有时是不可行的，通常用瞬变分析仪在实体上进行的试验或模拟试验的方法来解决这个问题。为了掌握绕组中波过程的基本规律，本节将分析直流电压 U_0 突然合闸于绕组简化等值电路的情况。

7.7.1　变压器绕组的简化等值电路

变压器绕组每匝都具有自感，相互之间有互感，而且绕组对地有电容，相互之间也有纵向电容；此外，绕组还具有代表铜损和铁损的有效电阻以及代表绝缘损耗的漏电导。为了研究方便，先以单相绕组出发，假定绕组的结构是均匀的，并且略去匝间的互感及绕组的损耗，就可以得到变压器绕组的简化等值电路如图 7-21 所示，其中 K_0、C_0、L_0 分别是绕组单位长度的纵向（段间）电容、对地电容和电感，l 是绕组长度（不是导线长度）。绕组末端（中性点）可能接地，也可能不接地，可用图中开关 S 的不同位置来表示。

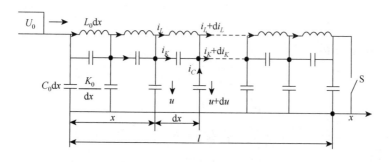

图 7-21　变压器绕组等值电路

由于冲击波作用于绕组在波首、波尾时的等值电路中各元件的作用变化，与其相对应的波过程变化规律不同，我们可将绕组的电位分布按时间区分为三个不同阶段：直角波开始作用瞬间，由 C_0、K_0 决定电位的起始分布；无限长直角波长期作用时（即 t 趋于无穷），仅由绕组直流电阻决定的稳态电压分布；由起始阶段向稳态过渡时，即 $t = 0$ 起到时间趋向无穷大阶段。

7.7.2 绕组中的初始电压分布

当绕组电压突然合闸于如图 7-21 所示的等值电路时，因为电感中电流不能突变，所以在合闸瞬间（$t=0$）电感中不会有电流流过，则图 7-21 的等值电路可进一步简化为如图 7-22 所示的等值电路。

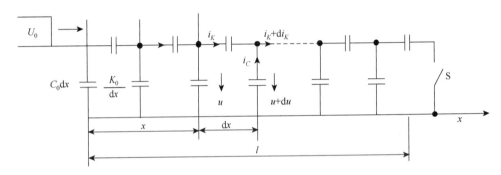

图 7-22　$t=0$ 瞬间绕组的等值电路

若距离绕组首端为 x 处的电压为 u，纵向电容 $K_0/\mathrm{d}x$ 上的电荷为 Q，对地电容 $C_0\mathrm{d}x$ 上的电荷为 $\mathrm{d}Q$，则可写出下列方程

$$\begin{cases} Q = \dfrac{K_0}{\mathrm{d}x}(-\mathrm{d}u) & (7-71) \\[2mm] -\mathrm{d}Q = C_0\mathrm{d}xu & (7-72) \end{cases}$$

将式（7-71）对 x 的微分

$$\frac{\mathrm{d}Q}{\mathrm{d}x} = K_0 \frac{\mathrm{d}^2 u}{\mathrm{d}x^2} \tag{7-73}$$

代入式（7-72），得

$$\frac{\mathrm{d}^2 u}{\mathrm{d}x^2} - \frac{C_0}{K_0}u = 0 \tag{7-74}$$

其解为

$$u = A\mathrm{e}^{\alpha x} + B\mathrm{e}^{-\alpha x} \tag{7-75}$$

式中：$\alpha = \sqrt{\dfrac{C_0}{K_0}}$，$A$、$B$ 由初始条件决定。

1. 绕组末端接地（图 7-22 中开关 S 闭合时）

在绕组首端（$x=0$）处，有 $u=U_0$；在绕组末端（$x=l$）处，有 $u=0$，$u|_{x=0}=U_0$，$u|_{x=l}=0$，于是

$$\begin{cases} A+B=U_0 \\ A\mathrm{e}^{\alpha l}+B\mathrm{e}^{-\alpha l}=0 \end{cases} \tag{7-76}$$

解上式得

$$A = \frac{U_0 e^{-\alpha l}}{e^{\alpha l} - e^{-\alpha l}}, \quad B = \frac{U_0 e^{\alpha l}}{e^{\alpha l} - e^{-\alpha l}} \tag{7-77}$$

把 A、B 代入式（7-75），便得到

$$u = \frac{U_0}{e^{\alpha l} - e^{-\alpha l}} (e^{\alpha(l-x)} + e^{-\alpha(l-x)}) \tag{7-78}$$

或

$$u = U_0 \frac{\operatorname{sh}\alpha(l-x)}{\operatorname{sh}\alpha l} \tag{7-79}$$

它是无限长直角波到达绕组的瞬间（$t=0$）绕组上的各点的对地电位分布，称为起始电位分布。图 7-23（a）表示绕组末端接地情况下，不同的 αl 值时绕组起始电压的分布曲线。

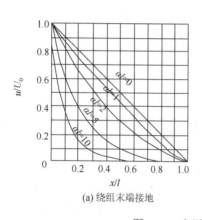
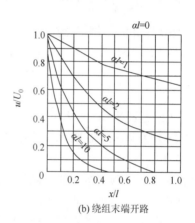

图 7-23　电压沿绕组的起始分布

2. 绕组末端开路（图 7-22 中开关 S 打开时）

在绕组首端（$x=0$）处，$u=U_0$；在绕组末端（$x=l$）处的 $K_0/\mathrm{d}x$ 上的电荷为零，即 $K_0 \dfrac{\mathrm{d}u}{\mathrm{d}x}\bigg|_{x=l} = 0$，$u\big|_{x=0} = U_0$，$\dfrac{\mathrm{d}u}{\mathrm{d}x}\bigg|_{x=l} = 0$。

于是

$$\begin{cases} A + B = U_0 \\ A e^{\alpha l} - B e^{-\alpha l} = 0 \end{cases} \tag{7-80}$$

解上式得

$$A = \frac{U_0 e^{-\alpha l}}{e^{\alpha l} + e^{-\alpha l}}, \quad B = \frac{U_0 e^{\alpha l}}{e^{\alpha l} + e^{-\alpha l}} \tag{7-81}$$

把 A、B 代入式（7-77），便得到

$$u = \frac{U_0}{e^{\alpha l} + e^{-\alpha l}} (e^{\alpha(l-x)} + e^{-\alpha(l-x)}) \tag{7-82}$$

或

$$u = U_0 \frac{\mathrm{ch}\alpha(l-x)}{\mathrm{ch}\alpha l} \tag{7-83}$$

图 7-23（b）表示了绕组末端开路情况下，不同的 αl 值时绕组起始电压的分布曲线。

由式（7-79）、式（7-83）及图 7-23（a）、（b）可以看出，绕组的起始电压分布和绕组的 αl 值有关，一般的变压器 αl 之值为 5～10，当 $\alpha l = 10$ 时，$\mathrm{e}^{-\alpha l}$ 与 $\mathrm{e}^{\alpha l}$ 相比是很小的，可将其略去，这样 $\mathrm{sh}\,\alpha l \approx \mathrm{ch}\,\alpha l \approx 1/2\mathrm{e}^{\alpha l}$ 于是，无论绕组末端是否接地，可用一个公式表示，即

$$u(x) = U_0\mathrm{e}^{-\alpha x} = U_0\mathrm{e}^{-\alpha l\frac{x}{l}} \tag{7-84}$$

由式（7-84）可知，绕组中的起始电压分布是很不均匀的，其不均匀程度与 αl 有关。把 αl 改写成 $\alpha l = \sqrt{\dfrac{C_0 l}{k_0/l}}$，可见绕组中的起始电压分布取决于全部对地电容 $C_0 l$ 与全部纵向电容 k_0/l 的相对比值。同时看到，较大部分电压降落在绕组首端附近，并且在 $x = 0$ 处电位梯 $\mathrm{d}u/\mathrm{d}x$ 最大。由式（7-85）可求得首端梯度的绝对值为

$$\left.\frac{\mathrm{d}u}{\mathrm{d}x}\right|_{x=0} = \alpha U_0 = \frac{U_0}{l}\alpha l \tag{7-85}$$

式中：U_0/l 为绕组的平均电位梯度。

式（7-85）表明，$t = 0$ 瞬间，绕组首端的电位梯度将比平均值大 αl 倍。一般连续式绕组 $\alpha l \approx 5 \sim 15$。

试验表明，变压器绕组中的电磁振荡过程在 10 μs 以内尚未发展起来，在这期间，变压器绕组电感中电流很小，可以忽略，这样绕组电位分布仍与起始分布相近。因此在雷电冲击波作用下分析变电站防雷保护时，变压器对于变电站中波过程的影响可用一集中电容 C_T 来代替，C_T 称为变压器的入口电容。由式（7-85）可得

$$C_\mathrm{T} = \frac{Q_{x=0}}{U_0} = \frac{1}{U_0}K_0\left(\frac{\mathrm{d}u}{\mathrm{d}x}\right)_{x=0} = \frac{1}{U_0}K_0\alpha U_0 = K_0\alpha = \sqrt{C_0 K_0} = \sqrt{C_0 l\frac{K_0}{l}} = \sqrt{CK} \tag{7-86}$$

可见，变压器入口电容是绕组全部对地电容与全部匝间电容的几何平均值。它与变压器额定电压与容量有关，各种电压等级的变压器入口电容值可参考表 7-2。

表 7-2　变压器入口电容值

变压器额定电压/kV	35	110	220	330	500
入口电容/pF	500～1000	1000～2000	1500～3000	2000～5000	4000～6000

7.7.3　绕组中的稳态电压分布

1. 绕组末端接地

当 $t \to \infty$ 时，在电压 U_0 的作用下，绕组的稳态电压将按绕组电阻分配，因为绕组电

阻是均匀的，所以其稳态电压分布也是均匀的，如图 7-24（a）曲线 2，其电压分布可表示为

$$u_x\big|_{t\to\infty} = U_0\left(1-\frac{x}{l}\right) \qquad\qquad （7\text{-}87）$$

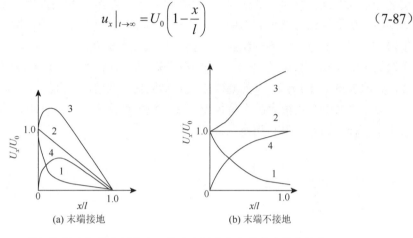

(a) 末端接地　　　　　　　　　(b) 末端不接地

图 7-24　单相绕组中起始电压分布、稳态电压分布和最大电位包络线

2. 绕组末端开路

当 $t\to\infty$ 时，绕组各点的电位均为 U_0，即 $u_x\big|_{t\to\infty} = U_0$，如图 7-24（b）曲线 2。

7.7.4　绕组中的振荡过程

由于变压器绕组中的初始电压分布和稳态分布不相同，从初始分布到稳态分布必然有一过程，此过程因电感、电容间的能量转换而具有振荡性质，振荡的激烈程度和起始分布与稳态分布的差值直接相关。将振荡过程中绕组各点出现的最大电位记录下来并连起来成为最大电位包络线。作为定性分析，通常将稳态分布与初始分布的差值分布[图 7-24（a）、（b）中曲线 4]叠加在稳态分布上，如图 7-24（a）、（b）中曲线 3，用来近似地描述绕组中各点最大电位包络线，即

$$U_{\max} = U_\infty + (U_\infty - U_0) = 2U_\infty - U_0 \qquad\qquad （7\text{-}88）$$

式中：U_∞、U_0 分别表示稳态与起始电压。

显然，用式（7-88）来定性分析绕组中各点最大电位是比较方便的。由图 7-24 可知，对末端接地的绕组，最大电位将出现在绕组首端附近，其值将达 $1.4U_0$ 左右；末端开路的绕组中最大电位将出现在绕组末端附近，其值将达 $2U_0$ 左右。实际上由于绕组内的损耗，最大值将低于上述数值。

7.7.5　侵入波波形对振荡过程的影响

变压器绕组在侵入波的影响下，其振荡过程与侵入波电压的陡度有关。当侵入波波头

较长时，陡度较小，上升速度也较慢，则绕组的初始电压分布受电感和电阻的影响，更接近于稳态分布，振荡就会缓和一些，绕组各点对地电位和电位梯度的最大值也将会降低；反之当侵入波波头短时，陡度较大，上升速度快，绕组内的振荡过程将很激烈。此外，在运动中变压器绕组可能受到截断波的作用，例如，雷电波侵入变电站后，若由于排气式避雷器动作或其他电气设备的绝缘闪络而使侵入波突然截断，如图 7-25（a）所示，此时变压器的入口电容与线段 l 的电感将会形成振荡回路。此截断波可以看成两个分量 u_1 与 u_2 的叠加，如图 7-25（b）所示，u_2 的幅值接近 u_1 截断值的两倍，而且陡度很大，如图 7-25（c）所示，会在绕组中产生很大的电位梯度，危及绕组纵绝缘。实测表明，截波作用下绕组内的最大电位梯度将比全波作用时大。

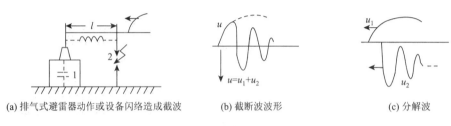

(a) 排气式避雷器动作或设备闪络造成截波　　　(b) 截断波波形　　　(c) 分解波

图 7-25　冲击截波及其波形分解

7.7.6　改善绕组中电压分布的方法

由以上分析可知，初始电压分布与稳态电压分布的差异是绕组内产生振荡过电压的根本原因。因此，改变初始电压分布，使之接近稳态电压分布，就可以降低绕组的对地过电压和最大的电位梯度。由于 al 值越小，绕组起始电压分布越接近稳态电压分布。显然，减小 C_0 或者增大 K_0 均可减小 al 值，故工程中通常采用横向补偿与纵向补偿两种保护措施，以减小侵入波引起的电磁振荡过程的危害。

1. 补偿对地电容 $C_0\mathrm{d}x$

由于对地电容 $C_0\mathrm{d}x$ 的分流作用，流经各纵向电容 $K_0/\mathrm{d}x$ 的电流不同，造成绕组首端的电位梯度增大，这是引起绕组初始电压分布不均匀的主要原因。如在绕组首端装设电容环和电容匝，减小 C_0 的影响，这种补偿方式称为横向补偿，其原理结构和电气接线如图 7-26 所示，电容环和电容匝与绕组首端相连，电容环（匝）与高压绕组间的电容为 $C_b\mathrm{d}x$，由于电容环及等值电路（匝）等的作用，流经图中 $C_b\mathrm{d}x$ 的电流部分补偿了由绕组流经对地电容 $C_0\mathrm{d}x$ 的电流，从而起到了均压的效果。但对于 220 kV 以上电压等级的变压器，这种方法会使变压器的体积和质量显著增大，因此，此方法的应用有一定的局限性。

2. 增大纵向电容 $K_0\mathrm{d}x$

增大纵向电容 $K_0\mathrm{d}x$，使绕组对地电容 $C_0\mathrm{d}x$ 的影响相对减小，这种补偿方式称为纵向

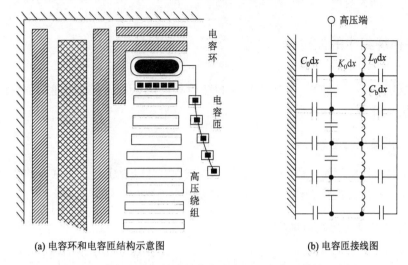

(a) 电容环和电容匝结构示意图　　　　(b) 电容匝接线图

图 7-26 　 变压器绕组绝缘结构中电容环和电容匝结构示意图

补偿。图 7-27 中给出了纠结式绕组与普通连续式绕组的电气接线和等值匝间电容的比较，假定每个匝间电容为 K，连续式时两个线饼间的纵向电容为 $K/8$，而纠结式绕阻时达到 $K/2$，可见，纠结式绕组的纵向电容比连续式的大得多，一般纠结式绕组的 al 值只有 1.5 左右，这样其初始电压分布就比较接近，稳态电压分布振荡过程也要缓和得多。现在高压大容量变压器的绕组已较普遍采用此类结构。

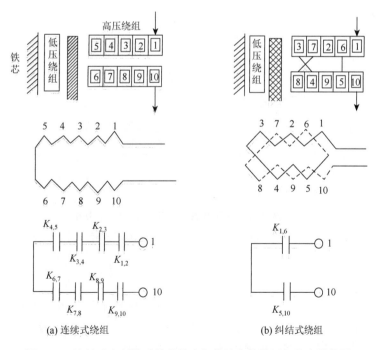

(a) 连续式绕组　　　　　(b) 纠结式绕组

图 7-27 　 连续式和纠结式绕组的电气接地和等值匝间电容结构图

7.7.7　三相绕组中的波过程

三相绕组的波过程的基本规律与单相绕组相同。依据三相绕组的不同接线方式，下面分别进行介绍。

1. 中性点接地的星形接线

当变压器高压绕组是中性点接地的星形接线时，可以看成是三个独立的绕组，不论单相、两相或三相进波都可看作与单相绕组的波过程相同。

2. 中性点不接地的星形接线

中性点不接地的星形接线三相变压器，当冲击电压波单相入侵时[假设从 A 相入侵，如图 7-28（a）所示]，因为绕组对冲击波的阻抗远大于线路波阻抗，所以可认为在冲击波作用下 B、C 两相绕组的端点是接地的，绕组电压的起始分布与稳态分布如图 7-28（b）中的曲线 1、2 所示。因为稳态时绕组电压按电阻分布，所以中性点 O 的稳态电压为 $1/3U_0$（U_0 为 A 绕组首端进波电压），因而在振荡过程中中性点 O 的最大对地电位将不超过 $2/3U_0$。当冲击电压波沿两相入侵时，可用叠加法来计算绕组中各点的对地电位。A、B 两相各自单独进波时中性点电位可达 $2/3U_0$，A、B 两相同时进波时，中性点最大电位可达 $4/3U_0$，超过了首端的进波电压。当 A、B、C 三相同时进波时，与末端不接地的单相绕组的波过程相同，中性点最大电位可达首端进波电压的两倍。

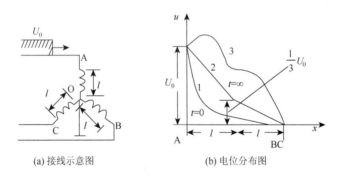

(a) 接线示意图　　　　　　　(b) 电位分布图

图 7-28　星形接线单相进波时的电压分布

1—初始分布；2—稳态分布；3—最大电压包络线

3. 三角形接线

三角形接线的三相变压器，当冲击电压波沿单相入侵时[假定从 A 相入侵，如图 7-29（a）所示]，因为绕组对冲击波的阻抗远大于线路波阻抗，所以 B、C 两端点相当于接地。因此在 AB、AC 绕组的波过程与末端接地的单相绕组相同。

两相和三相进波时可用叠加法进行分析，三相进波接线如图 7-29（b）所示。图 7-29（c）表示三相进波时沿绕组的初始电压分布与稳态电压分布，图中曲线 1、曲线 2、曲线 3 为绕组各点对地最大电压包络线,绕组中部对地电位最高可达 2 倍 U_0。

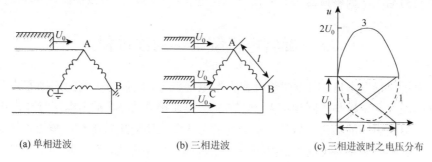

(a) 单相进波   (b) 三相进波   (c) 三相进波时之电压分布

图 7-29 三角形接线单相和三相进波

1—初始分布;2—稳态分布;3—最大电压包络线

7.7.8 冲击电压在绕组间的传递

当冲击电压波入侵变压器的高压绕组时,会在低压绕组中产生过电压。波由高压绕组向低压绕组传播的途径有两个:一个是通过静电感应的途径,另一个是通过电磁感应的途径,现分别简述如下。

1. 绕组间的静电感应

当冲击电压开始加到一次绕组时,因为电感中电流不能突变,一、二次绕组的等值电路都是电容链,且绕组之间又存在电容耦合,所以一、二次绕组上都立刻形成了各自的起始电位分布。当二次绕组开路时,传递到它上面的最大电压发生在一次绕组首端相对应的端点上,其数值可由简化公式估算。若绕组 I 首端所加的电压波幅值是 U_0(图 7-30),则绕组 II 上对应端的静电分量 U_2 为

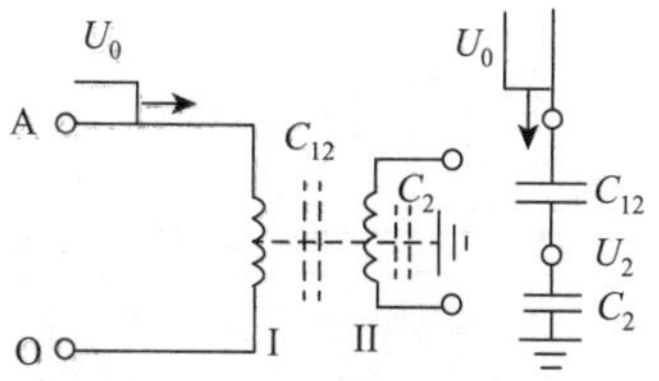

图 7-30 变压器绕组间的静电耦合

$$U_2 = \frac{C_{12}}{C_{12} + C_2} U_0 \qquad (7\text{-}89)$$

式中:C_{12} 绕组为 I、II 间的电容;C_2 为绕组 II 的对地电容。

一般说来,低压绕组通常和很多线路或电缆连接,故 C_2 远大于 C_{12},即静电分量较小,一般没有危险。但是,对于三绕组变压器,如果高压和中压侧均处于运行状态而低压侧开路,则电容 C_2 较小,当由高压侧或中压侧进波时,静电耦合分量有可能危及低压绕组的绝缘,需要采取保护措施。

2. 绕组间的电磁感应

一次绕组在冲击电压作用下,绕组电感中会逐渐通过电流,所产生的磁通将在二次绕组中感应出电压,这就是电磁耦合分量。电磁耦合分量按绕组间的变比传递,它的大小与一、二次绕组的接线方式,及一次绕组是单相、两相或三相进波等情况有关。由于与低压

绕组其相对的冲击强度（冲击试验电压与额定相电压之比）较高压绕组大得多，凡高压绕组可以耐受的电压（加避雷器保护）按变比传递至低压侧时，对低压绕组也无危害。

7.8　旋转电机绕组中的波过程

旋转电机包括发电机、同步调相机和大型电动机等，它们与电网的连接方式有通过变压器与电网相连和直接与电网相连两种。在前一类连接方式下，雷击电网时冲击电压波将先通过变压器绕组间的传递后再传到旋转电机，实践证明对旋转电机的危害性不大。在直接与电网相连的方式下，雷电冲击电压将直接自线路传至电机，对电机的危害性很大，需要采取相应的保护措施。为了能够正确地制定旋转电机的防雷保护措施，需要掌握旋转电机绕组在冲击电压作用下波过程的基本规律。

旋转电机绕组可分为单匝和多匝两大类，大功率高速电机通常是单匝的，小功率低速电机或电压较高的电机往往是多匝的。

对于单匝绕组，因为不存在匝间电容（纵向电容为 k_0/dx），所以此类绕组的等值接线就与输电线路相同。对于多匝绕组，匝间电容显然是存在的，但是考虑到在运行中的电机大都采用了限制侵入波陡度的措施，使得侵入电机的冲击电压的波头已很平缓，故匝间电容的作用也就相应减弱，如果略去其作用，则多匝绕组的等值接线也可以与输电线路相同，这样电机绕组就可以用波阻抗和波速的概念来表征其波过程规律。由于槽内部分和端接部分的 L_0、C_0 不同，其波阻抗与波速也不相同，因此电机绕组的波阻抗和波速均为平均值。

电机绕组的波阻抗与电机的额定电压、容量和转速等有关。额定电压增高，每槽匝数将增多，绕组绝缘层也增厚，会使 L_0 增大，而 C_0 减小，因而波阻抗增大。电机容量越大，导线截面也越大，每槽匝数减少，使得 C_0 增大而 L_0 减小，因而波阻抗减小。例如，电机绕组端接部分的波速接近光速，而槽内部分的波速比光速低很多，为 $10\sim23$ m/μs。试验数据说明，波速也随电机容量增大而减小。因为容量增大时，定子的轴向尺寸增大，这使槽内绕组的波速在平均波速中所占比重增大，因此随着容量的增加平均波速趋于槽内的波速。因为低速电机的定子的轴向尺寸小，而绕组端

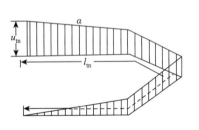

图 7-31　汽轮发电机绕组中的平均波速与电机容量的关系曲线图

部长度所占比重较大，所以平均波速就比高速电机的快。汽轮发电机绕组中的平均波速与电机容量的关系曲线如图 7-31 所示。

波在电机绕组中传播，与波在输电线路中传播不同，它存在可观的铁损耗、铜损耗和介质损耗（主要是铁损耗），因而随着波的传播，波将较快地衰减和变形。

波到达中性点并返回时，其幅值已衰减得很小，其陡度也已极大地缓和了，因此，在估计绕组中最大电位差时，可以认为是由侵入绕组的前行波造成的，并且最大电位差将出现在绕组首端。

若入侵波的陡度为 α 绕组一匝长度为 l_{tn}，平均波速为 v，则作用在匝间绝缘上的电压 u_{tn} 可以表示为

$$u_{tn} = \alpha \frac{l_{tn}}{v} \qquad\qquad (7\text{-}90)$$

由式（7-89）可知，匝间电压与入侵波陡度 α 成正比，α 很大时，匝间电压将超过匝间绝缘的冲击耐压值而发生击穿事故。试验结果表明，为了保护匝间绝缘，必须将入侵波陡度 α 限制在 5 kV/μs 以下。

习　　题

1. 试分析无损单导线线路波过程的基本方程，并简述其物理意义。

2. 波阻抗的物理意义及其与电阻的不同点有哪些？

3. 叙述彼德森法的内容及其适用范围。

4. 在何种情况下应使用串联电感降低入侵波的陡度？在何种情况下应使用并联电容？试举例说明。

5. 试述冲击电晕对防雷保护的有利和不利方面。

6. 为什么冲击截波比全波对变压器的影响更严重？

7. 当冲击电压作用于变压器绕组时，在变压器绕组内将出现振荡过程，试分析出现振荡的根本原因。

第8章

雷电及防雷装置

电力系统工作的可靠性主要取决于其绝缘能否耐受作用于其上的各种电压。在电力系统正常运行情况下，系统中设备只承受电网的额定电压作用，但是由于各种原因，电力系统中的某些部分的电压可能升高，甚至大大超过正常状态下的电压，危及设备的绝缘。这种危及设备绝缘的过电压可分为大气过电压和内部过电压。大气过电压是由于雷击电气设备而产生的，雷电放电现象极为频繁，在没有专门的保护设备时，雷电放电产生的过电压可达数百万伏，这样的过电压足以使任何额定电压的设备绝缘发生闪络和损坏。在电力系统中，高压架空输电线路纵横交错，广泛分布在广阔的地面上，电气设备容易遭受雷击，甚至遭受破坏引起停电事故，给国民经济和人民生活带来严重损失。因此研究雷电的基本现象及其防止雷电过电压的措施是确保电力系统安全可靠运行的一项刻不容缓的任务。

8.1 雷 电 参 数

8.1.1 雷电放电的等值电路

1. 雷击大地的情况

对地放电的雷云绝大多数是负极性的，自雷云向大地发展的先导通道中分布的净电荷与雷云的极性相同。随着带负电荷的先导通道自雷云向大地延伸，它们在地面感应出的正电荷也在增加。在无迎面先导的情况下，当先导通道头部与地面之间的气隙被击穿时，就开始主放电过程，将先导通道改造成电导更大的主放电通道并沿先导通道向上继续发展。主放电产生的正电荷与先导通道中原有的负电荷中和，而新产生的负电荷则沿主放电通道迅速流入大地。这些逆向运动的正、负电荷形成强大的主放电电流。若大地为一理想导体，则经主放电通道流入大地的电流为 σv_L，其极性与雷云极性相同。σ 和 v_L 分别为先导通道中的电荷线密度和主放电发展速度。

研究表明，主放电通道具有分布参数的特征，假定它具有均匀的电路参数，其波阻抗为 Z_0，则上述雷击大地时的放电过程可用图 8-1 来描述，即将先导放电的发展看作是一根均匀分布电荷的长导线自雷云向大地延伸，而将先导头部临近地面时气隙被击穿看作是开关 S 突然合闸。假定土壤电阻率为零，则主放电通道的对地电位为 $Z_0\sigma v_L$，于是可以画出雷击地面时的等值电路如图 8-2 所示。

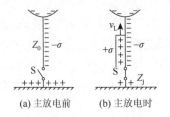

图 8-1　雷电主放电过程

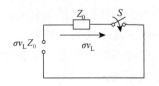

图 8-2　计算雷电流的等值电路

2. 雷击避雷线、杆塔、架空地线或导线的情况

当雷击避雷针、线路杆塔、架空地线或导线等物体时，在主放电过程中，正电荷形成的电流波沿先导通道向上运动，而负电荷形成的电流波则沿主放电通道及被击物体向下运动，对于接地的物体，该电流迅速流入大地，如图 8-3 所示，图 8-4 为其等值电路。流经被击物体的电流 i_z 可表示为

$$i_z = \sigma v_L \frac{Z_0}{Z_0 + Z_j} \tag{8-1}$$

式中：z_j 为被击物体的波阻抗或雷击点与大地零电位参考点间的集中参数阻抗。

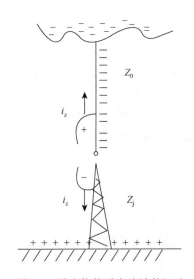

图 8-3　雷击物体时电流波的运动

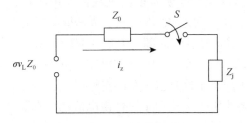

图 8-4　计算电流的等值电路

由式（8-1）可知，流经被击物体的电流 i_z 除了与电荷线密度 σ 及主放电速度 v_L 有关外，还与被击物体的阻抗 z_j 有关，z_j 越大则 i_z 越小，反之则 i_z 越大。当 $z_j = 0$ 时，流经被击物体的电流被定义为"雷电流"，以 i_L 表示。根据式（8-1），有 $i_L = \sigma v_L$。实际上，被击物体的阻抗不可能为零，故通常将雷击低接地阻抗（$\leqslant 30\ \Omega$）的物体时流过该物体的电流当成是雷电流。

据此，式（8-1）的电流 i_z 可改写为

$$i_z = \sigma \cdot v_L \frac{Z_0}{Z_0 + Z_j} = i_L \frac{Z_0}{Z_0 + Z_j} \tag{8-2}$$

根据式（8-2）可画出等值电路如图 8-5 所示。

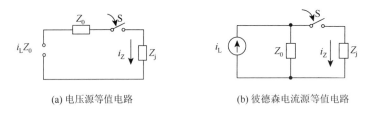

(a) 电压源等值电路　　　　　　　　　　(b) 彼德森电流源等值电路

图 8-5　计算流经被击物体电流的等值电路

从地面感受到的实际效果出发，可以将雷击物体看作是一个入射波为 $i_L/2$ 的电流波沿一条波阻抗为 z_0 的通道向被击物体传播的过程，其电压源等值电路如图 8-5（a）所示，其彼德森电流源等值电路如图 8-5（b）所示，二者在形式上相同，但前者是没有物理意义，只是为防雷计算提供的一种实用方法。

目前，我国行业标准《交流电气装置的过电压保护和绝缘配合》（DL/T 620—1997）建议将主放电通道的波阻抗 z_0 取为 $300\ \Omega$。

8.1.2　雷电流波形和极性

国内外实测统计结果表明，对地放电的雷云有 75%～90% 是负极性的。考虑到负极性冲击电晕不如正极性的强烈，会使得沿线路传播的雷电波的衰减与变形、耦合系数增加；此外线路波阻抗降低的程度均没有正极性的显著，这会对设备绝缘不利，因此在决定线路的防雷保护时一般均以负极性为准。

负雷云对地放电一次闪电往往要有多次重复性冲击，包含 2 次以上重复雷击的有 55%，3～5 次的有 25%，最多可达 42 次。两次雷击间隔时间约为 30 ms。从首次雷击开始到最后一次雷击过程结束，总持续时间为 0.2 s 的有 50%，大于 0.62 s 的只有 5%。雷击的重复性及重复雷击总的持续时间对决定开关重合闸时间和估计其不成功率等有重要意义。显然，重合闸时间不应小于重复雷击总的持续时间。

负极性雷电形成的各次雷击电流和正极性雷电流都具有脉冲波形。描述脉冲波形的主要参数有峰值、幅值、波前时间、半峰值时间、陡度和波形。

1. 雷电流峰值及其分布

雷电流 i 为一非周期冲击波，雷击电流峰值的大小与气象、地质条件、地理位置及被击物体的波阻抗或接地电阻的数值等有关。其中气象情况有很大的随机性，因此只有通过大量实测才能掌握雷电流峰值的概率分布规律。根据我国长期实测所积累的数据，并参考了国外的资料，对于一般地区，我国行业标准建议雷击电流峰值的累积概率计算为

$$\lg P = -\frac{I_L}{88} \tag{8-3}$$

式中：I_L 为雷电流的峰值；P 为峰值大于或等于 I_L 的雷电流出现的概率，例如峰值大于或等于 50 kA 的雷击电流出现的概率为 27%。如图 8-6 所示为雷电流幅值分布概率图。

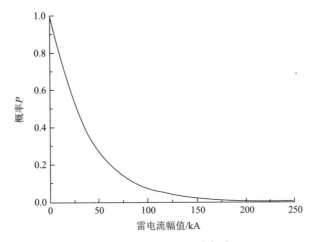

图 8-6 雷电流幅值分布概率

对于年平均雷暴日数低于 20 的地区，如陕南以北的西北地区、内蒙古自治区的部分地区，雷击电流峰值较小，式（8-3）需改为

$$\lg P = -\frac{I_L}{44} \tag{8-4}$$

2. 雷电流幅值及其分布

根据国外观测统计，目前世界上观测到的最大的雷电流可达 650 kA 左右，在自然界中超过 200 kA 的雷电仅占全部雷电数的 1%左右。雷电流幅值是一个随机变量，通过实测，雷电流幅值呈一定的概率分布。

例如 I_L 等于 120 kA，可求得 P 为 4.3%，表明雷电流大于 120 kA 的概率为 4.3%。表 8-1 给出了雷击中导线绝缘不发生闪络的最大雷电流幅值及出现概率分布。

表 8-1 不同电压等级的雷击导路绝缘不发生闪络的最大雷电流幅值及出现概率分布

电压等级/kV	110	220	500
I_L/kA	7	13	27.4
出现概率/%	83.26	71.16	49.33

3. 波前时间、半峰值时间和陡度

据统计，各国测得的雷击电流的波前时间及半峰值时间比较一致，前者多在 1~4 μs 内，平均为 2.6 μs，后者处于 20~100 μs，大多为 40 μs 左右，超过 50 μs 的概率只有 18%~30%。因此，我国标准 DL/T 620—1997 规定在线路防雷计算中采用 2.6/40 μs 的波形。由于半峰值时间对防雷计算结果几乎无影响，为简化计算，一般可视为无限长。但在规定的雷电冲击试验中，对雷电流的半峰值时间则有明确要求。

雷电流的陡度是指其波前随时间上升的变化率，峰值和陡度都是影响雷电过电压的直接因素。

与上述负极性首次雷击电流的波前时间、半峰值时间相比，后续雷击电流的这两个时间要短得多。雷击电流的峰值和波前时间决定了波前上升陡度，它对过电压有直接影响，也是一个重要参数。据实测统计分析，雷电流的波前陡度与峰值之间的正相关系数为 0.6~0.64。我国标准 DL/T 620—1997 采用下式计算雷击电流波前的平均陡度，可认为雷电流的陡度 α 与幅值 I 呈线性关系，则

$$\alpha = \frac{I_L}{2.6}(\mathrm{kA}/\mu s) \tag{8-5}$$

实测表明，雷击电流的波前陡度超过 50 kA/μs 的概率很小，大约只有 4%。

尽管负极性后续雷击电流的峰值通常约为负极性首次雷击电流的一半或更小，但其波前陡度要比后者的大几倍，因此在某些场合，在其他条件都相同的情况下，负极性后续电流所形成的过电压可能比负极性首次雷击电流的还要高许多。

4. 雷电流的波形

电气设备的雷电冲击试验和防雷设计要求将雷电波的波形等值为可用公式表示形。常用的雷电流等值波形有双指数波、斜角波和半余弦波。

电气设备的雷电冲击试验和防雷设计要求将雷电波的波形等值为可用公式表示的典型波形。常用的雷击电流等值波形有双指数波、斜角波和半余弦波等几种，如图 8-7 所示。双指数波形又称为雷击电流的标准波形，如图 8-7（a）所示，这是与实际雷击电流波形最接近的等值波形，其表达式为

$$i_L = AI_L(\mathrm{e}^{-\alpha t} - \mathrm{e}^{-\beta t}) \tag{8-6}$$

式中：常数 A、α 和 β 由雷击电流的波形确定。

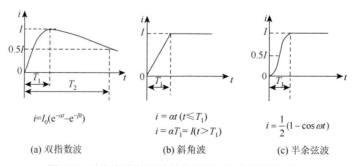

$$i = I_0(\mathrm{e}^{-\alpha t} - \mathrm{e}^{-\beta t})$$

(a) 双指数波

$$i = \alpha t \ (t \leqslant T_1)$$
$$i = \alpha T_1 = I(t > T_1)$$

(b) 斜角波

$$i = \frac{1}{2}(1 - \cos \omega t)$$

(c) 半余弦波

图 8-7　雷击电流的几种等值波形（0 为视在原点）

表 8-2 给出了几种雷击电流波形的常数。

表 8-2　几种雷击电波波形的常数

雷电流波形	A	$\alpha/(\mu s^{-1})$	$\beta/(\mu s^{-1})$
0.25/100 μs	1.002	7×10^{-3}	34
2.6/50 μs	1.058	1.5×10^{-2}	1.86
10/350 μs	1.025	2.05×10^{-3}	0.564

为简化计算，常采用如图 8-7（b）所示的斜角波，其波前陡度由雷击电流峰值和波前时间决定，波尾可以是无限长或有限长。

我国标准 DL/T 620—1997 建议，在一般线路设计中可采用斜角波。

与雷电波的波前较近似的波形是余弦波[图 8-7（c）]，其表达式为

$$i_L(t) = \frac{I_L}{2}(1 - \cos \omega t) \tag{8-7}$$

式中：ω 为等值角频率，由波前时间决定，即 $\omega = \pi/\tau_f$；I_L 为雷电流峰值。

该等值波形的最大陡度出现在 $t = \tau_f/2$ 处，其值为

$$\alpha_{\max} = \left(\frac{\mathrm{d}i_L}{\mathrm{d}t}\right)_{\max} = \frac{I_L \omega}{2} \tag{8-8}$$

平均陡度为

$$\alpha = \frac{I_L}{\tau_f} = \frac{I_L \omega}{\pi} \tag{8-9}$$

半余弦波仅在大跨越、特殊高塔线路防雷设计时采用。

8.1.3　雷暴日与雷暴小时

进行防雷设计应从当地雷电活动的具体情况出发，因地制宜，采取合理的防护措施。一个地区雷电活动的频繁程度通常以该地区多年统计得到的年平均雷暴日数 T_d 或雷暴小时数 T_h 来表示。雷暴日是一年中有雷电的日数；雷暴小时是一年中有雷电的小时数。在一天或一小时内只要听到雷声就算一个雷暴日或一个雷暴小时。我国通常采用雷暴日作为计算单位。我国大部分地区一个雷暴日约折合为 3 个雷暴小时。

各个地区的雷暴日数或雷暴小时数因该地区所在纬度、气象条件等情况的不同而有很大的差别。在我国，以海南岛和雷州半岛的雷电活动最为频繁，年平均雷暴日数高达 100～133；长江以南至北回归线的大部分地区为 40～80；长江流域和华北某些地区为 40；长江以北大部分地区（包括华北大部分地区和东北地区）大多在 20～40；西北地区多在 20 以下。一般把年平均雷暴日数超过 90 的地区称为强雷区，超过 40 的为多雷区，等于或小于 15 的称为少雷区。

8.1.4　地面落雷密度和输电线路落雷次数

1. 地面落雷密度

雷暴日或雷暴小时的统计，并没有区分雷云之间的放电和雷云对地放电。虽然雷云间的放电也会产生感应过电压，但对防雷保护设计更为重要的还是雷云对地放电，因此有必要引入地面落雷密度，用 γ 表示，它是指每个雷暴日每平方千米地面遭受雷击的次数。γ 值与年雷暴日数 T_d 有关，一般 T_d 较大的地区的 γ 值也较大。我国标准 DL/T 620—1997 规定 $T_d = 40$ 的地区 γ 值取 0.07。

地面落雷密度，可以用下式表示

$$\gamma = 0.023 T_d^{0.3} \tag{8-10}$$

为了评价不同地区防雷系统的防雷性能，须将它们换算到同样的雷电频度条件下进行比较。规程取 40 个雷暴日作为基准。

我国有关规程建议取 $\gamma = 0.015$。但在土壤电阻率突变地带的低电阻率地区，易形成雷云的向阳或迎风的山坡，雷云经常经过的峡谷，这些地区 γ 值比一般地区大得多，在选择发、变电站位置时应尽量避开这些地区。

2. 输电线路落雷次数

由于输电线路高出地面，有引雷作用，其吸引范围与最容易受雷击的导线高度有关，根据模拟试验和运行经验，一般高度线路的等值受雷面的宽度为 $4h + b$，h 为避雷线平均高度，b 为两避雷线之间的距离。设 N 为每 100 km 线路每年遭受雷击的次数，则 N 可按下式计算

$$N = \gamma \frac{4h + b}{1000} \times 100 \times T_d \quad [\text{次} / (100\,\text{km} \cdot \text{年})] \tag{8-11}$$

对于 $T_d = 40$，得 $\gamma = 0.07$，上式可简化为

$$N = 0.28(4h + b) \quad [\text{次} / (100\,\text{km} \cdot \text{年})] \tag{8-12}$$

8.2　避雷针、避雷线的保护范围

对直击雷的防护措施通常是装设避雷针或避雷线。避雷针（线）高于被保护的物体，其作用是吸引雷电击于自身，并将雷电流迅速泄入大地，从而使避雷针（线）附近的物体得到保护。

在先导放电自雷云向下发展的初始阶段，先导头部离地面较高，放电的发展方向不受地面物体的影响。避雷针（线）较高且有良好的接地，在其顶端因静电感应而积聚了与先导通道中电荷极性相反的电荷，使其附近空间电场显著增强。当先导头部发展到距地面某一高度时，该电场即开始影响先导头部附近的电场，使其向避雷针（线）定向发展。随着

先导通道的定向延伸，避雷针（线）顶端的电场将大大增强，有可能产生自避雷针（线）向上发展的迎面先导，更增强了避雷针（线）的引雷作用。

避雷针（线）的保护范围可以通过模拟试验并结合运行经验来确定。由于雷电放电受很多偶然因素的影响，要保证被保护物体绝对不遭受直击雷的危害是不现实的。通常，保护范围是指具有 0.1%左右雷击概率的空间范围。实践证明，此雷击概率是可以接受的。避雷针（线）的保护范围由模拟试验确定，它只有相对的意义，不能认为在保护范围内的物体就完全不受雷直击，在保护范围外的物体就完全不受保护。

8.2.1　避雷针的保护范围

1. 单支避雷针

单支避雷针的保护范围如图 8-8 所示。在高度为 h_x 的水平面上，其保护半径 r_x 可按下式计算

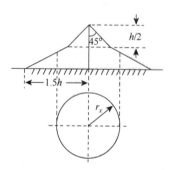

图 8-8　单支避雷针的保护范围

$$\begin{cases} r_x = (h - h_x)p, & h_x \geqslant \dfrac{h}{2} \\ r_x = (1.5h - 2h_x)p, & h_x < \dfrac{h}{2} \end{cases} \tag{8-13}$$

式中：h 为避雷针高度；h_x 为被保护物体的高度；p 为高度影响系数，其取值如式（8-14）所示。

$$\begin{cases} h \leqslant 30m时，p = 1 \\ 30 < h \leqslant 120m时，p = \dfrac{5.5}{\sqrt{h}} \end{cases} \tag{8-14}$$

2. 两支等高避雷针的保护范围

两支等高避雷针的保护范围如图 8-9（a）所示，确定两针外侧保护范围的方法与单支避雷针的相同，两针间的保护范围可通过两针顶点及保护范围上部边缘的最低点 O 的圆

弧来确定，O′ 点的高度 h_0 计算为

$$h_0 = h - \frac{D}{7p} \tag{8-15}$$

式中：D 为两针间的距离，m；p 为高度影响系数。

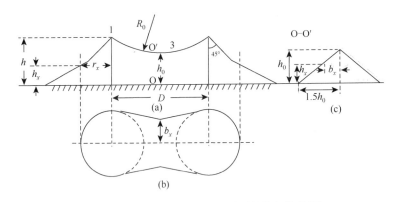

图 8-9　高度为 h 的两支等高避雷针的保护范围

（a）两支等高避雷针的保护范围；（b）水面上的保护范围；（c）O-O′截面上的保护范围

两针间高度为 h 的水平面上保护范围的截面如图 8-9（b）所示，在 O-O′截面上，高度为 h_x 的平面保护范围一侧宽度[图 8-9（c）]的计算式为

$$b_x = 1.5(h_0 - h_x) \tag{8-16}$$

一般两针间的距离与针高之比 D/h 不宜大于 5。

3. 两支不等高避雷针的保护范围

两针外侧的保护范围仍按单针的方法确定。两针内侧的保护范围（图 8-10）按下法确定：先按单针作高针 1 的保护范围，然后经过较低针 2 的顶点作水平线与之交于点 3，再设点 3 为一假想针的顶点，作出 2 和 3 两等高避雷针的保护范围，即可得到总的保护范围。图 8-10 中 $f = D'/7p$，其中 D' 为较低避雷针 2 与假想避雷针 3 之间的距离，m；f 为圆弧的弓高，m。

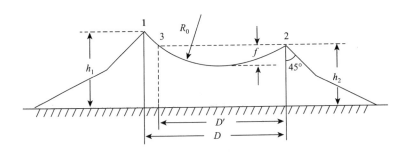

图 8-10　两支不等高避雷针的保护范围

4. 多支等高避雷针的保护范围

三支等高避雷针的保护范围如图 8-11（a）所示，三支针的安装地点 1、2、3 形成的三角形的外侧保护范围分别按两支等高针的方法确定，如果在三角形内被保护物最大高度 h_x 的水平面上各相邻避雷针保护范围的外侧宽度 $b_x \geqslant 0$，则曲线所围的平面全部得到保护。

四支及以上等高避雷针，可先将其分成两个或几个三角形，然后按确定三支等高避雷针保护范围的方法计算，如图 8-11（b）所示。

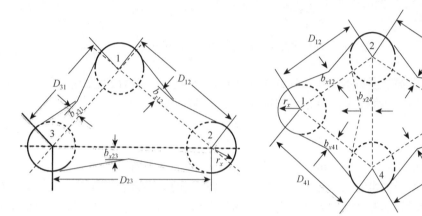

(a) 三支等搞避雷针在水平面上的保护范围　　　　　(b) 四支及以上等高避雷针在水平面上的保护范围

图 8-11　三支和四支及以上等高避雷针的保护范围

8.2.2　避雷线（又称架空地线）的保护范围

单根避雷线保护范围如图 8-12 所示，可进行如下计算

$$r_x = 0.47(h - h_x)p, \quad h_x \geqslant \frac{h}{2} \tag{8-17}$$

$$r_x = (h - 1.53h_x)p, \quad h_x < \frac{h}{2} \tag{8-18}$$

式中：p 为高度影响系数。

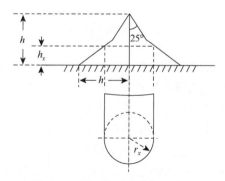

图 8-12　单根避雷线的保护范围

两根等高平行避雷线的联合保护范围如图 8-13 所示。

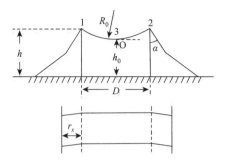

图 8-13　两根等高平行避雷线的联合保护范围

两线外侧的保护范围按单根避雷线计算，两线内侧保护范围横截面则通过两线的 1、2 点及保护范围上部边缘最低点 O 的圆弧确定。O 点的高度计算为

$$h_0 = h - \frac{D}{4p} \qquad (8-19)$$

式中：D 为两避雷线间的距离，m；h_0 为 O 点的高度，m；p 为高度影响系数。

避雷线一般用于输电线路的直击雷防护，常用保护角的大小来表示其对导线的保护程度。保护角是指避雷线和边相导线的连线与经过避雷线的垂直线之间的夹角，如图 8-14 所示的 α 角。雷绕过避雷线击于导线称为绕击，保护角越小，避雷线对导线的屏蔽效果越好，发生绕击的概率也就越小。

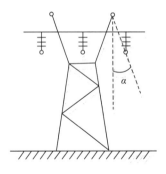

图 8-14　避雷线的保护角

通常 500 kV 线路保护角在 10°～15°；330 kV 线路及双地线的 220 kV 线路保护角在 20°左右；山区 110 kV 单地线线路保护角在 25°左右。

目前，我国使用规程法计算线路绕击率。实践证明，规程法能够满足一般线路防雷设计的要求，但规程法是按经验和小电流下模型试验结果提出的，未考虑雷电流的大小等因素对避雷线屏蔽效果的影响，不能反映具体线路特点，无法解释屏蔽失效现象。因此，规程法仅适用于杆塔高度低于 50 m 的情况，对于超、特高压架空线路，须使用其他模型进行分析，例如电气几何模型法。

8.2.3　电气几何模型法

电气几何模型（electro geometric model，EGM）法是 20 世纪 60 年代发展起来的用于计算线路绕击率的方法，也称击距法或华特海德法。美国于 20 世纪 50 年代兴建了塔高 45 m 的 345 kV 线路。按传统的设计方法其雷击跳闸率应小于 0.3 次/（100 km·a），但投入运行以后实际出现的跳闸率在 4～6 次/（100 km·a）内。差别如此惊人，引起了世界范围内的讨论，促使人们进一步研究线路防雷的原理。在 20 世纪 60 年代出现了一种以雷击机理为基础，分析避雷线（针）保护效果的电气几何分析模型。

电气几何模型法是用几何模型来分析地线对直击雷的屏蔽作用的一种方法。它是以击距（r_s）的概念为基础所建立的一种新的屏蔽理论。20 世纪 60 年代中后期，开始应用 EGM 来分析避雷线的屏蔽作用。闪击距离就是由雷云向地面发展的先导放电通道头部到达被击物体的临界击穿距离（以下简称为击距）。先达到哪个物体的击距以内，即向该物体放电。击距的大小与先导头部的电位有关，因而与先导通道中的电荷密度有关，后者又决定了随后出现的雷电流幅值，所以认为击距 r_s 是雷电流幅值 I_L 的函数。它有多种表达式，通常采用如下关系

$$r_s = 6.72I_L^{0.8} \tag{8-20}$$

式中：I_L、r_s 的单位分别为 kA 和 m。

式（8-21）没有考虑被击物体的形状和邻近效应等因素的影响，认为先导对杆塔、避雷线、导线的击距是相等的。实际上，输电线路两旁物体和地面的坡度等对击距的大小都有重要影响。

图 8-15 为分析避雷线屏蔽效果的输电线路绕击的电气几何模型。分别以避雷线 B 和导线 D 为圆心，以相应于某一雷电流幅值 I_{Li} 的击距 r_{si} 为半径作两圆弧 C_1 和 C_2，交于这两个圆弧交于 F 点；再在离地面高度为 β_{rs} 处作一水平线与以 D 为圆心的弧交于 G 点。由圆弧 C_1、C_2 和直线 C_3 在沿线路方向形成一个曲面，此曲面叫作定位曲面。在雷电流为 I 的先导未到定位曲面之前，其发展不受地面物体的影响。若 I 的先导落在 C_1 弧面上，则雷击避雷线；若落在 C_2 弧面上，则雷绕击于导线上（即发生绕击）；若落在 C_3 面上，则雷击大地。因此 C_2 称为绕击暴露面。若落在 C_3 直线上，则将雷击大地。因此，由 C_1 弧和 C_2 弧组成的曲面分别称为避雷线和导线对雷击电流 I_{Li} 的捕捉面，而水平面 C_3 为地面的捕捉面。雷电先导落在某一物体的捕捉面上，雷电就必然击中该物体，这是雷电先导到该物体的击穿距离比到其他物体的距离为小的缘故。

不同的雷电流幅值对应不同的 r_s，据此，可以做出一系列的定位曲面和绕击面来。可以证明，F 点的轨迹为导线与避雷线连线的垂直平分线（即图中的直线 EK），而 G 点的轨迹则为一抛物线（即图中的曲线 HGK）。垂直平分线 EK 与抛物线 HGK 所包围的区域为击中导线区（即绕击区）。抛物线以下部分是击中地面区。随着 I 的增大，C_2 弧段逐渐减小，当雷电流幅值增大到 I_k 时，C_2 弧段缩减为零，即此时已不可能发生绕击，相当于 I_k 的击距为临界击距 r_{sk}。

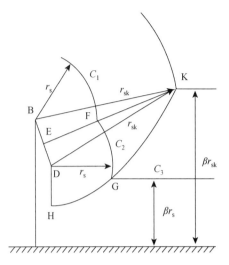

图 8-15　输电线路绕击的电气几何模型

B—避雷线；D—导线

只有当雷电电流大于线路绕击耐雷水平 I_2 时线路才会闪络，与 I_2 相对应的击距叫允许击距 r_{sy}，如果在某一保护角下，满足 $r_{sy} \geqslant r_{sk}$，则不会发生绕击闪络，这种情况称为有效屏蔽。若 $r_{sy} < r_{sk}$，则称为部分屏蔽。

根据图 8-15 的几何关系求出临界击距 r_{sk} 后，即可由式（8-21）算得 I_{Lk}。由上述可知，电气几何模型法的优点在于它将雷电放电的特性同线路的结构尺寸联系起来，能够合理地解释雷电流大小、保护角、地面倾角、杆塔高度对输电线路绕击的影响，因而在许多国家得到推广应用。

8.3　避　雷　器

避雷器是与电气设备并联的一类保护装置，当过电压超过某一数值时，避雷器就动作，将过电压幅值限制到低于电气设备绝缘的耐压值，从而使设备得到保护。

目前使用的避雷器有保护间隙、管型避雷器、阀型避雷器和金属氧化物避雷器四种类型。

8.3.1　保护间隙

图 8-16 所示为电网常用的角形保护间隙的结构和与被保护设备连接的示意图，3 kV、6 kV 及 10 kV 保护间隙的间隙距离分别为 8 mm、15 mm 及 25 mm，辅助间隙的距离分别为 5 mm、10 mm 及 10 mm。主、辅间隙相串联，后者是为了防止前者因间隙距离小可能被意外短路而引起误动作。

在过电压下保护间隙被击穿，工作母线接地，从而保护了设备。过电压消失后，由工频电压形成的工频电弧电流继续流过间隙（称为工频续流），角形保护间隙有利于工频电弧在电动力和上升气流的作用下向上运动被拉长而自熄。但其熄弧能力毕竟有限，一般不能使短路电弧自熄,在此情况下,为不使供电中断,保护间隙需与自动重合闸装置配合使用。

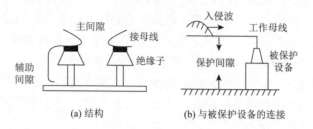

(a) 结构　　　　　　　(b) 与被保护设备的连接

图 8-16　角形保护间隙

　　保护间隙除熄弧能力低以外,还有以下两个重要缺点。其一,它的伏秒特性比较陡(与线路绝缘的伏秒特性相似),如图 8-17 曲线 2 所示,而被保护设备绝缘的伏秒特性则较平坦,如图 8-17 中曲线 1 所示,这样,在陡波作用下不能保护设备。若曲线 2 完全位于曲线 1 之下,则又可能使保护间隙在内部过电压,甚至在工作电压下动作使断路器频繁出现不必要的跳闸。总之,两者的伏秒特性难以实现理想的配合。其二,保护间隙动作后产生截波,对设备纵绝缘不利。此外,保护间隙放电分散性较大,且放电特性受大气条件的影响。保护间隙的结构简单、制造方便、价格低廉,但由于存在上述缺点,目前它仅适用于 $3\sim10\ \mathrm{kV}$ 配网中一些不重要的场合。为防止不必要的误动作,保护间隙距离应在满足绝缘配合的条件下选用最大容许值。

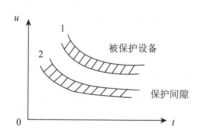

图 8-17　保护间隙与被保护设备及保护间隙的伏秒特性曲线

8.3.2　管型避雷器

　　管型避雷器又称排气式避雷器,它实质上是一种具有较强熄弧能力的保护间隙,其结构原理如图 8-18 所示。

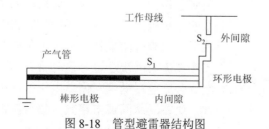

图 8-18　管型避雷器结构图

它有两个相互串联的间隙，装在消弧管内的 S_1 称为内间隙或灭弧隙，其电极由一棒极和一圆环电极构成。消弧管的内层为产气管，它的材料为在电弧高温下能产生大量气体的纤维、乙烯塑料、有机玻璃或硬橡胶；消弧管的外层为胶木管，用以增强机械强度。为避免消弧管在高电压长期作用下加速老化或在管子受潮时发生沿面放电，安装时，应装设一个棒间隙 S_2，称为外间隙，以隔离工作电压，故又称隔离间隙，它与内间隙 S_1 一起决定了避雷器的击穿电压。雷击时内外间隙均被击穿，雷电流经间隙流入大地；过电压消失后，流经间隙的工频续流为管型避雷器安装处的短路电流，工频续流电弧的高温使产气管分解出大量气体，管内气压迅速升高，可达数十，甚至上百个大气压，气体从环形电机开口孔喷出，形成强力的纵吹，使工频续流在 1～3 个周波内某一次经过零值时被切断。管型避雷器的熄弧能力与工频续流大小有关，续流太大产气过多，管内气压太高将造成管子炸裂；续流太小产气过少，管内气压太低不足以熄弧，故管型避雷器切断工频续流有上、下限的规定，通常在型号中标明。例如 GXW–U_r/（I_{min}–I_{max}），其中 G 代表管式；X 代表线路用；W 代表所用材料为纤维；U_r 为管型避雷器的额定电压（kV 有效其中值），其数值与被保护电网的标称电压相同；I_{max}、I_{min}（kA，有效值）是熄弧电流的上、下限。使用时必须核算安装处在各种运行情况下单相短路电流的最大值与最小值，使其分别小于和大于熄弧电流的上、下限。

与保护间隙相比，管型避雷器虽有较强的熄弧能力，但仍具有保护间隙的其他缺点。此外，根据安装点短路电流，要选出一种合适的管型避雷器并不容易，运行维护也较麻烦。因此，管型避雷器只适用于线路的保护，如大跨越和交叉档距线路及发电厂、变电站的进线段保护，但目前已很少使用，已被线路型金属氧化物避雷器所取代。

8.3.3　阀型避雷器

阀型避雷器的基本元件为间隙和碳化硅电阻阀片（SiCR），为避免受外界因素的影响，它们被密封在瓷套内，如图 8-19 所示。

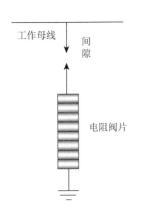

图 8-19　阀型避雷器原理示意图

在电力系统正常运行时，间隙将电阻阀片与作用电压隔开，避免电阻片长时间通过电流而被烧坏。间隙的冲击放电电压低于被保护设备绝缘的冲击耐压强度，当系统中出现的过电压幅值超过间隙的击穿电压时，间隙击穿，冲击电流经电阻阀片流入大地，在电阻阀片上产生降压（称为残压），若使其也低于被保护设备的冲击耐压，则设备就得到了保护。当过电压消失后，间隙在工作电压作用下产生的工频电流（称为工频续流）将继续流过避雷器，此电流受电阻阀片的限制，远小于雷电冲击电流，间隙能够在工频续流第一次经过零值时将其切断。此后，依靠间隙的绝缘强度能耐受电网恢复电压的作用而不会发生重燃。这样，避雷器从间隙击穿到工频续流被切断不超过半个工频周期，继电保护来不及动作，电网已恢复正常运行。

阀型避雷器有普通型和磁吹型两类。普通型又分为配电型（FS 型）和电站型（FZ 型）两个系列；磁吹型也有两种系列即旋转电机用的 FCD 系列和变电站用的 FCZ 系列。

1. 普通阀型避雷器

1）间隙

阀型避雷器的间隙采用若干个单元间隙相串联的结构，单元间隙的构成如图 8-20 所示，它通过两个压制的黄铜电极使云母垫圈隔开，形成极间距离为 0.5～1.0 mm 的间隙。间隙的放电区电场很均匀，加之冲击电压作用时云母垫圈与电极之间的空气缝隙中发生电晕，对间隙的放电区产生照射作用，从而缩短了间隙的放电时间，故其伏秒特性曲线较平坦且分散性较小。避雷器动作后，工频续流电弧被许多单元间隙分割成许多段短弧，利用短间隙的冷阴极近极效应，间隙发挥自然熄弧能力将电弧熄灭。我国生产的 FS 和 FZ 型避雷器，当工频续流分别不大于 50 A 和 80 A（幅值）时，能够在续流第一次过零时使电弧熄灭。

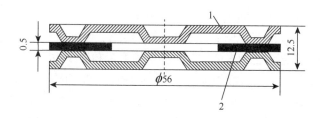

图 8-20　普通阀型避雷器单元间隙（单位：mm）

1—黄铜电极；2—云母垫圈

2）电阻阀片

电阻阀片的作用，是在雷电冲击电压作用下使避雷器间隙动作后不会产生截波，以及限制工频续流，使间隙能在续流第一次过零时将其切断。为了限制续流，希望电阻值应取大些，但电阻值太大，冲击电流流过电阻片时产生的残压也大，为了降低残压，又要求将电阻值取小一些，这样，要同时满足这两个相互矛盾的要求，必须采用非线性电阻阀片，使阀片的阻值随流过的电流大小而变，其静态伏安特性如图 8-21 所示，可用计算式表示为

$$u = Ci^{\alpha}$$

（8-21）

式中：C 为取决于电阻阀片的材料及尺寸的常数；α 为非线性系数，普通型电阻阀片 α 一般为 0.2 左右，α 越小说明电阻阀片的非线性程度越高，性能越好。

此类非线性电阻阀片由碳化硅（SiC）和结合剂烧结而成，呈圆盘状，直径为 55～100 mm，厚度为 20～30 mm。由于它能使雷电流顺利地流过，阻止工频续流流过，如同阀门的特性，故通常将此电阻片称为阀片。我国生产的用于普通型的电阻阀片是在低温（300～350℃）下焙烧而成的，称低温电阻阀片，虽然其非线性系数低（约为 0.2），但通流容量较小。

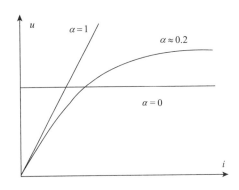

图 8-21　电阻阀片的静态伏安特性

3）间隙并联电阻

阀型避雷器各单元间隙的电容串联，各电极对地及周围物体有寄生电容，它们形成一电容链式电路，使间隙上的电压分布不均匀，以致避雷器动作后每个单元间隙上的恢复电压的分布既不均匀也不稳定，从而降低了避雷器的熄弧能力，其工频放电电压也将降低和不稳定。

为了解决这个问题，可在间隙上并联分路电阻，如图 8-22（a）所示。FS 型避雷器串联的单元间隙数少，故无并联电阻。对于 FZ 型避雷器，每四个单元间隙组成一组，每组并联一个分路电阻，如图 8-22（b）所示。在工频电压和恢复电压作用下，间隙电容的阻抗很大，而分路电阻阻值较小，故间隙上电压分布均匀，从而提高了熄弧能力和工频放电电压。在冲击电压作用下，冲击电压的等值频率很高，间隙电容的阻抗小于分路电阻，间隙上的电压分布主要取决于电容分布，由于间隙对地和瓷套寄生电容的影响，使电压分布很不均匀，因此其冲击放电电压较低，冲击系数一般为 1，甚至小于 1。

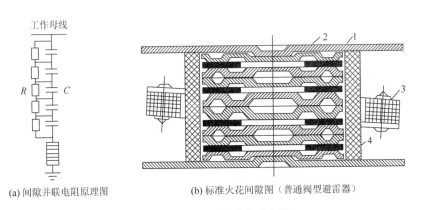

(a) 间隙并联电阻原理图   (b) 标准火花间隙图（普通阀型避雷器）

图 8-22　在间隙上并联分路电阻

1—单元间隙；2—黄铜电极；3—半环形分路电阻；　4—瓷套筒；C—间隙电容；R—并联电阻

在工作电压作用下，分路电阻中将长期有电流流过，因此分路电阻必须有足够的热容量，通常也采用非线性电阻，其非线性系数 α 为 0.35～0.45。

由于普通阀型避雷器没有采取强迫熄弧的措施，完全靠间隙的自然熄弧能力，且其阀片的热容量有限，不能承受较长时间的内部过电压冲击电流的作用，因此此类避雷器通常不容许在内部过电压下动作，只适用于 220 kV 以下系统作为限制大气过电压。

2. 磁吹阀式避雷器

为了改善阀式避雷器的保护特性，在普通型基础上发展了磁吹阀式避雷器。与普通阀型避雷器相比，它具有更高的熄弧能力和较低的残压，因此，它适用于电压等级较高的变电站电气设备的保护以及绝缘水平较弱的旋转电机的保护。磁吹阀式避雷器的基本结构与普通型避雷器相同，主要区别在于采用了磁吹式火花间隙。它由许多单元间隙串联而成，利用磁场力使电弧运动来加强去电离以提高间隙的熄弧能力，如通过磁场力使电弧拉长型间隙。其单元间隙的基本结构如图 8-23 所示。间隙由一对羊角状电极组成，装在由陶瓷或云母玻璃材料制成的灭弧盒内。工频续流电弧在电磁力作用下被拉入灭弧盒的狭缝及其锯齿形的灭弧栅中，如图 8-23 中虚线所示，其电弧的最终长度可达起始长度的数十倍，熄弧能力很强，可切断 450 A 左右的续流。

磁吹阀式避雷器的磁场是由与间隙串联的线圈所产生，其原理接线如图 8-24 所示。为避免雷电流在线圈上产生很大压降，而使避雷器的保护性能变坏，在磁吹线圈两端并联一辅助间隙，在冲击过电压作用下，主间隙被击穿，放电流在磁吹线圈上的压降使辅助间隙击穿，使线圈短接，保护避雷器的残压不致增大。

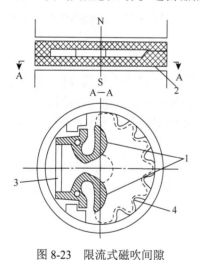

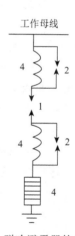

图 8-23　限流式磁吹间隙　　　　　　图 8-24　磁吹避雷器的结构原理

1—角状电极；2—灭弧盒；3—并联电阻；4—灭弧栅　　　1—主间隙；2—辅助间隙 3—磁吹线圈；4—电阻阀片

磁吹阀式避雷器采用通流容量大的高温阀片电阻，它的非线性系数较普通型的略高，α 值约为 0.24。

在超高压电网中，某些情况下要求避雷器对雷电过电压及内部过电压都能起防护作用，此时需采用复合型磁吹避雷器，它在结构上多了一个并联间隙。在内部过电压作用下，当通过可能的最大内部过电压电流时，并联间隙不得动作，此时由电阻片（SiCR）吸收过电压的能量并限制工频续流，由阀片动作后在较高工频电压下熄弧。当雷电过电压作用时，阀片上残压高，并联间隙被击穿，将一部分阀片短接，使雷电残压降低，从而达到对雷电过电压和内部过电压都能限制的目的。

3. 阀型避雷器的电气参数

阀型避雷器有如下主要电气参数。

（1）额定电压。额定电压是指避雷器能在工频续流第一次过零值时可靠熄灭电弧的条件下，允许加在避雷器上的最大工频电压。额定电压应不低于避雷器安装点可能出现的最大暂时过电压，否则避雷器将因不能熄灭续流电弧而损坏。

（2）冲击放电电压。冲击放电电压分为雷电冲击放电电压和操作冲击放电电压两类，因间隙放电的分散性，放电电压具有上下限值。对额定电压为 220 kV 及以下的避雷器，指的是在标准雷电冲击波下的放电电压（幅值）的上限。对于 330 kV 及以上超高压避雷器，除了雷电冲击放电电压外，还包括在标准操作冲击波下的放电电压（幅值）的上限。

（3）工频放电电压。工频放电电压是指在工频电压作用下避雷器发生放电的电压值。工频放电电压也有上下限值，因为一般不容许普通阀型避雷器在内部过电压下动作，以免损坏，所以工频放电电压的下限值应高于避雷器安装点可能出现的内部过电压值。

（4）残压。残压是指波形为 8/20 μs 的一定幅值的冲击电流通过避雷器时在阀片电阻上产生的电压峰值。我国标准 DL/T 620—1997 对通过避雷器的冲击电流幅值规定为 220 kV 及以下避雷器取 5 kA，330 kV 及以上避雷器取 10 kA、20 kA。

如图 8-25 所示为避雷器额定电压、容许最大持续运行电压、起始动作电压和残压之间的关系图。

此外，用来评价阀型避雷器性能还有如下技术指标。

（1）保护水平。保护水平是指避雷器上可能出现的最大冲击电压的峰值。我国和国际标注都规定以残压、标准雷电冲击（1.2/50 μs）放电电压、陡波放电电压除以 1.15 后所得电压值，三者中的最大值作为该避雷器的保护水平。避雷器的保护水平应低于被保护电气设备的绝缘水平，且需有一定的安全裕度。

（2）冲击系数。冲击系数是指避雷器冲击放电电压与工频放电电压幅值之比。一般希望此值接近于 1，这样避雷器的伏秒特性比较平坦，有利于绝缘配合。

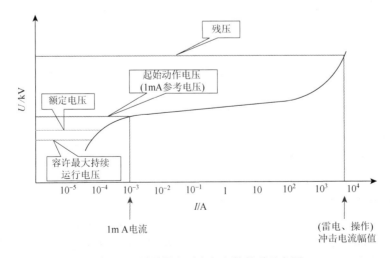

图 8-25　避雷器主要电气参数关系示意图

（3）切断比。切断比是指避雷器的工频放电电压（下限）与额定电压之比。这是体现间隙熄弧能力的一个技术标准。切断比越近于 1，说明间隙的熄弧能力越强。

（4）保护比。保护比是指避雷器残压与额定电压幅值之比。保护比越小，说明残压越低或灭弧能力越强，因而保护性能越好。

8.3.4　金属氧化物避雷器

1. 金属氧化物电阻片

20 世纪 70 年代初出现了金属氧化物避雷器（metal oxide arrester，MOA），其核心元件是金属氧化物电阻片（metal oxide resistance，MOR），它是由氧化锌（ZnO，约占 90%），少量的氧化铋、氧化猛、氧化钴、氧化铬、氧化锑以及微量金属玻璃粉，经混料、造粒、成型，并在 $1100\sim1200\,℃$ 高温下烧结制成。

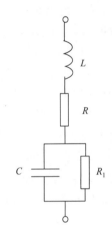

MOR 的微观结构主要是由 ZnO 晶粒和包围它的晶界层组成。ZnO 晶粒的平均直径为 $10\ \mu m$，因内部熔有钴、锰等杂质，其电阻率很小，约为 $1\ \Omega\cdot cm$。晶界层以氧化铋（Bi_2O_3）为主，厚度为 $0.1\sim0.2\ \mu m$，在低电场强度下，其电阻率为 $10^{10}\sim10^{14}\ \Omega\cdot cm$。电场强度增大时晶界层中的价电子被拉出，或者由于碰撞电离产生电子崩，使带电质点大量增加，电阻率降低。当电场强度达 $10^4\sim10^5\,V/cm$ 时，电阻率可降到 $1\ \Omega\cdot cm$ 以下，电场强度降低时电阻率又变大。晶界层的介电常数 ε_r 与制作工艺有关，在低电场强度时，ε_r 为 $500\sim1200$。

图 8-26　MOR 的等值电路

MOR 的等值电路如图 8-26 所示。图中 R_1 和 C 分别为晶界层的非线性电阻和电容，L 是 MOR 电流路径的电感，R 为 ZnO 晶粒的电阻。

2. MOR 的 U-I 特性

在运行电压下流过 MOR 的电流由阻性电流 I_r 和容性电流 I_c 组成。MOR 的 U-I 阻性分量特性如图 8-27 所示。其特性曲线被划分为三个区段。

（1）小电流区（A 区）。在该区段，晶界层为高电阻层，阻止电子在 ZnO 晶粒间移动。由于发热引起热电子发射，使通过 MOR 的电流稍有增加，而电场所起的作用较小。在小电流区，MOR 的非线性系数 α 较大，为 $0.1\sim0.2$，温度系数为负值，在 $-40\sim100\,℃$，约为 $-0.05\%/℃$。温度对该区段的特性影响很大，温度越高，电子能量越大，它们通过高电阻层越容易。

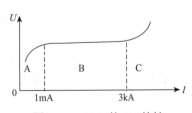

图 8-27　MOR 的 U-I 特性

（2）非线性区（B 区）。本段 U-I 特性的非线性特性优异，是限制冲击电压升高的工作区，即 MOR 的保护特性区（残压区），其 U-I 特性仍可用计算式表示为

$$U = CI^{\alpha} \tag{8-22}$$

式中：非线性系数 α 与电流密度有关，一般在 0.01～0.04，与理想值 $\alpha = 0$ 很接近。在非线性区，MOR 具有很小的正温度系数，电压随温度变化不大，这有助于改善 MOR 并联运行时电流的分布。

（3）大电流区（C 区）。在大电流区，晶界层的作用很小，主要是 ZnO 晶粒的固有电阻起作用。特性曲线上翘，非线性特性变差，电流与电压呈近似线性关系。

电网中有时会出现特大电流，例如近区雷击，雷电流幅值高达 50～100 kA，在此情况下，MOR 不应损坏。

由于 MOR 具有优异的特性，在电网正常运行时，流过 MOR 的电流极小，为 0.1～0.2 mA，不会烧坏 MOR，无须串联间隙来隔离工作电压。20 世纪 70 年代末我国开始生产交流系统无间隙金属氧化物避雷器（metal-oxide arrester without gaps，WGMOA），如今 WGMOA 已成为电力系统广泛使用的过电压防护装置。

与传统的有串联间隙的 SiC 避雷器相比，WGMOA 避雷器具有以下一系列优点。

（1）WGMOA 省去了串联火花间隙，结构大大简化、体积也可缩小很多，适合大规模自动化生产，降低造价。

（2）保护特性优越。MOR 阀片具有优异的非线性伏安特性，两种阀片伏安特性比较如图 8-28 所示，进一步降低其保护水平和被保护设备绝缘水平的潜力很大。另外，MOR 阀片没有火花间隙，一旦作用电压开始升高，阀片立即开始吸收过电压的能量，抑制过电压的发展。WGMOA 没有间隙的放电时延，因而有良好的陡波响应特性，特别适合于伏秒特性十分平坦的 SF6 组合电器和气体绝缘变电站的保护。

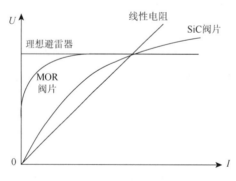

图 8-28　两种阀片伏安特性比较

（3）无续流，动作负载轻能重复动作实施保护。WGMOA 避雷器的续流仅为微安级，实际上可认为无续流。在雷电或内部过电压作用下，只需吸收过电压的能量，而不需吸收续流能量，因而动作负载轻；再加上 MOR 阀片的通流容量远大于 SiC 阀片，所以 WGMOA 具有耐受多重雷击和重复发生的操作过电压的能力。

（4）通流容量大，能制成重载避雷器。WGMOA 的通流能力，完全不受串联间隙被灼伤的制约，仅与阀片本身的通流能力有关。实测表明，MOR 阀片单位面积的通流能力要比 SiC 阀片大 4～4.5 倍，因而可用来对内部过电压进行保护。此外，也可以采用多阀片柱并联的办法进一步增大通流容量,制造出用于特殊保护对象的重载避雷器,解决长电缆系统、大容量电容器组等的保护问题。

（5）耐污性能好。由于没有串联间隙,因此 WGMOA 可避免因瓷套表面不均匀染污使串联火花间隙放电电压不稳定的问题,即这种避雷器具有极强的耐污性能,有利于制造耐污型和带电清洗型避雷器。

由于 WGMOA 具有上述重要优点,因此发展潜力很大,是避雷器发展的主要方向,正在逐步取代普通阀式避雷器和磁吹避雷器。在用作直流输电系统的保护时,这些优异特性显得更加重要,从而使 WGMOA 成为直流输电系统最理想的过电压保护装置。

3. WGMOA 电气特性参数

由于 WGMOA 没有串联火花间隙,也就无所谓灭弧电压、冲击放电电压等特性参数,但也有自己某些独特的电气特性,简要说明如下。

（1）避雷器额定电压。它相当于 SiC 避雷器的灭弧电压,但含义不同,它是避雷器能较长期耐受的最大工频电压有效值,即在系统中发生短时工频电压升高时（此电压直接施加在 MOR 阀片上）,避雷器亦应能正常可靠地工作一段时间（完成规定的雷电及操作过电压动作负载、特性基本不变、不会出现热损坏）。

（2）容许最大持续运行电压。即 WGMOA 能长期持续运行的最大工频电压有效值。它一般应等于系统的最高工作相电压。

（3）起始动作电压（也称参考电压或转折电压）。大致位于 MOR 阀片伏安特性曲线由小电流区上升部分进入大电流区平坦部分的转折处,可认为避雷器此时开始进入动作状态以限制过电压。通常以通过 1 mA 电流时的电压 U_{1mA} 作为起始动作电压。

（4）残压。指放电电流通过 WGMOA 时,其端子间出现的电压峰值。此时存在三个残压值:①雷电冲击电流下的残压 $U_{R(f)}$,电流波形为(7~9)/(8~22)μs,标称放电电流为 5 kA,10 kA,20 kA;②操作冲击电流下的残压 $U_{R(s)}$:电流波形为(30~100)/(60~200)μs,电流峰值为 0.5 kA（一般避雷器）,1 kA（330 kV 避雷器）,2 kA（500 kV 避雷器）;③陡波冲击电流下的残压 $U_{R(st)}$:电流波前时间为 1 μs,峰值与标称（雷电冲击）电流相同。

（5）保护水平。WGMOA 的雷电保护水平为雷电冲击残压和陡波冲击残压除以 1.15 中的较大者;操作冲击水平等于操作冲击残压.

（6）压比。指 WGMOA 通过额定冲击放电电流下的残压（简称额定残压）与工频参考电压之比。比值越小,表明通过冲击大电流时的残压越低,则 WGMOA 的保护性能越好,目前此值 1.6~2.0。

（7）荷电率。指最大长期工作电压峰值与工频参考电压之比,表示阀片上电压负荷程度的一个参数。设计 WGMOA 时为它选择一个合理的荷电率是很重要的,这时应综合考虑阀片特性的稳定度、漏电流的大小、温度对伏安特性的影响、阀片预期寿命等因素。选定的荷电率大小对阀片的老化速度有很大的影响,目前一般采用 45%~75%的荷电率。在中性点非有效接地系统中,因为一相接地时健全相上的电压会升至线电压,所以一般选用较小的荷电率。

（8）保护比。WGMOA 的保护比定义为额定残压与最大长期工作电压峰值之比。比值最小，表明通过冲击大电流时的残压越低，避雷器的保护性能越好。

4. WGMOA 的热稳定

长期承受电网运行电压作用，又多次经受过电压、大电流的冲击，使 MOR 的非线性特性变坏，有功电流增大，发热量随之增加。因为是负的温度系数，所以温度升高使有功电流更大，温度越来越高，当发热量超过散热能力时，就发生热崩溃。运行经验表明，大量的 WGMOA 的损坏都是由热崩溃造成的。反之，WGMOA 在动作负载之后温度升高，但随后在规定的环境温度及持续运行电压下 MOR 的温度能随时间而降低，则称此WGMOA 是热稳定的。热稳定是 WGMOA 的一个很重要的性能。

8.4　接　地　装　置

8.4.1　接地装置和接地

接地装置由接地体和接地引线两部分组成。埋入地中直接与土壤接触的金属导体称为接地体（极）；电力系统或电气设备的某部分与接地体连接的金属导体称为接地引线（接地线）。

接地装置是电力系统完成发电、输电、供电的必备电气设施，在设计、施工、运行维护中都应重视。接地装置具有良好的接地性能，是电力系统安全可靠运行的重要保证。

实际上，大地不是理想导体，它具有一定的电阻率，电流经接地体注入大地后以电流场的形式向四处扩散，如图 8-29 设均匀土壤的电阻率为 ρ，地中电流密度为 δ，则地中电场强度为 $E = \rho\delta$，离电流注入点越远，δ 越小，在无穷远处，δ 及 E 皆为零，该处的电位也为零。实际上，在离接地体较远处，已接近零电位，此处就是电气上的"地"，接地是指借助接地装置，通过大地与地中零电位处连接。

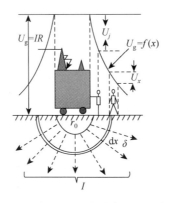

图 8-29　半球接地体地中散流级地面电位分布

电力系统中的接地，按其作用分为工作接地、保护接地及防雷接地三种。

电力系统或电气设备因正常工作的需要，将电路的某点接地，称为工作接地。如三相变压器中性点接地、双极高压直流输电中性点接地等。

为避免电气设备外壳带电造成触电事故，将设备外壳或构架接地，以保证人身安全，这种接地称为保护接地（安全接地）。保护接地要满足电气设备绝缘损坏使外壳带电时，流过保护接地的故障电流可使相应的保护装置动作，切除已损坏的设备，或使外壳电位在安全值以下。

为避免雷电的危害，电力系统中的避雷针、避雷线、避雷器等防雷装置必须有良好的接地装置，引导雷电流散入大地，这种接地称为防雷接地。

接地装置按流散电流种类不同，可分直流接地装置、交流接地装置及冲击接地装置三种。直流接地装置长期通过较大的工作电流，发热、腐蚀、干扰等问题很突出，与交流接地、冲击接地相比，有其特有的要求，在此，不讨论直流接地问题。下面讨论交流接地及冲击接地问题。

图 8-29 中半径为 r 的半球接地体有入地电流 J 流散大地时，离球心 x 处对土壤中无穷远处（地）的电位 U_g 为

$$U_g = \int_x^\infty E \mathrm{d}x = \int_x^\infty \frac{\rho I}{2\pi x^2} \mathrm{d}x = \frac{\rho I}{2\pi x} \tag{8-23}$$

接地体电位 $U_g = \dfrac{\rho I}{2\pi r}$ 与入地电流之比称为接地体的接地电阻（接地阻抗）。半球接地体的接地电阻 R 为

$$R = \frac{U_g}{I} = \frac{\rho}{2\pi r} \tag{8-24}$$

半球接地体的接地电阻也可由包围在接地体外面的厚度为心的半球薄壳土壤电阻串联求得，即

$$R = \int_r^\infty \frac{\rho}{2\pi x^2} \mathrm{d}x = -\frac{\rho}{2\pi} \frac{1}{x}\Big|_r^\infty = \frac{\rho}{2\pi r} \tag{8-25}$$

如果只计算 r 至 x 之间的接地电阻 R'，则

$$R' = \int_r^x \frac{\rho}{2\pi x^2} \mathrm{d}x = \frac{\rho}{2\pi}\left(\frac{1}{r} - \frac{1}{x}\right) = \frac{\rho}{2\pi r}\left(1 - \frac{r}{x}\right) = R\left(1 - \frac{r}{x}\right) \tag{8-26}$$

当 $x = 10\,r$ 时，有 $R' = 0.9R$。

可见，离接地体距离为接地体尺寸 10 倍以内的土壤对接地体的接地电阻起决定性的作用。若取 $x = 10r$ 处的电位近似为"零"位面，接地体接地电阻的计算结果虽偏小 10%，但在接地工程中此误差是可接受的。

实际上，注入大地的电流在地中形成的等位面是不规则的，按上述方法由 E 计算接地体电位很困难。考虑到工频电流的变化速度远慢于电流在地中传播的速度（接近光速），计算接地电阻时，可近似认为工频电流为恒定电流，应用恒流场与静电场的相似性，将已知的计算电容的公式改换为计算接地电阻的公式。

在一般情况下，电导 G 的计算式为

$$G = \frac{1}{R} = \frac{\gamma \int E \cdot \mathrm{d}s}{\int E \cdot \mathrm{d}l} = \gamma K_1 \tag{8-27}$$

电容的计算式为

$$C = \frac{q}{U} = \frac{\varepsilon \int E \cdot ds}{\int E \cdot dl} = \varepsilon K_2 \qquad (8\text{-}28)$$

若两者具有形状、大小均相同的边界，则有 $K_1 = K_2$，电容 C 和电导 G 只相差一个常数，即

$$G = \frac{\gamma}{\varepsilon} C \text{ 或 } R = \frac{\varepsilon \rho}{C}$$

式中：ε 为土壤的介电常数；C 为接地体对无穷远处的电容。

要注意的是，为满足边界条件，要将接地体以地平面为对称面作对称处理，式中 C 是处理后接地体对无穷远处电容的 1/2。如计算图 8-29 中半球接地体的工频接地电阻，可将半径为 r 的球体电容 $C = 4\pi\varepsilon r$ 代入式（8-27）计算，即

$$R = \frac{\varepsilon \rho}{\frac{1}{2} \times 4\pi\varepsilon r} = \frac{\rho}{2\pi r} \qquad (8\text{-}29)$$

再如图 8-30（a）所示，垂直埋于地中长度为 l、直径为 d（$l \gg d$）的圆棒接地体，其工频接地电阻 R 的计算方法是将圆棒作对称处理，即假想成有 $2l$ 长圆棒在一个电阻率为 ρ、介电常数为 ε 的无限大土壤中，查得 $2l$ 长圆棒电容 $C_{2l} = \dfrac{4\pi\varepsilon l}{\ln \dfrac{4l}{d}}$，于是，该接地体的工频接地电阻计算式为

$$R = \frac{\varepsilon \rho}{\frac{1}{2} C_{2l}} = \frac{\rho}{2\pi l} \ln \frac{4l}{d} \qquad (8\text{-}30)$$

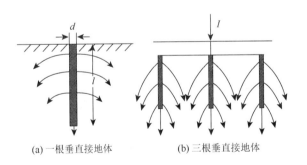

(a) 一根垂直接地体　　　　(b) 三根垂直接地体

图 8-30　垂直圆棒接地体的散流场

若有 n 根相同垂直接地体并联，并联后的总接地电阻 R_n 不是单根接地体接地电阻 R 的 $1/n$，而是要大一些，这是接地体间相互屏蔽，不能充分发挥接地体散流作用的缘故，如图 8-30（b）所示为三根垂直接地体的散流场。并联后的工频接地电阻为

$$R_n = \frac{R}{n\eta} \qquad (8\text{-}31)$$

式中：η 为接地体的工频利用系数，$\eta < l$。如两根并联接地体间距是其长度 l 的 2 倍时，η 约为 0.9；而 6 根并联时，η 约为 0.7。

式（8-24）所描述的地中电位分布 $U_g = f(x)$，在半无穷大的大地中是一个球对称场，大地表面的电位符合该曲线，所以同样可以用式（8-24）计算地面各点的电位，如图 8-29 所示。接地体在散流过程中，地表不同两点间会有电位差存在，为衡量人体在活动时承受电位差的大小，称地表面径向距离为 l_m 的两点之间的电位差为跨步电动势 E_k；称地面上离接地设备径向距离 l_m 的地点与该设备上垂直高度 1.8 m 处的两点间电位差为接触电动势 E_j。

当有工频短路电流通过接地体流散大地时，若人员在其附近走动，有跨步电动势 E_k 作用于人体两脚；若人站在某处，而手触及外壳接地的设备，手脚之间有接触电动势 E_j 作用，E_j 在人体中产生的电流将通过人体心脏，这是非常危险的。因此，在设计接地装置时，不仅要满足接地电阻的需求，还必须控制 E_k、E_j 值在允许范围内。

8.4.2　输电线路杆塔接地

输电线路每一杆塔均应接地，主要目的是引导雷电流入地流散，属防雷接地。输电线路杆塔混凝土基础是其固有自然接地体，但其接地电阻值往往大于线路设计要求的接地电阻值，还需敷设人工接地体。经过居民区的线路，杆塔接地也起保护接地作用，其接地体距离人行道必须 3 m 以上。人工接地体多用放射型水平接地体，单射线长度不宜过长，每基杆塔的射线数也不宜过多。

水平接地体工频接地电阻尺的计算式为

$$R = \frac{\rho}{2\pi L}\left(\ln\frac{L^2}{dh} + A\right)$$ （8-32）

式中：L 为水平接地体总长度；h 为接地体埋深；d 为接地体直径，若用扁铁，其等值直径 $d = 0.5b$（b 为扁铁宽度），若用角钢，则 $d = 0.84b$（b 为角钢每边宽度）；A 为形状系数，其值见表 8-3。

表 8-3　水平接地体的形状系数

序号	1	2	3	4	5	6	7	8
水平接地体形状	—	L	人	○	十	□	✳	✻
形状系数	-0.6	-0.18	0	0.48	0.89	1	3.03	5.65

土壤电阻率 ρ 是接地计算中关键的原始参数，由于大地结构的复杂性，ρ 值应实地测量，再按一定方法计算后确定。计算埋深较浅、几何尺寸不大的接地体接地电阻时，其计算用土壤电阻率 ρ 应考虑季节系数 ψ，即

$$\rho = \psi\rho_0$$ （8-33）

式中：ρ_0 为地面干燥时测得的土壤电阻率；ψ 为季节系数，可取 1.3 左右。

一般取 $h = 0.6$ m，$d = 0.008$ m，代入式（8-33）得

$$R = \frac{\rho}{2\pi L}(\ln L^2 + 5.34 + A) \tag{8-34}$$

水平接地体形状的选择，要使得形状系数 A 值比上式括号内前两项之和小得多，以及单根射线长度不超过最大长度值 l_m，l_m 值与 ρ 值相关，具体数值见表 8-4。

表 8-4　单根射线水平接地体最大长度

土壤电阻率 $\rho/(\Omega \cdot m)$	<500	<2000	<5000
射线最大长度 l_m/m	40	80	100

线路杆塔的工频接地电阻值应满足相关标准的规定，具体数值见表 8-5。在 $\rho <$ 300 （$\Omega \cdot m$）地区，应首先考虑杆塔基础的自然接地体的作用，当自然接地电阻不能满足要求时，再用人工接地体与之并联。由于杆塔混凝土基础埋在地中，混凝土毛细孔中渗透水分，其电阻率接近土壤，杆塔自然接地电阻值可按表 8-6 所列值近似计算。

表 8-5　有避雷线线路杆塔工频接地电阻值（上限值）

土壤电阻率 $\rho/(\Omega \cdot m)$	工频接地电阻/Ω
100 及以下	10
100~500	15
500~1000	20
1000~2000	25
2000 以上	30 或敷设 6~8 根总长不大于 500 m 的放射线或用两根连续伸长接地体，阻值不作规定

表 8-6　杆塔自然接地电阻估算值

杆塔类型	工频自然接地电阻/Ω		
钢筋混凝土杆	单杆	双杆	有 3~4 根拉线的单、双杆
	0.3ρ	0.2ρ	0.1ρ
铁塔	单柱	门型	
	0.1ρ	0.06ρ	

输电线路杆塔接地的目的主要是防雷，当雷击中杆塔，雷电流经杆塔从接地体流入大地时，接地体的雷电冲击电压与通过接地体的雷电流之比，称为接地体的雷电冲击接地电阻 R_{ch}。实际上，由于接地体的电感作用，冲击电压峰值与冲击电流峰值不在同一时刻出现，把两个不同时的量相除是缺乏物理意义的，只是习惯上应用 R_{ch} 的大小来衡量接地体的冲击接地作用。

雷电冲击电流具有等值频率高、峰值大的特点，由此引出冲击接地需考虑接地体的电感效应和火花效应，使接地体的冲击接地电阻 R_{ch} 不等于工频接地电阻 R 的问题。

电感效应是当等效频率很高的雷电流通过较长接地体时，接地体自身电感将阻碍电流流向接地体的远端，使雷电流局限在注入点附近散入大地，而不是作用于全部接地体。显然，长度大的接地体，电感效应会使其冲击接地电阻 R_{ch} 大于工频接地电阻。

火花效应是指峰值很大的雷电流注入大地时，在靠近雷电流注入点的一段接地体周围土壤中电流密度很大，电场强度很大，当此场强超过土壤的击穿场强，将产生局部火花放电，使土壤等值电阻率大为降低，或者认为土壤电阻率不变。强烈的火花放电相当于接地体等值直径增大，因此，火花效应使长度不大的接地体冲击接地电阻小于工频接地电阻。

接地体的冲击接地电阻与工频接地电阻尺之比值为

$$\alpha = R_{ch} / R \tag{8-35}$$

式中：α 为接地体的冲击系数。

冲击系数 α 与接地体的几何尺寸、结构形状、冲击电流峰值和波形以及土壤电阻率等因素有关，一般 $\alpha<1$，但当接地体较长时 $\alpha>1$，具体 α 值查规程及试验曲线获得。对集中的人工接地体或自然接地体的冲击系数作近似估算时，可用下式计算

$$\alpha = \frac{1}{0.9 + a\dfrac{(I\rho)^b}{d^{1.2}}} \tag{8-36}$$

式中：I 为雷电流峰值，kA；ρ 为土壤电阻率，kΩ·m；d 为垂直或水平接地体、环形闭合接地体的直径，m；a、b 为与接地体形状有关的系数，垂直接地体 $a=0.9$，$b=0.8$，水平接地体 $a=2.2$，$b=0.9$。

通常设计计算或测量接地体的接地电阻是工频接地电阻值。在防雷计算中所需的冲击接地电阻值由 $R_{ch}=\alpha R$ 求得。

由 n 根相同接地体并联后的总冲击电阻 R_{chn} 的计算式为

$$R_{chn} = \frac{R_{ch}}{n\eta_{ch}} \tag{8-37}$$

式中：R_{ch} 为单根接地体的冲击接地电阻；η_{ch} 为冲击利用系数，一般为工频利用系数 η 的90%左右，但线路杆塔拉线盘之间、铁塔基础之间，η_{ch} 取 $70\%\eta$。

8.4.3 发电厂、变电站接地装置

1. 接地网

发电厂、变电站的接地以安全接地为主，兼顾工作接地和防雷接地。一般从安全接地（保护接地）要求出发，在土壤中埋设一个以水平接地体为主、边缘封闭的接地网，其面积大体上与发电厂或变电站的占地面积相等，接地网的埋深为 0.6～0.8 m。

接地网的网状结构主要取决于地面配电装置的布置及接触电动势的大小。通常有长孔形和方孔形两种，如图 8-31（a）和（b）所示。接地网封闭边缘内的水平接地体，也称为均压带，其主要作用是匀接地网地表电位，以及便于配电装置接地下引线与接地网连接。均压带的间距越小，地表电位分布越均匀，同时，网孔中心点对均压带的电位差（网孔电动势）也越小，网孔电动势可认为是网孔内的最大接触电动势。网孔电动势与地网结构、网孔大小及位置有关，在等间距布置均压带的地网中，中央部分网孔的网孔电动势最小；地网对角线两端边角网孔[如图 8-31（b）中的 A、B、C、D 网孔]的网孔电动势最大，这是由于中央网孔四周均压带的流散电流使网孔中心点的电位抬得较高，而边角网孔边缘接地带的流散电流绝大部分流向地网外缘，网孔中心点电位相对较低。由此也可知，在地网

外边缘地区,要求地网边角网孔的网孔电动势及地网外边缘地区跨步电动势不大于规定的允许值。

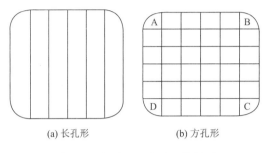

(a) 长孔形　　　　　　(b) 方孔形

图 8-31　长孔形、方孔形接地网

发电厂、变电站装设的避雷针、避雷线、避雷器等防雷装置的接地引下线也直接与接地网相连,在连接点附近需加设 3~5 根长度为 1.5~2.5 m 的垂直接地体,将它们并联接在水平接地体的地网上,这是为了满足流散雷电流的需要。一般土壤中,这种集中接地体的冲击接地电阻为 2~6 Ω。对于接地网,不能用冲击系数求接地网的冲击接地电阻,因为在冲击电流情况下,只利用了接地网很小的一部分,小范围内的冲击接地电阻与全地网工频接地电阻之比,是无物理意义和实用价值的。

2. 对接地网的电气要求

为保证人身和设备的安全,接地网的工频接地电阻 R、接触电动势 E_j、跨步电动势 E_k 须满足有关标准规定的要求。

网状结构接地体（接地网）的工频接地电阻的计算式为

$$R = \rho \left(\frac{B}{\sqrt{S}} + \frac{1}{L + nl} \right) \tag{8-38}$$

其中:ρ 为土壤电阻率,Ωm;L 为全部水平接地体的总长度,m;n 为垂直接地体的根数;l 为垂直接地体的长度,m;S 为接地网所占的总面积,m^2;B 为按 $L/\sqrt{S}$ 值决定的一个系数,其值见表 8-7。

表 8-7　系数 B 的值

$L/\sqrt{S}$	0	0.05	0.1	0.2	0.5
B	0.44	0.40	0.37	0.33	0.26

由式（8-39）可知,在一定的 ρ 值下,只有增大接地网的面积或其电容值,才能降低接地网的工频接地电阻值。

计算不均匀土壤电阻率中复杂接地网的接地电阻,可基于电磁场理论,采用不同的计算方法(如边界元法),通过电子计算机完成,也可采用加拿大 SES 公司出品的国际通用电力系统接地分析软件进行计算。

在电力系统对地短路时，经过接地网注入大地的短路电流 I 在接地网工频接地电阻 R 上将造成电位升高，从保证人身和设备的安全出发，有关标准作了相应的规定。

在中性点有效接地和低阻接地系统中发电厂、变电站接地网工频接地电阻值，要求满足

$$IR \leqslant 2000 \quad (\text{V}) \tag{8-39}$$

式中：I 为计算用的流经接地装置入地的短路电流，A。

如 $I > 4000\,\text{A}$，则可取 $R \leqslant 0.5\,\Omega$，但必须严格检验人身和设备的安全性，包括高电位引外或低电位引内等转移电位大小，必要时须实施隔离措施。

在中性点不接地、消弧线圈接地和高阻接地系统中的发电厂和变电站，接地网的 IR 值大大降低，因系统允许单相接地运行 2h，要保证安全，必须降低接地网的电位升高值。

对仅用于 1kV 及以上高压电气设备的接地时

$$IR \leqslant 250 \quad (\text{V}), \tag{8-40}$$

但不宜大于 10 Ω。

当高、低压电气装置共用一个接地装置时

$$IR \leqslant 120 \quad (\text{V}), \tag{8-41}$$

但不应大于 4 Ω。

安装在建筑物外向其供电的变压器，要求

$$IR \leqslant 50 \quad (\text{V}), \tag{8-42}$$

但不应大于 4 Ω。

非有效接地系统与有效接地系统共用一个接地网时，其接地网的接地电阻允许值按有效接地系统的要求处理。

式（8-40）～式（8-43）中的电压、电流均为有效值，电阻尺是考虑季节变化的接地装置最大接地电阻。

设计发电厂、变电站的接地网时，除了其接地电阻应符合要求外，还要求人体承受的接触电压 U_j 和跨步电压 U_k 不超过规定值。

对于 110 kV 及以上有效接地系统和 6～35 kV 低阻接地系统发生单相接地或同点两相接地时

$$U_j \leqslant \frac{174 + 0.17\rho_f}{\sqrt{t}} \tag{8-43}$$

$$U_k \leqslant \frac{174 + 0.7\rho_f}{\sqrt{t}} \tag{8-44}$$

对于 3～66 kV 非有效接地系统（低阻接地系统除外），发生单相接地故障后还带故障运行一段时间，要求满足

$$U_j \leqslant 50 + 0.05\rho_f \tag{8-45}$$

$$U_k \leqslant 50 + 0.2\rho_f \tag{8-46}$$

式中：ρ_f 为人脚站立处地表面的土壤电阻率，Ω·m。

U_j、U_k 与 E_j、E_k 的差别是人体站立或行走时，两脚与地面有接触电阻，作用在人体

上的实际电压 U_j、U_k 小于相应的地表两点间的电位差 E_j、E_k 值。为计算人脚与土壤间的接触电阻，可把人脚用半径为 $r = 0.08$ m 的圆盘近似代替，人在地面行走时，每只脚和土壤的接触电阻 R_0 近似为

$$R_0 \approx \frac{\rho_f}{4r} \approx 3\rho_f \qquad (8\text{-}47)$$

人体行走跨步时，两只脚的 R_0 与人体电阻 R_b 是串联的，所以跨步电压 U_k 与跨步电动势 E_k 的关系式是

$$U_k = \frac{R_b}{R_b + 2R_0}E_k = \frac{R_b}{R_b + 6\rho_f}E_k \qquad (8\text{-}48)$$

8.4.4 降低接地电阻的措施

1. 降低线路杆塔接地电阻的措施

1）增加水平射线的长度或根数

基于冲击接地的特性，增加接地体长度不宜超过表 8-3 中的数值；增加根数时，总根数不宜超过 8 根，尽量对称布置，以减弱屏蔽效应。

2）引伸接地

当杆塔附近有低土壤电阻率的地域（如耕地、水塘、或山岩裂缝等），可在那里埋设集中接地体，再用两根一定截面积的连接地线将接地体与杆塔相连。引伸距离不宜超过表 8-3 中的数值。

3）合理使用降阻剂或适量换土

降阻剂是按一定配方制成的、专用于降低接地电阻的固体或液体材料，其成分含有高分子树脂、尿素、水泥、电解质和水等。降阻剂需具有低电阻率、无毒无污染、腐蚀性弱、施工操作方便、有效期长等特点。

降阻剂有极强的附着力，将粉状降阻剂按比例与水调和成糊状，在地沟中固化后能牢固地与接地体成为一体，从而基本消除接地体与回填土之间的接触电阻。影响接触电阻的因素较多，在严重情况下它占总接地电阻的比例可达 10%～30%。

降阻剂的电阻率一般小于 3 Ω·m，比原有土壤电阻率小得多，降阻剂的使用，将接地体的等效直径扩大了，散流面积增大，接地电阻减小。降阻剂通常在 $\rho > 300$ Ω·m 的地区才使用，ρ 越大，降阻作用越显著。降阻剂含有强电解物质，溶解有电解质的水渗透到地沟周围土壤中，可以改善渗透区域内土壤电阻率。但有的降阻剂产品则没有这种渗透现象，使用时要注意选择。

顺便指出，降阻剂适用于小型接地装置，接地体总长度 L 越长，扩大接地体等值直径使地电阻降低作用越小。通常线路杆塔接地的接地总长度 L 不大，使用降阻剂降阻的效果是明显的。

降阻剂具有一定的 pH，对接地体有腐蚀作用，而且 pH 低的降阻剂腐蚀作用很强，例如 pH 为 2～3 的酸性降阻剂，对圆钢的腐蚀速度达 0.008 g/(cm²·a)。使用降阻剂要求要无毒、无环境污染，不能因雨水、地下水的冲刷流散而造成对人、畜、渔业及农作物的危害。

4）连续延伸接地

在大面积的高电阻率（$\rho > 10000\ \Omega \cdot \mathrm{m}$）地区，可采用两根连续伸长接地体，将相邻杆塔接地体在地下相互连接。因为伸长接地体中的雷电流是电流波，所以连续接地体的开断处必须在低 ρ 地区，其接地电阻应很小，否则，开断处杆塔极易遭受反击。据实测，连续伸长接地体的阻抗（接地电阻）为 $15 \sim 30\ \Omega$。

2. 降低发电厂、变电站接地网接地电阻的措施

发电厂、变电站接地网电位过高是威胁人身和设备安全的主要原因，降低接地网接地电阻 R 可以降低 U_g。

降低发电厂、变电站接地网接地电阻的常用措施有以下几个。

（1）增大接地网面积。增大接地网面积 S，接地电阻会减少，但 R 与 $\sqrt{S}$ 成反比，其降阻效果不理想。另外，将接地网扩大到站外区域，在运行管理上会造成不少麻烦。

（2）引伸接地。发电厂、变电站接地网引伸接地的距离可远至 $1000\ \mathrm{m}$ 以内。接地网的主要功能是流散工频短路电流，这与线路杆塔接地是完全不同的。

引伸接地一般是小型接地体，适合采用降阻剂，若有必要，可在主接地网周围多设几个引伸接地体，各个引伸接地体都有两根接地线与主地网连接。

（3）深埋接地。表层土壤电阻率较高，下层土壤电阻率很低，如有金属矿、地下水等情况，可钻透（垂直或倾斜）表层，将接地体埋入下层，其埋深随地质结构而异，一般为 $30 \sim 150\ \mathrm{m}$。

深埋接地（布置深井接地）的位置在主地网的周边外缘部分，不需扩大原地网面积，各深井间要留有相当宽的散流距离，以充分发挥它们的散流作用。深井接地体与主地网相连，构成三维的立体接地网，其接地电阻不能用式（8-38）计算。深埋接地降阻效果显著，接地电阻稳定，安全可靠，且费用较省。

（4）深井爆破接地。

在表层和深层土壤电阻率都很高且其范围很大的地区，可采用深井爆破接地方式降低接地网接地电阻。

深井爆破接地是采用钻孔机在地中垂直钻一定直径、一定深度的孔，在孔中插入接地极，然后在孔中隔一定距离放炸药，将岩石爆裂、炸松，再用压力机将糊状的降阻剂压入孔中及爆破产生的缝隙中，使向外延伸很远的裂缝中填充了低电阻率材料，形成一个巨大的三维结构。这种方式很可能与地下水、岩层夹缝或金属矿相连，可显著降低接地电阻。

爆破可控制在地表下 $2 \sim 5\ \mathrm{m}$ 进行，防止对已有接地网、地面建筑物的影响。

选择以上几种降阻措施最重要的依据是掌握当地土壤电阻率分布的真实情况，为保证数据的真实性，必要时须现场勘测，在此基础上，经技术经济分析，选择的降阻措施才是合理的。

8.4.5　土壤电阻率的测量

四极法测量土壤电阻率的接线如图 8-32 所示，它有两个电流极和两个电压极。

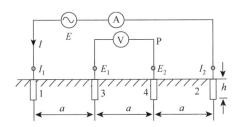

图 8-32　四极法测量土壤电阻率接线图

当电流极通以电流 I 时，经电极 1 入地的电流 I 在电压极 3 上产生的电位为

$$U'_3 = \int_\infty^a E dr = \int_\infty^a \delta\rho dr = -\int_\infty^a \frac{I\rho}{2\pi r^2} dr = \frac{I\rho}{2\pi a} = \frac{I\rho}{2\pi}\left(\frac{1}{2a} - \frac{1}{a}\right) \qquad (8-49)$$

同理，经电极 2 流出的电流 I 在电极 3 上产生的电位

$$U''_3 = -\frac{I\rho}{4\pi a} \qquad (8-50)$$

电极 3 的实际电位 U_3 应为 U'_3 和 U'' 叠加，即

$$U_3 = U'_3 + U''_3 = \frac{I\rho}{2\pi}\left(\frac{1}{a} - \frac{1}{2a}\right) = \frac{I\rho}{4\pi a} \qquad (8-51)$$

仿此可以求得电极 4 的电位

$$U_4 = \frac{I\rho}{2\pi}\left(\frac{1}{2a} - \frac{1}{a}\right) = -\frac{I\rho}{4\pi a} \qquad (8-52)$$

于是电极 3 与电极 4 之间的电压为

$$U = U_3 + U_4 = \frac{I\rho}{2\pi a} \qquad (8-53)$$

由此可求出土壤电阻率

$$\rho = 2\pi a \frac{U}{I} = 2\pi a R_0 \qquad (8-54)$$

式中：R_0 为电压表读数 U 与电流表读数 I 的比值。

因为电流极 1、2 的接地电阻值只会影响电流值 I，而 U 与 I 成正比，所以它们不会影响 ρ 值的测量结果。当电压表的内阻比电压极 3、4 的接地电阻大得多时，也可以不考虑后者对电压表读数的影响。这是四极法的优点。

在测量时应保持 $a \geqslant h$。如将 a 值取得很小，可测出某一局部表层的 ρ 值；如将 a 值取得大些，则测量的区域和深度都加大。如果土壤不均匀，在测量时应将 a 值放大到约 $3\sqrt{S}$（S 为发电厂、变电站地网的面积），以便求出等值的土壤电阻率 ρ。

测用四极法测量土壤电阻率的优点是四个电极的接地电阻值不会影响土壤电阻率值的测量结果。其缺点是测量深度较浅，如要测量较深层土壤电阻率，则要增大极间距离，但因为绝缘电阻表的测量电压较低，测量误差较大，所以很难准确测量较深层土壤电阻率。且四极法测量为某一范围内的平均值，不能直观反映土壤分层情况。此外，每测一个数据点都要重新布置四个电极，效率低、工作量大。

为克服四极法测量土壤电阻率的缺点，20 世纪 80 年代中期，人们开始用高密度电法测量土壤电阻率。高密度电法的工作原理与上述的四极法完全相同。测量时将电极（一般为几十至几百根）一次性布置完成，电极由分布式开关按一定程序自动投切，每次投入四个电极测量一点数据。设相邻两极间距离为 a，测量某一点的 ρ 值时，其值随着极间距离增大（即 a 增大），测量深度也相应增加，但测点数将减少。把每次测得的结果记录在两电压极的中点、深度为 na 的点位上，所有数据自动存入主机，即可绘制出某剖面上电阻率分布。

8.4.6　接地电阻的测量

图 8-33 为三电极法测量接地电阻的试验接线。测量接地电阻时，需在接地体 E 附近设置两个辅助接地极，一是电流极 C，另一个是电压极 P。在 E 和 C 之间加上电压，便有电流自 E 流入，从 C 流出。在地面形成的电位分布中有一个电位接近零的平坦部分，只要把电压极 P 放在这一区间，测出 E、P 之间的电位差 U，除以电流 I，即为该接地体的接地电阻。

电流极应远离地网，使二者电流场互相独立。若距离太近，则电位分布曲线就没有平坦部分，使测量误差增大。《杆塔工频接地电阻测量》（DL/T 887—2004）建议电流极至被测接地体或地网的距离为（4～5）D，D 为地网最大对角线长度，这样，就可忽略电流极对地网电流分布的影响。

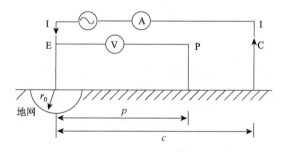

图 8-33　三电极法测量接地电阻的试验接线

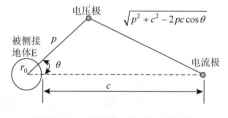

图 8-34　用补偿法时电极布置

由图 8-33 可见，电压极 P 应放在地网 E 与电流极 C 的中央，其实不然。E、P、C 三点可以不在一直线上，如图 8-34 所示。

根据该图 8-34 可得到电压极的电位表达式

$$U_P = \frac{I\rho}{2\pi}\left(\frac{1}{p} - \frac{1}{\sqrt{p^2 + c^2 - 2pc\cos\theta}}\right) \tag{8-55}$$

它是被测接地体电流和电流极电流在电压极上所产生电位的叠加，因为通过二者的电流一进一出，方向相反，所以应当相减。

同样，被测接地体电位为

$$U_E = \frac{I\rho}{2\pi}\left(\frac{1}{r_0} - \frac{1}{c}\right) \tag{8-56}$$

式中：r_0 为被测接地体（半球）的半径。

因此，在被测接地体与电压极之间测得的电压 U 为

$$U = U_E - U_P = \frac{I\rho}{2\pi}\left(\frac{1}{r_0} - \frac{1}{c} - \frac{1}{p} + \frac{1}{\sqrt{p^2 + c^2 - 2pc\cos\theta}}\right) \tag{8-57}$$

由此可得被测接地体接地电阻值

$$R_g = \frac{U}{I} = \frac{\rho}{2\pi}\left(\frac{1}{r_0} - \frac{1}{c} - \frac{1}{p} + \frac{1}{\sqrt{p^2 + c^2 - 2pc\cos\theta}}\right) \tag{8-58}$$

但图 8-34 所示半球形接地极的实际接地电阻应为

$$R_g \atop p\to\infty = \frac{\rho}{2\pi r_0} \quad （电压极位于无限远处） \tag{8-59}$$

实测值与实际值不相同，其误差 ε 为

$$\varepsilon = R_g - R_g \atop p\to\infty = \frac{1}{c} + \frac{1}{p} - \frac{1}{\sqrt{p^2 + c^2 - 2pc\cos\theta}} \tag{8-60}$$

$\varepsilon = 0$，误差就消除了。下面分三种情况来分析。

（1）$\theta = 0$，即 E、P、C 三点在一直线上。在此情况下，要消除误差，必须满足

$$\varepsilon = \frac{1}{c} + \frac{1}{p} - \frac{1}{c-p} = 0 \tag{8-61}$$

其解为，$p = 0.618c$，比我们想象中的 $0.5c$ 要大，这是因为在定义接地电阻时，是以无限远处为零电位面的，而现在零电位面被移近了，为了补偿这一差异，把电压极移到 $0.618c$ 的非零电位面处，测量结果就正确了，所以称这种方法为补偿法（又称 0.618 法则）。用此法时，可将 c 缩短到 $2D$ 左右，这时电压极至地网中心的距离约为 $1.5D$，大约在 $0.618c$ 附近，如图 8-35 所示。

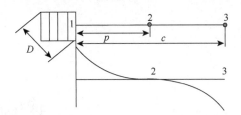

图 8-35　θ = 0 时补偿法电极布置图

（2）$p = c$。根据 $\varepsilon = 0$ 的条件，可求得 $\cos\theta = 0.875$，$\theta = 29°$，实际测量时常采用 30°，如图 8-36 所示。这也是一种补偿方法。

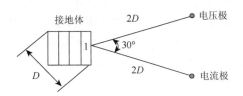

图 8-36　θ = 30°时补偿法电极布置图

补偿法可采用较短的连接线，测量结果较准确，但受土壤不均匀的影响。

（3）$\theta = 90°$ 或 180°。因为均不存在 $\varepsilon = 0$ 的实根，所以不能满足 $\varepsilon = 0$ 的条件。在此情况下，若使 c，p 趋于无限大，则也能满足 $\varepsilon = 0$ 的条件。实际上，若 $c = 5D$，p 趋于无穷大（因为在无限远处也是零电位面），则测量误差约为 10%；如将 p 缩短到 5~10D，c 仍为 5D，则测量误差将增大到约 13%。$\theta = 180°$ 的接线的优点是可避免电流极连线对电压极连线的磁耦合干扰，特别是能较有效地消除土壤不均匀性的影响。

上面讨论了电极位置对测量结果的影响。在测量中还需注意要使电压极连接线离开电流极连接线尽量远（大于 10 m），以避免二者互感的影响造成电压表读数不准；在采用交流电源时，应采用换相法消除干扰电压的影响。此外，在测量时应避开地下金属管道。

习　题

1. 试论述雷电流幅值的定义。
2. 试分析管型避雷器与保护间隙的相同点与不同点。
3. 试全面比较阀型避雷器与氧化锌避雷器的性能。
4. 某电厂的原油罐，直径为 10 m，高出地面 10 m，用独立避雷针保护，针距罐壁至少 5 m，试设计避雷针的高度。
5. 什么是接地？电力系统接地按作用可分为哪些类型？各有何用途？
6. 何谓跨步电压和接触电压？
7. 采用什么措施可使接地电阻降低？

第9章

输电线路的防雷保护

在整个电力系统的防雷中,输电线路的防雷问题最为突出。这是因为输电线路长度长、地处旷野,又往往是地面上最为高耸的物体,所以极易遭受雷击。计算表明:在 100 km 长,平均高度为 8 m 的输电线路中,每年平均受雷击次数为 4~8 次。根据运行经验,电力系统中的停电事故有一半之多是由雷击线路造成的。此外,雷击线路时自线路侵入发电厂、变电站的雷电波也是威胁发电厂、变电站的主要因素。因此,提高输电线路的防雷性能,不仅能提高供电的可靠性,而且还能保护发电厂、变电站的电气设备,使之能安全可靠运行。

输电线路防雷性能的优劣,主要有两个指标来衡量:一是耐雷水平,即雷击线路绝缘不发生闪络的最大雷电流幅值,以千安(kA)为单位,低于耐雷水平的雷电流击于线路不会引起闪络,反之,则将发生闪络;二是雷击跳闸率,即每 100 km 线路每年由雷击引起的跳闸次数,这是衡量线路防雷性能的综合指标。显然,雷击跳闸率越低,说明线路防雷性能越好。

虽然输电线路的防雷十分重要的,但目前还不可能要求线路绝对防雷。对各种线路究竟采用什么防雷措施,仍需综合多方面考虑,一般可以从线路通过地区雷电活动强弱、该线路的重要性以及防雷设施投资与提高线路耐雷性能所得到的经济效益等因素来综合考虑。总之,应当通过一系列的措施来提高输电线路的耐雷水平和降低雷击跳闸率以达到人们所能接受的程度。

输电线路上出现的大气过压一般有两种:直击雷过电压和感应雷过电压。运行经验表明,直击雷过电压对电力系统的危害更为严重,因此本章着重介绍输电线路直击雷过电压的计算方法、耐雷水平和雷击跳闸率的计算,以及输电线路的防雷措施。

9.1 输电线路的感应雷过电压

9.1.1 雷击线路附近大地时,线路上的感应过电压

1. 感应过电压的产生

当雷电击于线路附近大地时,由于雷电通道周围空间电磁场的急剧变化,会在线路上产生感应过电压,它包括静电和电磁两个分量,感应过电压的形成如图9-1所示。图 9-1(a)中,在雷云放电的起始阶段,存在着向大地发展的先导放电过程,线路处于雷云与先导通道的电场中,由于静电感应,沿导线方向的电场强度分量将导线两端与雷云异号的正

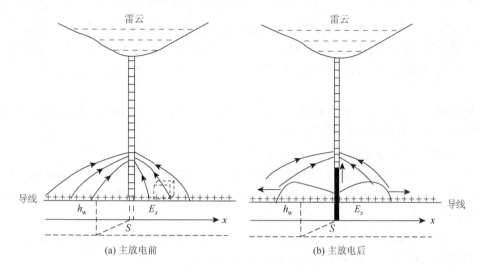

图 9-1 感应雷过电压形成示意图

h_w—导线高度；S—雷击点与导线间距离

电荷吸引到靠近先导通道的一段导线上成为束缚电荷,导线上的负电荷则由于的排斥作用而使其向两端运动,经线路的泄漏电导和系统的中性点而流入大地。导线上正电荷产生的电场在导线高度处被先导通道的负电荷产生的电场所抵消。因为先导通道发展速度不大,所以导线上电荷的运动也很缓慢,由此而引起的导线中的电流很小,同时由于导线对地泄漏电导的存在,导线电位将与远离雷云处的导线电位相同。当雷云对线路附近的地面放电时,如图 9-1（a）所示,先导通道中的负电荷被迅速中和,先导通道所产生的电场迅速降低,使导线上的束缚面电荷得到释放,沿导线向两侧运动形成感应雷过电压。这种由先导通道中电荷所产生的静电场突然消失而引起的感应电压称为感应过电压的静电分量。同时,雷电通道中雷电流在通道周围空间建立了强大的磁场,其中一部分磁力线会穿过导线-大地回路,在导线上感应出很高的电压,由先导通道中雷电流所产生的磁场变化而引起的感应电压称为感应过电压的电磁分量,如图 9-1（b）所示。

2. 感应过电压的计算

1）导线上方无避雷线

当雷击点离开线路的距离 S（垂直距离）大于 65 m 时,导线上的感应雷过电压最大值 U_g（kV）,可按式（9-1）计算

$$U_g \approx 25\frac{Ih_d}{S} \tag{9-1}$$

式中：S 为雷击点与线路的垂直距离；h_d 为导线悬挂的平均高度；I 为雷电流幅值。

感应雷过电压 U_g 的极性与雷电流极性相反。由式（9-1）可知,感应过电压与雷电流幅值 I 成正比,与导线悬挂平均高度 h_d 成正比。h_d 越高则导线对地电容越小,感应电荷产生的电压就越高；感应过电压与雷击点到线路的距离 S 成反比,S 越大,感应过电压越小。

由于雷击地面时雷击点的自然接地电阻较大，雷电流幅值 I 一般不超过 100 kA。实测证明，感应过电压一般不大于 400 kV，为 300～400 kV，对 35 kV 及以下水泥杆线路会引起一定的闪络事故；对 110 kV 及以上的线路，由于绝缘水平较高，一般不会引起闪络事故。

感应过电压同时存在于三相导线，故相间不存在电位差，只能引起对地闪络，如果二相或三相同时对地闪络即形成相间闪络事故。

2）导线上方挂有避雷线

当雷电击于挂有避雷线的导线附近大地时，由于避雷线的屏蔽效应，导线上的感应电荷会减少，从而降低导线上的感应过电压。在避雷线的这种屏蔽作用下，导线上的感应过电压可用下法求得。

设导线和避雷线的对地平均高度分别为 h_d 和 h_b，若避雷线不接地，则根据式（9-1）可求得避雷线和导线上的感应过电压分别为 U_{gb} 和 U_{gd}，

$$U_{gb} = 25\frac{Ih_b}{S} \tag{9-2}$$

$$U_{gd} = 25\frac{Ih_d}{S} \tag{9-3}$$

于是

$$\frac{U_{gb}}{U_{gd}} = \frac{h_b}{h_d} \tag{9-4}$$

即

$$U_{gb} = U_{gd}\frac{h_b}{h_d} \tag{9-5}$$

但是避雷线实际上是通过基杆塔接地的，因此必须设想在避雷线上尚有一个 $-U_{gb}$ 电压，以此来保持避雷线为零电位，由于避雷线与导线间的耦合作用，此设想的 $-U_{gb}$ 将在导线上产生耦合电压 $k_0(-U_{gb})$，k_0 为避雷线与导线间的几何耦合系数。这样导线上的电位将为

$$U'_{gd} = U_{gd} - k_0 U_{gb} = U_{gd}\left(1 - k_0\frac{h_b}{h_d}\right) \tag{9-6}$$

式（9-6）表明，接地避雷线的存在，可使导线上的感应过电压由 U_{gd} 下降到 U'_{gd}。耦合系数 k_0 越大，则导线上的感应过电压越低。

9.1.2 雷击线路杆塔时，导线上的感应过电压

式（9-1）只适用于 $S>65$ m 的情况，更近的落雷，事实上将因线路的引雷作用而击于线路。当雷击杆塔或线路附近的避雷线（针）时，由于雷电通道所产生的电磁场的迅速变化，将在导线上感应出与雷电流极性相反的过电压。目前，规程 DL/T 620—1997 建议对一般高度（约 40 m 以下）无避雷线的线路，感应过电压最大值为

$$U_{gd} = \alpha h_d \tag{9-7}$$

式中：α 为感应过电压系数，kV/m，其数值等于以 kA/μs 计的雷电流平均陡度，即 $\alpha = I/2.6$。

有避雷线时，由于其屏蔽效应，感应过电压最大值应为

$$U'_{gd} = \alpha h_d \left(1 - k_0 \frac{h_b}{h_d}\right) \tag{9-8}$$

式中：k_0 为耦合系数。

9.2　输电线路的直击雷过电压和耐雷水平

输电线路遭受直击雷一般有三种情况：①雷击杆塔塔顶；②雷击避雷线或档距中央；③雷击导线或绕过避雷线绕击于导线。

下面以中性点直接接地系统中有避雷线的线路为例进行分析，其他线路的分析原理相同。

9.2.1　雷击杆塔塔顶

1. 雷击塔顶时雷电流的分布及等值电路图

雷击塔顶前，雷电通道的负电荷在杆塔及架空地线上感应正电荷；当雷击塔顶时，雷电通道中的负电荷与杆塔及架空地线上的正感应电荷迅速中和形成雷电流，如图 9-2（a）所示。雷击瞬间自雷击点（即塔顶）有一负雷电流波沿杆塔向下运动，另有两个相同的负电流波分别自塔顶沿两侧避雷线向相邻杆塔运动，与此同时，自塔顶有一正雷电波沿雷电通道向上运动，此正雷电流波的数值与三个负电流波之和相等，线路绝缘上的过电压即由这几个电流波所引起。对于一般高度的杆塔（40 m 以下），在工程上常采用图 9-2（b）的

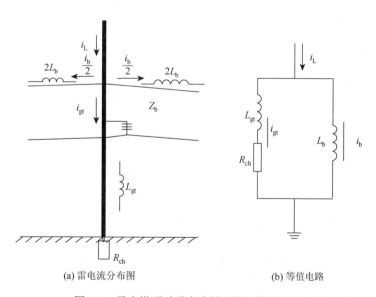

(a) 雷电流分布图　　　(b) 等值电路

图 9-2　雷击塔顶时雷电流的分布及等值电路

集中参数等值电路进行分析计算，图中 L_{gt} 为杆塔的等值电感，R_{ch} 为被击杆塔的冲击接地电阻，L_b 为杆塔两侧的一个档距内避雷线电感的并联值，i 是雷电流。不同类型杆塔的等值电感可由表 9-1 查得。单根避雷线的等值电感 L_b 约为 $0.67l(\mu H)$（l 为档距长度，m），双根避雷线的 L_b 约为 $0.42l(\mu H)$。

表 9-1　不同类型杆塔的电感和波阻抗的平均值

杆塔类型	杆塔电感/($\mu H/m$)	杆塔波阻/Ω
无拉线水泥单杆	0.84	250
有拉线水泥单杆	0.42	125
无拉线水泥双杆	0.42	125
铁塔	0.50	150
门型铁塔	0.42	125

2. 塔顶电位

考虑到雷击点的阻抗较低，在计算中可略去雷电通道波阻的影响。由于避雷线的分流作用，流经杆塔的电流 i_{gt} 小于雷电流 i，即

$$i_{gt} = \beta i \tag{9-9}$$

式中：β 为分流系数，对于不同电压等级一般长度档距的杆塔，β 值可由表 9-2 查得。于是塔顶电位为

$$U_{gt} = R_{ch} \cdot i_{gt} + L_{gt}\frac{di_{gt}}{dt} = \beta R_{ch}i_L + \beta L_{gt}\frac{di_L}{dt} \tag{9-10}$$

表 9-2　一般长度档距的线路杆塔分流系数 β

线路额定电压/kV	避雷线根数	数值
110	1	0.90
	2	0.86
220	1	0.92
	2	0.88
330～500	2	0.88

而杆塔横担高度处电位则为

$$U_{gh} = \beta R_{ch}i_L + \beta L_{gt}\frac{h_h}{h_g}\frac{di}{dt} \tag{9-11}$$

式中：h_h 为横担对地高度，m；h_g 为杆塔对地高度，m。

取 $di/dt = I/2.6$，则横担高度处杆塔电位的幅值 U_{gh} 为

$$U_{gh} = \beta I_L\left(R_{ch} + L_{gt}\Big/ 2.6\frac{h_h}{h_d}\right) \tag{9-12}$$

式中：I_L 为雷电流幅值。

3. 导线电位和线路绝缘子串上的电压

当塔顶电位为 U_{gt} 时，与塔顶相连的避雷线上也将有相同的电位 U_{gt}；由于避雷线与导线间的耦合作用，导线上将产生耦合电压 kU_{gt}，此电压与雷电流同极性；此外，由于雷电通道的作用，根据式（9-8）在导线上尚有感应过电压，此电压与雷电流异极性，导线电位的幅值 U_d 为

$$U_d = kU_{gt} - \alpha h_d \left(1 - k_0 \frac{h_b}{h_d} \right) \tag{9-13}$$

线路绝缘子串上两端电压为杆塔横担高度处电位和导线电位之差，故线路绝缘上的电压幅值 U_j 为

$$U_j = U_{gh} - U_d = U_{gh} - kU_{gt} + \alpha h_d \left(1 - k_0 \frac{h_b}{h_d} \right) \tag{9-14}$$

把式（9-10）、式（9-12）代入上式，得

$$U_j = I_L \left[(1-k)\beta R_{ch} + \frac{\left(\dfrac{h_h}{h_g} - k \right) \beta L_{gt}}{2.6} + \frac{\left(1 - \dfrac{h_h}{h_g} k_0 \right) h_d}{2.6} \right] \tag{9-15}$$

雷击时，导线和地线上电压较高，将出现冲击电晕，k 值应采用电晕修正后的数值，电晕修正系数见表 7-1（第 7.6 节）。

应该指出，式（9-13）表示的导线电位没有考虑线路上的工作电压，事实上，作用在线路绝缘上的电压还有导线上的工作电压。对 220 kV 及以下的线路，工作电压所占的比重不大，一般可以略去；但对超高压线路，则不可不计，雷击时导线上工作电压的瞬时值及其极性应作为一随机变量来考虑。

4. 耐雷水平

从式（9-12）看出，当电压 U_j 未超过线路绝缘水平，即 $U_j < U_{50\%}$ 时，导线与杆塔之间不会发生闪络，由此可得出雷击杆塔时线路的耐雷水平 I_1。

$$I_1 = \frac{U_{50\%}}{(1-k)\beta R_{ch} + \left(\dfrac{h_h}{h_g} - k \right) \beta \dfrac{L_{gt}}{2.6} + \left(1 - \dfrac{h_h}{h_g} k_0 \right) \dfrac{h_d}{2.6}} \tag{9-16}$$

需注意，此处的 $U_{50\%}$ 应取绝缘子串中的正极性 50% 冲击放电电压，因为流入杆塔的电流大多是负极性的，此时导线相对于塔顶处于正电位，而绝缘子串的 $U_{50\%}$ 在导线为正极性时较低。由上式可看出，减少接地电阻 R_{ch}、提高耦合系数 k、减小分流系数 β、加强线路绝缘都可以提高线路的耐雷水平。实际上往往以降低杆塔接电阻 R_{ch} 和提高耦合系数 k 作为提高耐雷水平的主要手段。对一般高度杆塔，冲击接地电阻 R_{ch} 上的压降是塔顶电位的主要成分，因此降低接地电阻可以减小塔顶电位，以提高其耐雷水平；增加耦合系数 k 可以减少绝缘子串上的电压和感应过电压，因此同样可以提高其耐雷水平。

如雷击杆塔时雷电流超过线路的耐雷水平 I_1，就会引起线路闪络，这是由接地的杆

塔及避雷线电位升高所引起的，故此类闪络称为"反击"。"反击"这个概念很重要，因为原来被认为接了地的杆塔却带上了高电位，反过来对输电线路放电，把雷电压施加在线路上，进而侵入变电站。为了减少"反击"，我们必须提高线路的耐雷水平，规程 DL/T 620—1997 规定，不同电压等级的输电线路，雷击杆塔时的耐雷水平 I_1 不应低于表 9-3 所列数值。

表 9-3　不同电压等级输电线路所对应的耐雷水平

额定电压/kV	35	60	110	220	330	500
耐雷水平/kA	20～30	30～60	40～75	80～120	100～150	125～175

9.2.2　雷击避雷线档距中央

1. 等值电路图及雷击点的电压

雷击避雷线档距中央示意图如图 9-3（a）所示，根据彼德森法可画出它的等值电路图，如图 9-3（b）所示。雷击避雷线档距中央，雷击点阻抗为 $Z_b/2$（Z_b 为避雷线波阻抗），流入雷击点的雷电流波 i_Z 为

$$i_Z = \frac{i_L Z_0}{Z_0 + Z_b/2} = \frac{i_L}{1 + \frac{Z_b}{2Z_0}} \tag{9-17}$$

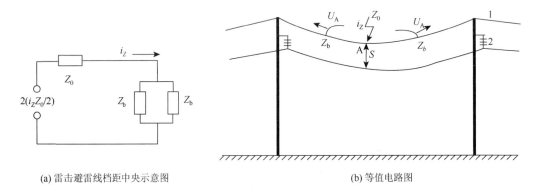

(a) 雷击避雷线档距中央示意图　　　　　(b) 等值电路图

图 9-3　雷击避雷线档距中央示意图及等值电路图

1—避雷线；2—导线；Z_0—雷电通道的波阻抗；Z_b—避雷线波阻抗；S—避雷线与导线间空气隙；i_Z—流入雷击点的雷电流。

于是雷击点 A 的电压 U_A 为

$$U_A = i_Z \frac{Z_0 Z_b}{2Z_0 + Z_b} \tag{9-18}$$

2. 避雷线与导线空气隙 S 所承受的最大电压

雷击点 A 处的电压波 U_A 沿两侧避雷线的相邻杆塔运动，经 $l/2\,v_b$ 时间（l 为档距长度，v_b 为避雷线中的波速）到达杆塔，由于杆塔的接地作用，在杆塔处将有一负反射波返回雷击点；又经 $l/2\,v_b$ 时间，此负反射波到达雷击点，若此时雷电流尚未到达幅值，即 $2l/2\,v_b$ 小于雷电流波头时间，则雷击点的电位将下降，故雷击点 A 的最高电位将出现在 $t = 2 \times l/2\,v_b = l/v_b$ 时刻。

若雷电流取为斜角波头，$i = \alpha t$，则根据式（9-18），把 $t = l/v_b$ 代入可得雷击点的最高电位 U_A 为

$$U_A = \alpha \frac{l}{v_b} i_z \frac{Z_0 Z_b}{2Z_0 + Z_b} \tag{9-19}$$

由于避雷线与导线间的耦合作用，在导线上将产生耦合电压 kU_A，故雷击处避雷线与导线间的空气隙 S 上所承受的最大电压 U_S 为

$$U_S = U_A(1-k) = \alpha \frac{l}{v_b} \frac{Z_0 Z_b}{2Z_0 + Z_b}(1-k) \tag{9-20}$$

由此可见，U_S 与耦合系数 k、雷电流陡度 α、档距长度 l 等因素有关。利用式（9-19）并依据空气间隙的抗电强度，可以计算出不发生击穿的最小空气距离 S。根据我国多年运行经验，规程 DL/T 620—1997 认为，如果档距中央导、地线间空气距离 S 满足下述经验公式则一般不会出现击穿事故

$$S = 0.012\,l + 1 \tag{9-21}$$

式中：l 为档距长度，m。

对于大跨越档距，若 l/v_b 大于雷电流波头时间，则相邻杆塔来的负反射波到达雷击点 A 时，雷电流已过峰值，故雷击点的最高电位由雷电流峰值所决定，导、地线间的距离 S 将由雷击点的最高电位和间隙平均击穿强度所决定。

9.2.3 雷绕过避雷线击于导线或直接击于导线

1. 等值电路图及雷击点的电压

雷绕过避雷线击于导线或直接击于导线的等值电路图如图 9-3（b）所示，此时，雷击导线的阻抗为 Z_d，雷击点的电压 U_d 为

$$U_d = i_z \frac{Z_0 Z_d}{2Z_0 + Z_d} \tag{9-22}$$

按我国有关标准，雷电通道的波阻抗 $Z \approx Z_d/2$，故

$$U_d = iZ_d/4 \tag{9-23}$$

一般 Z_d 大约等于 $400\,\Omega$，所以

$$U_d = 100\,i_L \tag{9-24}$$

式中：i_L 为雷电流。

显然导线上电压 U_d 随雷电流 i 的增加而增加，若其幅值超过线路绝缘子串的冲击闪

络电压，则绝缘将发生闪络。

2. 耐雷水平

计算雷击导线的耐雷水平 I_2，可令 U_d 等于绝缘子串 50%闪络电压 $U_{50\%}$来计算，这样

$$I_2 \approx \frac{U_{50\%}}{100} \tag{9-25}$$

根据我国标准 DL/T 620—1997，35 kV、110 kV、220 kV、330 kV 线路的绕击耐雷水平分别为 3.5 kA、7 kA、12 kA 和 16 kA，其值较雷击杆塔的耐雷水平小得多。

9.3　输电线路的雷击跳闸率

输电线路落雷时，引起线路跳闸必须要满足两个条件。第一个条件是雷电流超过线路耐雷水平，引起线路绝缘发生冲击闪络，这时，雷电流沿闪络通道入地，但由于时间只有几十微秒，线路开关来不及动作，因此还必须满足第二个条件，即雷电流消失后，沿着雷电通道流过工频短路电流的电弧持续燃烧，线路才会跳闸停电。但是并不是每次闪络都会转化为稳定工频电弧，它有一定的统计性，所以还必须研究其建弧的概率——建弧率的问题。

9.3.1　建弧率

所谓建弧率就是冲击闪络转为稳定工频电弧的概率，用 η 来表示。从冲击闪络转为工频电弧的概率与弧道中的平均电场强度有关，也与闪络瞬间工频电压的瞬时值和去游离条件有关，根据试验和运行经验，建弧率 η 可用下式表示

$$\eta = (4.5E^{0.75} - 14)\% \tag{9-26}$$

式中：E 为绝缘子串的平均运行电压梯度，kV(有效值)/m。

对中性点直接接地系统

$$E = \frac{U_N}{\sqrt{3}(l_j + 0.5l_m)} \tag{9-27}$$

对中性点非直接接地系统

$$E = \frac{U_N}{2l_j + l_m} \tag{9-28}$$

上两式中 U_N 为额定电压，kV（有效值）；l_j 为绝缘子串闪络距离，m；l_m 为木横担线路的线间距离，m，若为铁横担和水泥横担，则 $l_m = 0$。

对于中性点不接地系统，单相闪络不会引起跳闸，只有当第二相导线再发生"反击"后才会造成相间闪络而跳闸，因此在式（9-27）和式（9-28）中 l_j 应是线电压和相间绝缘长度。

实践证明，当 $E \leqslant 6$ kV（有效值）/m 时，建弧率很小，所以近似地认为 $\eta = 0$。

9.3.2　有避雷线线路雷击跳闸率的计算

输电线路的雷击跳闸率与线路可能受雷击的次数有密切的关系。在工程设计中跳闸率常作为一个综合指标来衡量输电线路的防雷性能。对于 110 kV 及以上的输电线路，雷击线路附近地面时的感应过电压一般不会引起闪络；而根据国内外的运行经验，在档距中间雷击避雷线引起的闪络事故也极为罕见。因此，在求 110 kV 及以上有避雷线线路的雷击跳闸率时，可以只考虑雷击杆塔和雷绕击于导线两种情况下的跳闸率并求其总和，现分述如下。

1. 雷击杆塔时的跳闸率

雷击杆塔时的跳闸率 n_1 次/（100 km·a）可用下式表达

$$n_1 = NgP_1\eta \tag{9-29}$$

式中：N 为每 100 km 线路每年（40 个雷暴日）落雷次数，$N = 0.28(b + 4h)$ 次/（100 km·a）；g 为击杆率，雷击杆塔次数与雷击线路总次数的比称为击杆率，它与避雷线所经过地区地形有关，规程建议击杆率可取表 9-4 中的数值；P_1 为雷电流峰值超过雷击杆塔的耐雷水平 I_1 的概率，它可由式（9-16）计算得出；η 为建弧率，它可由式（9-26）计算得到。

表 9-4　不同地形及避雷线根数所对应的击杆率

地形	避雷线根数		
	0	1	2
平原	1/2	1/4	1/6
山区	1	1/3	1/4

2. 雷电绕击跳闸率 n_2

雷电绕过避雷线直击于线路的跳闸率 n_2 次/（100 km·a）可由下式表示

$$n_2 = NP_aP_2\eta \tag{9-30}$$

式中：P_2 为雷电流峰值超过绕击耐雷水平 I_2 的概率，它可由式（9-25）计算得出；P_a 为绕击率。

绕击率即雷电绕过避雷线直击于线路的概率，模拟试验和现场经验证明，绕击率与避雷线对外侧导线的保护角 α（图 9-4）、杆塔高度和线路经过地区的地貌和地质有关，我国标准 DL/T 620—1997 建议用下列公式计算绕击率 P_a。

对平原地区

$$\lg P_a = \frac{\alpha\sqrt{h}}{86} - 3.9 \tag{9-31}$$

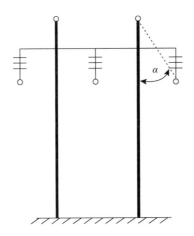

图 9-4　绕击概率与避雷线对外侧导线的保护角 α 示意图

对山区

$$\lg P_{\mathrm{a}} = \frac{\alpha\sqrt{h}}{86} - 3.35 \tag{9-32}$$

式中：α 为保护角度，度；h 为杆塔高度，m。

3. 输电线路雷击跳闸率 n

不论雷击杆塔，还是绕过避雷线击于线路，均属于雷击输电线路，因此输电线路雷击跳闸率 n 次/（100 km·a）为

$$n = n_1 + n_2 = N \times (gP_1 + P_{\mathrm{a}}P_2) \times \eta \tag{9-33}$$

【例 9-1】平原地区 220 kV 双避雷线线路如图 9-5 所示，绝缘子串由 13 片 X–4.5 组成，其正极性 $U_{50\%}$ 为 1200 kV，避雷线半径 r = 5.5 mm，导线弧垂 12 m，避雷线弧垂 7 m，杆塔冲击接地电阻 R = 7Ω，求该线路的耐雷水平及雷击跳闸率。

解：（1）计算避雷线和导线对地的平均高度 h_{b} 和 h_{d}。如图 9-5 所示，避雷线在杆塔端点距地高 h =（23.4 + 22 + 3.5）m，避雷线弧垂 h' = 7 m，有

$$\begin{cases} h_{\mathrm{bp}} = h_{\mathrm{b}} - \dfrac{2}{3}f_{\mathrm{b}} = 29.1 - \dfrac{2}{3}\times 7 = 24.5 \\ h_{\mathrm{dp}} = h_{\mathrm{d}} - \dfrac{2}{3}f_{\mathrm{d}} = 23.4 - \dfrac{2}{3}\times 12 = 15.4 \end{cases}$$

导线在杆塔端点距地高 h = 23.4 m，导线弧垂 h' = 12 m，则

$$h_{\mathrm{d}} = h - \frac{2}{3}h' = 23.4 - \frac{2}{3}\times 12 = 15.4$$

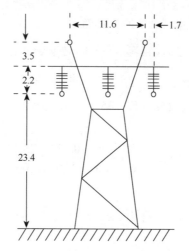

图 9-5　某 220 kV 双避雷线路杆塔（图中单位为 m）

（2）计算双避雷线对外侧导线的几何耦合系数 k。避雷线对外侧导线的耦合系数比对中相导线的耦合系数小，线路绝缘的过电压也较为严重，故取较小的耦合系数作计算条件，将双避雷线对外侧导线的几何耦合系数设为 k_0，则

$$k_0 = \frac{\ln\dfrac{\sqrt{39.9^2+1.7^2}}{\sqrt{9.1^2+1.7^2}} + \ln\dfrac{\sqrt{39.9^2+13.3^2}}{\sqrt{9.1^2+13.3^2}}}{\ln\dfrac{2\times24.5}{0.0055} + \ln\dfrac{\sqrt{49^2+11.6^2}}{11.6}} = 0.237$$

考虑电晕影响，查表 7-1，得电晕修正系数 $k_1 = 1.25$，于是校正后的耦合系数

$$k = k_1 \times k_0 = 1.25 \times 0.237 = 0.296$$

（3）计算杆塔等值电感及分流系数。查表 9-2，可知铁塔的电感可按 0.5 μH/m 计算，故得

$$L_{gt} = 0.5 \times 29.1 = 14.55 \quad (\mu H)$$

查表 9-2，可得分流系数 $\beta = 0.88$。

（4）计算雷击杆塔时的耐雷水平。根据式（9-16），代入数据，可得

$$I_1 = \frac{1200}{(1-0.296)\times0.88\times7 + \left(\dfrac{25.6}{29.1}-0.296\right)\times0.88\times\dfrac{14.5}{2.6} + \left(1-\dfrac{24.5}{15.4}\times0.237\right)\times\dfrac{15.4}{2.6}} = 110 \quad (kA)$$

（5）计算雷绕击于导线时的耐雷水平 I_2。根据式（9-25），代入数据，可得

$$I_2 = 1200/100 = 12 \quad (kA)$$

（6）计算雷电流幅值超过耐雷水平的概率。根据雷电流幅值概率曲线，可得雷电流幅值超过 I_1 的概率 $P_1 = 5.6\%$，超过 I_2 的概率 $P_2 = 73.1\%$。

（7）计算击杆率 g、绕击率 P_a 和建弧率 η。查表 9-4，得击杆率 $g = 1/6$。按式（9-31），可得绕击率

$$P_a = \lg\frac{16.6\sqrt{29.1}}{86} - 3.9 = 0.144\%$$

为了求出建弧率 η，先依据式（9-27）计算 E

$$E = \frac{220}{\sqrt{3} \times 2.2} = 57.735(kA/m)$$

所以，根据式（9-26）可得

$$\eta = (4.5 \times 57.735^{0.75} - 14)\% = 80\%$$

（8）计算线路跳闸率 n

$$n = 0.28 \times (11.6 + 4 \times 24.5) \times 0.8 \times \left(\frac{1}{6} + \frac{5.6}{100} + \frac{0.144}{100} \times \frac{73.1}{100} \right) = 0.25 \quad （次/100km \cdot a）$$

9.4　输电线路的防雷措施

线路雷害事故的形成通常要经历以下几个阶段。首先输电线路受到雷电过电压的作用，并且线路发生闪络，然后从冲击闪络转变为稳定的工频电压，引起线路跳闸，最后如果在跳闸后不能迅速恢复正常运行，就会造成供电中止。因此输电线路的防雷措施在许可情况下，要做到"四道防线"，即使输电线路不直击受雷；线路受雷后绝缘不发生闪络；闪络后不建立稳定的工频电弧；建立工频电弧后不中断电力供应。在确定输电线路的防雷方式时，还应全面考虑线路的重要程度、系统运行方式、线路经过地区雷电活动的强弱、地形地貌的特点、土壤电阻率的高低等条件，结合当地原有线路运行经验，根据技术经济比较的结果因地制宜，采取合理的保护措施。

1. 架设避雷线

避雷线是高压和超高压输电线路最基本的防雷措施，其主要目的是防止雷直击导线。此外，避雷线还有以下作用：①对雷电流有分流作用，减小流入杆塔的雷电流，使塔顶电位下降；②对导线有耦合作用，降低雷击杆塔时绝缘子串上的电压；③对导线有屏蔽作用，可降低导线上的感应电压。

我国标准 DL/T 620—1997 规定，330 kV 及以上线路应全线架设双避雷线；220 kV 宜全线架设双避雷线；110 kV 线路一般全线架设避雷线，但在少雷区或运行经验证明雷电活动轻微的地区可不沿全线架设避雷线。35 kV 及以下线路一般不沿全线架设避雷线。避雷线保护角一般取 20°～30°，330 kV 及 220 kV 双避雷线线路，一般采用 20°左右。现代超高压、特高压线路或高杆塔，均采用双避雷线，杆塔上两根避雷线间的距离不应超过导线与避雷线间垂直距离的 5 倍。

为了降低正常工作时避雷线中电流引起的附加损耗或将避雷线兼作通信用，可将避雷线经小间隙对地绝缘起来，雷击时此小间隙击穿避雷线接地。

2. 降低杆塔接地电阻

对于一般高度的杆塔，降低杆塔接地电阻是提高线路耐雷水平，防止"反击"的有效措施。DL/T 620—1997 规定，有避雷线的线路，每基杆塔（不连避雷线）的工频接地电阻在雷季干燥时不宜超过表 9-5 所列数值。

表 9-5 有避雷线输电线路杆塔的工频接地电阻

土壤电阻率/Ω·m	<100	100～500	500～1000	1000～2000	>2000
接地电阻/Ω	10	15	20	25	30

土壤电阻率低的地区，应充分利用杆塔的自然接地电阻，一般采用与线路平行的地中伸长地线办法，通过其与导线间的耦合作用，降低绝缘子串上的电压使耐雷水平提高。

3. 架设耦合地线

在降低杆塔接地电阻有困难时，可以采用在导线下方架设地线的措施，其作用是增加避雷线与导线间的耦合作用以降低绝缘子串上的电压；此外，耦合地线还可以增加对雷电流的分流作用。运行经验表明，耦合地线对减少雷击跳闸率的效果是显著的。

4. 采用不平衡绝缘方式

在现代高压及超高压线路中，同杆架设的双回路线路日益增多，对此类线路在采用通常的防雷措施尚不能满足要求时，还可采用不平衡绝缘方式来降低双回路雷击同时跳闸率，以保证不中断供电。不平衡绝缘的原则是使二回路的绝缘子串片数有差异，这样，雷击时绝缘子串片少的回路先闪络，闪络后的导线相当于地线，增加了对另一回路导线的耦合作用，提高了另一回路的耐雷水平使之不发生闪络以保证另一回路可继续供电。一般认为，二回路绝缘水平的差异宜为 $\sqrt{3}$ 倍相电压（峰值），差异过大将使线路总故障率增加，差异究竟为多少，应以各方面技术经济比较来决定。

5. 采用消弧线圈接地方式

对于 35 kV 及以下的线路，一般不采用全线架设避雷线的方式，而采用中性点不接地或消弧线圈接地的方式。这可使得雷击引起的大多数单相接地故障能够自动消除，不致引起相间短路和跳闸。而在两相或三相着雷时，雷击引起第一相导线闪络并不会造成跳闸，闪络后的导线相当于地线，增加了耦合作用，使未闪络相绝缘子串上的电压下降，从而提高了耐雷水平。

6. 装设自动重合闸

因为雷击造成的闪络大多能在跳闸后自行恢复绝缘性能，所以重合闸成功率较高，据统计，我国 110 kV 及以上高压线路重合闸成功率为 75%～90%，35 kV 及以下线路为 50%～80%。因此，各级电压的线路应尽量装设自动重合闸。

7. 装设排气式避雷器

一般在线路交叉处和在高杆塔上装设排气式避雷器以限制过电压。

8. 加强绝缘

在冲击电压作用下木质是较良好的绝缘,因此可以采用木横担来提高耐雷水平和降低建弧率,但我国受客观条件限制一般不采用木绝缘。

对于高杆塔,可以采取增加绝缘子串片数的办法来提高其防雷性能。高杆塔的等值电感大,感应过电压大,绕击率也随高度而增加。因此规程规定,全高超过 40 m 有避雷线的杆塔,每增高 10 m 应增加一片绝缘子,全高超过 100 m 的杆塔,绝缘子数量应结合运行经验通过计算确定。

习　题

1. 雷击线路附近大地时,当线路高 10 m,雷击点距线路 100 m,雷电流幅值 40 kA,线路上感应雷过电压最大值 U_g 约为多少?

2. 什么是输电线路的耐雷水平?线路耐雷水平与哪些因素有关?

3. 提高输电线路的耐雷水平措施有哪些?

4. 输电线路的防雷措施有哪些?

5. 为什么绕击时的耐雷水平远低于雷击杆塔时的耐雷水平?

6. 在例 9-1 中的线路如架设在山区,且杆塔冲击接地电阻为 15Ω,其余条件不变。试求该线路的耐雷水平及雷击跳闸率。

<table>
<tr><td>

第10章

</td><td>

发电厂和变电站的防雷保护

</td></tr>
</table>

发电厂和变电站是电力系统的枢纽和心脏，一旦发生雷害事故，往往导致变压器、发电机等重要电气设备损坏，并造成大面积停电，严重影响国民经济和人民生活。因此，发电厂、变电站的防雷保护必须是十分可靠的。

发电厂、变电站遭受雷害一般来自两方面：一是雷直击于发电厂、变电站；二是雷击输电线后产生的雷电波侵入发电厂、变电站。

对直击雷的保护，一般采用装设避雷针或避雷线，根据我国的运行经验，凡装设符合规程要求的避雷针（线）的发电厂和变电站绕击和"反击"事故率是非常低的。

因为线路落雷比较频繁，所以沿线路侵入的雷电波是造成变电站、发电厂雷害事故的主要原因。由线路侵入的雷电波电压受到线路绝缘的限制，其峰值不可能超过线路绝缘的闪络电压，但线路绝缘水平比发电厂、变电站电气设备的绝缘水平高，例如 110 kV 线路绝缘子串 50% 放电电压为 700 kV，而变压器的全波冲击试验电压只有 425 kV，若不采取专门的防护措施，势必造成电气设备损害的事故。对侵入波防护的主要措施是在发电厂、变电站内安装阀式避雷器以限制电气设备上的过电压峰值，同时在发电厂、变电站的进线段上采取辅助措施以限制流过阀式避雷器的雷电流和降低侵入波的陡度。对于直接与架空线路相连的旋转电机（一般称为直配电机），还应在电机母线上安装电容器以降低侵入波陡度，使电机匝间绝缘和中性点绝缘不易损坏。

10.1 发电厂、变电站的直击雷保护

为了防止雷直击发电厂、变电站，可以装设避雷针（线）来进行保护。安装的避雷针（线）应满足所有设备处于避雷针（线）的保护范围之内，同时还必须防止雷击避雷针时引起与被保护物的"反击"事故。出于对"反击"问题的考虑，避雷针的安装方式可分为独立避雷针和构架避雷针两种，现分述如下。

10.1.1 独立避雷针

对于 35 kV 及以下的变电站，由于绝缘水平较低，为了避免"反击"的危险，应架设独立避雷针，且其接地装置与主接地网分开埋设，并在空气中及地下保持足够的距离，如图 10-1 所示。

雷击避雷针时雷电流经避雷针及其接地装置在避雷针 h 高度处和避雷针的接地装置上将出现高电位 $u_{\text{k}}(\text{kV})$ 和 $u_{\text{d}}(\text{kV})$，其计算式分别为

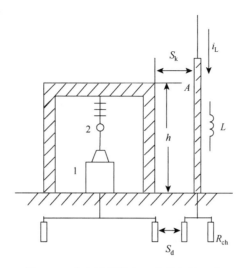

图 10-1　独立避雷针离配电构架的距离
1—变压器；2—母线

$$u_k = L\frac{\mathrm{d}i_L}{\mathrm{d}t} + i_L R_{ch} \tag{10-1}$$

$$u_d = i_L R_{ch} \tag{10-2}$$

式中：L 为避雷针的等值电感，μH；R_{ch} 为避雷针的冲击接地电阻，Ω；i_L 为流过避雷针的雷电流，kA；$\mathrm{d}i_L/\mathrm{d}t$ 为雷电流的上升陡度，kA/μs。

取 $i_L = 150$ kA，$\dfrac{\mathrm{d}i_L}{\mathrm{d}t} = 30$ kA/μs，$L = 1.7h$（h 是避雷针的高度，m），于是

$$u_k = 150R_{ch} + 50h \tag{10-3}$$

$$u_d = 150R_{ch} \tag{10-4}$$

为防止避雷针与被保护的配电构架或设备之间的空气间隙 S_k（m）被击穿而造成反击事故，要求 S_k 必须大于一定值，若取空气的平均耐压强度为 500 kV/m，则 S_k 应满足

$$S_k > \frac{150R_{ch} + 50h}{500} \tag{10-5}$$

即

$$S_k > 0.3R_{ch} + 0.1h \tag{10-6}$$

同样，为了防止避雷针接地装置和被保护设备接地装置之间在土壤中的间隙 S_d 被击穿，必须要求 S_d 大于一定值，若取土壤的平均耐电强度为 300 kV/m，则 S_d 应满足

$$S_d > 0.3R_{ch} \tag{10-7}$$

在一般情况下，S_k 不应小于 5 m，S_d 不应小于 3 m。

单独避雷针的工频接地电阻不宜大于 10 Ω（规定工频接地电阻值是为了现场便于检查），接地电阻过大时，S_k、S_d 都需要增大，因而避雷针也要加高，这在经济上会不合理。

10.1.2　构架避雷针

对于 110 kV 及以上的变电站，可以将避雷针架设在配电装置的构架上，由于此类电压等级配电装置的绝缘水平较高，雷击避雷针时在配电构架上出现的高电位不会造成反击事故，并且可以节约投资、便于布置。为了确保变电站中最重要而绝缘又较弱的设备——主变压器的绝缘免受"反击"的威胁，要求在装置避雷针的构架附近埋设辅助集中接地装置，且避雷针与主接地网的地下连接点至变压器接地线与主接地网的地下连接点，沿接地体的距离不得小于 15 m。因为当雷击避雷针时，在接地装置上出现的电位升高，在沿接地体传播的过程中将发生衰减，经过 15 m 的距离后，一般已不至于对变压器造成"反击"，基于同样的理由，在变压器的门形构架上，不允许装避雷针（线）。

至于线路终端杆塔上的避雷线能否与变电站构架相连，也要根据是否发生"反击"来考虑。110 kV 及以上的配电装置可以将线路避雷线引至出线门形架上；但在土壤电阻率 $\rho > 1000\,\Omega\cdot m$ 的地区，应加设集中接地装置；对 35～60 kV 配电装置，在 $\rho \leqslant 500\,\Omega\cdot m$ 的地区也允许线路避雷线与出线门形架相连，但同样需加设集中接地装置；当 $\rho > 500\,\Omega\cdot m$ 时，避雷线不能与门形架相连，最后一档线路靠避雷针保护；发电厂厂房一般不装避雷针，以免发生"反击"事故或引起继电保护误动作。

10.2　变电站的侵入波保护

变电站中限制雷电侵入波过电压的主要措施是安装避雷器,变压器及其他高压电气设备绝缘水平的选择，就是以阀式避雷器的特性作为依据的。下面我们来分析它的保护作用过程。

10.2.1　阀式避雷器的保护作用分析

1. 变压器和避雷器之间的距离为零

如图 10-2（a）所示，避雷器直接连在变压器旁，即认为变压器与避雷器之间的距离为零。为简化分析，不计变压器对地入口电容，且输电线路为无限长，雷电侵入波 u 自线路入侵，避雷器动作前后可用图 10-2（b）、（c）的等值电路来分析，假定避雷器的伏安特性 $u_b = f(i_b)$，且避雷器间隙的伏秒特性 u_f 为已知，则可用作图法求出变压器 z_1 上的电压来。

动作前避雷器电压 u_b 与侵入雷电波电压 u 相同，当 u 与避雷器冲击放电伏秒特性 $u_f = f(t)$ 相交时（图 10-3），则动作，避雷器动作后按图 10-2（c）的等值电路，可列出下列方程

$$2u = \left(i_b + \frac{u_b}{z_1}\right)z_1 + u_b \qquad (10\text{-}8)$$

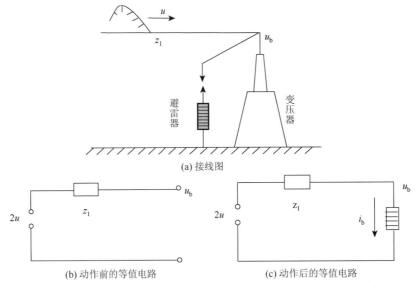

(a) 接线图

(b) 动作前的等值电路　　　　　(c) 动作后的等值电路

图 10-2　避雷器直接装在变压器旁边

即
$$\frac{u_b + i_b z_1}{2} = u \tag{10-9}$$

式中：i_b 为避雷器流过的电流。

这是一个非线性方程，用作图法可求出变压器上的电压，如图 10-3 所示。纵坐标取为电压 u，横坐标分别取为时间 t 和电流 i；在 u–t 坐标内当侵入波 u 与伏秒特性 u_f 相交于 U_{ch} 时避雷器开始放电；在 u–i 坐标内根据给定的避雷器伏安特性 $u_b = f(i_b)$ 和线路波阻抗 z_1 可以画出曲线 $\dfrac{u_b + i_b z_1}{2}$，由式（10-9）可知，它必须与侵入波 u 相等。根据给定的 u 波形，按照图 10-3 中虚线表示的步骤，逐点求出避雷器上的电压 u_b，这也就是变压器上的电压。例如，要求雷电电压达幅值时变压器和避雷器上的电压值，只要从雷电波幅值处作水平线与曲线 $u = \dfrac{u_b + i_b z_1}{2}$ 相交，交点的横坐标就是流过避雷器的雷电流 i_b，由伏安特性 $u_b = f(i_b)$ 决定的电压 U_{ca} 就是变压器在该时刻所承受的过电压值。

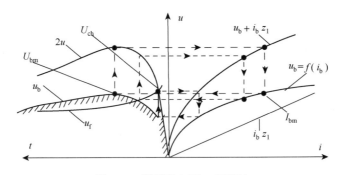

图 10-3　避雷器电压 u_b 图解法

u—来波；u_f—避雷器伏秒特性；u_b—避雷器上电压；$u_b = f(i_b)$—避雷器伏安特性

由图 10-3 可见，避雷器电压 u_b 具有两个峰值：一个是 U_{ch}，它是避雷器冲击放电电压，其值取决于避雷器的伏秒特性，由于阀式避雷器的伏秒特性 u_f 很平，可认为 U_{ch} 是一固定值；另一个是 U_{ca}，这就是避雷器残压的最高值，在避雷器伏安特性已定的情况下，它与通过避雷器的电流 i_b 的大小有关，但由于阀片的非线性，电流 i_b 在很大范围内变动时残压变化很小。由于在具有正常防雷接线的 110～220 kV 变电站中，流经避雷器的雷电流一般不超过 5 kA（对应的 330 kV 为 10 kA），故残压的最大值 U_{ca} 取为 5 kA 下的残压基本相等，我们可以将避雷器电压 U_b 近似地视认一斜角平顶波，如图 10-4 所示，其幅值为 5 kA 的残压 $U_{c.5}$，波头时间（即避雷器放电时间 t_p）则取决于侵入波陡度。若雷电侵入波为斜角波，即 $u = at$，则避雷器的作用相当于在 $t = t_p$ 时刻，在避雷器安装处产生一负电压波 u'，即 $u' = -a(t-t_p)$。

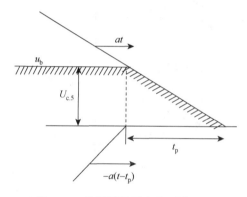

图 10-4 分析避雷器上电压波形 u_b

由于避雷器直接接在变压器旁，变压器上的过电压波形与避雷器上电压波形相同，若变压器的冲击耐压大于避雷器的冲击放电电压和 5 kA 下的残压，则变压器将得到可靠的保护。

2. 变压器和避雷器之间有一定的电气距离

变电站中有许多电气设备，我们不可能在每个设备旁边装设一组避雷器，一般只在变电站母线上装设避雷器，这样，避雷器与各个电气设备之间就不可避免地要沿连接线分开一定的距离，这个距离称为电气距离。当侵入波电压使避雷器动作时，波会在这段距离进行传播并发生折、反射，就会在设备绝缘上出现高于避雷器端点的电压。此时，避雷器对变电站所有设备是否都能起到保护作用？为了分析这个问题，以图 10-5 所示接线来分析当雷电波侵入时，避雷器和变压器上承受的电压。

如图 10-5 所示避雷器离开变压器距离为 l，为计算方便，不计变压器的对地电容。设侵入波为斜角波，根据第 7 章第 4 节介绍的用网格法计算行波的多次折、反射，可画出网格图如图 10-6 所示。在计算折、反射波时，避雷器动作前看作开路，动作后看作短路；变压器相当于开路终端；同时不取统一的时间起点，而以各点开始出现电压时为各点的时间起点。

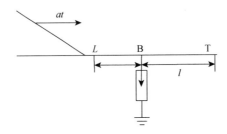

图 10-5　避雷器与变压器分开一定距离

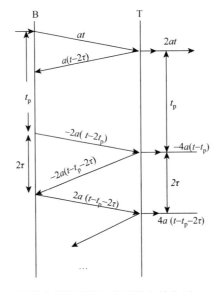

图 10-6　用网格法分析避雷器和变压器上的电压（$\tau = l/v$）的波形

下面先讨论避雷器上的电压 $u_B(t)$。

（1）点 T 反射波尚未到达 B 点时

$$u_B(t) = at \quad (t < 2\tau) \tag{10-10}$$

（2）点 T 反射波到达 B 点以后至避雷器动作以前（设避雷器的动作时间 $t_p = 2l/v$）

$$u_B(t) = at + a(t - 2\tau) = 2a(t - \tau) \ (2\tau \leqslant t < t_p) \tag{10-11}$$

（3）在避雷器动作瞬时，即 $t = t_p$ 时，$u_B = 2a(t_p - \tau)$。

（4）避雷器动作以后 $t > t_p$ 时，根据前面的分析，t_p 出现在避雷器的伏秒特性曲线 u_f 与电压 $u_B(t)$ 相交的一点。又认为避雷器动作以后即保持残压，因此 $t > t_p$ 以后可以看作在 B 点又叠加上一个负波 $-2a(t - t_p)$，即

$$u_B(t) = 2a(t - \tau) - 2a(t - t_p) = 2a(t_p - \tau) = U_{c.5} \tag{10-12}$$

电压 $u_B(t)$ 的波形及公式如图 10-7。

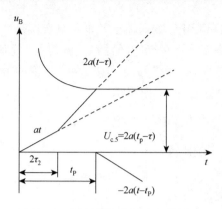

图 10-7　避雷器上电压 $u_B(t)$ 的波形

再讨论变压器上电压。

（1）雷电侵入波到达变压器端点之后，避雷器动作后的来波尚未到达变压器端点，即 $t < t_p$ 时

$$u_T(t) = 2at \tag{10-13}$$

（2）当 $t = t_p$ 时

$$u_T(t) = 2at_p = 2(t_p - \tau + \tau) = 2a(t_p - \tau) + 2a\tau = U_{c.5} + 2a\tau \tag{10-14}$$

（3）当 $t_p < t < t_p + 2\tau$ 时

$$u_T(t) = 2at - 4a(t - t_p) = -2a(t - 2t_p) \tag{10-15}$$

（4）当 $t = t_p + 2\tau$ 时

$$
\begin{aligned}
u_T(t) &= -2a(t_p + 2\tau - 2t_p) = 2a(2\tau - t_p) \\
&= 2a(t_p - 2\tau) = 2a(t_p - \tau) - 2a\tau = U_{c.5} - 2a\tau
\end{aligned}
\tag{10-16}
$$

电压 $u_T(t)$ 的波形及公式如图 10-8 及表 10-1 所示。

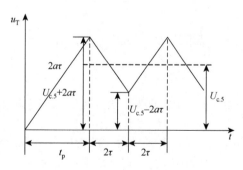

图 10-8　变压器 $u_T(t)$ 的波形

表 10-1　变压器上电压 $u_T(t)$

t	$u_T(t)$	t	$u_T(t)$
$t < t_p$	$2a\tau$	$t = t_p + 2\tau$	$U_{c.5} - 2a\tau$
$t = t_p$	$U_{c.5} + 2a\tau$		
$t_p < t < t_p + 2\tau$	$-2a(t - 2t_p)$	…	…

从图 10-8 和表 10-1 可以看出，变压器上的电压具有振荡性质，其振荡轴为避雷器的残压 $U_{c.5}$。这是由避雷器动作后产生的负电压波在点 B 与点 T 之间发生多次反射而引起的，由此可见，只要设备离避雷器有一段距离 l，则设备上所受冲击电压的最大值必然要高于避雷器残压 $U_{c.5}$，变电站设备上所受冲击电压的最大值 U_m 可表示为

$$U_m = U_{c.5} + 2a\tau = U_{c.5} + 2\frac{al}{v} \qquad (10\text{-}17)$$

式中：l 为设备与避雷器之间的距离，m。

10.2.2　变压器承受雷电波能力

前面分析的变压器波形是以最简单、也是最严重的情况下出发。在实际情况下，由于变电站接线比较复杂，出线可能不止一路，设备本身又存在对地电容，这些都将对变电站的波过程产生影响。实测表明，雷电波侵入变电站时变压器上实际电压的典型波形如图 10-9 所示。它相当于在避雷器的残压上叠加一个衰减的振荡波，这种波形和全波波形相差较大，对变压器绝缘的作用与截波的作用较为接近，因此常以变压器承受截波的能力来说明在运行中该变压器承受雷电波的能力。变压器承受截波的能力称为多次截波耐压值 U_j，根据实践经验，对变压器而言，此值为变压器三次截波冲击试验电压 $U_{j.3}$ 的 $\frac{1}{1.5}$ 倍，即 $U_j = \frac{U_{j.3}}{1.15}$。同样，其他电气设备在运行中承受雷电波的能力可用多次截波耐压值 U_j 来表示。

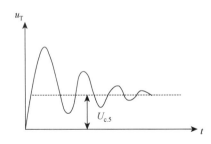

图 10-9　雷电波侵入变电站时，变压器上电压的实际典型波形

当雷电波侵入变电站时，若设备上受到最大冲击电压值 U_m 小于设备本身的多次截波耐压值 U_j，则设备不会发生事故；反之，则可能造成雷害事故。因此，为了保证设备安全运行，必须满足

$$U_m \leqslant U_j \qquad (10\text{-}18)$$

$$\left(U_{c.5} + \frac{2al}{v}\right) \leqslant U_j \qquad (10\text{-}19)$$

式中：U_m 为设备上所受冲击电压的最大值；U_j 为设备多次截波耐压值；$U_{c.5}$ 为避雷器上 5 kA 下的残压；a 为雷电波的陡度；l 为设备与避雷器间的距离；v 为雷电波传播速度。

式（10-18）表明，为了保证变压器和其他设备的安全运行，必须对流过避雷器的电流加以限制使之不大于 5 kA，同时也必须限制侵入波陡度 a 和设备离开避雷器的电气距离 l。此外，由式（10-19）可知，变压器绝缘的冲击耐压强度 U_j 是由避雷器残压 $U_{c.5}$ 决定的，残压越高，则需要变压器本身绝缘的冲击耐压值就越高，反之则低。从这里可以看到降低避雷器残压的重大经济效益。

10.2.3　变电站中变压器距避雷器的最大允许电气距离 i_m

从上述分析可知，当侵入波的陡度一定时，避雷器与变压器的电气距离越大，变压器上电压高出避雷器上的残压就越多。为了限制变压器上的电压以免发生绝缘击穿事故，就必须规定避雷器与变压器间允许的最大电气距离。变电站中变压器到避雷器的最大允许电气距离 l_m 可用式（10-18）导出

$$l_m \leqslant \frac{U_j - U_{c.5}}{2a/v} \qquad (10\text{-}20)$$

式（10-20）表明，避雷器的保护作用是有一定范围的，变压器到避雷器的最大允许电气距离 l_m 与变压器多次截波冲击耐压值 U_j 和避雷器 5 kA 下残压的差值 $U_j - U_{c.5}$ 有关，$U_j - U_{c.5}$ 值越大，则 l_m 越大。不同电压等级变压器的多次截波冲击耐压 U_j 和避雷器 5 kA 下残压 $U_{c.5}$ 见表 10-2。从表 10-2 可知，U_j 比普通型避雷器残压 $U_{c.5}$ 高出 40% 左右，比磁吹型残压高出 80% 左右。因此，变电站中若使用磁吹避雷器，则变压器到避雷器的最大允许电压距离 l_m 将比使用普通型时大。

表 10-2　变压器多次截波耐压值 U_j 与避雷器残压 $U_{c.5}$ 的比较

额定电压/kV	变压器三次截波耐压/kV	变压器多次截波耐压/kV	FZ 避雷器 5 kA 残压/kV	FCZ 避雷器 5 kA 残压/kV	变压器多次截波耐压与避雷器残压的比	
					FZ	FCZ
35	225	196	134	108	1.46	1.81
110	550	478	332	260	1.44	1.83
220	1090	949	664	515	1.43	1.85
330	1130	1130	—	820	—	1.38

式（10-20）还表明，最大允许电气距离 l_m 与侵入波陡度 a 密切相关，a 越大，则 l_m 越小；a 越小，则 l_m 越大。

若以空间陡度 a'（kV/m）计算，式（10-20）可改写为

$$l_m \leqslant \frac{U_j - U_{c.5}}{2a'} \qquad (10\text{-}21)$$

图 10-10 和图 10-11 是对装设普通型阀式避雷器的 35～330 kV 变电站典型接线通过模拟试验求得的变压器到避雷器的最大允许电气距离 l_m 与侵入波空间陡度 a' 的关系曲线。变电站内其他设备的冲击耐压值比变压器高，它们距避雷器的最大允许电气距离可比图 10-10 和图 10-11 相应增加 35%。

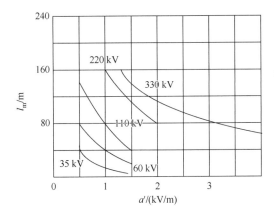

图 10-10　一路进线的变电站中 l_m 与 a' 的关系曲线

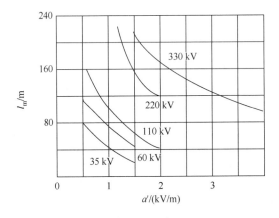

图 10-11　二路进线的变电站中 l_m 与 a' 的关系曲线

以上最大允许电气距离是从最简单的情况来考虑的，事实上设备的电容、变电站引出线的阻抗、冲击电晕等均可使情况变得有利。当变电站的出线较多时，由于其他线路的分流作用，最大容许距离会增大，l_m 可改写为

$$l_m = k\frac{U_j - U_{c.5}}{2a'} \tag{10-22}$$

式中：k 为变电站出线修正系数。当母线上出线总数为1、2、3、4时，k 值分别为1.0、1.25、1.5、1.7。我国电力行业标准《交流电气装置的过电压保护和绝缘配合》（DL/T 620—1997）建议，三路进线变电站的 l_m 可按图 10-11 增大 20%，四路及以上进线可增大 35%。

对一般变电站的侵入雷电波防护设计主要是选择避雷器的安装位置，其原则是在任何可能的运行方式下，变电站的变压器和各设备距避雷器的电气距离皆应小于最大允许电气距离 l_m。一般说来，避雷器安装在母线上，若一组避雷器不能满足要求，则应考虑增设避雷器。

10.3　变电站的进线段保护

10.3.1　变电站的进线段保护作用

由第 10.2 节阀式避雷器的保护作用分析可知，要使避雷器能可靠地保护电气设备，必须设法使避雷器电流幅值不超过 5 kA（330～500 kV 级为 10 kA），而且必须保证来波陡度 a 不超过一定的允许值。但对 35～110 kV 无避雷线线路来说，如果当雷直击变电站附近的导线时，流过避雷线的电流显然可能超过 5 kA，而且陡度也会超过允许值。因此，必须在靠近变电站的一段进线上采取可靠的防直击雷保护措施，进线段保护是对雷电侵入波保护的一个重要辅助手段。

进线段保护是指在临近变电站 1～2 km 的一段线路上加强防雷保护措施。当线路全线无避雷线时，此段必须架设避雷线；当线路全线有避雷线时，应使此段线路具有较高耐雷水平，减小该段线路内由于绕击和"反击"所形成侵入波的概率。这样，就可以认为侵入变电站的雷电波主要是来自进线保护段之外，使它经过这段距离后才能达到变电站。在这一过程中进线波阻抗的作用减小了通过避雷器的雷电流，同时导线冲击电晕的影响削弱了侵入波的陡度。

10.3.2　雷电侵入波经进线段后的电流和陡度的计算

采取进线段保护以后，能否满足规程规定的雷电流幅值和陡度的要求，可以通过在最不利的情况下计算雷电流 i_b 和陡度 a。

1. 进线段首端落雷，流经避雷器电流的计算

最不利的情况是进线段首端落雷，由于受线路绝缘放电电压的限制，雷电侵入波的最大幅值为线路绝缘 50% 冲击闪络电压 $U_{50\%}$；行波在 1～2 km 的进线段来回一次的时间需要 $2l/v = 6.7～13.7\mu s$，侵入波的波头又很短，故避雷器动作后产生的负电压波折回雷击点，在雷击点产生的反射波到达避雷器前，流经避雷器的雷电流已过峰值，因此可以不计该反射波及其以后过程的影响，只按照原侵入波进行分析计算。

根据图 10-12（a）的原理接线图画出彼德森等值电路图 10-12（b），则有

$$\begin{cases} 2U_{50\%} = i_b Z + u_b \\ u_b = f(i_b) \end{cases} \tag{10-23}$$

式中：Z 为导线波阻抗；$u_b = f(i_b)$ 为避雷器阀片的非线性伏安特性。

参照图 10-12，可用图解法求出通过避雷器的最大电流 i_b。例如，220 kV 线路绝缘强度 $U_{50\%} = 1200$ kV，导线波阻抗 $Z = 400\ \Omega$，采用 FZ-220 J 型避雷器，算出通过避雷器的最大雷电流不超过 4.5 kA。这也就是避雷器电气特性中一般给出 5 kA 下的残压值作为标准的理由。

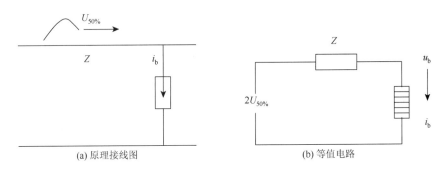

图 10-12　进线段限制通过避雷器电流的原理接线与等值电路

不同电压等级的避雷器见表 10-3。

表 10-3　进线段外落雷，流经单路进线变电站避雷器雷电流最大值的计算值

额定电压/kV	避雷器型号	线路绝缘的/kV	i_b/kA
35	FZ–35	350	1.4
110	FZ–110	700	2.6
220	FZ–220	1200～1400	4.35～5.5
330	FCZ–330	1645	7

由表 10-3 可知，1～2 km 长的进线段已能够满足限制避雷器中雷电流不超过 5 kA（或 10 kA）的要求。

2. 进入变电站的雷电波陡度 a 的计算

可以认为，在最不利的情况下，出现在进线段首端的雷电侵入波的最大幅值为线路绝缘的 50% 冲击闪络电压 $U_{50\%}$ 且具有直角波头。$U_{50\%}$ 已大大超过导线的临界电晕电压，因此在侵入波作用下，导线将发生冲击电晕，于是直角波头的雷电波自进线段首端向变电站传播的过程中，波形将发生变形、波头变缓。根据式（7-70）可求得进入变电站雷电波的陡度 a（kV/μs）为

$$a = \frac{u}{\Delta \tau} = \frac{u}{l\left(0.5 + \dfrac{0.008u}{h_d}\right)} \tag{10-24}$$

式中：h_d 为进线段导线悬挂平均高度，m；l 为进线段长度，km；u 为避雷器的冲击放电电压或残压。

虽然来波幅值由线路绝缘的 $U_{50\%}$ 决定，但因为变电站内装有阀式避雷器，只要求在避雷器放电以前来波陡度不大于一定值即可，而在避雷器放电后，电压已基本上不变，其值等于残压，所以在计算侵入波陡度时，u 值取为避雷器的冲击放电电压或残压。

因为波的传播速度为 $v = 3 \times 10^8$ m/s，则 a' 为

$$a' = \frac{a}{v} = \frac{a}{300} \tag{10-25}$$

表 10-4 列出了用式（10-24）和式（10-25）计算出的不同电压等级变电站雷电侵入波

计算用陡度值 a'。由该表按已知的进线段长度求出 a' 值，就可根据图 10-10 和图 10-11 求得变压器或其他设备到避雷器的最大允许电气距离 l_m。

表 10-4　变电站侵入波计算用陡度

额定电压/kV	侵入波计算陡度/(kV/m)	
	1 km 进线段	2 km 进线段或全线有避雷线
35	1.0	0.5
110	1.5	0.75
220	—	1.2
330	—	2.2

10.3.3　35 kV 及以上变电站的进线段保护

对于 35～110 kV 无避雷线的线路，雷直变电站附近线路上时，流经避雷线的雷电流可能超过 5 kA，而且陡度 a 也可能超过允许值。因此对 35～110 kV 无避雷线的线路，在靠近变电站的一段进线上必须架设避雷线，其长度一般取为 1～2 km，如图 10-13 所示。进线段应具有较高的耐雷性能，我国标准 DL/T 620—1997 规定不同电压等级进线段的耐雷水平见表 10-5，避雷线的保护角应为 20°左右，以尽量减少绕击概率。对于全线有避雷线的线路，也将变电站附近 2 km 长的一段进线列为进线保护段，此段的耐雷水平及保护角也应符合上述规定。

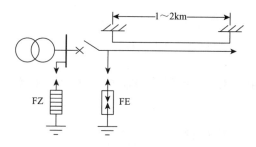

图 10-13　未沿全线架设避雷线的 35～110 kV 线路的变电站的进线保护接线

表 10-5　进线段的耐雷水平

额定电压 V	35	60	110	220	330
耐雷水平/kA	30	60	75	120	140

这样，在进线段内因雷绕击或反击而产生雷电侵入波的机会是非常小的，在进线段以外落雷时，由于进线段导线本身阻抗的作用使流经避雷器的雷电流小于 5 kA，同时在进线段内导线上冲击电晕的影响将使侵入波陡度和幅值下降。

在图 10-13 的标准进线段保护方式中，安装了排气式避雷器 FE。这是因为线路断路器隔离开关在雷季可能经常断开而线路侧又带有工频电压（热备用状态），沿线袭来的雷电波（其幅值为 $U_{50\%}$）在此处碰到了开路的末端，于是电压可上升到 $2U_{50\%}$，这时可能使开关绝缘对地放电并引起工频短路，将断路器或隔离开关的绝缘支座烧毁，为此应在靠近隔离开关或断路器处装设一组排气式避雷器 FE。在断路器闭合运行时雷电侵入波不应使 FE 动作，也即此时 FE 应在变电站阀式避雷器保护范围之内。如 FE 在断路器闭合运行时侵入波使之放电，则将造成截波，可能危及变压器纵绝缘与相间绝缘。若缺乏适当参数的排气式避雷器，则 FE 可用阀式避雷器代替。

10.3.4　35 kV 小容量变电站的简化进线保护

对 35 kV 的小容量变电站，可根据变电站的重要性和雷电活动强度等情况来采取简化的进线保护。35 kV 小容量变电站范围小，避雷器距变压器的距离一般在 10 m 以内，这样，在变压器多次截波冲击耐压值 U_j 和避雷器 5 kA 残压 $U_{c.5}$ 不变的情况下，侵入波陡度 a 允许增加，故进线长度可以缩短到 $500\sim600$ m。为了限制流入变电站阀式避雷器的雷电流，可在进线首端装设一组排气式避雷器或保护间隙，如图 10-14 所示。

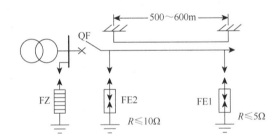

图 10-14　35 kV 小容量变电站的简化进线保护

10.4　变压器防雷保护的几个具体问题

10.4.1　三绕组变压器的防雷保护

第 7.7 节中讨论了冲击电压绕组间的传递问题，就双绕组变压器而言，当变压器高压侧有雷电波侵入时，通过绕组间的静电和电磁耦合，会使低压侧出现过电压。但实际上，双绕组变压器在正常运行时，高压与低压侧断路器都是闭合的，两侧都有避雷器保护，所以一侧来波，传递到另一侧去的电压不会对绕组造成损害。

三绕组变压器在正常运行时，可能出现只有高、中压绕组工作而低压绕组开路的情况。当高压或中压侧有雷电波作用时，因处于开路状态的低压绕组侧对地电容较小，低压绕组上的静电感应分量可达很高的数值以至于危及低压绕组的绝缘。由于静电分量使低压绕组三相电压同时升高。因此为了限制这种过电压，可在低压绕组三相出线上加装阀式避雷器。当变压器低压绕组接有 25 m 以上金属外皮电缆时，因对地电容增大，足以限制静电感应分量，可不必再装避雷器。

三绕组变压器的中压绕组虽然也有开路运行的可能性，但其绝缘水平较高，一般不必装设上述限制静电耦合电压的避雷器。

10.4.2　自耦变压器的防雷保护

自耦变压器除有高、中压自耦绕组之外，还有三角形接线的低压非自耦绕组，用以减小系统的零序阻抗和改善电压波形。在该低压非自耦绕组上，为限制静电感应电压需在三相出线上装设阀式避雷器。此外，根据自耦变压器的运行方式，会在高、中压侧产生过电压。下面，依据它的运行方式，来分析过电压产生情况以及保护措施。

1. 高、低压绕组运行，中压开路

如图 10-15（a）所示为自耦变压器自耦绕组的线路图，其中 A 为高压端，A'为中压端，设它们的变比为 k。当幅值为 U_0 的侵入波加在高压端 A 时，绕组中的电位的起始与稳态分布以及最大电位包络线都和中性点接地的绕组相同，如图 10-15（b）所示。在开路的中压端子 A'上出现的最大电压约为高压侧电压 U_0 的 $\dfrac{2}{k}$ 倍，这可能使处于开路状态的中压端套管闪络，因此在中压侧与断路器之间应装设一组避雷器，如图 10-15（c）中 FZ2，以便当中压侧断路器开路时保护中压侧绝缘。

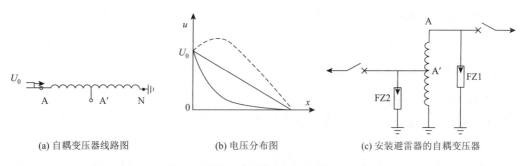

(a) 自耦变压器线路图　　　(b) 电压分布图　　　(c) 安装避雷器的自耦变压器

图 10-15　自耦变压器防雷保护分析（高、低压绕组运行，中后开路）

2. 中、低压绕组运行，高压开路

当高压侧开路中压侧端上出现幅值为 U_0' 的侵入波时，绕组中电位的起始分布、稳态分布如图 10-16（a）所示。由 A'到 0 这段绕组的电位分布与末端接地的变压器绕组相同。由 A'到 A 端绕组的电位稳态分布是由于 A'到 0 段稳态分布相应的电磁感应所形成，高压端稳态电压为 kU_0'。由 A'到 A 端绕组的电位起始分布与末端开路的变压器绕组相同。在振荡过程中 A 点的电位最高可能达到 $2kU_0'$，如图 10-16（b）所示，这将危及处于开路状态的高压端绝缘。因此在高压端与断路器之间也必须装一组避雷器，如图 10-15（c）中的 FZ1。

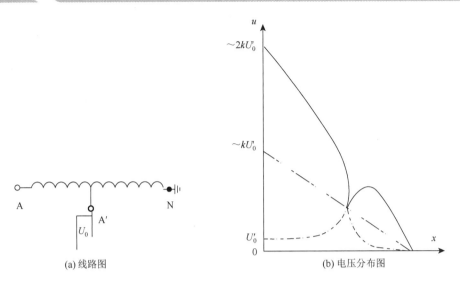

图 10-16　自耦变压器防雷保护分析（中、低压绕组进行，高后开路）

10.4.3　变压器中性点保护

1. 中性点绝缘水平

中性点绝缘水平可分为全绝缘和分级绝缘两种。如果中性点绝缘与相线端的绝缘水平相等，叫作全绝缘。一般在 60 kV 及以下的电力变压器中性点是全绝缘的。如果中性点绝缘低于相线端绝缘水平，叫作分级绝缘。一般在 110 kV 及以上时，大多中性点是分级绝缘的。

2. 不同电压等级的中性点保护

1）60 kV 及以下的电网中的变压器

我国 60 kV 及以下的电网，变压器中性点是非直接接地的。这种电网因额定电压较低，线路绝缘不高，加上 35 kV 及其以下的线路通常又不架避雷线，所以常有沿线路三相来雷电波的机会，据统计，三相来波的概率约占 10%。当三相来波时，波侵入变压器绕组到达非直接接地的中性点，相当于末端开路的情况，冲击电压会上升约一倍，虽然变压器中性点是全绝缘的，也会造成威胁。但运行经验表明，这种电网的雷害故障一般每一百台一年只有 0.38 次，实际上是可以接受的。35～60 kV 中性点雷害之所以较少，是因为以下几方面：

（1）流过避雷器的雷电流小于 5 kA，一般只有 1.4～2.0 kV，此时避雷器的残压与 $U_{c.5}$ 相比减小了 20% 左右；

（2）实际上变电站进线不只一条，它是多路进线，一条线路的来波可由其他线路流走一部分电流，这就进一步减少了流经避雷器中的雷电流 i_b；

（3）大多数来波是以线路远处袭来的，其陡度很小；

（4）变压器绝缘有一定裕度；

（5）避雷器到变压器间的距离实际值比允许值近一些；

（6）三相来波的概率只有 10%，概率不是很大，据统计约 15 年才有一次。

因此我国标准 DL/T 620—1997 规定，36～60 kV 变压器中性点一般不需保护。

对于多雷区、单路进线的中性点非直接接地的变电站，宜在中性点上加装避雷器保护。装有消弧线圈的变压器且有单路进线运行的可能时，也应在中性点上加装避雷器，并且非雷季避雷器也不准退出运行，以限制消弧线圈的磁能可能引起的操作过电压。避雷器可选择金属氧化物避雷器或阀式避雷器。

2）110 kV 及以上电网

我国 110 kV 以上的电网的中性点一般是直接接地的，但为了继电保护的需要，其中一部分变压器的中性点是不接地的，如中性点采用分级绝缘且未装设保护间隙，应在中性点加装避雷器，且宜选变压器中性点金属氧化物避雷器。如果变压器的中性点是全绝缘的，但变电站为单进线且为单台变压器运行，也应在中性点加装避雷器。这些保护装置应同时满足下列条件：

（1）保护装置的冲击放电电压应低于中性点冲击绝缘水平；

（2）避雷器的灭弧电压应大于因电网一相接地而引起的中性点电位升高的稳态值 U_0，以免避雷器爆炸；

（3）保护间隙的放电电压应大于电网一相接地而引起的中性点电位升高的暂态最大值 U_{0m}，以免继电保护不能正确动作。

110 kV 变压器中性点的绝缘为 35 kV，所以对 110 kV 分级绝缘变压器的中性点来说，如选用 FZ-35 型或 FCZ-35 型，则其灭弧电压应低于电网单相接地时中性点的电位升高稳态值，因此一般不可采用，应考虑选用 FZ-40 型避雷器。

10.5　旋转电机的防雷保护

10.5.1　旋转电机的防雷保护特点

这里讲的旋转电机防雷保护是指直配电机的防雷保护。所谓直配电机，就是与架空线路直接相连的旋转电机（包括发电机、调相机、大型电动机等）。这些旋转电机是电力系统中重要而且昂贵的设备，由于它们与架空线直接相连，线路上的雷电波可直接侵入电机，故其防雷保护显得特别突出。如若这些重要设备遭受雷害，不仅损失重大，而且影响面广，因此要求其保护特别可靠。它的防雷保护具有以下几个特点。

（1）由于结构和工艺上的特点，在相同电压等级的电气设备中，它的绝缘水平是最低的。因为旋转电机不能像变压器等静止设备那样可以利用液体和固体的联合绝缘，而只能依靠固体介质绝缘。在制造过程中可能产生气隙和受到损伤，造成绝缘质量不均匀，容易发生局部游离而使绝缘逐渐损坏。试验证明，电机主绝缘的冲击系数接近于 1。旋转电机主绝缘的出厂冲击耐压值与变压器冲击耐压值见表 10-6。

表 10-6　旋转电机主绝缘的出厂冲击耐压值与变压器冲击耐压值

电机额定电压(有效值)/kV	电机出厂工频耐压(有效值)/kV	电机出厂冲击耐压(幅值)/kV	同级变压器出厂冲击耐压(幅值)/kV	FCD 型磁吹避雷器 3 kA 下残压(幅值)/kV
10.5	$2U_N + 3$	34	80	31
13.8	$2U_N + 3$	43.3	108	40
15.75	$2U_N + 3$	48.8	108	45

从表 10-6 可知，旋转电机出厂冲击耐压值仅为变压器的 25%～40%。

（2）电机在运行中受发热、机械振动、臭氧氧化、潮湿等因素的作用使绝缘容易老化。电机绝缘损坏的累积效应也比较强，特别在槽口部分，电场极不均匀，在过电压作用下容易受伤，日积月累就可能使绝缘击穿，因此，运行中电机主绝缘的实际冲击耐压将较表 10-6 中所列数值低。

（3）保护旋转电机用的磁吹避雷器（FCD 型）的保护性能与电机绝缘水平的配合裕度很小，由表 10-6 可知，电机出厂冲击耐压值只比磁吹避雷器残压高 8%～10%。

（4）由于电机绕组的匝间电容 K 很小，当冲击波作用时可以把电机绕组看成是具有一定波阻和波速的导线，波沿电机绕组前进一匝后，匝间所受电压正比于侵入波陡度 a，要使该电压低于电机绕组的匝间耐压，必须把来波陡度限制得很低。试验结果表明，为了保护匝间绝缘必须将侵入波陡度 a 限制在 5 kV/μs 以下。

（5）电机绕组中性点一般是不接地的，在三相进波时直角波头情况下，中性点电压可达进波电压的两倍，因此，必须对中性点采取保护措施。试验证明，侵入波陡度降低时，中性点过电压也随之减小，当侵入波陡度至 2 kV/μs 以下时，中性点过电压不超过进波的过电压。表 10-7 列出了保护旋转电机中性点的避雷器。

表 10-7　保护旋转电机中性点的避雷器

电机额定电压/kV	3	6	10	13.8	15.75
中性点避雷器型号	FCD-2、FZ-2	FCD-4、FZ-4	FCD-10、FZ-6	FCD-10	FCD-10

由上面分析知，直配电机的防雷保护包括主绝缘、匝间绝缘和中性点绝缘。

10.5.2　直配电机的防雷措施

根据旋转电机防雷保护特点可知，要保护主绝缘、匝间绝缘和中性点绝缘，仅依靠磁吹避雷器不行，从表 10-6 中看到，电机厂出厂冲击耐压仅稍高于相应等级的 FCD 型磁吹避雷器的 3 kA 时残压 $U_{c.3}$，因此还需与其他措施配合起来保护，才能降低侵入波陡度并限制流过 FCD 的雷电流不超过 3 kA。

作用在直配电机上的大气过电压有两类：一类是与电机相连的架空线路上的感应雷过电压；另一类是由雷电直击于与电机相连的架空线路而引起的过电压。其中感应雷过电压出现的机会较多，因此可以通过增加导线对地电容来降低感应过电压。直配电机的防雷保护元件主要有避雷器、电容器、电缆段和电抗器等。采取这些综合保护措施就可以限制流经 FCD 型避雷器中的雷电流小于 3 kA；可以限制侵入波陡度 a 和降低感应过电压。下面我们分别叙述这些保护元件的作用原理。

1. 避雷器保护

它的主要功能是降低侵入波幅值。从表 10-6 中可以看出，出厂时的电机冲击耐压仅稍高于相应电压等级的 FCD 型磁吹避雷器的 3 kA 时残压 $U_{c.3}$，所以，一般不用普通阀式避雷器（它的残压比磁吹型高）而采用 FCD 型磁吹避雷器。因为磁吹避雷器的残压是在雷电流为 3 kA 下的残压，所以还需配合进线保护措施（见电缆段保护）以限制流经 FCD 型避雷器中的雷电流使之小于 3 kA。

2. 电容器保护

电容保护器的主要功能是限制侵入波陡度 a 和降低感应雷过电压。限制 a 的主要目的是保护匝间绝缘和中性点绝缘。通常采用在发电机母线上装设电容器的办法来降低侵入波陡度，如图 10-17（a）所示。若侵入波为幅值 U_0 的直角波，则发电机母线上电压（即电容 C 上电压 U_C）可按图 10-17（b）的等值电路计算。计算结果表明，每相电容为 0.25～0.5 μF 时，能够满足 $a < 2$ kV/μs 的要求，同时也能满足限制感应过电压使之低于电机冲击耐压强度的要求。

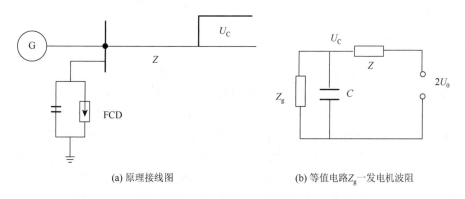

(a) 原理接线图　　　　　　　　　(b) 等值电路 Z_g —发电机波阻

图 10-17　电机母线上装设电容以限制来波陡度

3. 电缆段保护（进线段保护）

电缆段保护主要是限制流经 FCD 型避雷器中的雷电流使之小于 3 kA。可采用电缆与排气式避雷器联合作用的典型进线保护段，如图 10-18 所示。雷电波侵入时，排气式避雷器 FE1 动作，电缆芯线与外皮经 FE1 短接在一起，雷电流流过 FE1 和接地电阻 R_1 所形成的电压 iR_1 同时作用在外皮与芯线上，沿着外皮将有电流 i_2 流向电机侧，于是在电缆外皮本身的电感 L_2 上将出现压降 $\dfrac{L_2 \mathrm{d} i_2}{\mathrm{d} t}$，此压降是由环绕外皮的磁力线变化所造成的，这些磁力线也必然全部与芯线相匝链，结果在芯线上也感应出一个大小相等，值为 $\dfrac{L_2 \mathrm{d} i_2}{\mathrm{d} t}$ 的反电

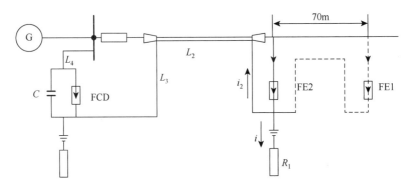

图 10-18　电缆与排气式避雷器联合作用的典型进线保护段

动势来，此电动势阻止雷电流从 A 点沿芯线向电机侧流动，也即限制了流经 FCD 的雷电流。如果 $\dfrac{L_2 \mathrm{d}i_2}{\mathrm{d}t}$ 与 i_R 完全相等，则在芯线中就不会有电流流过，但因电缆外皮末端的接地引下线总有电感存在（假定电厂接地网的接地电阻很小，可忽略），则 iR_1 与 $\dfrac{L_2 \mathrm{d}i_2}{\mathrm{d}t}$ 之间就有差值，差值越大则流经芯线的电流就越大。

根据图 10-17（b）的等电路图，经计算表明，当电缆长度为 100 m，电缆末端外皮接地引下线到接地网的距离为 12 m，R_1 等于 5Ω，电缆段首端落雷且雷电流幅值为 50 kA 时，流经每相 FCD 的雷电流不会超过 3 kA，此时保护接线的耐雷水平为 50 kA。

4. 电抗器保护

电抗器保护的主要功能是在雷电波侵入时抬高电缆首端冲击电压，从而使排气式避雷器放电。从电缆段保护原理知，它的限流作用完全依靠 FE1 动作，但是电缆的波阻远比架空线为小，侵入波到达图 10-18 中 A 点将发生负反射，使 A 点电压降低，故实际上 FE1 的动作是有困难的。若 FE1 不动作，则电缆段的限流作用将不能发挥，流经 FCD 的电流就有可能超过 3 kA，为了避免上述情况的发生，可以在电缆首端 A 点与 FE1 之间加装一个 $100\sim300\ \mu H$ 的电感。由于电抗器装在架空线与电缆段之间，当沿线路有雷电波侵入时，由于电感 L 的作用，雷电波发生全反射，从而提高了 A 点电压，使 FE1 容易放电。此外也可以将 FE_1 沿架空线前移 70 m，如图 10-18 虚线中 FE2 所示，前移 70 m 的架空线的作用与在 A 点加装一个 $100\sim300\ \mu H$ 的电感可获相同效果。FE2 的接地端应通过电缆首端外皮的接地装置接地，其连接线悬挂在杆塔导线下面 $2\sim3$ m，其目的是增加两线间的耦合，增加导线上感应电势以限制流经导线中的电流。当雷电波侵入时，电缆首端 A 点的负反射波尚未到达 FE2 处，FE2 已动作，但因为 FE2 的接地端到电缆首端外皮的连接线上的压降不能全部耦合到导线上去，所以沿导线向电缆芯线流动的电流就会增大，遇到强雷时可能超过每相 3 kA。为了防止这一情况，应在电缆首端 A 点再加装一组排气式避雷器，当遇强雷时，此避雷器也动作，这样，电缆段的限流作用就可以充分发挥了。

10.5.3　直配电机的防雷保护接线

与架空线直接相连的旋转电机的防雷保护接线方式，可利用前面所讲述的保护措施，并结合电机的容量和重要性综合考虑决定。下面我们以单机容量为 25000～60000 kW 的大容量直配电机和 6000 kW 以下的小容量直配电机为例，介绍它们的防雷保护接线方式。

1. 大容量直配电机

对于大容量（25000～60000 kW）直配电机的典型防雷保护接线如图 10-19（a）所示。图中 L 为限制工频短路电流用电抗器，非为防雷专设；L 前加设一组 FS 型避雷器以保护电抗器和电缆终端。由于 L 的存在，侵入波到达 L 处将发生反射使电压提高，FS 动作使流经 FCD 的电流得到进一步限制，为了保护中性点绝缘，除了限制侵入波陡度 a 不超过 2 kV/μs 外，还需在中性点加装避雷器。考虑到电机在受雷击同时可能有单相接地存在，中性点将出现相电压，故中性点避雷器的灭弧电压应大于相电压，可按表 10-6 选定。若电机中性点不能引出，则需将每相电容增大至 1.5～2 μF，以进一步降低侵入波陡度确保中性点绝缘。若无合适的排气式避雷器，可用阀式避雷器 FS1 和 FS2 代替，如图 10-19（b）。因为阀式避雷器放电后有一定的残压，此时电缆段的限流作用大为降低，所以要将 FS2 移前到离电缆首端约 150 m 处，并将这 150 m 架空线用避雷线保护，每根杆的接地电阻应小于或等于 3Ω，避雷线的保护角应不大于 30°，并最好将电抗器前面和中性点的避雷器均改为 FCD 型磁吹避雷器。

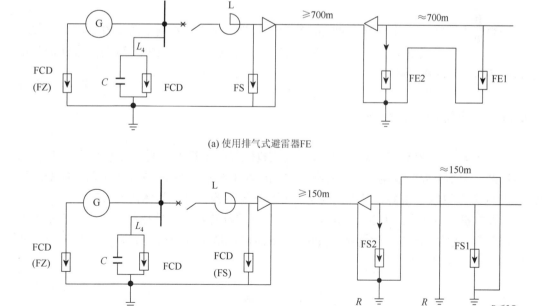

(a) 使用排气式避雷器FE

(b) 使用FS型避雷器

图 10-19　25000～60000 kW 直配电机的保护接线

2. 小容量直配电机

容量较小（6000 kW 以下）或少雷区的直配电机可不用电缆进线段，其保护接线如图 10-20（a）所示，在进线保护段长度 l_b 内应装设避雷针或避雷线。侵入波在 FE2 动作形成如图 10-20（b）的等值电路，流经 FCD 的雷电流与 FE2 的接地电阻 R 有关，R 越小，则流经 FCD 的雷电流越小，因此规程建议：

对 3 kV、6 kV 线路

$$\frac{l_b}{R} \geqslant 200 \qquad\qquad (10\text{-}26)$$

对 10 kV 线路

$$\frac{l_b}{R} \geqslant 150 \qquad\qquad (10\text{-}27)$$

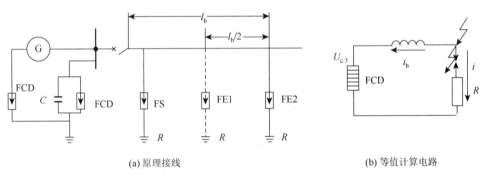

(a) 原理接线　　　　　　　　　　(b) 等值计算电路

图 10-20　1500～6000 kW 以下直配电机和少雷区（60000 kW 以下）直配电机的保护接线图

一般进线长度 l_b 可取为 45～600 m，若 FE2 的接地电阻达不到上两式的要求，可在 $l_b/2$ 处再装设一组排气式避雷器 FE1，如图 10-20（a）中虚线所示。图中 FS 是用来保护开路状态的断路器和隔离开关的。

10.5.4　非直配电机的保护

根据我国运行经验，在一般情况下，无架空直配线的电机不需要装设电容器和避雷器。在多雷区，特别重要的发电机，则宜在发电机出线上装设一组 FCD 型避雷器，如变压器侧装设 FCZ 型磁吹避雷器。对电机侧是否要装设避雷器，可视具体情况而定。

若发电机与变压器间有长于 50 m 的架空母线或软连线，对此段母线除应对直击雷保护外，还应防止雷击附近产生的感应过电压，此时应在电机每相出线上架装不小于 0.15 μF 的电容器或磁吹避雷器。

习　题

1. 何种情况下保护变电站免受直击雷的避雷针可以装设在变电站构架上，何种情况下不行？原因是什么？

2. 一般采取什么措施来限制流经避雷器的雷电流使之不超过 5 kA？若超过则可能出现什么后果？

3. 什么是进线段保护？为什么要对进线段进行保护？

4. 试简述旋转电机绝缘的特点及直配电机的防雷保护措施。

5. 试说明直配电机防雷保护中电缆段的作用。

6. 试说明为什么需要限制旋转电机的侵入波陡度。

第11章

电力系统暂时过电压

由电力系统中某些内部的原因引起的过电压称为内部过电压。引起电力系统中出现内部过电压的主要原因有：系统中断路器（开关）的操作，系统中的故障（如接地）及系统中电感、电容在特定情况下的配合不当。根据过电压特点和产生原因的不同，电力系统的内部过电压可分为两类，即暂时过电压和操作过电压。

操作过电压是在电网从一种稳态向另一新稳态的过渡过程中产生的，其持续时间较短；而暂时过电压基本上与电路稳态相联系，其持续时间较长。暂时过电压包括工频过电压和谐振过电压。

因为电力系统中存在储能元件的电感和电容，所以出现内部过电压的实质是电力系统内部电感磁场能量与电容电场能量的振荡、互换与重新分布，在此过程系统会出现高于系统正常运行条件下最高电压的各种内部过电压。既然内部过电压的能量来源于电网本身，那么它的幅值与电网的工频电压大致上有一定的倍数关系。一般将内部过电压的幅值表示成系统的最高运行相电压幅值（标幺值 $U_{p.u.}$）的倍数，即 $U_m = K U_{p.u.}$。

习惯上就用此电压倍数来表示内部过电压的大小。例如某空载线路合闸过电压为 1.9 倍。这就表明合闸过电压的幅值为 $U_m = 1.9 U_{p.u.}$。

K 值与系统电网结构、系统运行方式、操作方式、系统容量的大小、系统参数、中性点运行方式、断路器性能、故障性质等诸多因素有关，并具有明显的统计性。我国电力系统绝缘配合要求内部过电压倍数不大于表 11-1 所示数值。

表 11-1　要求限制的内部过电压倍数

系统电压等级/kV	500	330	110～220	60 及以下
内部过电压倍数 K	2.4	2.75	3	4

11.1　工频过电压

在正常或故障时，电力系统中所出现的幅值超过最大工作相电压、频率为工频（50Hz）的过电压称为工频过电压，也称工频电压升高，因为此类过电压表现为工频电压下的幅值升高。

工频过电压就其本身过电压倍数的大小来讲，对系统中正常绝缘的电气设备一般是不构成危险的，但是考虑到下列情况，对工频过电压须予以重视。

（1）工频电压升高的大小将直接影响操作过电压的实际幅值。伴随工频电压升高，若同时出现操作过电压，那么操作过电压的高频分量将叠加在升高的工频电压之上，从而使操作过电压的幅值达到很高的数值。

（2）工频电压升高的大小影响保护电器的工作条件和保护效果。例如避雷器的最大允许工作电压就是由避雷器安装处工频过电压值的大小来决定的，如果工频过电压较高，那么避雷器的最大允许电压也要提高，这样避雷器的冲击放电电压和残压也将提高，相应被保护设备的绝缘水平也要随之提高。

（3）工频电压升高持续时间长（甚至可持续存在），对设备绝缘及其运行性能有重大影响。例如引起油纸绝缘内部游离，污秽绝缘子闪络、铁芯过热、电晕等。

在各电压等级系统中工频过电压都存在，也都会带来上述三个影响作用，但是对于超高压系统，工频过电压显得尤为重要，这是因为在超高压系统中，目前在限制与降低雷电和操作过电压方面有了较好的措施，且输电线路较长，工频电压升高相对比较高。因而持续时间较长的工频电压升高对于决定超高压系统电气设备的绝缘水平将起越来越大的作用。在我国超高压系统中，要求线路侧工频过电压不大于最高运行相电压的 1.4 倍，母线侧不大于 1.3 倍。

常见的几种工频过电压为：空载线路电容效应引起的工频电压升高；不对称短路时，在正常相上的工频电压升高；甩负荷引起的工频电压升高。

11.1.1　空载长线路的电容效应

对于一给定的 R、L、C 串联电路，若其参数 $R \ll (1/\omega C)$ 和 ωL，且有 $(1/\omega C) > \omega L$，当有正弦交流电流流过时，由于电感与电容上的压降 U_L、U_C 反相，且其有效值 $U_C > U_L$，于是电容上的压降大于电源的电动势。这就是集中参数电路中的 "电感-电容" 效应，简称电容效应。

均匀无损空载线路沿线电压逐步升高，线路末端电压最高。为限制长线路的工频电压升高，通常采用并联电抗器补偿线路电容电流，削弱线路电容效应。

因长距离输电线路具有分布参数特征，所以按通用长线方程可得出线末电压 U_2 和线末电流 I_2 为已知时的无损线路稳态方程为

$$\begin{cases} U_x = U_2 \mathrm{ch}j\alpha x + I_2 Z \mathrm{sh}j\alpha x \\ I_x = I_2 \mathrm{ch}j\alpha x + \dfrac{U_2}{Z}\mathrm{sh}j\alpha x \end{cases} \tag{11-1}$$

式中：各参数见图 11-1 所示单相空载长线路图，U_x 和 I_x 为以线路末端作起点计算距离为 x 处的线路电压和电流；α 是线路相位系数；ω 为电源角频率；v 为光速。由于 $\mathrm{ch}j\alpha x = \cos\alpha x$，$\mathrm{sh}j\alpha x = j\sin\alpha x$，上式可改写为

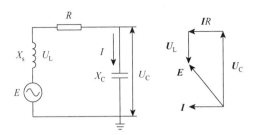

图 11-1　单相空载长线路图

$$U_x = U_2 \cos \alpha x + j I_2 Z \sin \alpha x$$
$$I_x = I_2 \cos \alpha x + j \frac{U_2}{Z} \sin \alpha x \tag{11-2}$$

对于空载线路，$I_2 = 0$，有上式可知，空载线路沿线各点电压 U_x、电流 I_x 与线路末端电压 U_2、电流 I_2 的关系式为

$$U_1 = U_2 \cos \alpha l$$
$$I_1 = j \frac{U_2}{Z} \sin \alpha l \tag{11-3}$$

若已知线路长度为 l，得

$$U_2 = \frac{U_1}{\cos \alpha l}$$
$$U_x = \frac{U_1}{\cos \alpha l} \cos \alpha x \tag{11-4}$$

上式表明，均匀无损空载线路沿线电压分布呈余弦函数规律，线路各段导线中的电容电流值不同，沿线电压升高不均匀，线路末端电压最高。

当线路长度 l 使 $\alpha l = \pi/2$，即 $l = \pi v/2\omega = 1500$（km）时，$\cos \alpha l = 0$，$U_2 = U_1/\cos \alpha l$ 趋于无穷大，此时线路处于谐振状态，因为工频电磁波波长为 $v/f = 1500$（km），所以称为 1/4 波长谐振。

若 X_s 为线路末端开路时的首端输入阻抗，则

$$U_x = \frac{E \cos \theta}{\cos(\alpha l + \theta)} \cos \alpha x \tag{11-5}$$

$$\theta = \arctan \frac{X_s}{Z} \tag{11-6}$$

$$Z = \sqrt{\frac{L_0}{C_0}} \tag{11-7}$$

$$\alpha = \frac{\omega}{v} \tag{11-8}$$

式中：E 为系统电源电压；Z 为线路导线波阻抗；ω 为电源角频率；v 为光速。

由式（11-5）可见：

（1）沿线路的工频电压从线路末端开始向首端按余弦规律分布，在线路末端电压最高。线路末端电压 U_2 为

$$U_2 = \frac{E\cos\theta}{\cos(\alpha l + \theta)}\cos\alpha x \Big|_{x=0} = \frac{E\cos\theta}{\cos(\alpha l + \theta)} \tag{11-9}$$

将此式代入式（11-5）就得

$$U_x = U_2 \cos\alpha x \tag{11-10}$$

这表明 U_x 为 αx 的余弦函数，且在 $x = 0$（即线路末端）处达到最大。

（2）线路末端电压升高程度与线路长度有关。线路首端电压 U_1 为

$$U_1 = \frac{E\cos\theta}{\cos(\alpha l + \theta)}\cos\alpha x \Big|_{x=l} = \frac{E\cos\theta}{\cos(\alpha l + \theta)}\cos\alpha l = U_2\cos\alpha l \tag{11-11}$$

$$\frac{U_2}{U_1} = \frac{1}{\cos\alpha l} \tag{11-12}$$

这表明线路长度 l 越长，线路末端工频电压比首端升高得越厉害。对架空线路，α 约为 0.06°/km，当 $\alpha l = 90°$，即 $l = \dfrac{90}{0.06}\,\text{km} = 1500\,\text{km}$，$U_2 \to \infty$，此时线路恰好处于谐振状态。实际的情况是，这种电压的升高受到线路电阻和电晕损耗的限制，在任何情况下，工频电压升高将不会超过 2.9 倍。

（3）空载线路沿线路的电压分布。通常已知的是线路首端电压，根据式（11-11）及式（11-12）可得

$$U_x = \frac{U_1}{\cos\alpha l}\cos\alpha x \tag{11-13}$$

线路上各点电压分布如图 11-2 所示。

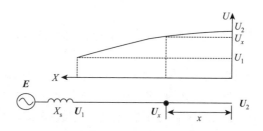

图 11-2　空载线路电压分布

（4）工频电压升高与电源容量有关。将式（11-11）中 $\cos(\alpha l + \theta)$ 展开，并以 $\tan\theta = \dfrac{X_s}{Z}$ 代入，得

$$U_x = \frac{E\cos\theta}{\cos\alpha l\cos\theta - \sin\alpha l\sin\theta}\cos\alpha x \tag{11-14}$$

$$U_x = \frac{E}{\cos\alpha l - \tan\theta\sin\alpha l}\cos\alpha x \tag{11-15}$$

$$U_x = \frac{E}{\cos\alpha l - \dfrac{X_s}{Z}\sin\alpha l}\cos\alpha x \tag{11-16}$$

由式（11-16）可看出，X_s 的存在使线路首端电压升高从而加剧了线路末端工频电压

的升高。电源容量越小（X_s 越大），工频电压升高越严重。当电源容量为无穷大时，$U_x = E / \cos\alpha l \cos\alpha x$，工频电压升高为最小。因此，为了估计最严重的工频电压升高，应以系统最小电源容量为依据。在单电源供电的线路中，应取最小运行方式时的 X_s 为依据。在双端电源的线路中，线路两端的断路器必须遵循一定的操作程序：线路合闸时，先合电源容量较大的一侧，后合电源容量较小的一侧；线路切除时，先切电源容量较小的一侧，后切电源容量较大的一侧。这样的操作能减弱电容效应引起的工频过电压。

　　既然空载线路工频电压升高的根本原因在于线路中电容性电流在感抗上的压降使得电容上的电压高于电源电压，那么通过补偿这种电容性电流，从而削弱电容效应，就可以降低这种工频过电压。超高压线路，由于其工频电压升高比较严重，常采用并联电抗器来限制工频过电压，如图 11-3 所示。并联电抗器视需要可以装设在线路的末端、首端或中部。

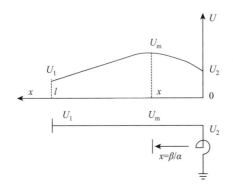

图 11-3　线路末端并联电抗器时沿线的电压分布

　　并联电抗器降低工频过电压的效果，可以通过下列例子加以说明。

　　【例 11-1】某 500 kV 线路，长度为 250 km，电源电抗 $X_s = 263.2$ Ω，线路每单位长度电感和电容分别为 $L_0 = 0.9$ μH/m，$C_0 = 0.0127$ nF/m，求线路末端开路时末端的电压升高。若线路末端接有 $X_L = 1837$ Ω 的并联电抗器，求此时开路线路末端的电压升高。

解：

$$Z = \sqrt{\frac{L_0}{C_0}} = \sqrt{\frac{0.9\times10^{-6}}{0.0127\times10^{-9}}} = 266.2 \quad (\Omega)$$

$$\alpha l = 0.06 \times 250 = 15°$$

不接并联电抗器时，末端线路电压为

$$U_2 = \frac{E}{\cos\alpha l - \dfrac{X_s}{Z}\sin\alpha l} = \frac{E}{\cos15° - \dfrac{263.2}{266.2}\sin15°} 1.41E$$

接入并联电抗器时，末端线路电压 U_2 为

$$U_2 = \frac{E}{\left(1 + \dfrac{X_s}{X_L}\right)\cos\alpha l + \left(\dfrac{Z}{X_L} - \dfrac{X_s}{Z}\right)\sin\alpha l}$$

$$= \frac{E}{\left(1 + \dfrac{263.2}{1837}\right)\cos 15° + \left(\dfrac{263.2}{1837} - \dfrac{263.2}{266.2}\right)\sin 15°}$$

$$= 1.13E$$

可见并联电抗器接入后可大大降低工频过电压。但是并联电抗器的作用不仅是限制工频电压升高，还涉及系统稳定、无功平衡、潜供电流、调相调压、自励磁及非全相状态下的谐振等因素。因而，并联电抗器容量及安装位置的选择需综合考虑。

11.1.2　不对称短路引起的工频电压升高

不对称接地短路是输电线路最常见的故障形式。发生故障时，由于相间的电磁耦合，可能使健全相工频电压有所升高。统计表明，在不对称接地中，以单相接地故障最为常见，且引起的工频电压升高也最严重。另外，单相接地时的工频电压升高值是确定阀式避雷器额定电压的依据，故在此只讨论单相接地故障。

系统单相接地时，故障点三相电流和电压是不对称的，为计算非故障相电压升高方便，可以采用对称分量法，通过序网络进行分析。

短路电流的零序分量会使健全相出现工频电压升高，称为不对称效应，以不对称效应系数或接地系数表示由此而产生的工频电压升高的程度。

当线路较长时，沿线各点的电压是不相等的。现在设线路上某点 M 处 A 相接地，如图 11-4 所示。根据故障点 A 相电压 $U_A = 0$，非故障相的故障电流 $I_B = 0$，$I_C = 0$ 的条件，按对称分量关系，可作出如图 11-5 所示的复合序网络。其中 E_1 为故障点 M 在故障前的对地正序电压，ZR_1、ZR_2、ZR_0 为从故障点望入（电源电动势短接）的正序、负序、零序入口阻抗，U_1 和 I_1、U_2 和 I_2、U_0 和 I_0 分别为故障点的正序、负序、零序电压和电流。

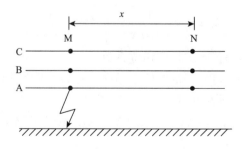

图 11-4　长线路上 M 点单相接地

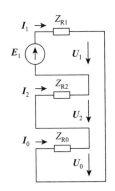

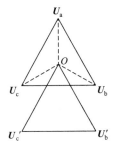

图 11-5　单相接地的复合序网络　　　图 11-6　单相接地的相量图

由复合序网络可知

$$I_1 = I_2 = I_0 = \frac{E_1}{Z_{R1} + Z_{R2} + Z_{R0}} \tag{11-17}$$

$$U_1 = E_1 - I_1 Z_{R1} \tag{11-18}$$

$$U_2 = -I_2 Z_{R2} \tag{11-19}$$

$$U_0 = -I_0 Z_{R0} \tag{11-20}$$

于是故障点 M 处非故障相的电压

$$U_b = a^2 U_1 + a U_2 + U_0 \tag{11-21}$$

$$U_c = a U_1 + a^2 U_2 + U_0 \tag{11-22}$$

式中，算子 $a = e^{j120°}$

如图 11-4，线路较长时，若要计算远离故障点 M 有 x 距离的 N 点电压时，可引入电压传递系数求得，即

$$\begin{cases} U_{Na} = k_1 U_1 + k_2 U_2 + k_0 U_0 \\ U_{Nb} = k_1 a^2 U_1 + k_2 a U_2 + k_0 U_0 \\ U_{Nc} = k_1 a U_1 + k_2 a^2 U_2 + k_0 U_0 \end{cases} \tag{11-23}$$

式中：k_1、k_2、k_0 分别为正序、负序、零序电压传递系数。如 N 点远离电源侧，输电线末端开路，则有

$$k_1 = k_2 = \frac{1}{\cos \alpha_1 x}, \qquad k_0 = \frac{1}{\cos \alpha_0 x} \tag{11-24}$$

式中：α_1、α_0 分别为线路的正序、零序相位系数。

在线路较短的情况下，可略去沿线的工频电压升高，即电压传递系数为 1。设 X_1、X_2 和 X_0 为从故障点看进去的网络正序、负序和零序电抗，对于较大电源容量的系统，发电机电抗在入口阻抗中所占比例较小，可认为 $X_1 = X_2$。故障点 M 在故障前的相对地电压为 U_{a0}，则

$$U_b = U_{b0} - U_{a0} \frac{X_0 - X_1}{X_0 + 2X_1} = U_{b0} - U_{a0} \frac{k-1}{k+2} = U_{b0} + \Delta U \tag{11-25}$$

$$
\begin{cases}
k = \dfrac{Z_{R0}}{Z_{R1}} \approx \dfrac{X_0}{X_1} \\[2mm]
\Delta U = -U_{a0}\dfrac{k-1}{k+2}
\end{cases}
\tag{11-26}
$$

同理有：

$$
U_c = U_{c0} + \Delta U \tag{11-27}
$$

当 $k>1$ 时，U_{a0} 与 ΔU 反相，相量图如图 11-7 所示，非故障相电压的数值为

$$
U_b = U_c = U_{a0}\sqrt{1+\left(\frac{\Delta U}{U_{a0}}\right)^2 - 2\frac{\Delta U}{U_{a0}}\cos120^\circ}
$$

$$
= U_{a0}\sqrt{1+\left(\frac{k-1}{k+2}\right)^2 + \frac{k-1}{k+2}} = \alpha U_{a0}
\tag{11-28}
$$

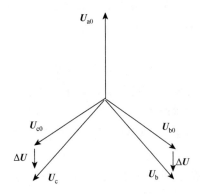

图 11-7　单相接地时故障点电压相量

定义单相接地系数

$$
\alpha = \frac{U_b}{U_{a0}} \tag{11-29}
$$

即单相接地故障时故障点非故障相对地电压与故障前故障相对地电压之比。

$$
\alpha = \frac{U_b}{U_{a0}} = \sqrt{1+\left(\frac{k-1}{k+2}\right)^2 + \frac{k-1}{k+2}} = \sqrt{3}\,\frac{\sqrt{1+k+k^2}}{k+2}
\tag{11-30}
$$

接地系数的大小与零序阻抗关系极大，特别是在简化式中，接地系数的大小取决于比值 $k=\dfrac{X_0}{X_1}$。$\dfrac{X_0}{X_1}$ 值取决于系统中性点的接地方式，接地系数亦由此得名。α 与 k 的关系曲线如图 11-8 所示。

当 $k\to\infty$ 时，α 从较低的数值趋于上限 $\sqrt{3}$；当 $k\to-\infty$ 时，α 从较高的数值趋于下限 $\sqrt{3}$；当 $k=-2$ 时，发生工频谐振，线路上各点电压趋于无穷大。

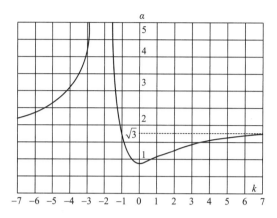

图 11-8　单相接地系数 α 与 k 值的关系曲线

　　系统中的正序电抗 X_1 包括发电机的次暂态同步电抗、变压器漏抗、线路感抗等，一般是感性的。系统的零序电抗 X_0 与系统中性点接地方式有较大关系。如图 11-8 所示，若在线路 K 处发生单相接地故障，则根据定义，X_0 是故障点 K 处的零序输入电抗，由线路导线的对地电容及中性点对地电抗并联决定。

　　对于中性点不接地系统，X_0 取决于线路的对地容抗，其值很大，而 X_1 是感抗，故 k 为负值。当线路长度<250 km 时，相应的 $k<-20$，$a<1.1\sqrt{3}$，即单相接地时健全相上的工频电压升高可达 1.1 倍额定线电压 U_e。我国 6～10 kV 的电网中避雷器额定电压大于 $1.1\,U_e$，称为 110%避雷器，例如 10 kV 系统的最高电压按 $1.15\,U_e$ 考虑，避雷器的灭弧电压为 12.7 kV。

　　对于中性点经消弧线圈接地 35～60 kV 系统，按补偿度可以分为两种情况。欠补偿方式时，$\left|\dfrac{X_0}{X_1}\right| \to -\infty$；过补偿方式时，$\left|\dfrac{X_0}{X_1}\right| \to +\infty$，故 $a \to \sqrt{3}$。单相接地故障时，健全相电压接近于额定电压。避雷器额定电压大于 U_e，称为 100%避雷器。例如 35 kV 阀型避雷器的灭弧电压为 41 kV。

　　对于中性点有效接地（直接接地或经低阻抗接地）的 110～220 kV 系统，X_0 是感抗，为不大的正值，$X_0/X_1 \leqslant 3$。单相接地故障时，健全相的工频电压升高为 0.8 倍额定电压 U_e。$a = 0.72\sqrt{3}$，避雷器额定电压为（0.75～0.8）U_e，称为 80%避雷器。例如 FZ-110J 的灭弧电压为 100 kV。

　　对于 330 kV 及以上的超高压系统，输送距离较长，长度在 200 km 以上的线路常装有并联电抗器，$k \leqslant 3$，计算长线路的电容效应时，线路末端工频电压升高可能超过系统最高电压的 80%。则根据避雷器安装位置的不同分为：电站型避雷器额定电压大于 $0.8U_e$（即 80%避雷器）和线路型大于 $0.9U_e$（即 90%避雷器）两种。

11.1.3　甩负荷引起的工频电压升高

　　当输电线路重负荷运行时，由于某种原因（例如发生短路故障）线路末端断路器突然跳闸甩掉负荷，造成电源电动势高于母线电压，即甩负荷效应，此时，将出现工频过电压。如图 11-9 所示为甩负荷引起的工频电压升高，使线路末端断路器突然断开的示意图和相量图。

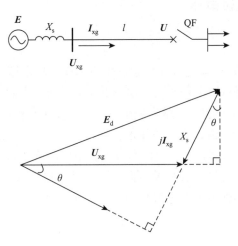

图 11-9 运行系统及相量图

电力系统正常运行时，其线路断开点的电压 U 为

$$U = E - jX_s \cdot I_{xg} = E - jX_s \frac{S}{3U_{xg}} \tag{11-31}$$

断路器突然甩负荷瞬间，由于发电机的磁链不能突变，将维持甩负荷前正常运行时的暂态电动势 E_d' 不变。甩负荷后，根据磁链不变原理，电源暂态电动势维持不变，$E_d' = E$，即

$$E_d' = \sqrt{(U_{ph} + X_s I_{ph} \sin\varphi)^2 + (X_s I_{ph} \cos\varphi)^2} \tag{11-32}$$

可见，甩负荷前传输的功率越大，E_d' 值越高，甩负荷后的工频过电压越高。

与此同时，由于发电机转速的增加不能立即达到应有的调速效果，发电机加速旋转（即飞逸现象），造成电动势和频率都会上升，从而更增强了长线电容效应，工频电压升高更为严重。但这种过程形成和衰减很慢。

设甩负荷后发电机最高转速与同步转速之比为 S_f。相应地，发电机励磁电动势会升高至 $S_f E_d'$。通常，汽轮发电机 S_f 为 1.1～1.5，水轮发电机能达 1.3 以上。甩负荷时空载线路末端电压 U_2 为

$$U_2 = \frac{S_f E_d'}{\cos S_f \alpha l - \dfrac{S_f X_s}{Z} \sin S_f \alpha l} \tag{11-33}$$

上述工频电压随着转速增加，在 1～2s 后达到最大值，然后随着调速器和电压调节器的作用而逐渐下降，总的持续时间可达几秒钟之久。

如果空载线路的电容效应、单相接地和突然甩负荷等几种情况同时发生，则工频电压升高可接近 $2U_{ph}$ 的数值。由于这种同时发生的概率甚小，通常不予考虑。

11.2　线性谐振过电压

11.2.1　电力系统谐振过电压

1. 谐振的定义

含有 R、L、C 的一端口电路，在特定条件下出现端口电压、电流同相位的现象时，称电路发生了谐振。电力系统中存在大量电感和电容元件，电感元件有电力变压器、互感器、发电机、消弧线圈、电抗器、线路导线电感等；电容元件有线路导线对地和相间电容、补偿用的并联和串联电容器组、高压设备的杂散电容等。在正常运行时，LC 振荡回路被负载所阻尼，不产生严重振荡，这些元件参数不会形成串联谐振。当系统进行操作或发生故障时，电感、电容元件可形成各种振荡回路，如某一自由振荡频率等于外加强迫频率，则发生谐振。在这种周期性或准周期性的运行状态中，发生谐振的谐波幅值会急剧上升。

2. 谐振的特点

谐振是一种周期性或准周期性的稳态现象，谐振导致系统某些元件出现严重的过电压，这一现象叫电力系统谐振过电压。谐振过电压不仅会在操作或故障时的过渡过程中产生，而且还可能在过渡过程结束以后，较长时间内稳定存在，直到发生新的操作或故障，谐振条件受到破坏为止。

3. 谐振的分类

通常电阻 R、电容 C 是线性元件，电感 L 则有线性电感、非线性电感和周期性变化电感三种不同的特性。根据谐振回路中的所含电感性质的不同，相应地具有三种不同特点的谐振现象，即线性谐振、铁磁谐振（非线性谐振）和参数谐振。

4. 谐振的危害

谐振过电压危害的严重性既取决于它的幅值，也取决于它的持续时间。持续的过电流烧毁小容量的电感元件，还影响保护装置的工作条件，如避雷器的灭弧条件。谐振还可能造成电力设备绝缘击穿，电压互感器（potential transformer，PT）烧毁，避雷器爆炸等。所以一旦出现这种不仅幅值较高而且持续时间又较长的谐振过电压，往往会造成严重后果。

运行经验表明，谐振过电压可在各电压等级的电网中产生，尤其是在 35 kV 及以下的电网中，由谐振过电压造成的事故较多，已成为一个普遍关注的问题。因此必须在设计和操作时事先进行必要的计算和安排，避免形成不利的谐振回路，或者采取一定的附加措施（如装设阻尼电阻等），以防止谐振的产生或降低谐振过电压的幅值并缩短其持续时间。

11.2.2　线性谐振

电感元件是线性的，电路中电感参数为常数，电感值不随元件上的电压或电流的变化而变化。线性谐振回路由不带铁芯的电感元件（如输电线路的电感、变压器的漏感）或励磁特性接近线性的带铁芯的电感元件（如消弧线圈，其铁芯中有气隙）和系统中的电容元件所组成。

线性谐振条件是由线性电感 L、电容 C 和电阻 R 组成的串联回路，在正弦电源作用下，系统自振频率与电源频率相等或接近时，可能产生线性谐振，其过电压幅值只受回路中损耗（电阻）的限制。

对于复杂的线性电路，其谐振条件是从电源侧向外看去的工频入口阻抗的虚部为零。即此时只有阻抗的实数部分，电源电压与相应电流处于同相。

如图 11-10 所示为单频线性电路，其谐振条件为

$$\omega L = \frac{1}{\omega C} \quad \text{或} \quad \omega = \frac{1}{\sqrt{LC}} = \omega_0 \tag{11-34}$$

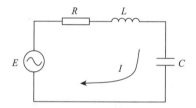

图 11-10　单频线性电路

设 $e(t) = E\cos(\omega t + \phi)$，由上图可得其电压方程表达式为

$$\frac{d^2 u_c}{dt^2} + 2\mu \frac{du_c}{dt} + \omega_0^2 u_c = \omega_0^2 E \cos(\omega t + \varphi) \tag{11-35}$$

$$u_c(t) = e^{-\mu t} E[A_1 \cos \omega_0' t + A_2 \sin \omega_0' t]$$

$$+ \frac{E}{\sqrt{\left[1 - \left(\frac{\omega_0}{\omega}\right)^2\right]^2 + 4\left(\frac{\mu}{\omega_0}\frac{\omega}{\omega_0}\right)^2}} \cos(\omega t + \varphi - \delta) \tag{11-36}$$

式中：$\mu = \dfrac{R}{2L}$，$\omega_0 = \dfrac{1}{\sqrt{LC}}$，$\omega_0' = \sqrt{\omega_0^2 - \mu^2}$，$\delta = \tan^{-1} \dfrac{2\mu\omega}{\omega_0^2 - \omega^2}$。

第一，忽略损耗电阻。当 $R \to 0$，$I \to \infty$ 时，U_L、U_C 均趋于无穷大。所以，R 是限制谐振过电压的唯一因素。

第二，计算及损耗电阻。稳态时回路中的电容上的电压为：

$$u_c(t) = \frac{E}{\sqrt{\left[1 - \left(\frac{\omega_0}{\omega}\right)^2\right]^2 + \left(\frac{2\mu}{\omega_0}\frac{\omega}{\omega_0}\right)^2}} \tag{11-37}$$

R 很小，$\mu \ll \omega_0$，发生谐振条件为

$$\omega_0' = \sqrt{\omega_0^2 - \mu^2}, \quad \omega_0' \approx \omega, \quad \omega_0' \approx \omega_0 \tag{11-38}$$

一般情况下，电容 C 上的稳态分量的幅值 U_C 为

$$U_C = \frac{E}{\sqrt{[1-(\omega/\omega_0)^2]^2 + (2\mu\omega/\omega_0^2)^2}} \qquad (11\text{-}39)$$

图 11-11 给出了 μ/ω_0 不同时与 ω/ω_0 的关系曲线。当 $(U_C/E)=0$，$\omega/\omega_0=1$ 时，回路发生谐振 $(U_C/E)\to\infty$；当 $\mu>0$ 时，要得知 U_C 的最大值 U_{cm}，则需将上式对 ω/ω_0 微分，并令其等于 0，可求得最大值 U_{cm} 出现在 $\dfrac{\omega}{\omega_0} = \sqrt{1-2\left(\dfrac{\mu}{\omega_0}\right)^2}$ 处，即在小于 $\omega/\omega_0=1$ 侧，其值为

$$U_{\text{Cmax}} = \frac{E}{\dfrac{2\mu}{\omega_0}\sqrt{1-\left(\dfrac{\mu}{\omega_0}\right)^2}} \qquad (11\text{-}40)$$

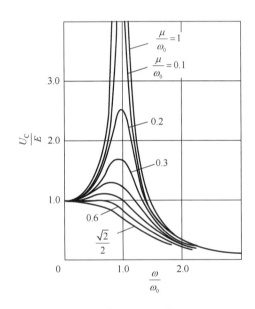

图 11-11　不同 $\dfrac{\mu}{\omega_0}$ 下 U_C 与 $\dfrac{\omega}{\omega_0}$ 的关系曲线

由式（11-40）可见，电容上的过电压仅由式 $\dfrac{\mu}{\omega_0} = \dfrac{1}{2} \times \dfrac{R}{\sqrt{L/C}}$ 决定。

当 $\mu/\omega_0 = 10\%$ 时，电容和电感上的电压可达电源电压的 5 倍；当 $(\mu/\omega_0)=20\%\sim25\%$ 时，有 2 倍左右的过电压；离开以上范围电压很快下降。由图 11-11 可知，在交流电源作用于线性谐振回路中，随 L、C 参数变化，电压 U_C 的变化是连续的，在接近谐振状态时变化较为剧烈。因此线性 L、C 串联回路中，谐振过电压并非仅仅发生在谐振点，在接近谐振的参数范围内，都会引起严重的稳态过电压。

当空载线路到达一定长度，如大于 1500 km，如线路处于谐振状态，因为工频波长为 6000 km，所以称为 1/4 波长谐振。

11.3　非线性谐振过电压

11.3.1　铁磁谐振（非线性谐振）

铁磁谐振回路由带铁芯的电感元件（如变压器、电压互感器）和系统的电容元件组成。铁芯电感的电感值随电压、电流的大小而变化，不是一个常数，所以铁磁谐振又称为非线性谐振。铁芯电感元件的饱和现象，会使回路的电感参数呈非线性，这种含有非线性电感元件的回路，在满足一定谐振条件时，会产生铁磁谐振，而且它具有与线性谐振完全不同的特点和性能。

图 11-12 为最简单的 R、C 和铁芯电感 L 的串联电路。假设在正常运行条件下，其初始状态是感抗大于容抗，即 $\omega L > 1/\omega C$，此时不具备线性谐振条件。但当铁芯电感两端电压有所升高时，或电感线圈中出现涌流时，就有可能使铁芯饱和，其感抗随之减小。当电压降至 $\omega L = 1/\omega C$ 时，满足串联谐振条件，发生谐振，且在电感和电容两端形成过电压，这种现象称为铁磁谐振现象。

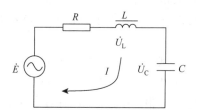

图 11-12　串联铁磁谐振回路

因为谐振回路中电感不是常数，所以回路没有固定的自振频率（即 ω_0 非定值）。当谐振频率 f_0 为工频（50Hz）时，回路的谐振称为基波谐振；当谐振频率为工频的整数倍（如 3 倍、5 倍等）时，回路的谐振称为高次谐波谐振；同样的回路中也可能出现谐振频率为分次（如 1/3 次，1/5 次等）的谐振，称为分次谐波谐振。因此，具有各种谐波谐振的可能性是铁磁谐振的重要特点。

11.3.2　铁磁谐振产生的物理过程

以基波谐振为例，如图 11-13 所示为基波铁磁谐振示意图，图中给出了铁芯电感和电容上的电压随电流变化的曲线 U_L、U_C，电压和电流都用有效值表示。显然 U_C 应是一根直线（$U_C = I/\omega C$）。对铁芯电感，在铁芯未饱和前，U_L 基本上是一直线（见图中 U_L 的起始部分），它具有未饱和的电感值 L_0，当铁芯饱和以后，电感值减小，U_L 不再是直线。

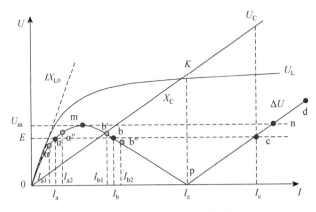

图 11-13　基波铁磁谐振图解法

在正常运行条件下，铁芯电感的感抗要大于容抗，才有可能在铁芯饱和之后，由于电感值的下降而出现感抗等于容抗的谐振条件，即未饱和时电感值 L_0 应满足 $\omega L_0 > 1/\omega C$，这是产生铁磁谐振的必要条件但不是充分条件。只有满足上述条件，伏安特性 U_L、U_C 才有可能相交。从物理意义上可理解为，当满足以上条件时，电感未饱和时电路的自振频率低于电源频率。而随着铁芯的饱和，铁芯线圈中电流的增加，电感值下降，使得在某一电流值（或电压）下，回路的自振频率正好等于或接近电源频率，这一点即 U_L、U_C 两伏安特性曲线的交点。

若忽略回路电阻，即 $R = 0$，则回路中 L 和 C 上的压降之和应与电源电势相平衡，即 $\dot{E} = \dot{U}_L + \dot{U}_C$，由于 U_L 与 U_C 相位相反，故此平衡方程变为 $E = \Delta U$，而 $\Delta U = |U_L - U_C|$。在图 11-13 中也画出了 ΔU 曲线。从图中可看到 ΔU 曲线与 E 线（虚线）在三处（a、b、c）相交，这三点都满足电压平衡条件 $E = \Delta U$，称为平衡点。根据物理概念：平衡点满足电压的平衡条件，但不一定满足稳定条件，而不满足稳定条件的点就不能成为实际的工作点。通常可用"小扰动"来考察某平衡点是否稳定。即假定有一个小扰动使回路状态离开平衡点，然后分析回路状态能否回到原来的平衡点状态，若能回到平衡点，则说明该平衡点是稳定的，能成为回路的实际工作点；否则，若小扰动以后，回路状态越来越偏离平衡点，则该平衡点是不稳定的，不能成为回路的实际工作点。

根据这个原则，可以判断平衡点 a、b、c 哪点是稳定的，哪点是不稳定的。对 a 点来说，若回路中的电流由于某种扰动而有微小的增加，ΔU 沿曲线偏离 a 点到 a′点，此时 $E < \Delta U$，即外加电势小于总压降，使电流减小，从而从 a′又回到 a；相反，若扰动使电流有微小的下降，ΔU 沿曲线偏离 a 点到 a″点，此时 $E > \Delta U$，即外加电势大于总压降，使得电流增大，从而从 a″又回到 a。根据以上判断，可见 a 点是稳定的。

用同样方法可以判断 c 点也是稳定的。对 b 点来说，若回路中的电流由于某种扰动而有微小的增加从 b 偏离至 b′点，此时外加电势 E 将大于 ΔU，这使得回路电流继续增加，直至达到新的平衡点 c 为止；反之，若扰动使电流稍有减小，ΔU 沿曲线从 b 点偏离至 b″点，此时外加电势 E 不能维持总压降 ΔU，这使回路电流继续减小，直到稳定的平衡点 a 为止。可见平衡点 b 不能经受任何微小的扰动，是不稳定的。

　　由此可见，在一定外加电势 E 的作用下，铁磁谐振回路稳定时可能有两个稳定工作状态，即 a 点与 c 点。在 a 点工作状态时，$U_L > U_C$，整个回路呈电感性，回路中电流很小，电感上与电容上的电压都不太高，不会产生过电压，回路处于非谐振工作状态。在 c 点工作状态时，$U_L < U_C$，回路呈电容性，此时不仅回路电流较大，而且在电感电容上都会产生较大的过电压（如图 11-13，U_C、U_L 都大大超过 E）。串联铁磁谐振现象，也可从电源电势 E 增加时回路工作点的变化中看出。如图 11-13 所示，当电势 E 由零逐渐增加时，回路的工作点将由 0 点逐渐上升到 m 点，然后跃变到 n 点，同时回路电流将由感性突然变成容性，这种回路电流相位发生 180° 的突然变化的现象，称为相位反倾现象。在跃变过程中，回路电流激增，电感和电容上的电压也大幅度地提高，这就是铁磁谐振的基本现象。

　　从图 11-13 可见，当电势 E 较小时，回路存在两个可能的工作点 a、c，而当 E 超过一定值以后，只可能存在一个工作点 c。当存在两个工作点时，若电源电势没有扰动，则只能处在非谐振工作点 a。为了建立起稳定的谐振（工作于 c 点），回路必须经过强烈的过渡过程，如电源的突然合闸等。这时到底工作在非谐振工作点 a 还是谐振工作点 c，取决于过渡过程的激烈程度。这种需要经过过渡过程来建立谐振的现象，称为铁磁谐振的激发。但是谐振一旦激发（即经过渡过程之后工作于 c），则谐振状态可能"自保持"（因为 c 点属于稳定工作点），即维持很长时间而不衰减。

　　由图 11-13 中的 p 点可知，在该点，$U_C = U_L$，这时回路发生串联谐振（回路的自振角频率 ω_0 等于电源角频率 ω）。但 p 点不是平衡点，故不能成为工作点。由于铁芯的饱和，随着振荡的发展，在外界电势作用下，回路将偏离 p 点，最终稳定于 c 或 a 点。而在 c 工作点时出现铁磁谐振过电压，因此，将 c 点称为谐振点，而不是 p 点。

11.3.3　铁磁谐振的特点

　　综上所述，铁磁谐振有以下几个主要特点。

　　（1）发生铁磁谐振的必要条件是谐振回路中 $\omega L_0 > 1/\omega C_0$，$L_0$ 为在正常运行条件下，即非饱和状态下回路中铁芯电感的电感值。这样，对于一定的 L_0 值，在很大的 C 值范围内（即 $C > 1/\omega^2 L_0$）都可能产生铁磁谐振。

　　（2）对于满足必要条件的铁磁谐振回路，在相同的电源电势作用下，回路可能有不止一种稳定工作状态（如就基波而言，就有非谐振状态和谐振状况两种稳定工作状态）。回路究竟是处于谐振工作状态还是处于非谐振工作状态要看外界激发引起过渡过程的情况。在这种激发过程中，伴随电路由感性突变成容性的相位反倾现象，且一旦处于谐振状态下，将产生过电流与过电压，谐振也能继续保持。

　　（3）铁磁谐振是由电路中铁磁元件铁芯饱和引起的。但铁芯的饱和现象也限制了过电压的幅值。此外，回路损耗（如有功负荷或电阻损耗）也使谐振过电压受到阻尼和抑制。当回路电阻大到一定数值，就不会产生强烈的铁磁谐振过电压。这就能够解释为什么电力系统中的铁磁谐振过电压往往发生在变压器处于空载或轻载的时候。

　　上面就基波铁磁谐振过程进行了分析。实际运行和试验分析表明，在铁芯电感的振荡回路中，如满足一定的条件，还可能出现持续性的高次谐波铁磁谐振与分次谐波铁磁谐振，在某些特殊情况下，还会同时出现两个以上频率的铁磁谐振。

11.3.4　参数谐振

参数谐振也称周期性谐振，指串联回路电感 L 受外界因素影响，呈周期性变化（如凸极发电机的同步电抗在 $X_d \sim X_q$ 的周期性变化），当与系统的电容元件参数（如空载长线）配合组成回路，若 $\omega_0 = \omega$ 时，通过电感的周期变化，不断向谐振系统输送能量，将会造成参数谐振过电压。

参数谐振具有如下特性：

（1）谐振所需的能量由改变电感参数的原动机提供；

（2）每次参数变化引入的能量要足够大；

（3）谐振后，电压、电流值理论上可以达到无穷大；

（4）当参数变化频率与振荡频率之比等于 2 时，谐振最易发生。

参数谐振所需能量来源于改变参数的原动机，不需单独电源，一般只要有一定剩磁或电容的残余电荷，当参数处在一定范围内时，就可以使谐振得到发展。电感的饱和会使回路自动偏离谐振条件，使过电压得以限制。

习　　题

1. 过电压分哪几种形式？

2. 电力系统中产生铁磁谐振过电压的原因是什么？

3. 引起工频电压升高的原因有哪些？

第12章

电力系统操作过电压

系统中操作或故障使其工作状态发生变化时，会产生电磁能量振荡的过渡过程。电感元件储存的磁场会在某一瞬间转换为电场能储存于电容元件中，产生数倍于电源电压的过渡过程过电压，称为操作过电压。

操作过电压是电力系统内部过电压的另一种类型，它是由系统中断路器操作或各种故障产生的过渡过程引起的。与暂时过电压相比，操作过电压通常具有幅值高、存在高频振荡、强阻尼和持续时间短的特点。

常见的操作过电压有：中性点不接地系统中间歇电弧接地过电压、空载线路合闸过电压、切除空载线路过电压以及切除空载变压器过电压等。

操作过电压的幅值和波形与电网结构及其参数、断路器性能、系统接线、运行操作方式及限压设备的性能等因素有关，具有随机性。对操作过电压的定量研究大都依靠系统实测，或暂态网络分析仪（transient network analyzer，TNA）、计算机的计算等。

近年来，随着高压断路器灭弧性能的改善，变压器铁芯材料的改进，避雷器制造水平的提高，限制了切除空载线路和空载变压器的过电压，但空载线路合闸过电压仍未得到有效的限制，尤其在超高压及特高压系统中，这种过电压已成为决定电网绝缘水平的主要依据。

电气设备正常的绝缘能承受 3～4 倍过电压，当电压等级提高后，如仍按此进行设计，费用会大幅提高，因此需采用专门措施限制操作过电压。限制操作过电压的方法有：在低压系统中安装消弧线圈，在高压线路上装设并联电抗器，采用带有并联电阻的断路器、避雷器等。

12.1　间歇电弧接地过电压

在中性点不接地系统中，发生稳定性单相接地时，非故障相对地电压升至线电压，一般允许带故障运行一段时间（一般不超过 2h）。

运行经验表明，电力系统中 60%以上的故障是单相接地故障。当中性点不接地系统中发生单相接地时，经过故障点将流过数值不大的接地电容电流。如果电网小，线路不太长，接地电容电流将很小。许多临时性的单相接地故障（如雷击，鸟害等），当故障原因消失后，电弧一般可以自行熄灭，系统很快恢复正常。随着电网的发展和电压等级的提高，单相接地电容电流随之增加，一般 6～10 kV 电网的接地电流超过 30 A，35～60 kV 电网的接地电流超过 10 A 时电弧便难以熄灭。但这个电流还不至于大到形成稳定燃烧电弧，因此可能出现电弧时燃时灭的不稳定状态，引起电网运行状态的瞬时变化，导致电磁能量的强烈振荡，并在健全相和故障相上产生过电压，这就是间歇性电弧接地过电压。

12.1.1　间歇电弧接地过电压产生原因

间歇电弧接地过电压发生于中性点不接地（也称中性点绝缘）的系统中。采用中性点不接地系统主要是因为这种系统的供电可靠性高。单相接地故障是系统运行时的主要故障形式。在中性点不接地系统中发生单相接地，如图 12-1 中所示 A 相接地时，因为中性点对地绝缘，所以 A 相与 C 相、A 相与 B 相通过对地电容 C_2 和 C_3 构成回路，无短路电流流过接地点。此时流过接地点的电流为电容电流 $I_{jd} = I_B + I_C$（由于容抗很大）；与此同时，系统三相电源电压仍维持对称不变，所以这种系统在一相接地情况下，不必立即切除线路，中断对用户的供电，运行人员可借助接地指示装置来发现故障并设法找出故障并及时处理，这样就大大提高了供电可靠性。

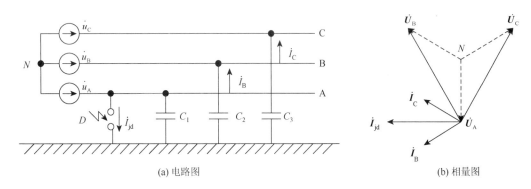

(a) 电路图　　　　　　　　　　　　　　　　　(b) 相量图

图 12-1　单相接地电路图及相量图

然而从另一方面看，中性点不接地系统会带来两个不利影响作用：①非故障相的对地相电压升至线电压；②引起间歇电弧接地过电压。第一个影响作用不会构成对绝缘的危险，因为这些系统的绝缘水平要比线电压高得多。至于第二个影响作用，因为间歇电弧接地过电压幅值高（可能超过绝缘水平）、持续时间长（这类系统允许带单相接地运行 0.5～2 h）、出现的概率又相当大，所以对这种过电压须予以充分重视。

电力系统中大多数接地故障都伴有电弧发生。中性点不接地系统中单相接地时，这种电弧接地电流就是流过非故障相对地电容的电流。当这种接地电容电流在 6～10 kV 线路中超过 30A，在 20～60 kV 线路中超过 10 A（对应线路较长）时，接地电弧不会自行熄灭，也不会形成稳定持续电弧（因为这种电容电流并不足够大），而是表现为接地电流过零时电弧暂时性熄灭，随后在恢复电压作用下又重新出现电弧，即电弧重燃，而后又过零暂时熄灭，即出现电弧熄灭重燃的不稳定状态，这种电弧称之为间歇性电弧。每次电弧熄灭和重燃的同时，将引起电磁暂态的振荡过渡过程，在过渡过程中会出现过电压，这种过电压就是间歇电弧接地过电压。所以在中性点不接地系统中出现间歇电弧接地过电压的根本原因是接地电弧的间歇性熄灭与重燃。而出现这种间歇性电弧的条件：一是电弧性接地；二是接地电流超过某数值。

12.1.2 过电压产生的物理过程

下面我们通过讨论伴随间歇性电弧熄灭重燃时所发生的过渡过程来说明间歇电弧接地过电压的形成与发展。

1. 等值电路图

中性点不接地系统的等值电路如图 12-1（a）所示。C_1、C_2、C_3 为各相对地电容，$C_1 = C_2 = C_3 = C_0$，设 A 相对地发生电弧接地，以 D 表示故障点发弧间隙。u_A、u_B、u_C 为三相电源电压，u_1、u_2、u_3 为三相线路对地电压，即 C_1、C_2、C_3 上的电压。设 U_{xg} 为电源相电压幅值，则有

$$u_A = U_{xg}\sin(\omega t)，\quad u_B = U_{xg}\sin(\omega - 120°)，\quad u_C = U_{xg}\sin(\omega t + 120°)$$

$$u_{BA} = \sqrt{3}U_{xg}\sin(\omega t - 150°)，\quad u_{CA} = \sqrt{3}U_{xg}\sin(\omega t + 150°)$$

2. $t = t_1$ 时 A 相电弧接地

设三相电源电压为 e_A、e_B、e_C，线电压为 u_{AB}、u_{BC}、u_{CA}，各相对地电压为 u_A、u_B、u_C，他们的波形如图 12-2 所示。

假定 A 相在电压幅值时-U_m，A 相发生单相接地故障，令 $U_m = 1$，此时健全相对地电压上升为线电压。

假定在 A 相电压达到最大值时 A 相电弧接地，这是过电压最严重的情况。则 A 相电弧接地前 $t = t_1$ 时，健全相对地电压上升为线电压，由公式可计算 $u_1 = U_{xg}$，$u_2 = -0.5U_{xg}$，$u_3 = -0.5U_{xg}$。

在 t_1 瞬间，A 相电弧接地，即图 12-1（a）中间隙 D 发弧导通，A 相电容 C_1 上电荷通过间隙电弧泄放入地，其电压突降为零，即电压幅值改变了-U_{xg}（从 U_{xg} 变至 0）。相应 B、C 相电容 C_2、C_3 上电压 u_2、u_3 的幅值也应改变-U_{xg}，即从-0.5U_{xg} 变至-1.5U_{xg}。而 u_2、u_3 电压的这种改变是要通过电源线电压 u_{BA}、u_{CA} 经电源电感对 C_2、C_3 的充电来完成的，这个过程是一个高频振荡过程，也即高频振荡过程结束后 C_2、C_3 上的电压将达到-1.5U_{xg}。对高频振荡过程来讲，振荡过程发生前瞬时值为初始值，振荡过程结束后应达到的值为稳定值，而过电压就出现于振荡过程中，过电压的最大幅值可按下面公式来估算：

$$过电压幅值 = 稳态值 + （稳态值-初始值）$$

这样在振荡的过渡过程中，C_2、C_3 上出现的过电压幅值如表 12-1 所示。

表 12-1　$t = t_1$ 时振荡过程中过电压幅值

时刻	C_2	C_3
振荡过程开始前初始值	-0.5U_{xg}	-0.5U_{xg}
振荡过程结束后应达到值	-1.5U_{xg}	-1.5U_{xg}
振荡过程中过电压幅值	-2.5U_{xg}	-2.5U_{xg}

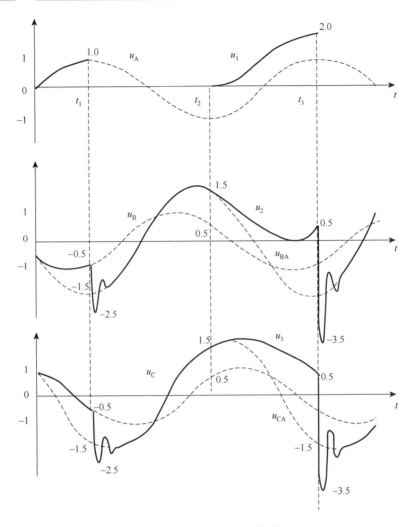

图 12-2　各相对地电压波形

过渡过程结束后 u_2、u_3 根据 u_{BA}、u_{CA} 的变化而变化，如图 12-2 所示。

3. $t = t_2$ 时，A 相接地电弧第一次熄灭

故障点的电弧电流中包含工频分量 $I_B + I_C$ 和逐渐衰减的高频分量。假定高频分量过零时电弧不熄灭，而后高频分量衰减至零，电弧电流就是工频电流 $I_B + I_C$，其相位与 U_A 差 90°[图 12-1（b）]。那么经过半个工频周期，在 $t = t_2$ 时，$u_A = -U_{xg}$，$u_B = 0.5U_{xg}$，$u_C = 0.5U_{xg}$。

在熄弧瞬间，即 $t = t_2^-$ 时，$u_1 = 0$，$u_2 = 1.5U_{xg}$，$u_3 = 1.5U_{xg}$。熄弧后 B、C 相线路上储有电荷 $q = 2C_0 \times 1.5U_{xg} = 2C_0U_{xg}$，这些电荷无处泄漏，于是在三相对地电容间平均分配，其结果使三相导线对地有一个电压偏移 $q/3C_0 = U_{xg}$。这样，接地电弧第一次熄灭后，作用在三相导线对地电容上的电压为三相电源电压叠加此偏移电压，即在熄弧后瞬间 $t = t_2^+$ 时，$u_1 = -U_{xg} + U_{xg} = 0$，$u_2 = 0.5U_{xg} + U_{xg} = 1.5U_{xg}$，$u_3 = 0.5U_{xg} + U_{xg} = 1.5U_{xg}$，这样第一次熄

弧瞬间 $t=t_2^-$ 时的电压值与 $t=t_2^+$ 时的电压值相同，熄弧后不会引起过渡过程。

4. $t=t_3$ 时电弧重燃

熄弧后 A 相对地电压逐渐恢复，再经过半个工频周期，在 $t=t_3$ 时，A 相对地电压幅值达 $2U_{xg}$（图 12-2）。如果此时再次发生电弧（即电弧重燃），u_1 再次降为零，u_2、u_3 的电压将再次出现振荡。振荡过程中的过电压幅值如表 12-2 所示。

表 12-2　　$t=t_3$ 时振荡过程中过电压幅值

时刻	C_2	C_3
振荡过程开始前初始值	$0.5U_{xg}$	$0.5U_{xg}$
振荡过程结束后应达到值	$-1.5U_{xg}$	$-1.5U_{xg}$
振荡过程中过电压幅值	$-3.5U_{xg}$	$-3.5U_{xg}$

以后发生的隔半个工频周期的熄弧与再隔半个周期的电弧重燃，过渡过程与上面完全重复，且过电压的幅值也与之相同。从上分析可看到，中性点不接地系统发生间歇性电弧接地时，非故障相上最大过电压为 3.5 倍，而故障相上的最大过电压为 2.0 倍。

长时期来的试验和研究表明，工频过零熄弧与振荡高频过零熄弧都是可能的，故障相的电弧重燃也不一定在最大恢复电压值时发生，而是具有很大的分散性。间歇电弧接地过电压也具有很强烈的随机统计性质。目前普遍认为，间歇电弧接地过电压的最大值不超过 3.5 倍，一般在 3 倍以下。

12.1.3　影响过电压的因素

影响间歇电弧接地过电压大小的因素主要有以下几点。

（1）电弧熄灭与重燃时的相位。这种因素具有很大的随机性。上述分析得到 3.5 倍过电压的熄灭和重燃时的相位对应最严重情况时的相位。

（2）电弧过程的随机性。电弧熄灭和重燃过程极为复杂，随机因数直接影响过电压的发展过程，因此，过电压数值具有统计性。

（3）系统的相关参数。如考虑线间电容时比不考虑线间电容时在同样情况下的过电压要低。此外，在振荡过程中过电压幅值的估算值由于实际线路的损耗而也达不到此数值。

（4）导线相间电容 C_{12} 的影响。电荷重新分配，使健全相过电压降低；回路损耗，加强了高频振荡衰减，过电压降低。

（5）中性点接地方式。间歇电弧接地过电压仅存在于中性点不接地系统中。若将中性点直接接地，一旦发生单相接地，此时就是单相对地短路，接地点将流过很大的短路电流，不会出现间歇性电弧，而会彻底消除间歇电弧接地过电压。但由于接地点流过很大的短路接地电流，稳定的接地电弧不能自行熄灭，必须由断路器跳闸将其尽快熄灭从而切除短路电流。这样，操作次数增多，并由此增加许多设备，又影响供电的连续性。所以在单相接地故障较为频繁的低电压等级（35 kV 及以下）的系统中仍不采用中性点直接接地。在中性点不接地系统中限制间歇电弧接地过电压的有效措施就是中性点经消弧线圈接地。

12.1.4 消弧线圈及其对限制电弧接地过电压的作用

消弧线圈是一个铁芯有气隙的电感线圈，其伏安特性相对来说不易饱和。消弧线圈接在中性点与地之间。下面分析消弧线圈是如何限制（降低）间歇电弧接地过电压的。

在原中性点不接地系统的中性点与地之间接上一消弧线圈 L，如图 12-3（a）所示。同样假设 A 相发生电弧接地。A 相接地后，流过接地点的电弧电流除了原先的非故障相通过对地电容 C_2、C_3 的电容电流相量和 $I_B + I_C$ 之外，还包括流过消弧线圈 L 的电流 I_L（A 相接地后，消弧线圈上的电压即为 A 相电源电压）。根据如图 12-3（b）所示的相量图分析，I_L 与 $I_B + I_C$ 相位反向，所以适当选择消弧线圈的电感量 L 值，也即适当选择电感电流 I_L 的值，可使得接地电流 $I_d = I_L + (I_B + I_C)$ 的数值（称经消弧线圈补偿后的残流）减小到足够小，使接地电弧很快熄灭，且不易重燃，从而限制（降低）了间歇电弧接地过电压。

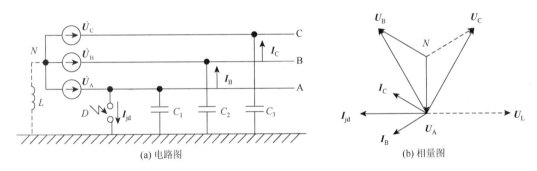

(a) 电路图　　　　　　　　　　　　　(b) 相量图

图 12-3　中性点经消弧线圈接地后的电路图及相量图

通常把消弧线圈电感电流补偿系统对地电容电流的百分数称为消弧线圈的补偿度（又称调谐度），用 K 表示；而将 $1-K$ 称为脱谐度，用 v 表示，即

$$K = \frac{I_L}{I_C} = \frac{U_{xg} \big/ \dfrac{1}{\omega L}}{\omega(C_1 + C_2 + C_3)U_{xg}} = \frac{1}{\omega^2 L(C_1 + C_2 + C_3)} \tag{12-1}$$

$$\frac{\left(\dfrac{1}{\sqrt{L(C_1 + C_2 + C_3)}}\right)^2}{\omega^2} = \frac{\omega_0^2}{\omega^2} \tag{12-2}$$

$$\omega_0 = \frac{1}{\sqrt{L(C_1 + C_2 + C_3)}} \tag{12-3}$$

式中：ω_0 为电路中的自振角频率。

$$v = 1 - K = 1 - \frac{I_L}{I_C} = \frac{I_C - I_L}{I_C} = 1 - \frac{\omega_0^2}{\omega^2} \tag{12-4}$$

根据补偿度（或脱谐度）的不同，消弧线圈可以处于以下三种不同的运行状态。

（1）欠补偿。$I_L < I_C$，表示消弧线圈的电感电流不足以完全补偿电容电流，此时故障点流过的电流（残流）为容性电流。欠补偿时，$K < 1$，$v > 0$。

（2）全补偿。$I_L = I_C$，表示消弧线圈的电感电流恰好完全补偿电容电流。此时消弧线圈与并联后的三相对地电容处于并联谐振状态，流过故障点的电流（残流）为非常小的电阻性泄漏电流。全补偿时，$K = 1$，$v = 0$。

（3）过补偿。$I_L > I_C$，表示消弧线圈的电感电流不仅完全补偿电容电流而且还有数量超出。此时流过故障点的电流（残流）为感性电流。过补偿时，$K > 1$，$v < 0$。

消弧线圈的脱谐度不能太大（对应补偿度不能太小）。脱谐度太大时，故障点流过的残流增大，且故障点恢复电压增长速度快，不利于熄弧；脱谐度越小，故障点恢复电压增长速度减小，电弧越容易熄灭。但脱谐度也不能太小，当 v 趋近于零时，在正常运行时，中性点将发生很大的位移电压。下面对此进行分析。

对如图 12-3 所示的电路，略去三相对地电导 g_1、g_2、g_3 及消弧线圈的电导时，可以写出接有消弧线圈时的中性点位移电压 U_N 为

$$U_N = -\frac{U_A Y_A + U_B Y_B + U_C Y_C}{Y_A + Y_B + Y_C + Y_N} \tag{12-5}$$

将 $Y_A = j\omega C_1, Y_B = j\omega C_2, Y_C = j\omega C_3, Y_N = j\omega L$ 代入得

$$U_N = -\frac{U_A C_1 + U_B C_2 + U_C C_3}{C_1 + C_2 + C_3 + \dfrac{1}{\omega^2 L}} \tag{12-6}$$

当消弧线圈的脱谐度 $v = 0$ 时，$\omega = \omega_0$ 即

$$\omega = \frac{1}{\sqrt{L(C_1 + C_2 + C_3)}} \tag{12-7}$$

$$\omega^2 = \frac{1}{L(C_1 + C_2 + C_3)} \tag{12-8}$$

$$C_1 + C_2 + C_3 = 1/\omega^2 L \tag{12-9}$$

又由于 $C_1 = C_2 = C_3$，所以使得 U_N 表达式中分子不为零，而分母为零，从而中性点位移电压将达到很高数值。

为了避免危险的中性点电压升高，最好使三相对地电容对称。因此在电网中要进行线路换位。但实际上对地电容电流受各种因素影响是变化的，且线路数目也会有所增减，很难做到各相电容完全相等，为此要求消弧线圈处于不完全调谐（全补偿）工作状态。

通常消弧线圈采用过补偿 5%～10% 运行（即 $v = 0.05$～0.1）。之所以采用过补偿是因为电网发展过程中可以逐渐发展成为欠补偿运行，不至于像欠补偿那样因为电网的发展而导致脱谐度过大，失去消弧作用。其次是若采用欠补偿，在运行中部分线路可能退出，则可能形成全补偿，产生较大的中性点电压偏移，有可能引起零序网络中产生严重的铁磁谐振过电压。中性点经消弧线圈接地后，在大多数情况下能够迅速地消除单相的接地电弧而不破坏电网的正常运行，接地电弧一般不重燃，因此一般把单相间歇电弧接地过电压限制到不超过 2.5 倍数的数值。然而，消弧线圈的阻抗较大，既不能释放线路上的残余电荷，

又不能降低过电压的稳态分量，因而对其他形式的操作过电压不起作用。

12.2　空载变压器分闸过电压

12.2.1　过电压产生原因及物理过程

切除空载变压器也是一种常见的操作，用断路器切除空载变压器时可能出现幅值较高的过电压。同样，切除电抗器、电动机、消弧线圈等电感性负荷时也会产生类似的过电压。图 12-4（a）为切除空载变压器的等值电路，图中 L_T 为空载变压器的励磁电感，C_T 为变压器的等值对地电容，L_S 为母线侧电源的等值电感，QF 为断路器。

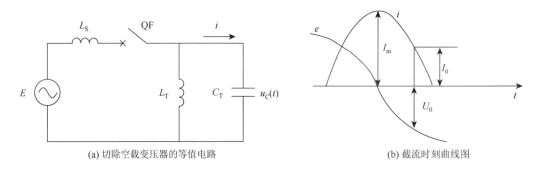

(a) 切除空载变压器的等值电路　　　　　　　　(b) 截流时刻曲线图

图 12-4　切除空载变压器的等值电路

由于 $X_{CT} \gg X_{LT}$，空载变压器切除前，流过空载变压器的电流（空载电流）几乎就是流过励磁电感的电流（容抗远大于感抗），而且此空载电流仅为变压器额定电流的 0.5%～4%，小的甚至只有 0.3%。断路器的灭弧能力是按切断大的电流（如短路电流）设计的，在切断大电流时，断路器分闸后触头断口间仍有电弧，这种电弧要到工频电流过零时熄灭，此时等值电感中贮藏的磁场能量为零，在切除过程中不会产生过电压。但是当断路器切断相对很小的空载励磁电流时，灭弧能力显得异常强大从而使空载电流未到零之前就发生熄弧，造成这种空载电流从某一数值突然降至零，这就是所谓的空载电流的突然"截断"。正由于这种电流的"截断"，使得截断前 L_T 中的磁场能量全部转变成截断后 C_T 中的电场能量从而产生这种切除空载变压器过电压。

图 12-4（b）为切除空载变压器截流时刻的曲线图。设空载电流 $i = I_0$ 时发生截断（即由 I_0 突然降至零），$I_0 = I_m \sin\alpha$（α 为截流时的相角），此时电源电压为 U_0，$U_0 = U_m \sin(\alpha + 90°) = -U_m \cos\alpha$（空载励磁电流滞后电源电压 $90°$）。截流前瞬时回路总能量为

$$\frac{1}{2}L_T I_0^2 + \frac{1}{2}C_T U_0^2 = \frac{1}{2}L_T I_m^2 \sin^2\alpha + \frac{1}{2}C_T U_m^2 \cos^2\alpha \qquad （12-10）$$

分闸前有

$$i_0 = I_m \sin\omega t，\quad e_0 = E_m \cos\omega t \qquad （12-11）$$

分闸后有

$$i_0 = I_\mathrm{m} \sin \alpha, \quad U_0 = E_\mathrm{m} \cos \alpha \tag{12-12}$$

变压器侧对地电容的能量为

$$W_\mathrm{C} = \frac{1}{2} C U^2 = \frac{1}{2} C E_\mathrm{m}^2 \cos^2 \alpha \tag{12-13}$$

变压器激磁阻抗的能量为

$$W_\mathrm{L} = \frac{1}{2} L I^2 = \frac{1}{2} L I_\mathrm{m}^2 \sin^2 \alpha \tag{12-14}$$

由于 $\dfrac{1}{2} C U_\mathrm{m}^2 = W_\mathrm{C} + W_\mathrm{L}$，当能量全部转化为电场能时产生过电压为

$$U_\mathrm{m} = \sqrt{E_\mathrm{m}^2 \cos^2 \alpha + \frac{L}{C} I_\mathrm{m}^2 \sin^2 \alpha} \tag{12-15}$$

当励磁电流 i_0 为幅值 I_m（$U_0 = 0$）时被截断，即 $\alpha = 90°$ 时，切空变过电压倍数 K_n 为最高，此时，U_cm 最大。

电流截断瞬时，L_T 中能量全部转变成电容 C_T 中的能量，此时电容上电压达到最大，设为 U_C，则根据能量守恒，考虑到 $I_\mathrm{m} \approx \dfrac{U_\mathrm{m}}{2\pi f L_\mathrm{T}}$，$f_0 \approx \dfrac{1}{2\pi \sqrt{L_\mathrm{T} C_\mathrm{T}}}$（自振频率）。

实际上，磁场能量转化为电场能量的过程中必然有损耗，这可通过引入一转化系数（$\eta_\mathrm{m} < 1$）加以考虑，则

$$K_\mathrm{n} = \frac{U_\mathrm{m}}{E_\mathrm{m}} \tag{12-16}$$

$$K_\mathrm{n} = \frac{f_0}{f} \sqrt{\eta_\mathrm{m}} \qquad U_\mathrm{cm} = I_\mathrm{m} \sqrt{\frac{L}{C}} = I_\mathrm{m} Z_\mathrm{m} \tag{12-17}$$

$$\frac{1}{2} C_\mathrm{T} U_\mathrm{C}^2 = \frac{1}{2} L_\mathrm{T} I_0^2 + \frac{1}{2} C_\mathrm{T} U_0^2 \tag{12-18}$$

$$U_\mathrm{C} = \sqrt{U_\mathrm{m}^2 \cos^2 \alpha + \frac{L_\mathrm{T}}{C_\mathrm{T}} I_\mathrm{m}^2 \sin^2 \alpha} \tag{12-19}$$

$$U_\mathrm{C} = U_\mathrm{m} \sqrt{\cos^2 \alpha + \left(\frac{f_0}{f}\right)^2 \sin^2 \alpha} \tag{12-20}$$

过电压的倍数

$$K = \frac{U_\mathrm{C}}{U_\mathrm{m}} = \sqrt{\cos^2 \alpha + \left(\frac{f_0}{f}\right)^2 \sin^2 \alpha} \tag{12-21}$$

$$K = \sqrt{\cos^2 \alpha + \eta_\mathrm{m} \left(\frac{f_0}{f}\right)^2 \sin^2 \alpha} \tag{12-22}$$

$$K = \eta_\mathrm{m} \frac{f_0}{f} \tag{12-23}$$

转化系数 η_m 一般小于 0.5，国外大型变压器实测数据约在 0.3～0.45，自振频率 f_0 与变压器的参数和结构有关，通常为工频的 10 倍以上，但超高压变压器则只有工频的几倍。显然，当空载励磁电流在幅值处被截断，即 $\alpha = 90°$ 时，过电压 U_{cm} 达到可能的最大值。

12.2.2 影响过电压的因素及限压措施

1. 影响因素

1）断路器的性能

切除空载变压器引起的过电压与截流数值成正比，断路器截断电流的能力愈大，过电压 U_{Cmax} 就越高。从上分析可看出，切除空载变压器过电压的大小与空载电流截断值以及变压器的自振频率 f_0 有关。空载电流的截断值与断路器的灭弧性能有关。切断小电流电弧时性能差的断路器（尤其是多油断路器），由于截流能力不强，切断空载变压器时过电压较低；而切除小电流电弧时性能好的断路器（如真空断路器、SF_6 断路器），由于截流能力强，切断空载变压器时过电压较高。另外，当断路器去游离作用不强时（由于灭弧能力差），截流后在断路器触头间可引起电弧重燃，而这种电弧的重燃使变压器侧的电容电场能量向电源释放，从而降低过电压。

2）变压器的参数

变压器 L 越大，C 越小，则过电压越高。当电感中的磁场能量不变，电容 C 越小时，过电压也越高。变压器的相数、线组接线方式、铁芯结构、中性点接地方式、断路器的断口电容，以及与变压器相连的电缆线段、架空线段等，都会对切除空载压器过电压产生影响。

空载变压器分闸时产生的过电压一般不超过 5 倍。如三相变压器的中性点不直接接地，三相动作的不同步会导致过电压比单相高 50% 左右。

使用相同断路器，即在相同截流下，当变压器引线电容较大时（如空载变压器带有一段电缆或架空线），等值电容 C_T 加大，从而降低过电压。

我国对切除 110～220 kV 空载变压器做过不少试验，试验结果表明，在中性点直接接地的电网中，过电压一般不超过 3 倍相电压；在中性点不接地电网中，一般不超过 4 倍相电压。

2. 限压措施

目前，限制切除空载变压器的主要措施是采用阀型避雷器。切空变过电压虽然幅值较高，但由于其持续时间短，能量小（要比阀型避雷器允许通过的能量小一个数量级），故可用阀型避雷器加以限制。用来限制切空变过电压的避雷器应接在断路器的变压器侧，否则在切空变时将使变压器失去避雷器的保护。另外，避雷器在非雷雨季节也不能退出运行。如果变压器高低压侧电网中性点接地方式一致，那么可不在高压侧而只在低压侧装阀型避雷器，这就比较经济方便。如果高压侧中性点直接接地，而低压侧电网中性点不是直接接地的，则只在变压器低压侧装避雷器，应装磁吹阀型避雷器或氧化锌避雷器。

12.3 空载线路分闸过电压

12.3.1 过电压产生原因

空载线路的分闸（切除空载线路）是电网中最常见的操作之一。对于单端电源的线路，正常或事故情况下，在将线路切除时，一般总是先切除负荷，后断开电源，那么后者的操作即为切除空载线路。而对于两端电源的线路，由于两端的断路器分闸时间总是存在一定的差异（一般约为0.01~0.05s），所以无论哪一端先断开，后断开的操作即为空载线路的分闸。运行经验表明，在35~220 kV电网中，会因为切除空载线路时出现过电压而引起多次绝缘闪络和击穿。经统计，切除空载线路时出现的过电压，即空载线路分闸过电压不仅幅值高，而且持续时间长，可达0.5~1个工频周期以上。在确定220 kV及以下电网绝缘水平时，空载线路分闸过电压是最重要的操作过电压。空载线路分闸过电压，是空载线路分闸操作时，在空载线路上出现的过电压。在断路器分闸后，断路器触头间可能会出现电弧重燃，电弧重燃又会引起电磁暂态的过渡过程，从而产生切空载线路分闸过电压。所以，产生这种过电压的根本原因是断路器开断空载线路时断路器触头间出现电弧重燃。切除空载线路时，流过断路器的电流为线路的电容电流，它比短路电流要小得多。但是能够切断巨大短路电流的断路器却不一定能够不重燃地切断空载线路，这是因为断路器分闸初期，触头间恢复电压值较高，断路器触头间抗电强度耐受不住高幅值恢复电压而引起电弧重燃。

12.3.2 过电压产生的物理过程

空载线路是容性负载，定性分析时可用 T 型集中参数电路来等值，如图12-5（a）所示。

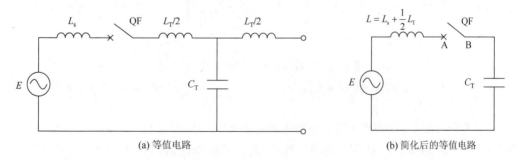

(a) 等值电路　　　　(b) 简化后的等值电路

图 12-5　切除空载线路时的等值电路

图中 L_T 为线路电感，C_T 为线路对地电容，L_s 为电源系统等值电感（即发电机、变压器漏感之和），$e(t)$ 为电源电势。图12-5（a）的电路可以进一步简化成图12-5（b）所示的等值电路。下面就图12-5（b）所示的等值电路来分析空载线路分闸过电压的形成与

发展过程。设电源电势为

$$e(t) = E_\mathrm{m} \cos \omega t \tag{12-24}$$

则电流 $i(t)$ 为

$$i(t) = \frac{E_\mathrm{m}}{X_\mathrm{CT} - X_\mathrm{L}} \cos(\omega t + 90°) \tag{12-25}$$

因此可以看出，电流超前电源电压 90°。

在空载线路分闸过程中，电弧的熄灭和重燃具有很大的随机性，在分析下述过程中，以产生过电压最严重的情况来考虑。

1. $t = t_1$ 时，发生第一次熄弧。

如图 12-6 所示，$t = t_1$ 时，$e(t) = -E_\mathrm{m}$，因为电流超前电源电压 90°，所以此时流过断路器的工频电流恰好为零。此时断路器分闸，断路器断口 A、B 间第一次断弧。若断路器不在 t_1 时刻分闸，设在 t_1 前工频半周内任何一个时刻分闸，只要不发生电流的突然截断现象，断路器断口间电弧总是要等到电流过零，即也在 $t = t_1$ 时才会熄灭。

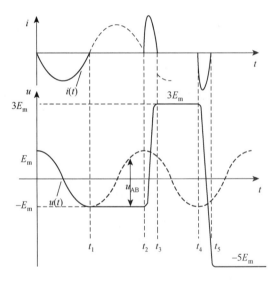

图 12-6　空载线路分闸过电压的产生过程

t_1—第一次熄弧；t_2—第一次重燃；t_3—第二次熄弧；t_4—第二次重燃；t_5—第三次熄弧

断路器分闸后，线路电容 C_T 上的电荷无处泄漏，使得线路上保持这个残余电压 $-E_\mathrm{m}$。即图 12-6 中断路器断口 B 侧对地电压保持 $-E_\mathrm{m}$。然而断路器断口 A 侧的对地电压在 t_1 之后仍要按电源作余弦规律的变化（见图 12-6 中的虚线），断路器触头间（即断口间）的恢复电压 $u_\mathrm{AB} = e(t) - (-E_\mathrm{m}) = E_\mathrm{m}(1 + \cos \omega t)$，$t = t_1$ 时，$u_\mathrm{AB} = 0$，随后恢复电压 u_AB 越来越高，在（再经过半个周期）时达到最大值 $2E_\mathrm{m}$。

在 t_1 之后若断路器触头间去电离能力很强，触头间抗电强度的恢复超过恢复电压的升高，则电弧从此熄灭，线路被真正断开，这样无论在母线侧（即断口 A 侧）或线路侧（即断口 B 侧）都不会产生过电压。但若断路器断口间抗电强度的恢复赶不上断口间恢复电压的升高，断路器触头间（即断口间）可能发生电弧重燃。

2. $t = t_2$ 时发生第一次重燃

电弧重燃时刻具有强烈的统计性，从而使这种过电压的数值大小也具有统计性。考虑过电压最严重的情况，假定在恢复电压 u_{AB} 达到最大时发生电弧重燃，也即在图 12-6 中 $t = t_2$ 时发生第一次电弧重燃。此刻电源电压 $e(t)$ 通过重燃的电弧突然加在 L_s 和具有初始值 $-E_m$ 的线路电容 C_T 上，而此回路是一振荡回路，则电弧重燃后将产生暂态的振荡过程，而在振荡过程中就会产生过电压。振荡回路的固有频率要比工频 50 Hz 大得多，因而要比工频周期 0.02s 小得多，这样可以认为在暂态高频振荡期间电源电压 $e(t)$ 保持 t_2 时的值 E_m 不变。若不计回路损耗所引起的电压衰减，则线路上的过电压幅值可按下式估算：

$$过电压幅值 = 稳态值 + （稳态值-初始值） = E_m + [E_m - (-E_m)] = 3E_m \tag{12-26}$$

3. $t = t_3$ 时发生第二次熄弧

当线路上电压（即 C_T 上电压）振荡达到最大值瞬间，因为振荡回路中流过的是电容电流，所以此瞬间断路器中流过的高频振荡电流恰好为零，此时（t_3 时刻）电弧第二次熄灭（断路器试验的示波图表明，电弧几乎全部都在高频振荡电流第一次过零瞬间熄灭）。电弧第二次熄灭后，线路对地电压保持 $3E_m$，而断路器断口 A 侧的对地电压在 t_3 之后要按电源作余弦规律的变化（见图 12-6 中的虚线），断路器触头间恢复电压 u_{AB} 越来越高，再经半个工频周期将达最大值 $4E_m$。

4. $t = t_4$ 时发生第二次重燃

考虑过电压最严重的情况，恢复电压 u_{ab} 达到最大值 $4E_m$ 时发生电弧第二次重燃。电弧重燃后又要发生暂态的振荡过程，在此振荡过程中，C_T 上电压的初始值为 $3E_m$，振荡过程结束后的稳态值为 $-E_m$，所以产生的过电压幅值为

$$稳态值 + （稳态值-初始值） = -E_m + (-E_m - 3E_m) = -5E_m \tag{12-27}$$

假若继续每隔半个工频周期电弧重燃一次，则过电压将按 $3E_m$，$-5E_m$，$7E_m$，… 的规律变化，越来越高，直到触头已有足够的绝缘强度，电弧不再重燃为止。同样，在母线上也将出现过电压。

12.3.3　影响过电压的因素

以上分析过程是按最严重的、理想化的情况考虑的。在实际中，过电压将受到一系列因素的影响。

1. 断路器的性能

因为空载线路分闸过电压是由电弧重燃引起的，所以过电压与断路器的灭弧性能有很大关系。SF$_6$ 断路器较油断路器灭弧性能更好，所以，油断路器重燃次数较多，有时可达

6～7 次，过电压往往较高，而 SF_6 断路器基本不重燃，过电压也较低。当然，重燃次数不是决定过电压大小的唯一判据，还要看电弧重燃的时刻（重燃不一定发生在电源电压达到最大值）以及电弧熄灭时刻（这决定线路上残余电压的高低），这两个因素具有很大随机性。断路器灭弧性能差，重燃次数多，发生高幅值过电压的概率就大。

2. 母线出线数

当母线上有多回路出线时，一路线路分闸，工频电流过零熄弧，分闸的空载线路保持 $-E_m$，但未分闸的其他线路将随电源电压变化，半个周期后断路器触头间出现幅值为 $2E_m$ 的恢复电压，电弧可能重燃，在重燃的一瞬间，未断开线路（电压为$-E_m$）上的电荷将迅速与断开线路（电压为$-E_m$）上的残余电荷重合，使断开线路的残余电荷降为零（或为正），使得电弧重燃之后暂态过程中稳态值与起始值的差别减小，从而使过电压减小。

3. 线路负载及电磁式电压互感器

当线路末端有负载(如末端接有一组空载变压器)或线路侧装有电磁式电压互感器时，断路器分闸后，线路上残余电荷经由它们泄放，将降低线路上的残余电压，从而降低重燃后的过电压。

4. 中性点接地方式

中性点直接接地系统中，各相有自己的独立回路，相间电容影响不大，空载线路分闸过电压的产生过程如上所述。当中性点不接地或经消弧线圈接地时，由于三相断路器分闸不同期，会形成瞬间的不对称电路，使中性点发生偏移。三相分闸间互相影响，使分闸时断路器中电弧的重燃和熄灭过程变得更复杂，在不利的条件下，会使过电压显著增高，一般比中性点直接接地时的过电压要高出 20% 左右。

另外，当过电压较高时，线路上出现电晕所引起的损耗，也是影响（降低）空载线路分闸过电压的一个因素。

12.3.4　限制过电压措施

因为空载线路分闸过电压出现比较频繁，持续时间长（可达 1～2 个工频半波），且作用于全线路，所以它是选择线路绝缘水平和确定电气设备试验电压的重要依据。因此限制这种过电压，对于保证电力系统安全运行和进一步降低电网绝缘水平具有十分重要的经济意义。目前降低这种过电压的措施主要有以下几种。

1. 提高断路器灭弧性能

空载线路分闸过电压的主要成因是断路器断开后触头间电弧的重燃，限制这种过电压的最有效措施就是改善断路器的结构，提高触头间介质的恢复强度和灭弧能力。现在我国生产的真空断路器、带压油式灭弧装置的少油断路器以及六氟化硫断路器都大大改善了灭弧性能，从而大大减少了在开断空载线路时的电弧重燃。

2. 采用带并联电阻的断路器

通过断路器的并联电阻降低断路器触头间的恢复电压，避免电弧重燃，这也是限制过电压的一种有效措施。

如图 12-7 所示，在断路器主触头 Q_1 上并一分闸电阻 R（约 3000 Ω）和辅助触头 Q_2 以实现线路的逐级开断。线路分闸时，主触头 Q_1 先断开，此时 Q_2 仍闭合，由于 R 串在回路中从而抑制了 Q_1 断开后的振荡。而这时 Q_1 触头两端间的恢复电压只是电阻 R 上的压降，其值较低，故主触头间电弧不易重燃。经 1.5～2 个工频周期，辅助触头 Q_2 断开，因为串入电阻后，线路上的稳态电压降低，线路上残余电压较低，所以触头 Q_2 上的恢复电压不高，Q_2 中的电弧也就不易重燃。即使 Q_2 触头间发生电弧重燃，由于电阻的阻尼作用及对线路残余电荷的泄放作用，过电压也会显著下降。实践表明，即使在最不利情况下发生重燃，过电压实际也只有 2.28 倍。

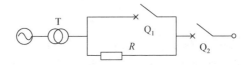

图 12-7　带并联电阻的断路器

此外，线路上接有电磁式电压互感器以及线路末端接有空载变压器也有助于降低这种空载线路分闸过电压。

近年来我国在 110～220 kV 线路上进行了一些实测，结果表明，使用重燃次数较多的断路器时，出现 3.0 倍过电压的概率为 0.86%；使用重燃次数较少的空气断路器时，出现 2.6 倍过电压的概率为 0.73%，使用油断路器时测得的最大过电压为 2.8 倍；当使用有中值和低值并联电阻断路器时，过电压被限制到 2.2 倍以下。在中性点不接地和经消弧线圈接地电网中，这种过电压一般不超过 3.5 倍。在 110～220 kV 系统中这种过电压低于线路绝缘水平，所以我国生产的 110～220 kV 系统的各种断路器一般不加并联电阻。在超高压电网中，断路器都带有并联电阻，从而基本上消除了电弧重燃，也就基本上消除了过电压，如在 330 kV 线路上测到过电压最大仅为 1.19 倍。

12.4　空载线路合闸过电压

12.4.1　过电压产生原因

空载线路的合闸有两种情况，即计划性合闸和故障跳闸后的自动重合闸。由于合闸初始条件不同，过电压大小也是不同的。空载线路无论是计划性合闸还是自动重合闸，合闸之后都要发生电路状态的改变，又由于 L、C 的存在，这种状态改变，即从一种稳态到另一稳态的暂态过程表现为振荡型的过渡过程，而过电压就产生于这种振荡过程中。振荡过程中最大过电压幅值同样可用下面公式估算：

$$过电压幅值 = 稳态值 + （稳态值–初始值）\tag{12-28}$$

12.4.2　过电压产生的物理过程

1. 计划性合闸

在计划性合闸时，线路上不存在接地，线路上初始电压为零。断路器合闸后，电源电压通过系统等值电感 L_S 对空载线路的等值电容 C_T 充电，若合闸瞬间电源电压刚好为零则合闸后直接进入稳态而无暂态过程；若合闸时电源电压非零，则合闸后回路中将发生高频振荡过程。考虑过电压严重的情况，即在电源电压 $e(t)$ 为幅值 E_m（或$-E_m$）时合闸，则合闸过电压的幅值 = 稳态值 + （稳态值–初始值）= $2E_m$（或$-2E_m$）。考虑到回路中存在损耗，最严重的空载线路合闸过电压要比 $2E_m$（或$-2E_m$）低。

2. 自动重合闸

自动重合闸是线路发生故障跳闸后，通过自动装置控制进行的合闸操作，这是中性点直接接地系统中经常遇到的一种操作。如图 12-8 所示，当 C 相接地后，断路器 QF2 先跳闸，然后断路器 QF1 跳闸。在断路器 QF2 跳闸后，流过断路器 QF1 中健全相的电流是线路电容电流，故当电流为零，电压达最大值时（两者相位差 90°），断路器 QF1 熄弧。但由于系统内存在单相接地，健全相的电压将为（1.3～1.4）E_m，因此断路器 QF1 跳闸熄弧后，线路上残余电压也将为此值。在断路器 QF1 重合前，线路上的残余电荷将通过线路泄漏电阻入地，使线路残余电压有所下降，残余电压下降的速度与线路的绝缘子污秽情况、气候条件有关。经 Δt 时间间隔后，QF1 将重新合闸，此时假定线路残余电压已经降低了30%，降低后的电压为 $0.7 \times$（1.3～1.4）$E_m =$（0.91～0.98）E_m。

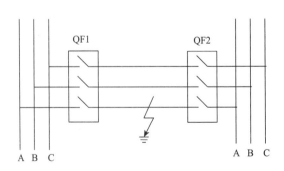

图 12-8　自动重合闸示意图

考虑过电压最严重的情况，即合闸时电源电压恰好与线路残余电压极性相反且为峰值$-E_m$，则合闸时过渡过程中最大过电压为 $-E_m + [E_m - (-0.91 \sim 0.98)E_m] = (-2.91 \sim 2.98)E_m$。在实际情况下，由于在重合闸时刻电源电压不一定恰好在峰值，也并不一定与线路残余电压极性相反，这时过电压的倍数还要低些。

若线路不采用三相重合闸，而是采用单相重合闸，则重合闸过电压与计划性合闸过电压相同，因为重合的故障相上无残余电压。

12.4.3　影响过电压的因素

1. 合闸相位

由于断路器在合闸时有预击穿现象，即在机械上断路器触头未闭合前，触头间的电位差已足够击穿介质，使触头在电气上先行接通。因而，较常见的合闸是在接近最大电压时发生的。对油断路器的统计表明，合闸相位多半处在最大值附近的 ±30° 范围之内。但对于快速的真空断路器与六氟化硫断路器，预击穿对合闸相位影响较小，合闸相位的统计分布较均匀，既有 0° 时的合闸，也有 90° 时的合闸。

2. 线路残余电压的大小与极性

线路残余电压的大小与极性对重合闸过电压影响甚大。残余电压大小取决于故障引起分闸后健全相上残余电荷的泄漏速度，这与线路绝缘子的污秽状况、大气湿度、雨雪等情况有关，在 0.3～0.5s 重合闸时间内，残余电压一般可下降 10%～30%。

另外，空载线路合闸过电压还与系统参数、电网结构、断路器合闸时三相的同期性、母线的出线数、导线的电晕等因素有关。

12.4.4　限制过电压措施

1. 采用带并联电阻的断路器

这是目前限制合闸过电压特别是重合闸过电压的主要措施。与图 12-7 相同，在断路器主触头 Q_1 上并联一合闸电阻（数百欧）及辅助触头 Q_2 以实现线路的逐级合闸。线路合闸时，主辅触头动作次序与分闸时相反。合闸时，辅助触头 Q_2 先闭合，电阻的串入对回路中的振荡过程起阻尼作用，使过渡过程中过电压降低，电阻越大阻尼作用越强，过电压也就越低。经 1.5～2 个工频周期，主触头 Q_1 闭合，将合闸电阻尺短接，完成合闸操作。因为 Q_1 闭合前主触头两端的电位差即 R 上的压降由于之前的振荡被阻尼而较低，所以 Q_1 闭合之后的过电压也就较低。很明显，此时 R 越小，Q_1 闭合后过电压越低。从以上分析可见，辅助触头 Q_2 闭合时要求合闸电阻大，而主触头 Q_1 闭合时要求合闸电阻小，两者同时考虑时，可以找到某一电阻值，在此电阻值下，可将合闸过电压限制到最低。

2. 消除和削弱线路残余电压

采用单相自动重合闸后完全消除了线路残余电压，重合闸时就不会出现高值过电压。而线路侧装有电磁式电压互感器时，可以释放线路上的残余电荷，有助于降低重合闸过电压。

3. 同步合闸

通过专门装置控制，使断路器触头间电位差接近于零时完成合闸操作，使合闸暂态过程降低到最微弱的程度，从而基本消除合闸过电压。

4. 安装避雷器

采用熄弧能力较强，通流容量较大的磁吹避雷器、复合型避雷器或氧化锌避雷器作为过电压的后备保护。

此外，对于两端供电的线路，系统电源容量较大的一端先合闸，电源容量较小的一端后合闸，有利于降低合闸过电压，因为合闸过电压是叠加在工频电压基础之上的。

近年来，我国在 220 kV 线路上做了不少试验，综合这些试验数据，得出的最大合闸过电压值见表 12-3。

表 12-3　220 kV 线路合闸、重合闸最大过电压（相对地）

位置	母线	线首	线末
合闸过电压/ p.u.	1.50	1.86	1.92
重合闸过电压/ p.u.	2.50	2.61	2.97

在超高压电网中，断路器都采用了带并联电阻，合闸过电压一般不超过 2.0 倍。

习　题

1. 列表比较各种操作过电压的产生原因和主要影响因素。
2. 请简述断路器灭弧性能对切除空载线路和对切除空载变压器过电压的影响。
3. 请简述带并联电阻的断路器限制切合空载线路过电压的道理及操作时主辅触头动作的顺序。
4. 对用来限制操作过电压避雷器的要求有哪些？

第13章

电力系统绝缘配合

13.1　绝缘配合的基本概念和发展阶段

13.1.1　绝缘配合的基本概念

电力系统的运行可靠性主要由停电次数及停电时间来衡量，造成电力系统故障、停电的原因不外乎电压升高和绝缘下降两大类，因此除了尽可能限制电力系统出现的过电压外，还要尽量提高电气设备的绝缘水平。电力系统的绝缘包括发电厂、变电站电气设备的绝缘以及线路的绝缘，它们在运行中将承受以下几种电压：正常运行时的工作电压、短时过电压、操作过电压及大气过电压。一般情况下，过电压在确定绝缘水平时起着决定性的作用。

所谓绝缘配合，就是综合考虑电气设备在系统中可能承受的各种作用电压（工作电压和过电压）、保护装置的特性和设备绝缘对各种工作电压的耐受特性，合理选择设备的绝缘水平，以使设备的造价、维护费用和设备绝缘故障所引起的事故损失，达到在经济上和安全运行上总体效益最高。也就是说，在技术上要处理好各种作用电压、限压措施及设备绝缘耐受能力三者之间的互相配合关系。这样既不因绝缘水平取得过高，使设备尺寸过大，造价太贵，造成不必要的浪费，也不会由于绝缘水平取得过低，虽然一时节省了设备造价，但增加了运行中的事故率，导致停电损失和维护费用大增，最终不仅造成经济上更大的浪费，而且造成供电可靠性的下降。

绝缘配合的目的就是确定各种电气设备的绝缘水平，它是绝缘设计的首要前提，而设备的绝缘水平是用设备绝缘可以耐受的试验电压值表征。对应于设备绝缘可能承受的各种作用电压，绝缘试验可分为：短时（1 min）工频电压试验、长时工频电压试验、操作冲击试验、雷电冲击试验几种类型。其中短时工频电压试验用来检验设备在工频运行电压和暂时过电压下的绝缘性能。为了考核局部放电等导致老化的因素对绝缘的影响或外绝缘的污秽放电性能，需要做长时间工频电压试验，其他两种冲击试验则分别检验设备就相应过电压的性能。

电力系统中存在着许多绝缘配合的问题，主要有架空线路与变电站之间的绝缘配合、同杆架设的双回路线路之间的绝缘配合、电气设备内绝缘与外绝缘之间的绝缘配合、各种外绝缘之间的绝缘配合、各种保护装置之间的绝缘配合、被保护绝缘与保护装置之间的绝缘配合等。

任何一种电气设备在运行中都不是孤立存在的,首先它们一定和某些过电压保护装置一起运行并接受后者的保护;其次是各种电气设备绝缘之间,甚至各种保护装置之间在运行中都是互有影响的,所以在选择绝缘水平时,需要考虑的因素很多,绝缘配合必须计算不同电压等级、系统结构等多因素的影响,并根据具体情况,灵活处理。

首先,对不同电压等级的系统,配合原则是不同的。正常运行条件下的工频电压不会超过系统最高的工作电压,这是绝缘配合的基本参数。而其他几种作用电压在绝缘配合中的作用则因系统电压等级的不同而不同,因此在高压及超高压系统中绝缘配合的具体原则不同,绝缘试验类型的选择也有差异。对于 220 kV 及以下的系统,一般以大气过电压决定设备的绝缘水平。其主要保护装置是避雷器,以避雷器的保护水平为基础确定设备的绝缘水平,并保证输电线路具有一定的耐雷水平。这些设备在正常情况下应能耐受内部过电压的作用,因此一般不专门采用针对内部过电压的限制措施。随着电压等级的提高,操作过电压的幅值随之增高,所以在超高压电力系统(≥330 kV)的绝缘配合中,操作过电压将逐渐起到控制作用。因此超高压系统中一般都采用专门的限制内部过电压的措施,将操作过电压限制到预定水平,同时采用避雷器,除用以限制大气过电压外,也作为操作过电压的后备保护。所以,设备的绝缘配合实际上也是以避雷器的保护特性为基础而确定的。

其次,为了兼顾设备造价、运行费用和停电损失等的综合经济效益,绝缘配合也因不同的系统结构、不同的地区及不同的发展阶段而有所不同。从经济角度考虑,对同一电压等级,不同地点、不同类型的设备,允许选择不同的绝缘水平。此外,许多系统的绝缘水平,初期较高,中、后期较低。我国早年建成的 330 kV 及 500 kV 系统,均选取了较高的绝缘水平。

最后应当指出,以上各条原则只是分别反映某一因素对绝缘配合的影响,在绝缘配合中必须综合考虑各种影响因素和国内外类似系统的运行经验,进行总体的优化设计以取得最佳方案。

13.1.2　绝缘配合的发展阶段

从电力系统绝缘配合的发展过程来看,大致可分为以下三个阶段。

1. 多级配合

1940 年以前所用的避雷器的保护性能不够好、特性不稳定,不能把其保护特性作为绝缘配合水平应高于外绝缘配合的基础。

当时采用的是多级配合,原则是:价格越昂贵、修复越困难、损坏后果越严重的绝缘结构,其绝缘水平应选得越高。按照这一原则,显然变电站的绝缘水平应高于线路、设备内绝缘水平应高于外绝缘水平。在现代阀式避雷器的保护性能不断改善、质量提高的情况下,多级绝缘配合的原则已不再适用于绝缘配合的问题。

2. 两级配合

从 20 世纪 40 年代后期开始,越来越多的国家逐渐摒弃多级配合的概念,而转化为采用两级配合的原则，即各种绝缘都接受避雷器的保护，仅仅与避雷器进行绝缘配合，而不在各种绝缘之间寻求配合。换而言之，阀式避雷器的保护特性变成了绝缘配合的基础，只要将它的保护水平乘上一个综合考虑各种影响因素和必要裕度的系数，就能确定绝缘应有的耐压水平，从这一基本原则出发，经过不断修正与完善，终于发展成为直至今日仍在广泛应用的绝缘配合惯用法。

3. 绝缘配合统计

随着电网电压等级的不断提高，绝缘费用因绝缘水平的提高而急剧增大，因而降低绝缘水平的经济效益也越来越显著。

在绝缘配合惯用法中，以过电压的上限与绝缘电气强度的下限作绝缘配合，而且还要留出足够的裕度，以保证不发生绝缘故障。这样做虽然提高了系统的可靠性，但却加大了投资费用，不符合优化总体经济指标的原则，从 20 世纪 60 年代以来，国际上出现了一种新的绝缘配合方法，称为绝缘配合统计法。它的主要原则如下：电力系统中的过电压和绝缘电气强度都是随机变量，要求绝缘在过电压的作用下不发生任何闪络或击穿现象，过于保守（特别是在超高压和特高压输电系统中）；正确的做法应该是规定出某一可以接受的绝缘故障（例如将超、特高压线路绝缘在操作过电压下的闪络概率取作 0.1%～1%），容许冒一定的风险。总之，绝缘配合统计法是应用统计的观点及方法处理绝缘配合的问题，以求获得优化后的总体经济指标。

13.2　绝缘配合方法

绝缘配合的方法有惯用法（确定性法）、统计法和简化统计法。

13.2.1　绝缘配合惯用法

惯用法是迄今为止使用最广泛的绝缘配合方法，除了在 330 kV 及以上的超高压线路绝缘（均为自恢复绝缘）的设计中采用统计法以外，在其他的情况下主要采用惯用法。

惯用法是按作用在设备绝缘上的最大过电压和设备最小绝缘强度相配合的方法，即首先确定设备上可能出现的最大过电压，然后根据运行经验，考虑适当的安全裕度来确定绝缘应耐受的电压水平。根据两级配合的原则，确定电气设备绝缘水平的基础是避雷器的保护水平，避雷器上可能出现的最大过电压再乘以一个配合系数，即可得出绝缘水平。配合系数的确定主要是考虑设备安装点与避雷器之间的电气距离所引起的电压差值、绝缘老化所引起的电气强度下降、避雷器保护性能在运行中逐渐劣化、冲击电压下击穿电压的分散性、必要的安全裕度等因素。

因为 220 kV（其最大工作电压为 252 kV）及以下电压等级（指高压）和 220 kV 以上电压等级（指超高压）电力系统在过电压保护措施、绝缘耐压试验项目、最大工作电压倍数、绝缘裕度取值等方面都存在差异，所以在做绝缘配合时，将电压等级分成下述两个范围：

范围 I：$3.5kV \leqslant U_{max} \leqslant 252kV$

范围 II：$U_{max} > 252kV$

1. 雷电过电压下的绝缘配合

电气设备在雷电过电压下的绝缘水平通常用它们的基本冲击绝缘水平（basic shock insulation level，BIL）来表示，有时也称为额定雷电冲击耐压水平，可由下式求得：

$$BIL = K_L U_{(PL)} \tag{13-1}$$

式中：$U_{(PL)}$ 为阀式避雷器在雷电过电压下的保护水平（kV），通常简化为以配合电流下的残压 U_R 作为保护水平；K_L 为雷电过电压下的配合系数，其值在 1.2～1.4 内。国际电工委员会（IEC）规定 $K_L \geqslant 1.2$，根据我国标准 DL/T 620—1997，电气设备与避雷器相距很近时取 1.25，相距较远时取 1.4，即

$$BIL = (1.25 \sim 1.4) U_R \tag{13-2}$$

2. 操作过电压下的绝缘配合

在按内部过电压绝缘配合时，通常不考虑谐振过电压，因为在系统设计和选择运行方式时，均应设法避免谐振过电压的出现；此外，也不单独考虑工频电压升高，而是把它的影响包括在最大长期工作电压内。这样，按内部过电压绝缘配合就归结为操作过电压下的绝缘配合。

这时可分为两种不同的情况来讨论。

（1）变电站内所装的阀式避雷器只用作雷电过电压的保护；对于内部过电压，避雷器不动作以免损坏，但依靠别的降压或限压措施（例如改进断路器的性能等）加以抑制，而绝缘本身应能耐受可能出现的内部过电压。

我国标准 DL/T 620—1997 对范围 I 的各级系统所推荐的操作过电压计算倍数见表 13-1。

表 13-1 操作过电压计算倍数 K_0

系统额定电压/kV	中性点接地方式	相对地操作过电压计算倍数
66 及以下	有效接地	4.0
35 及以下	经小电阻接地	3.2
110～220	有效接地	3.0

对于这一类变电站中的电气设备来说，其操作冲击绝缘水平（shock insulation level，SIL），有时亦称额定操作冲击耐压水平为

$$SIL = K_{SW} K_0 U_\varphi \tag{13-3}$$

式中：K_S 为操作过电压下的配合系数；K_0 为操作过电压计算倍数；U_φ 为相电压。

（2）对于范围 II 的电力系统，过去采用操作过电压计算倍数，即 330 kV 时为 2.75 倍，500 kV 时为 2.0～2.2 倍。

目前普遍采用氧化锌或磁吹避雷器来同时限制雷电与操作过电压，故不采用上述计算倍数，因为这时的最大操作过电压幅值将取决于避雷器在操作过电压下保护水平。对于这一类变电站的电气设备来说，其操作冲击绝缘水平为

$$SIL = K_{SW}U_{PS} \tag{13-4}$$

式中：K_{SW} 为操作过电压下的配合系数，$K_{SW} = 1.15～1.25$。

操作配合系数 K_{SW} 比雷电配合系数 K_L 小，主要是因为操作波的波前陡度远小于雷电波，被保护设备与避雷器之间的电气距离所引起的电压差值很小，可以忽略不计。

3. 工频绝缘水平的确定

为了检验电气设备绝缘是否达到了以上所确定的 BIL 和 SIL，就需要进行雷电冲击和操作冲击耐压试验，这对试验设备和测试技术提出了很高的要求。对于 330 kV 及以上的超高压电气设备来说，这样的试验是完全必需的，但对于 220 kV 及以下的高压电气设备来说，应该设法用比较简单的高压试验去等效地检验绝缘耐受雷电冲击电压和操作冲击电压的能力，对高压电气设备施行的工频耐压试验，实际上就包含着这方面的要求和作用。

如果在进行工频耐压试验时所采用的试验电压比被试设备的额定电压略高，那么试验的目的只限于检验绝缘在工频工作电压和工频电压升高下的电气性能。但是实际上，短时（1 min）工频耐压试验所采用的试验电压值比额定相电压要高出数倍，可见其目的和作用是代替雷电冲击和操作冲击耐压试验，等效地检验绝缘在这两类过电压下的电气强度。图 13-1 给出了确定短时工频耐压值的流程图，图中 K_L、K_{SW} 为雷电与操作冲击配合系数；β_L、β_{SW} 为雷电与操作冲击系数。

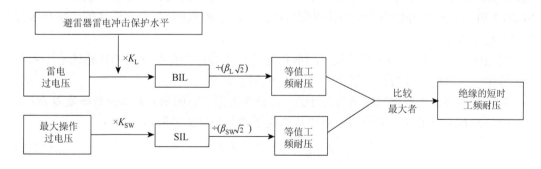

图 13-1 确定工频试验电压值的流程图

由此可知，凡是工频耐压试验合格的设备绝缘在雷电和操作过电压作用下均能可靠地运行。尽管如此，为了更加可靠和直观，国际电工委员会（IEC）对绝缘水平作出了如下补充规定。

（1）对于 330 kV 以下的电气设备：

①绝缘在工频工作电压、暂时过电压和操作过电压下的性能用短时（1 min）工频耐压试验来检验；

②绝缘在雷电过电压下的性能用雷电冲击耐压试验来检验。

（2）对于 330 kV 及以上的电气设备：

①绝缘在操作过电压下的性能用操作冲击耐压试验来检验；

②绝缘在雷电过电压下的性能用雷电冲击耐压试验来检验。

4. 长时间工频高压试验

当内绝缘的老化和外绝缘的污染对绝缘在工频工作电压和过电压下的性能有影响时，尚需作长时间工频高压试验。

显然，由于试验的目的不同，长时间工频高压试验时所加的试验电压值和加压时间均与短时工频耐压试验不同。

按照上述绝缘惯用法的计算，结合我国的实际情况，并参考 IEC 推荐的绝缘配合标准，我国国家标准（GB 311.1—1997）对各种电压等级的电气设备及耐压值表示的绝缘水平都有相应规定。

13.2.2　绝缘配合统计法

随着超高压、特高压输电技术的发展，降低绝缘水平的经济效益越来越显著，采用惯用法，对绝缘的要求偏严。实际上，过电压和绝缘的电气强度都是随机变量，无法严格地求出它们的上、下限制，而且根据经验选定的安全裕度（配合系数）带有一定的随意性。这些做法从经济的角度去看，特别是对于超、特高压输电系统来说是不能容许，也是不合理的。因而绝缘水平的选择要和绝缘故障所带来的经济损失综合起来考虑，方能得出合理的结论。以综合经济指标来衡量，容许有一定的故障率反而较为合理。因此，IEC 于 20 世纪 70 年代初期开始推荐使用绝缘配合统计法，目前该方法在一些国家用于超高压线路的外绝缘设计。

采用绝缘配合统计法做绝缘配合的前提是充分掌握作为随机变量的各种过电压和各种绝缘电气强度的统计特性（概率密度、分布函数等）。

假定电压幅值的概率密度函数为 $f(U)$，绝缘的击穿（或闪络）概率分布函数为 $P(U)$，且 $f(U)$ 与 $P(U)$ 互不相关，则绝缘在过电压作用下遭到损坏的故障概率为

$$R = \int_{U_\varphi}^{\infty} P(U) f(U) \mathrm{d}U \qquad (13\text{-}5)$$

图 13-2 给出了绝缘故障率的估算区域。由图可见，$P(U_0) f(U_0) \mathrm{d}U$ 为有斜线阴影的小块面积，Ra 为阴影部分总面积。如果提高绝缘的电气强度，图 13-2 中的 $P(U)$ 曲线向右移动，阴影部分的面积缩小，绝缘故障率降低，但设备投资费用将增大，经济性变差。利用统计法进行绝缘配合时，安全裕度不再是一个带有随意性的量值，而是一个与绝缘故障率相联系的变数。

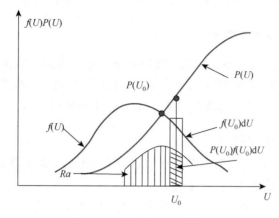

图 13-2　绝缘故障率的估算

13.2.3　简化统计法

在实际工程中采用上述绝缘配合统计法来进行绝缘配合,是相当繁复和困难的。为此 IEC 又推荐了一种简化统计法,以利于实际应用。

在简化统计法中,对过电压和绝缘电气强度的统计规律作了某些假设,例如假定它们均为正态分布,并已知它们的标准偏差。这样一来,它们的概率分布曲线就可以用与某一参考概率相对应的点来表示,分别称为统计过电压 U_S 和统计绝缘耐压 U_W。它们之间靠一个统计安全因数 K_S 联系着,可表示为

$$K_S = U_W / U_S \tag{13-6}$$

在过电压保持不变的情况下,如提高绝缘水平,其统计绝缘耐压和统计安全因数均相应增大、绝缘故障率减小。

式(13-6)的表达式形式上与惯用法十分相似,可以认为简化统计法实质上是利用有关参数概率统计特性,但沿用惯用法计算程序的一种混合型绝缘配合方法,把这种方法应用到概率特性为已知的自恢复绝缘上,就能计算出在不同统计安全因数 K_S 下的绝缘故障率 R,这对于评估系统运行的可靠性是非常重要的。

不难看出,要得出非自恢复绝缘击穿电压的概率分布是非常困难的,因为一件被试品只能提供一个数据,代价太大。所以,时至今日,在各种电压等级的非自恢复绝缘的绝缘配合中均仍采用惯用法;对降低绝缘水平的经济效益不很显著的 220 kV 及以下的自恢复绝缘也均采用惯用法;只有对 330 kV 及以上的超高压自恢复绝缘(例如线路绝缘),才采用简化统计法进行绝缘配合。

13.3　输变电设备绝缘水平的确定

在变电站的诸多电气设备中,电力变压器是最重要的电力设备,因此,通常以确定变压器的绝缘水平为中心环节。

1. 雷电过电压下的绝缘配合

由绝缘配合惯用法可知,变压器的雷电冲击耐受电压和避雷器保护水平之间应取一定的安全裕度系数。以雷电冲击保护水平为基础,按照（13-2）关系式,当电气设备（如变压器）与避雷器紧靠时,安全系数取 1.25,有一定距离时取 1.4。

2. 操作过电压下的绝缘配合

采用磁吹避雷器保护变压器的操作基本冲击绝缘水平与避雷器的保护水平相配合,可按照式（13-4）,安全系数在 1.15～1.25。

电气设备是否要做冲击耐受电压试验均按上节所述规定进行。

对于用不同的避雷器或非有效保护的设备,如断路器、互感器等,应选用较高雷电冲击耐受电压及与之对应的操作冲击耐受电压,这些可按有关规程规定进行。

根据我国的电气设备制造水平、电力系统的运行经验,并参考 IEC 推荐的绝缘配合标准,我国国家标准（GB 311.1—1997）中对各种电压等级的电气设备以耐压值表示的绝缘水平见表 13-2。

表 13-2　3～500 kV 输变电设备的基准绝缘水平

额定电压	最高工作电压	额定操作冲击耐受电压		额定雷电冲击耐受电压		额定短时工频耐受电压	
有效值/kV		峰值/kV	相对地过电压（标幺值）	峰值/kV		有效值/kV	
				I	II	I	II
3	3.5	—	—	20	40	10	18
6	6.9	—	—	40	60	20	23
10	11.5	—	—	60	75	28	30
15	17.5	—	—	75	105	38	40
20	23.0	—	—		125		50
35	40.5	—	—		185/200*		80
63	69.0	—	—		325		140
110	126.0	—	—		450/480*		185
220	252.0	—	—		850		360
		—	—		950		395
330	363.0	850	2.85	—	1050	—	(460)
		950	3.19	—	1175	—	(510)
500	550.0	1050	2.34	—	1425	—	(630)
		1175	2.62	—	1550	—	(680)

注：①用于 15 kV 及 20 kV 电压等级的发电机回路的设备,其额定短时工频耐受电压一般提高 1～2 级。②对于额定短时工频耐受电压,干试和湿试选用同一数值,括号内数值为 330～500 kV 设备额定短时工频耐受电压,供参考。

*仅用于变压器内设备的绝缘。

对表 13-2 作如下说明。

（1）对 3～15 kV 的设备给出了每种基准绝缘水平的系列 I 和系列 II。系列 I 适用于下列场合：

①在不接到架空线的系统和工业装置中，系统中性点经消弧线圈接地，且在特定系统中安装适当的过电压保护装置；

②在经变压器接到架空线上去的系统和工业装置中，变压器低压侧的电缆每一对地电容至少 0.05 μF，如不足此数值，应尽量靠近变压器接线端增设附加电容器，使每相的总电容达到 0.05 μF，并应用适当的避雷器保护。在所有其他场合，或要求很大的安全裕度时，均采用系列 II。

（2）对 220～500 kV 的设备，给出了两种基准绝缘水平，由用户根据电网特点和过电压保护装置的性能等具体情况加以选用，制造厂按用户要求提供产品。

13.4　架空输电线路的绝缘配合

架空输电线路绝缘配合的主要内容为线路绝缘子串的选择和确定线路上各空气间隙的极间距离（空气间距）。虽然架空线路上这两种绝缘都属于自恢复绝缘，但除了某些 500 kV 线路采用简化统计法进行绝缘配合外，其余 500 kV 以下线路大多仍采用惯用法进行绝缘配合。

13.4.1　绝缘子串的选择

线路绝缘子串应满足下述三方面的要求：

（1）在工作电压下不发生污闪；

（2）在操作过电压下不发生湿闪；

（3）具有足够的雷电冲击绝缘水平，能保证线路的耐雷水平与雷击跳闸率满足规定要求。

通常按下列顺序进行选择：

（1）根据机械负荷和环境条件选定所用悬式绝缘子的型号；

（2）按工作电压所要求的泄漏距离选择串中片数；

（3）按操作过电压的要求计算应有的片数；

（4）按上面（2）、（3）所得片数中的较大者，校验该线路的耐雷水平与雷击跳闸是否符合规定要求。

1. 按工作电压要求

为了防止绝缘子串在工作电压下发生污闪事故，绝缘子串应有足够的沿面爬电距离。设每片绝缘子的几何爬电距离为 L_0(cm)，则总爬电比距为

$$\lambda = (nK_e L_0)/U_{max} \quad (\text{cm/kV}) \qquad (13\text{-}7)$$

式中：n 为绝缘子片数；U_{max} 为系统最高工作（线）电压的有效值，kV；K_e 为绝缘子爬电距离有效系数，K_e 值主要由各种绝缘子几何泄漏距离对提高污闪电压的有效性来确定。

可见为了避免污闪事故，所需的绝缘子片数应为

$$n_1 \geqslant (\lambda U_{max})/(K_e L_0) \qquad (13\text{-}8)$$

按式（13-8）求得的片数 n_1，其中已包括零值绝缘子（指串中已丧失绝缘性能的绝缘子），故不需要增加零值片数就能适用于中性点接地方式的电网。

【例 13-1】处于清洁区（0 级，$\lambda = 1.39$）的 110 kV 线路采用的是 XP-70（或 X-4.5）型悬式绝缘子（其中几何爬电距离 $L_0 = 29$ cm），试按工作电压的要求计算应有的片数 n_1。

解

$$n_1 \geqslant 1.39 \times 110 \times 1.15/29 = 6.06$$

因此，绝缘子串的片数应取 7 片。

2. 按操作过电压要求

绝缘子串在操作过电压的作用下，也不应发生湿闪。对于最常用的 XP-70（或 X-4.5）型绝缘子来说，其工频湿闪电压幅值 U_W 为

$$U_W = 60n + 14 \quad (kV) \tag{13-9}$$

式中：n 为绝缘子片数。

绝缘子串的湿闪电压在考虑大气状态等影响因素并保持一定裕度的前提下，应大于可能出现的过电压，裕度一般取 10%。此时应有的绝缘子片数为 n_2'，则由 n_2' 片组成的绝缘子串的工频湿闪电压幅值应为

$$U_W = 1.1 K_0 U_\varphi \quad (kV) \tag{13-10}$$

式中：U_φ 为最高运行相电压；K_0 为操作过电压的计算倍数；系数 1.1 为综合考虑各种影响因素和必要裕度的一个综合修正系数。

在实际工作中，利用式（13-9）和（13-10）求得应有的 n_2' 值，再考虑需增加的零值绝缘子片数 n_0 后，最后得出的操作过电压所要求的片数为

$$n_2 = n_2' + n_0 \tag{13-11}$$

应预留的零值绝缘子片数见表 13-3。

表 13-3　零值绝缘子片数 n_0

额定电压/kV	绝缘子串类型	n_0
35~220	悬垂串	1
	耐张串	2
330~500	悬垂串	2
	耐张串	3

【例 13-2】试按操作过电压的要求，计算 110 kV 线路的 XP-70 型绝缘子应有的片数 n_2。

解：该绝缘子串应有的工频湿闪电压幅值为

$$U_W = 1.1 K_0 U_\varphi = 1.1 \times 3 \times \frac{1.15 \times 110\sqrt{2}}{\sqrt{3}} kV = 341 kV$$

将应有的 U_W 值带入式（13-9），即得

$$n_2' = (341-14)/60 = 5.45$$

因此，此时绝缘子串的片数应取 6 片，最后得出的应有片数为

$$n_2 = n_2' + n_0 = 6 + 1 = 7$$

现将按以上方法求得的不同电压等级线路应有的绝缘子片数 n_1 和 n_2 以及实际采用片数 n，综合列于表 13-4 中。

表 13-4　各级电压线路悬垂串应有的绝缘子片数

线路额定电压/kV	n_1	n_2	实际采用值 n
35	2	3	3
66	4	5	5
110	7	7	7
220	13	12	13
330	19	17	19
500	28	22	28

注：① 表中数值仅适用于海拔 1000 m 及以下的非污秽区；② 绝缘子均为 P-70（或 X-4.5）型，其中 330 kV 和 500 kV 线路实际上采用的很可能是别的型号绝缘子（例如 XP-160），可按泄漏距离和工频湿闪电压进行折算。

如果已知该绝缘子串在正极性操作冲击波下的 50%放电电压 $U_{50\%(s)}$ 与片数的关系，那么也可以用以下方法来求出此时应有的片数 n_2' 和 n_2。

该绝缘子串应具有下式所示的 50%操作冲击放电电压：

$$U_{50\%(s)} \geqslant K_s U_s \tag{13-12}$$

式中：K_s 为绝缘子串操作过电压配合系数，对范围 I（$U_m \leqslant 252$ kV）取 1.17，对范围 II（$U_m > 252$ kV）取 1.25；U_s 对于范围 I 为计算用最大操作过电压，即 $K_0 U_\varphi$，对于范围 II 为合空载线路、单相重合闸和三相重合闸这三种方式中过电压的最大者。

3. 按雷电过电压要求

按上面所得的 n_1 和 n_2 中较大的片数，校验线路的耐雷水平和雷击跳闸率是否符合有关规程的规定。

不过实际上，雷电过电压方面的要求在绝缘子片数选择中的作用一般是不大的，因为线路的耐雷性能取决于各种防雷措施的综合效果，影响因素很多。

13.4.2　空气间距的选择

输电线路的绝缘水平不仅取决于绝缘子的片数，同时也取决于线路上的各种空气间隙的极间距离（空气间距），而且后者对线路建设费用的影响远远超过前者。

输电线路上的空气间距包括以下几点。

（1）导线对地面的间距。在选择其空间间距时主要考虑穿越导线下的最高物体与导线的安全距离。

（2）导线之间的间距。应考虑相间过电压的作用、相邻导线在大风中因不同步摆动或舞动而相互靠近等问题。另外，导线与塔身之间的距离也决定着导线之间的空气间距。

（3）导线、地线之间的间距。按雷击于档距中央避雷线上时不至于引起导线、地线间气隙击穿这一条件来选定。

（4）导线与杆塔之间的间距。为了使绝缘子串和空气间的绝缘能力都得到充分的发挥，显然应使气隙的击穿电压与绝缘子串的闪络电压大致相等。但在具体实施时，会遇到风力使绝缘子串发生偏斜等不利因素。

从塔头空气间隙上出现的电压幅值来看，一般是雷电过电压最高、操作过电压次之、工频工作电压最低；但从电压作用时间来看，情况正好相反。因为工作电压长期作用在导线上，所以在计算它的风偏角 θ_p 时，应取该线路所在地区的最大设计风速（如取二十年一遇的最大风速，在一般地区约为 25～35 m/s）；操作过电压的持续时间较短，通常在计算风偏角 θ_s 时，取计算风速等于 0.5 倍的最大风速；雷电过电压持续时间最短，而且强风与雷击点在同在一处出现的概率极小，因此通常取其计算风速等于 10～15 m/s，可见它的风偏角 $\theta_l < \theta_s < \theta_p$，如图 13-3 所示。

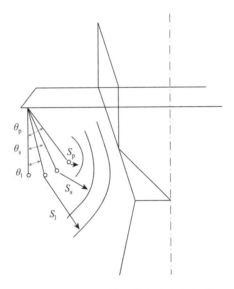

图 13-3　塔头上的风偏角与空气间距

三种情况下的净空气间隙的间距 S 的选择方法如下。

1. 工作电压所要求的净空气间距 S_p

S_p 的工频击穿电压幅值为

$$U_{50\%(p)} = K_1 U_{\varphi} \tag{13-13}$$

式中：K_1 为系统综合考虑工频电压升高、气象条件、必要的安全裕度等因素的空气间隙工频配合系数。对 66 kV 及以下的线路取 $K_1 = 1.2$；对 110～220 kV 线路取 $K_1 = 1.35$；对范围 II 取 $K_1 = 1.4$。

2. 操作过电压所要求的净间距 S_s

为了保证间隙载操作过电压下不发生闪络，其等值工频放电电压为

$$U_{50\%(s)} = K_2 U_s = K_2 K_0 U_\varphi \qquad (13\text{-}14)$$

式中：U_s 为计算用最大操作过电压；K_2 为空气间隙操作配合系数，对范围 I 取 1.03，对范围 II 取 1.1。

3. 雷电过电压所要求的净间距 S_l

通常取 S_l 的 50%雷电冲击击穿电压 $U_{50\%(l)}$ 等于绝缘子串的 50%雷电冲击闪络电压 U_{CFO} 的 85%，即

$$U_{50\%(l)} = 0.85 U_{CFO} \qquad (13\text{-}15)$$

其目的是减少绝缘子串的沿面闪络，减小釉面受损的可能性。

求得以上的净间距后，即可按式（13-16）确定绝缘子串处于垂直状态时对杆塔应有的水平距离

$$\begin{cases} L_p = S_p + l\sin\theta_p \\ L_s = S_s + l\sin\theta_s \\ L_l = S_l + l\sin\theta_l \end{cases} \qquad (13\text{-}16)$$

式中：l 为绝缘子串的长度，m。

最后，选三者中的最大的一个，就得出了导线与杆塔之间的水平距离 L，即

$$L = \max[L_p, L_s, L_l] \qquad (13\text{-}17)$$

表 13-5 中列出了各级电压线路所需的净间距值。当海拔高度超过 1000 m 时，应按有关规定进行校正；对于发电厂、变电站，各个 S 值应再增加 10%的裕度，以利于安全。

表 13-5　各级电压线路所需的净间距值

额定电压/kV	X-4.5 型绝缘子片数	S_p/cm	S_s/cm	S_l/cm
33	3	10	25	45
66	5	20	50	65
110	7	25	70	100
220	13	55	145	190
330	19	90	195	260
500	28	130	270	370

习　题

1. 什么是电力系统的绝缘配合？其原则是什么？

2. 什么是电气设备的绝缘水平？220 kV 及以下系统中电气设备的绝缘水平主要由那种过电压决定的？

3. 如何确定输电线路绝缘子串中绝缘子的片数？

4. 变电站内电气设备的绝缘水平是否应该与输电线路的绝缘水平相配合？为什么？

参 考 文 献

关根志，2003. 高电压工程基础[M]. 北京：中国电力出版社.

梁曦东，陈昌渔，周远翔，2003. 高电压工程[M]. 北京：清华大学出版社.

林福昌，2011. 高电压工程[M]. 2 版. 北京：中国电力出版社.

沈其工，方瑜，周泽存，等，2012. 高电压技术[M]. 4 版. 北京：中国电力出版社.

施围，邱毓昌，张乔根，2014. 高电压工程基础[M]. 北京：机械工业出版社.

屠志健，张一尘，2005. 电气绝缘与过电压[M]. 北京：中国电力出版社.

吴广宁，2014. 高电压技术[M]. 2 版. 北京：机械工业出版社.

解广润，1985. 电力系统过电压[M]. 北京：水利电力出版社.

严璋，朱德恒，2007. 高电压绝缘技术[M]. 2 版. 北京：中国电力出版社.

张红，2006. 高电压技术[M]. 北京：中国电力出版社.

张一尘，2007，高电压技术[M]. 2 版. 北京：中国电力出版社.

赵智大，2013. 高电压技术[M]. 3 版. 北京：中国电力出版社.

中华人民共和国电力行业标准，1997. DL/ T620—1997. 交流电气装置的过电压保护和绝缘配合[S]. 北京：中国电力出版社.

中华人民共和国电力工业部，1997. DL/ T 596—1996 电力设备预防性试验规程[S]. 北京：中国电力出版社.

中华人民共和国国家标准化管理委员会，2012. GB/ T16927.1—2011 高电压试验技术第 1 部分：一般定义与试验要求[S]. 北京：中国标准出版社.

中华人民共和国国家标准化管理委员会，2010. GB11032—2010 交流无间隙金属氧化物避雷器[S]. 北京：中国标准出版社.

中华人民共和国机械工业部，1998. GB 311.1—1997 高压输变电设备的绝缘配合[S]. 北京：中国标准出版社.

KUFFEL E，ZAENGL S W，1984. High Voltage Engineering Fundamentals[M]. New York：Pergamon Press.

NAIDU S M，KAMARAJU V，1995. High Voltage Engineering[M]. 2ed edn. New York：McGraw Hill.

附录1 一球接地时，球隙放电标准电压表

附表1-1 球隙的工频交流、正负极性直流、负极性冲击放电电压（kV，峰值）
大气条件：气压101.3 kP，温度20℃

间距/cm	2	5	6.25	10	12.5	15	25	50	75	100	150	200	间距/cm
					(195)	(209)	244	263	265	266	266	266	10
						(219)	261	286	290	292	292	292	11
						(229)	275	309	315	318	318	318	12
							(289)	331	339	342	342	342	13
							(302)	353	363	366	366	366	14
							(314)	373	387	390	390	390	15
							(326)	392	410	414	414	414	16
							(337)	411	432	438	438	438	17
							(347)	429	453	462	462	462	18
							(357)	445	473	486	486	486	19
0.05	2.8						(366)	460	492	510	510	510	20
0.10	4.7							489	530	555	560	560	22
0.15	6.4							515	565	595	610	610	24
0.20	8.0	8.0						(540)	600	635	655	660	26
0.25	9.6	9.6						(565)	635	675	700	705	28
0.30	11.2	11.2						(585)	665	710	745	750	30
0.40	14.4	14.3	14.2					(605)	695	745	790	795	32
0.50	17.4	17.4	17.2	16.8	16.8	16.8		(625)	725	780	835	840	34
0.60	20.4	20.4	20.2	19.9	19.9	19.9		(640)	750	815	875	885	36
0.70	23.2	23.4	23.2	23.0	23.0	23.0		(665)	(775)	845	915	930	38
0.80	25.8	26.3	26.2	26.0	26.0	26.0		(670)	(800)	875	955	975	40
0.90	28.3	29.2	29.1	28.9	28.9	28.9			(850)	945	1050	1080	45
1.0	30.7	32.0	31.9	31.7	31.7	31.7	31.7		(895)	1010	1130	1180	50
1.2	(35.1)	37.6	37.5	37.4	37.4	37.4	37.4		(935)	(1060)	1210	1260	55
1.4	(38.5)	42.9	42.9	42.9	42.9	42.9	42.9		(970)	(1110)	1280	1340	60
1.5	(40.0)	45.5	45.5	45.5	45.5	45.5	45.5			(1160)	1340	1410	65

续表

间距 /cm	球直径/cm												间距 /cm
	2	5	6.25	10	12.5	15	25	50	75	100	150	200	
1.6		48.1	48.1	48.1	48.1	48.1	48.1			(1200)	1390	1480	70
1.8		53.0	53.5	53.5	53.5	53.5	53.5			(1230)	1440	1540	75
2.0		57.5	58.5	59.0	59.0	59.0	59.0	59.0	59.0		(1490)	1600	80
2.2		61.5	63.0	64.5	64.5	64.5	64.5	64.5	64.5		(1540)	1660	85
2.4		65.5	67.5	69.5	70.0	70.0	70.0	70.0	70.0		(1580)	1720	90
2.6		(69.0)	72.0	74.5	75.0	75.5	75.5	75.5	75.5		(1660)	1840	100
2.8		(72.5)	76.0	79.5	80.0	80.0	81.0	81.0	81.0		(1730)	(1940)	110
3.0		(75.5)	79.5	84.0	85.0	85.0	86.0	86.0	86.0	86.0	(1800)	(2020)	120
3.5		(82.5)	(87.5)	95.0	97.0	98.0	99.0	99.0	99.0	99.0		(2100)	130
4.0		(88.5)	(95.5)	105	108	110	112	112	112	112		(2180)	140
4.5			(101)	115	119	122	125	125	125	125		(2250)	150
5.0			(107)	123	129	133	137	138	138	138	138		
5.5				(131)	138	143	149	151	151	151	151		
6.0				(138)	146	152	161	164	164	164	164		
6.5				(144)	(154)	161	173	177	177	177	177		
7.0				(150)	(161)	169	184	189	190	190	190		
7.5				(155)	(168)	177	195	202	203	203	203		
8.0					(174)	(185)	206	214	215	215	215		
9.0					(185)	(198)	226	239	240	241	241		

注：①本表不适用于测量 10 千伏以下的冲击电压。

②括号内为间隙距离大于 0.5D 时的数据，其准确度较低。

附表 1-2　球隙的正极性冲击放电电压（kV，峰值）
大气条件：气压 101.3kP，温度 20℃

间距/cm	球直径/cm												间距/cm
	2	5	6.25	10	12.5	15	25	50	75	100	150	200	
					(215)	(226)	254	263	265	266	266	266	10
						(238)	273	287	290	292	292	292	11
						(249)	291	311	315	318	318	318	12
							(308)	334	339	342	342	342	13
							(323)	357	363	366	366	366	14
							(337)	380	387	390	390	390	15
							(350)	402	411	414	414	414	16
							(362)	422	435	438	438	438	17
							(374)	442	458	462	462	462	18
							(385)	461	482	486	486	486	19
0.05							(395)	480	505	510	510	510	20
0.10								510	545	555	560	560	22
0.15								540	585	600	610	610	24
0.20								(570)	620	645	655	660	26
0.25								(595)	660	685	700	705	28
0.30	11.2	11.2						(620)	695	725	745	750	30
0.40	14.4	14.3	14.2					(640)	752	760	790	795	32
0.50	17.4	17.4	17.2	16.8	16.8	16.8		(660)	755	795	835	840	34
0.60	20.4	20.4	20.2	19.9	19.9	19.9		(680)	785	830	880	885	36
0.70	23.2	23.4	23.2	23.0	23.0	23.0		(700)	(810)	865	925	935	38
0.80	25.8	26.3	26.2	26.0	26.0	26.0		(715)	(835)	900	965	980	40
0.90	28.3	29.2	29.1	28.9	28.9	28.9			(890)	980	1060	1090	45
1.0	30.7	32.0	31.9	31.7	31.7	31.7	31.7		(940)	1040	1150	1190	50
1.2	(35.1)	37.8	37.6	37.4	37.4	37.4	37.4		(985)	(1100)	1240	1290	55
1.4	(38.5)	43.3	43.2	42.9	42.9	42.9	42.9		(1020)	(1150)	1310	1380	60
1.5	(40.0)	46.2	45.9	45.5	45.5	45.5	45.5			(1200)	1380	1470	65
1.6		49.0	48.6	48.1	48.1	48.1	48.1			(1240)	1430	1550	70
1.8		54.5	54.0	53.5	53.5	53.5	53.5			(1280)	1480	1620	75

续表

间距/cm	球直径/cm												间距/cm
	2	5	6.25	10	12.5	15	25	50	75	100	150	200	
2.0		59.5	59.0	59.0	59.0	59.0	59.0	59.0	59.0		(1530)	1690	80
2.2		64.0	64.0	64.5	64.5	64.5	64.5	64.5	64.5		(1580)	1760	85
2.4		69.0	69.0	70.0	70.0	70.0	70.0	70.0	70.0		(1630)	1820	90
2.6		(73.0)	73.5	75.5	75.5	75.5	75.5	75.5	75.5		(1720)	1930	100
2.8		(77.0)	78.0	80.5	80.5	80.5	81.0	81.0	81.0		(1790)	(2030)	110
3.0		(81.0)	82.0	85.5	85.5	85.5	86.0	86.0	86.0	86.0	(1860)	(2120)	120
3.5		(90.0)	(91.5)	97.5	98.0	98.5	99.0	99.0	99.0	99.0		(2200)	130
4.0		(97.5)	(101)	109	110	111	112	112	112	112		(2280)	140
4.5			(108)	120	122	124	125	125	125	125		(2350)	150
5.0			(115)	130	134	136	138	138	138	138	138		
5.5				(139)	145	147	151	151	151	151	151		
6.0				(148)	155	158	163	164	164	164	164		
6.5				(156)	(164)	168	175	177	177	177	177		
7.0				(163)	(173)	178	187	189	190	190	190		
7.5				(170)	(181)	187	199	202	203	203	203		
8.0					(189)	(196)	211	214	215	215	215		
9.0					(203)	(212)	233	239	240	241	241		

注：括号内为间隙距离大于 0.5D 时的数据，其准确度较低。

附录2 高压电气设备绝缘的耐压试验电压标准

附表2-1　3~500kV 输变电设备的雷电冲击耐受电压　　　　　单位：kV

额定电压	最高工作电压（有效值）	标准雷电冲击全波（内、外绝缘）耐受电压（峰值）						标准雷电冲击截波（峰值）
		变压器	并联电抗器	耦合电容器、电压互感器	高压电力电缆	高压电器	母线支柱绝缘子、穿墙套管	变压器类设备的内绝缘
3	3.5	40	40	40		40	40	45
6	6.9	60	60	60		60	60	65
10	11.5	75	75	75		75	75	85
15	17.5	105	105	105	105	105	105	115
20	23.0	125	125	125	125	125	125	140
35	40.5	185/200*	185/200*	185/200*	200	185	185	220
66	72.5	325	325	325	325	325	325	360
		350	350	350	350	350	350	385
110	126.0	450/480*	450/480*	450/480*	450	450	450	530
		550	550	550	550			
220	252.0	850	850	850	850	850	935	950
		950	950	950	950 1050	950	950	1050
330	363.0	1050				1050	1050	1175
		1175	1175	1175	1175 1300	1175	1175	1300
500	550.0	1425			1425	1425	1425	1550
		1550	1550	1550	1550	1550	1550	1675
		1675	1675	1675	1675	1675		

注：①带"*"的数值仅用于变压器类设备的内绝缘。

②对高压电力电缆耐受电压值是指在热状态下的耐受电压值。

附表 2-2　3～500 kV 输变电设备的 1 分钟工频耐受电压（有效值）　　单位：kV

额定电压（有效值）	最高工作电压（有效值）	标准雷电冲击全波（内、外绝缘）耐受电压 kV（峰值）				母线支柱绝缘子	
		变压器	并联电抗器	耦合电容器、高压电器、电压互感器和穿墙套管	高压电力电缆	湿试	干试
1	2	3	4	5	6	7	8
3	3.5	18	18	18/25		18	25
6	6.9	25	25	23/30		23	32
10	11.5	30/35	30/35	30/42		30	42
15	17.5	40/45	40/45	40/55	40/45	40	57
20	23.0	50/55	50/55	50/65	50/55	50	68
35	40.5	80/85	80/85	80/95	80/85	80	100
66	72.5	140 160	140 160	140 160	140 160	140 160	165 185
110	126.0	185/200	185/200	185/200	185/200	200	265
220	252.0	360	360	360	360	360	450
		395	395	395	395	395	495
					460		
330	363.0	460	460	460	460	—	—
		510	510	510	510 570	—	—
500	550.0	630	630	630	630		
		680	680	680	680		
				740	740		

注：①表中给出的 330～500 kV 设备之短时工频耐受电压仅供参考。

②该栏中斜线下的数据为该类设备的内绝缘和外绝缘干状态之耐受电压。

③该栏中斜线下的数据为该类设备的外绝缘干耐受电压。

附录 3　阀式避雷器电气特性

附表 3-1　普通阀式避雷器（FS 和 FZ 系列）的电气特性

型号	额定电压有效值/kV	灭弧电压有效值/kV	工频放电电压有效值(干燥及淋雨状态)/kV		冲击放电电压(预放电时间 1.5～2.0μs)/kV 不大于		冲击电流残压(波形 8/20μs)/kV 不大于				备注
			不小于	不大于	FS 系列	FZ 系列	FS 系列		FZ 系列		
							3 kA	5 kA	5 kA	10 kA	
FS-0.25	0.22	0.25	0.6	1.0	2.0		1.3				
FS-0.50	0.38	0.50	1.1	1.6	2.7		2.6				
FS-3(FZ-3)	3	3.8	9	11	21	20	(16)	17	14.5	(16)	
FS-6(FZ-6)	6	7.6	16	19	35	30	(28)	30	27	(30)	
FS-10(FZ-10)	10	12.7	26	31	50	45	(47)	50	45	(50)	
FZ-15	15	20.5	42	52		78			67	(74)	组合元件用
FZ-20	20	25	49	60.5		85			80	(88)	组合元件用
FZ-30J	30	25	56	67		110			83	(91)	组合元件用
FZ-35	35	41	84	104		134			134	(148)	
FZ-40	40	50	98	121		154			160	(176)	110 kV 变压器中性点保护专用
FZ-60	60	70.5	140	173		220			227	(250)	
FZ-110J	110	100	224	268		310			332	(364)	
FZ-154J	154	142	304	368		420			466	(512)	
FZ-220J	220	200	448	536		630			664	(728)	

附表 3-2　电站用磁吹阀式避雷器（FCZ 系列）的电气特性

型号	额电压有效值/kV	灭弧电压有效值/kV	工频放电电压有效值(干燥及淋雨状态)/kV		冲击放电电压/kV 不大于		冲击电流残压(波形 8/20μs)不大于/kV		备注
			不小于	不大于	（预放电时间 1.5～2.0μs）及波形 1.5～40μs	（预放电时间 100～1000μs）	5 kA 时	10 kA 时	
FCZ-35	35	41	70	85	112	—	108	122	110 kV 变压器中性点保护专用
FCZ-40	-	51	87	98	134	—	—	—	
FCZ-50	60	69	117	133	178	—	178	205	
FCZ-110J	110	100	170	195	260	285)	260	285	
FCZ-110	110	126	255	290	345	—	332	365	
FCZ-154	154	177	330	377	500	—	466	512	
FCZ-220J	220	200	340	390	520	(570)	520	570	
FCZ-330J	330	290	510	580	780	820	740	820	
FCZ-500J	500	440	680	790	840	1030	—	1100	

附表 3-3　电站用磁吹阀式避雷器（FCZ 系列）的电气特性

型号	额定电压有效值/kV	灭弧电压有效值/kV	工频放电电压有效值(干燥及淋雨状态)/kV		冲击放电电压(预放电时间（1.5～2.0μs）及波形 1.5～40μs)/kV 不大于	冲击残压（波形 8/20μs）不大于/kV		备注
			不小于	不大于		3 kA 时	5 kA 时	
FCD-2	—	2.3	4.5	5.7	6	6	6.4	中性点保护专用
FCD-3	3.15	3.8	7.5	9.5	9.5	9.5	10	
FCD-4	—	4.6	9	11.4	12	12	12.8	中性点保护专用
FCD-6	6.3	7.6	15	18	19	19	20	
FCD-10	10.5	12.7	25	30	31	31	33	
FCD-13.2	13.8	16.7	33	39	40	40	43	
FCD-15	15.75	19	37	44	45	45	49	

附表3-4　典型的电站和配电用无间隙金属氧化物避雷器的电气特性（GB11032—2010）（单位：kV）

额定电压（有效）值	持续运行电压（有效）值	标称放电电流20 kA 等级 电站避雷器				标称放电电流10 kA 等级 电站避雷器				标称放电电流5 kA 等级 电站避雷器				标称放电电流5 kA 等级 配电避雷器			
		陡波冲击电流残压	雷电冲击电流残压	操作冲击电流残压	直流1 mA参考电压不小于	陡波冲击电流残压	雷电冲击电流残压	操作冲击电流残压	直流1 mA参考电压不小于	陡波冲击电流残压	雷电冲击电流残压	操作冲击电流残压	直流1 mA参考电压不小于	陡波冲击电流残压	雷电冲击电流残压	操作冲击电流残压	直流1 mA参考电压不小于
		（峰值）不大于				（峰值）不大于				（峰值）不大于				（峰值）不大于			
5	4.0	—	—	—	—	—	—	—	—	15.5	13.5	11.5	7.2	17.3	15.0	12.8	7.5
10	8.0	—	—	—	—	—	—	—	—	31.0	27.0	23.0	14.4	34.6	30.0	25.6	15.0
12	9.6	—	—	—	—	—	—	—	—	37.2	32.4	27.6	17.4	41.2	35.8	30.6	18.0
15	12.0	—	—	—	—	—	—	—	—	46.5	40.5	34.5	21.8	52.5	45.6	39.0	23.0
17	13.6	—	—	—	—	—	—	—	—	51.8	45.0	38.3	24.0	57.5	20.0	42.5	25.0
51	40.8	—	—	—	—	—	—	—	—	154.0	134.0	114.0	73.0	—	—	—	—
84	67.2	—	—	—	—	—	—	—	—	254	221	188	121	—	—	—	—
90	72.5	—	—	—	—	264	235	201	130	270	235	201	130	—	—	—	—
96	75	—	—	—	—	280	250	213	140	288	250	213	140	—	—	—	—
(100)*	78	—	—	—	—	291	260	221	145	299	260	221	145	—	—	—	—
102	79.6	—	—	—	—	297	266	226	148	305	266	226	148	—	—	—	—
108	84	—	—	—	—	315	281	239	157	323	281	239	157	—	—	—	—
192	150	—	—	—	—	560	500	426	280	—	—	—	—	—	—	—	—
(200)*	156	—	—	—	—	582	520	442	290	—	—	—	—	—	—	—	—
204	159	—	—	—	—	594	532	452	296	—	—	—	—	—	—	—	—
216	168.5	—	—	—	—	630	562	478	314	—	—	—	—	—	—	—	—
288	219	—	—	—	—	782	698	593	408	—	—	—	—	—	—	—	—
300	228	—	—	—	—	814	727	618	425	—	—	—	—	—	—	—	—
306	233	—	—	—	—	831	742	630	433	—	—	—	—	—	—	—	—
312	237	—	—	—	—	847	760	643	442	—	—	—	—	—	—	—	—
324	246	—	—	—	—	880	789	668	459	—	—	—	—	—	—	—	—
420	318	1170	1046	858	565	1075	960	852	565	—	—	—	—	—	—	—	—
444	324	1238	1106	907	597	1137	1015	900	597	—	—	—	—	—	—	—	—
468	330	1306	1166	956	630	1198	1070	950	630	—	—	—	—	—	—	—	—
600	462	1518	1380	1142	810	—	—	—	—	—	—	—	—	—	—	—	—
648	498	1639	1491	1226	875	—	—	—	—	—	—	—	—	—	—	—	—